程　杰 曹辛华 王　强 主编

中国花卉审美文化研究丛书

06

水仙、梨花、茉莉文学与文化研究

朱明明　雷　铭　程　杰
程宇静　任　群　王　珏 著

北京燕山出版社

图书在版编目（CIP）数据

水仙、梨花、茉莉文学与文化研究 / 朱明明等著
. -- 北京 : 北京燕山出版社 , 2018.3
ISBN 978-7-5402-5117-8

Ⅰ . ①水… Ⅱ . ①朱… Ⅲ . ①花卉－审美文化－研究
－中国②中国文学－文学研究 Ⅳ . ① S68 ② B83-092
③ I206

中国版本图书馆 CIP 数据核字 (2018) 第 087849 号

水仙、梨花、茉莉文学与文化研究

责任编辑：李涛
封面设计：王尧
出版发行：北京燕山出版社
社　　址：北京市丰台区东铁营苇子坑路 138 号
邮　　编：100079
电话传真：86-10-63587071（总编室）
印　　刷：北京虎彩文化传播有限公司
开　　本：787×1092 1/16
字　　数：378 千字
印　　张：33
版　　次：2018 年 12 月第 1 版
印　　次：2018 年 12 月第 1 次印刷
ISBN 978-7-5402-5117-8
定　　价：800.00 元

版权所有　侵权必究

内容简介

本论著为《中国花卉审美文化研究丛书》之第6种，由朱明明硕士学位论文《古代文学水仙意象与题材研究》、雷铭硕士学位论文《梨花题材文学与审美文化研究》以及程杰、程宇静、任群《水仙、茉莉文学与文化论丛》、王珏硕士学位论文《茉莉的文学与文化研究》组成。

《古代文学水仙意象与题材研究》梳理了中国古代文学中水仙意象和题材创作的历史，深入阐发我们民族有关水仙这一自然物色的审美经验和认识，也兼及相应的文化生活风貌。

《梨花题材文学与审美文化研究》纵向梳理了中国古代文学梨花题材创作的发生、发展过程，深入探究了人们对梨花审美特征、情趣内涵的认识和表现，揭示了梨花的审美文化和社会生活意义。

《水仙、茉莉文学与文化论丛》由三篇学术论文组成。它们包括程杰所著《中国水仙起源考》《论宋代水仙花事及其文化奠基意义》，程杰、程宇静合著《论中国水仙文化》，任群所著《论宋代茉莉诗》，分别论述了水仙、茉莉在园艺、文学、艺术、民俗等方面的丰富表现，对这些花卉的审美价值和文化意义进行了较为系统的阐发。

王珏所著《茉莉的文学与文化研究》梳理中国古代文学中茉莉意象和题材发生、发展的历史，深入分析了中国古代文学中茉莉的形象之美与情感寓意，也兼及茉莉的文化研究。

作者简介

朱明明，女，1978年9月生，黑龙江哈尔滨人。2008年毕业于南京师范大学文学院中国古代文学专业，获文学硕士学位。现就职于江苏教育报刊总社。

雷铭，男，1975年6月生，安徽砀山人，文学硕士，现为江苏警官学院副研究员。主要从事高等教育和公安教育管理研究，发表学术论文16篇，诗歌、散文10余篇。

程宇静，女，1978年1月生，河北石家庄人，文学博士，现为河北传媒学院国际传播学院教师。主要从事中国古代文学与文化研究，出版专著《欧阳修遗迹研究》。

任群，男，1980年12月生，湖北房县人，文学博士，现为西藏民族大学文学院副教授。主要从事唐宋文学研究，在《文学遗产》等期刊发表论文数篇，出版专著《周紫芝年谱》。

王珏，女，1993 年 10 月生，江苏常州人。2018 年毕业于南京师范大学文学院中国古代文学专业，研究方向为中国花卉文学。

程杰，1959 年 3 月生，江苏泰兴人，文学博士，现为南京师范大学文学院教授、博士生导师。著有《北宋诗文革新研究》《宋代咏梅文学研究》《梅文化论丛》《中国梅花审美文化研究》《中国梅花名胜考》《梅谱》（编辑校注）等。

《中国花卉审美文化研究丛书》前言

所谓“花卉”，在园艺学界有广义、狭义之分。狭义只指具有观赏价值的草本植物；广义则是草本、木本兼而言之，指所有观赏植物。其实所谓狭义只在特殊情况下存在，通行的都应为广义概念。我国植物观赏资源以木本居多，这一广义概念古人多称“花木”，明清以来由于绘画中花卉册页流行，“花卉”一词出现渐多，逐步成为观赏植物的通称。

我们这里的“花卉”概念较之广义更有拓展。一般所谓广义的花卉实际仍属观赏园艺的范畴，主要指具有观赏价值，用于各类园林及室内室外各种生活场合配置和装饰，以改善或美化环境的植物。而更为广义的概念是指所有植物，无论自然生长或人类种植，低等或高等，有花或无花，陆生或海产，也无论人们实际喜爱与否，但凡引起人们观看，引发情感反应，即有史以来一切与人类精神活动有关的植物都在其列。从外延上说，包括人类社会感受到的所有植物，但又非指植物世界的全部内容。我们称其为“花卉”或“花卉植物”，意在对其内涵有所限定，表明我们所关注的主要是植物的形状、色彩、气味、姿态、习性等方面的形象资源或审美价值，而不是其经济资源或实用价值。当然，两者之间又不是截然无关的，植物的经济价值及其社会应用又经常对人们相应的形象感受产生影响。

“审美文化”是现代新兴的概念，相关的定义有着不同领域的偏倚和形形色色理论主张的不同价值定位。我们这里所说的“审美文化”不具有这些现代色彩，而是泛指人类精神现象中一切具有审美性的内容，或者是具有审美性的所有人类文化活动及其成果。文化是外延，至大无外，而审美是内涵，表明性质有限。美是人的本质力量的感性显现，性质上是感性的、体验的，相对于理性、科学的“真”而言；价值上则是理想的、超功利的，相对于各种物质利益和社会功利的“善”而言。正是这一内涵规定，使“审美文化”与一般的“文化”概念不同，对植物的经济价值和人类对植物的科学认识、技术作用及其相关的社会应用等“物质文明”方面的内容并不着意，主要关注的是植物形象引发的情绪感受、心灵体验和精神想象等“精神文明”内容。

将两者结合起来，所谓“花卉审美文化”的指称就比较明确。从“审美文化”的立场看“花卉”，花卉植物的食用、药用、材用以及其他经济资源价值都不必关注，而主要考虑的是以下三个层面的形象资源：

一是“植物”，即整个植物层面，包括所有植物的形象，无论是天然野生的还是人类栽培的。植物是地球重要的生命形态，是人类所依赖的最主要的生物资源。其再生性、多样性、独特的光能转换性与自养性，带给人类安全、亲切、轻松和美好的感受。不同品种的植物与人类的关系或直接或间接，或悠久或短暂，或亲切或疏远，或互益或相害，从而引起人们或重视或鄙视，或敬仰或畏惧，或喜爱或厌恶的情感反应。所谓花卉植物的审美文化关注的正是这些植物形象所引起的心理感受、精神体验和人文意义。

二是“花卉”，即前言园艺界所谓的观赏植物。由于人类与植物尤其是高等植物之间与生俱来的生态联系，人类对植物形象的审美意识可以说是自然的或本能的。随着人类社会生产力的不断提高和社会财富的不断积累，人类对植物有了更多优越的、超功利的感觉，对其物色形象的欣赏需求越来越明确，相应的感受、认识和想象越来越丰富。世界各民族对于植物尤其是花卉的欣赏爱好是普遍的、共同的，都有悠久、深厚的历史文化传统，并且逐步形成了各具特色、不断繁荣发展的观赏园艺体系和欣赏文化体系。这是花卉审美文化现象中最主要的部分。

三是“花”，即观花植物，包括可资观赏的各类植物花朵。这其实只是上述“花卉”世界中的一部分，但在整个生物和人类生活史上，却是最为生动、闪亮的环节。开花植物、种子植物的出现是生物进化史的一大盛事，使植物与动物间建立起一种全新的关系。花的一切都是以诱惑为目的的，花的气味、色彩和形状及其对果实的预示，都是为动物而设置的，包括人类在内的动物对于植物的花朵有着各种各样本能的喜爱。正如达尔文所说，“花是自然界最美丽的产物，它们与绿叶相映而惹起注目，同时也使它们显得美观，因此它们就可以容易地被昆虫看到”。可以说，花是人类关于美最原始、最简明、最强烈、最经典的感受和定义，几乎在世界所有语言中，花都代表着美丽、精华、春天、青春和快乐。相应的感受和情趣是人类精神文明发展中一个本能的精神元素、共同的文化基因；相应的社会现象和文化意义是极为普遍和永恒的，也是繁盛和深厚的。这是花卉审美文化中最典型、最神奇、最优美的天然资源和生活景观，值得特别重视。

再从“花卉”角度看“审美文化”，与“花卉”相关的“审美文化”则又可以分为三个形态或层面：

一是“自然物色”，指自然生长和人类种植形成的各类植物形象、风景及其人们的观赏认识。既包括植物生长的各类单株、丛群，也包括大面积的草原、森林和农田庄稼；既包括天然生长的奇花异草，也包括园艺培植的各类植物景观。它们都是由植物实体组成的自然和人工景观，无论是天然资源的发现和认识，还是人类相应的种植活动、观赏情趣，都体现着人类社会生活和人的本质力量不断进步、发展的步伐，是“花卉审美文化”中最为鲜明集中、直观生动的部分。因其侧重于植物实体，我们称作“花卉审美文化”中的“自然美”内容。

二是“社会生活”，指人类社会的园林环境、政治宗教、民俗习惯等各类生活中对花卉实物资源的实际应用，包含着对生物形象资源的环境利用、观赏装饰、仪式应用、符号象征、情感表达等多种生活需求、社会功能和文化情结，是“花卉”形象资源无处不在的审美渗透和社会反应，是“花卉审美文化”中最为实际、普遍和复杂的现象。它们可以说是“花卉审美文化”中的“社会美”或“生活美”内容。

三是“艺术创作”，指以花卉植物为题材和主题的各类文艺创作和所有话语活动，包括文学、音乐、绘画、摄影、雕塑等语言、图像和符号话语乃至于日常语言中对花卉植物及其相应人类情感的各类描写与诉说。这是脱离具体植物实体，指用虚拟的、想象的、象征的、符号化植物形象，包含着更多心理想象、艺术创造和话语符号的活动及成果，统称“花卉审美文化”中的“艺术美”内容。

我们所说的“花卉审美文化”是上述人类主体、生物客体六个层面的有机构成，是一种立体有机、丰富复杂的社会历史文化体系，包含着自然资源、生物机体与人类社会生活、精神活动等广泛方面有机交融的历史文化图景。因此，相关研究无疑是一个跨学科、综合性的工作，需要生物学、园艺学、地理学、历史学、社会学、经济学、美学、文学、艺术学、文化学等众多学科的积极参与。遗憾的是，近数十年相关的正面研究多只局限在园艺、园林等科技专业，着力的主要是园艺园林技术的研发，视角是较为单一和孤立的。相对而言，来自社会、人文学科的专业关注不多，虽然也有偶然的、零星的个案或专题涉及，但远没有足够的重视，更没有专门的、用心的投入，也就缺乏全面、系统、深入的研究成果，相关的认识不免零散和薄弱。这种多科技少人文的研究格局，海内海外大致相同。

我国幅员辽阔、气候多样、地貌复杂，花卉植物资源极为丰富，有“世界园林之母”的美誉，也有着悠久、深厚的观赏园艺传统。我国又是一个文明古国和世界人口、传统农业大国，有着辉煌的历史文化。这些都决定我国的花卉审美文化有着无比辉煌的历史和深厚博大的传统。植物资源较之其他生物资源有更强烈的地域性，我国花卉资源具有温带季风气候主导的东亚大陆鲜明的地域特色。我国传统农耕社会和宗法伦理为核心的历史文化形态引发人们对花卉植物有着独特的审美倾向和文化情趣，形成花卉审美文化鲜明的民族特色。我国花卉审美文化是我国历史文化的有机组成部分，是我国文化传统最为优美、生动的载体，是深入解读我国传统文化的独特视角。而花卉植物又是丰富、生动的生物资源，带给人们生生不息、与时俱新的感官体验和精神享受，相应的社会文化活动是永恒的“现在进行时”，其丰富的历史经验、人文情趣有着直接的现实借鉴和融入意义。正是基于这些历史信念、学术经验和现实感受，我们认为，对中国花卉审美文化的研究不仅是一项十分重要的文化任务，而且是一个前景广阔的学术课题，需要众多学科尤其是社会、人文学科的积极参与和大力投入。

我们团队从事这项工作是从 1998 年开始的。最初是我本人对宋代咏梅文学的探讨，后来发现这远不是一个咏物题材的问题，也不是一个时代文化符号的问题，而是一个关乎民族经典文化象征酝酿、发展历程的大课题。于是由文学而绘画、音乐等逐步展开，陆续完成了《宋代咏梅文学研究》《梅文化论丛》《中国梅花审美文化研究》《中国梅花名胜考》《梅谱》（校注）等论著，对我国深厚的梅文化进行了较为全面、系统的阐发。从 1999 年开始，我指导研究生从事类似的花卉审美文化专题研究，俞香顺、石志鸟、渠红岩、张荣东、王三毛、王颖等相继完成了荷、杨柳、桃、菊、竹、松柏等专题的博士学位论文，丁小兵、董丽娜、朱明明、张俊峰、雷铭等 20 多位学生相继完成了杏花、桂花、水仙、蘋、梨花、海棠、蓬蒿、山茶、芍药、牡丹、芭蕉、荔枝、石榴、芦苇、花朝、落花、蔬菜等专题的硕士学位论文。他们都以此获得相应的学位，在学位论文完成前后，也都发表了不少相关的单篇论文。与此同时，博士生纪永贵从民俗文化的角度，任群从宋代文学的角度参与和支持这项工作，也发表了一些花卉植物文学和文化方面的论文。俞香顺在博士论文之外，发表了不少梧桐和唐代文学、《红楼梦》花卉意象方面的论著。我与王三毛合作点校了古代大型花卉专题类书《全芳备祖》，并正继续从事该书的全面校正工作。目前在读的博士生张晓蕾、硕士生高尚杰、王珏等也都选择花卉植物作为学位论文选题。

以往我们所做的主要是花卉个案的专题研究，这方面的工作仍有许多空白等待填补。而如宗教用花、花事民俗、民间花市，不同品类植物景观的欣赏认识、各时期各地区花卉植物审美文化的不同历史情景，以及我国花卉审美文化的自然基础、历史背景、形态结构、发展规律、民族特色、人文意义、国际交流等中观、宏观问题的研究，花卉植物文献的调查整理等更是涉及无多，这些都有待今后逐步展开，不断深入。

“阴阴曲径人稀到，一一名花手自栽”（陆游诗），我们在这一领域寂寞耕耘已近20年了。也许我们每一个人的实际工作及所获都十分有限，但如此络绎走来，随心点检，也踏出一路足迹，种得半畦芬芳。2005年，四川巴蜀书社为我们专辟《中国花卉审美文化研究书系》，陆续出版了我们的荷花、梅花、杨柳、菊花和杏花审美文化研究五种，引起了一定的社会关注。此番由同事曹辛华教授热情倡议、积极联系，北京采薇阁文化公司王强先生鼎力相助，继续操作这一主题学术成果的出版工作。除已经出版的五种和另行单独出版的桃花专题外，我们将其余所有花卉植物主题的学位论文和散见的各类论著一并汇集整理，编为20种，统称《中国花卉审美文化研究丛书》，分别是：

1.《中国牡丹审美文化研究》（付梅）；

2.《梅文化论集》（程杰、程宇静、胥树婷）；

3.《梅文学论集》（程杰）；

4.《杏花文学与文化研究》（纪永贵、丁小兵）；

5.《桃文化论集》（渠红岩）；

6.《水仙、梨花、茉莉文学与文化研究》（朱明明、雷铭、程杰、程宇静、任群、王珏）；

7.《芍药、海棠、茶花文学与文化研究》（王功绢、赵云双、孙培华、付振华）；

8.《芭蕉、石榴文学与文化研究》（徐波、郭慧珍）；

9.《兰、桂、菊的文化研究》（张晓蕾、张荣东、董丽娜）；

10.《花朝节与落花意象的文学研究》（凌帆、周正悦）；

11.《花卉植物的实用情景与文学书写》（胥树婷、王存恒、钟晓璐）；

12.《〈红楼梦〉花卉文化及其他》（俞香顺）；

13.《古代竹文化研究》（王三毛）；

14.《古代文学竹意象研究》（王三毛）；

15.《蘋、蓬蒿、芦苇等草类文学意象研究》（张俊峰、张余、李倩、高尚杰、姚梅）；

16.《槐桑樟枫民俗与文化研究》（纪永贵）；

17.《松柏、杨柳文学与文化论丛》（石志鸟、王颖）；

18.《中国梧桐审美文化研究》（俞香顺）；

19.《唐宋植物文学与文化研究》（石润宏、陈星）；

20.《岭南植物文学与文化研究》（陈灿彬、赵军伟）。

我们如此刈禾聚把，集中摊晒，敛物自是快心，乱花或能迷眼，想必读者诸君总能从中发现自己喜欢的一枝一叶。希望我们的系列成果能为花卉植物文化的学术研究事业增薪助火，为全社会的花卉文化活动加油添彩。

程　杰

2018年5月10日

于南京师范大学随园

总　目

古代文学水仙意象与题材研究

朱明明 著

目 录

第一章　水仙意象和题材创作的发生、发展

第一节　宋代水仙文学的出现和繁荣

程杰师《中国水仙起源考》详细考述了中国水仙花的起源，并指出北宋中期以来，文人开始歌咏水仙花这一文学意象[①]。从目前所存文献资料可见，水仙文学始于宋代，水仙花作为文学意象的象征意义和文化内涵，也是在宋代基本定型并传播后世的。若论有宋文学对某一花卉意象的完整生成意义，除水仙外，我国传统名花中，并无他花有此殊遇。

北宋时期记载和吟咏水仙的作品有：周师厚《洛阳花木记》、刘攽《水仙花》、韩维《从厚卿乞移水仙花》、张耒《水仙花叶如金灯，而加柔泽，花浅黄，其干如萱草，秋深开，至来春方已，虽霜雪不衰，中州未尝见，一名雅蒜》、黄庭坚《次韵中玉水仙花二首》《王充道送水仙花五十枝欣然会心为之作咏》《吴君送水仙花并二大本》《刘邦直送早梅、水仙花四首》(后两首咏水仙)、晁说之《水仙》《四明岁晚水仙花盛开，今在鄜州辄思之，此花清香异常，妇人戴之，可留之日为多》，以及未确定年代的三首：韦骧《减字木兰花 · 水仙花》、钱勰咏水仙花诗、陈图

① 程杰《中国水仙起源考》，《江苏社会科学》2011年第6期。

南咏水仙花诗。依据作者的写作年代、地点以及诗作内容，程杰师认为：至少在北宋中后期，当时的荆湖北路和京西南北路是相对集中的水仙分布区[1]。

图 01 ［明］杜堇《古贤诗意图》之三——“黄庭坚咏水仙”。该图卷共分九段。北京故宫博物院藏。

到了南宋，水仙花分布逐渐广泛，并成为经济作物，宋伯仁诗云：“山下六七里，山前八九家。家家清到骨，只卖水仙花。”[2]由于政治中心和文化中心的南迁，水仙花被更多文人认识。如 1151 年，周紫芝 70 岁时在江西九江第一次看到水仙花，特意作诗志之，题目即为《九江初识水仙》，诗云：“七十诗翁鬓已华，平生未识水仙花。如今始信黄香错，刚道山矾是一家。”[3]在这种情况下，以水仙为题材的诗词歌赋数量大幅度上升。

据笔者对《全宋词》与《四库全书》的统计，宋代专题咏水仙诗

---

① 程杰《中国水仙起源考》，《江苏社会科学》2011 年第 6 期。

② 宋伯仁《山下》，《西塍集》。

③ 周紫芝《太仓稊米集》卷三八。

有一百多首（包括墨水仙诗），另外还有散句若干；咏水仙词四十多首；说一篇；赋三篇。虽然绝对数量不多，但对于一个栽植范围有限，文人接触较少，在南宋才较多进入文人视野的花卉来说，其作品的相对数量还是相当可观的。在质量方面,宋代的咏水仙文学着眼于审美属性，确立了水仙花的比附和象征意义，具体阐述如下：

一、宋代文学创立了由“水仙”之名而引发的主要象征意象

水仙不同于其他花卉的得名过程[①]，使它成为“名符其形”的花卉，这在古代著名花卉中是极为难得的。

水仙一词在我国古代典籍中，本义指水中仙人。《汉语大辞典》“水仙”条释义:“传说中的水中神仙……唐司马承顺《天隐子·神解八》:‘在人谓之人之仙，在天曰天仙，在地曰地仙，在水曰水仙。’”水仙花得名伊始，便奠定了与水中仙人的隐喻类比关系。宋代文学中，水仙花被大量比喻为水中仙人，如杨万里《水仙花》诗云：“天仙不行地，且借水为名。”[②]可以说,水仙花最初“因象（外貌特征）得名”,而后又“因名成象（文学意象）”,“名”与“象”之间是相辅相成的。

水仙花被比喻成水中仙人，主要有以下几个常见意象——

（一）女神意象

1．洛神（凌波仙子）

洛神，洛水女神，传说为上古大神伏羲氏之女淹死洛水所化。曹植《洛神赋》序云：“黄初三年，余朝京师，还济洛川。古人有言，斯水之神，名曰宓妃。感宋玉对楚王神女之事，遂作斯赋。”[③]《洛神赋》

---

① 参见程杰《中国水仙起源考》。

② 杨万里《诚斋集》卷八。

③ 张溥辑评《三曹集》，第247页。

千古流芳，洛神意象也被后世文人反复使用。

图 02　［晋］顾恺之《洛神赋图》局部（宋摹本）。北京故宫博物院藏。

在宋代，将洛神作为水仙花的象征意象，是由黄庭坚创立的。南宋汤正仲《霜入千林图》云："昔王充道送水仙五十枝与山谷，先生欣然作咏'凌波仙子生尘袜'之句，至今脍炙人口。"[①]汤所提到的诗句，出自黄庭坚《王充道送水仙花五十枝欣然会心为之作咏》一诗：

凌波仙子生尘袜，水上轻盈步微月。是谁招此断肠魂，种作寒花寄愁绝。含香体素欲倾城，山矾是弟梅是兄。坐对真成被花恼，出门一笑大江横。[②]

诗中首句化用《洛神赋》"凌波微步，罗袜生尘"原句，将水仙花比作洛水女神，并赐予"凌波仙子"之名。从此，"凌波仙子"不但成为水仙花的别名，在荆州地区沿用至今，而且被诗人们广泛使用，来作为水仙花的象征意象。仅以宋代诗词为例：

可但凌波学仙子，绝怜空谷有佳人。[③]

---

① 郁逢庆《续书画题跋记》卷二。

② 黄庭坚《山谷集》卷七。

③ 张孝祥《以水仙花供都运判院》，《于湖集》卷一〇。

花前犹有诗情在，还作凌波步月看。[1]

花仙凌波子，乃有松柏心。[2]

偷将行雨瑶姬佩，招得凌波仙子魂。[3]

消瘦不胜寒，独立江南路。罗袜暗生尘，不见凌波步。[4]

云卧衣裳冷。看萧然、风前月下，水边幽影。罗袜尘生凌波去，汤沐烟江万顷。[5]

云娇雪嫩羞相倚，凌波共酌春风醉。的皪玉台寒，肯教金盏单。[6]

及至后世，咏水仙花而用凌波仙子意象的更是不可胜数，此处不再详举。

2. 湘水女神（湘妃／君）

屈原《九歌》有《湘君》《湘夫人》两篇。由于屈原未明言湘君、湘夫人是谁，又由于《山海经》中有帝尧之二女居于江渊、潇湘之渊的记载，后人便认为湘君、湘夫人即尧之二女，并构想出二女与舜的爱情故事。

据《史记·秦始皇本纪》载，秦始皇南巡至湘山祠，遇大风，于是问博士:“湘君何神？”博士对曰:“闻之，尧女，舜之妻，而葬此。”[7]《列女传》也说,舜的两个妻子就是尧的女儿,长女曰娥皇,次女曰女英,

---

① 范成大《次韵龚养正送水仙花》，《石湖诗集》卷二五。
② 赵西山《五言古诗散联》，陈景沂《全芳备祖》卷二一。
③ 喻良能《戏咏书案上江梅水仙》，《香山集》卷一三。
④ 杨冠卿《前调·忠甫持梅水仙砑笺索词》，唐圭璋编《全宋词》，第 3 册，第 1860 页。
⑤ 辛弃疾《贺新郎·赋水仙》，《全宋词》，第 3 册，第 1873 页。
⑥ 高观国《菩萨蛮·咏双心水仙》，《全宋词》，第 4 册，第 2352 页。
⑦ 司马迁《史记》，第 168 页。

图 03 ［明］文征明《湘君湘夫人图》。北京故宫博物院藏。

娥皇为后，女英为妃。两人死于江湘之间，楚人习惯上称之为湘君[①]。《博物志 · 史补》和《述异记》则进一步勾勒了湘君、湘夫人与舜的爱情故事，说舜南巡，尧的两个女儿娥皇、女英追寻到湘江，听说舜已死，葬在苍梧山，于是恸哭不已，泪洒青竹，竹皮上泪痕斑斓，成了“湘妃竹”[②]。之后，娥皇和女英涉湘江时，溺死在江中。

尽管有人认为湘君和湘夫人是配偶神，但后世流行的仍是尧之女儿的说法。诗人们也热衷于选择相信凄婉的爱情故事，对娥皇女英的忠贞一再咏叹，湘水女神的意象经常出现在各类文体中。由于水仙花在宋代主要分布在湘鄂、闽越一带，与湘水传说有着地域上的关联性，加之它在水边亭亭玉立，似有所待的风姿，与湘水女神类比在一起便显得极其现成而贴切。因此，在北宋署名为陈图南的咏水仙诗中，类比意象便已出现：

湘君遗恨付云来，虽堕尘埃不染埃。疑是汉家涵德殿，金芝相伴玉芝开。[③]

陈图南将水仙花比作湘水女神，说水仙花的降生是女神来到了凡

① 参张涛译注《列女传译注》，第 3 页。

② 参周永年主编《文白对照全译诸子百家集成——搜神记·博物志》，第 272 页；［梁］任昉《述异记》卷上。

③ 陈景沂《全芳备祖》前集卷二一。

间，虽堕尘世，但不同凡响，就像是汉宣帝神爵初年，金芝九茎产于涵德殿一样，是祥瑞之兆。可见水仙花在诗人心目中的圣洁与珍贵。此外，宋诗词中咏水仙花，湘君、湘妃、湘娥、湘皋、洞庭等字样也不断涌现，屡见不鲜，如：

只疑湘水绡机女，来伴清秋宋玉悲。①

湘娥故把玉钿留，能为幽人一洗愁。②

洞庭风度湘灵瑟，月冷波寒谁写真。③

梦湘云，吟湘月，吊湘灵。④

湘娥化作此幽芳。⑤

仙佩鸣，玉佩鸣，雪月花中过洞庭。此时人独清。⑥

楚江湄，湘娥乍见，无言洒清泪。⑦

岁华相误，记前度、湘皋怨别。哀弦重听，都是凄凉，未须弹彻。⑧

冷艳喜寻梅共笑，枯香羞与佩同纫，湘皋犹有未归人。⑨

3. 汉水女神（江妃）

关于汉水女神，汉代鲁、齐、韩三家的《诗经》学者都曾记载一个故事：传说有一位叫郑交甫的男子，在汉水之滨游玩，遇见了两位

---

① 张耒《水仙花叶如金灯……》，《柯山集》卷二五。

② 郭印《又和水仙花二首》，《云溪集》卷一二。

③ 韩淲《水仙花》，《涧泉集》卷一八。

④ 高观国《金人捧露盘·水仙花》，《全宋词》，第4册，第2349页。

⑤ 吴文英《花犯·郭希道送水仙索赋》，《全宋词》，第4册，第2893页。

⑥ 赵溍《吴山青·水仙》，《全宋词》，第4册，第2952页。

⑦ 周密《绣鸾凤花犯·赋水仙》，《全宋词》，第5册，第3269页。

⑧ 王沂孙《庆宫春·水仙花》，《全宋词》，第5册，第3359页。

⑨ 张炎《浣溪沙·写墨水仙二纸寄曾心传，并题其上》，《全宋词》，第4册，第3509页。

出游的神女，两相悦慕，愉快交谈。神女应交甫的请求，解下随身的玉佩相赠，郑交甫喜出望外，可是举步间，却又失去眼前的神女和怀中的玉佩，因此懊悔不已①。旧题为西汉刘向撰写的《列仙传》“江妃二女”中有同样的记载：“江妃二女者，不知何所人也。出游于江汉之湄，逢郑交甫。见而悦之，不知其神人也……（神女）遂手解佩与交甫。交甫悦，受而怀之，中当心。趋去数十步，视佩，空怀无佩。顾二女，忽然不见。灵妃艳逸，时见江湄。丽服微步，流眄生姿。交甫遇之，凭情言私。鸣佩虚掷，绝影焉追？”②传说中的神女，在江湄丽服微步，飘忽无踪，风姿妙曼。诗人们在临水照影、摇曳生姿的水仙花身上，同样找到了神女风韵：

肌肤剪秋水，垂云出龙宫。我意得子佩，笑许无言中。③

如闻交佩解，疑是洛妃来。朔吹欺罗袖，朝霜滋玉台。④

玉盘金盏，谁谓花神情有限。绰约仙姿，仿佛江皋解佩时。⑤

兰佩解鸣珰，往事凭谁诉。⑥

得水能仙，似汉皋遗佩，碧波涵月。⑦

当时离佩解丁东，淡云低、暮江空。⑧

汉江露冷，是谁将瑶瑟，弹向云中。一曲清泠声渐杳，月

① 参俞艳庭《〈汉广〉三家说探赜》，《黑龙江社会科学》2006 年第 1 期。
② 刘向《列仙传》卷上。
③ 李石《水仙花二首》之一，《方舟集》卷五。
④ 陈景沂《全芳备祖》前集卷二一。
⑤ 韦骧《减字木兰花 · 水仙花》，《全宋词》，第 1 册，第 219 页。
⑥ 杨冠卿《前调 · 忠甫持梅水仙砑笺索词》，《全宋词》，第 3 册，第 1860 页。
⑦ 赵以夫《金盏子 · 水仙》，《全宋词》，第 4 册，第 2661 页。
⑧ 吴文英《燕归梁 · 书水仙扇》，《全宋词》，第 4 册，第 2936 页。

高人在珠宫。晕额黄轻，涂腮粉艳，罗带织青葱。天香吹散，佩环犹自丁东。[①]

（二）男神意象

1. 屈原

晋王嘉《拾遗记·洞庭山》记载："屈原以忠见斥，隐于沅湖，披蓁茹草，混同禽兽，不交世务，采柏叶以合桂膏，用养心神。被王逼逐，乃赴清冷之水。楚人思慕，谓之水仙。"[②]屈原自投汨罗江而死，被楚人追思为水仙，而水仙花姿态高雅、品性贞刚，自然有诗人将它攀附为屈原的化身，或将其意象与屈原相关联出现。如：

断肠莫赋招魂句，我政怜渠趣未穷。[③]

骚魂洒落沉湘客。[④]

春工若见应为主。忍教都、闲亭邃馆，冷风凄雨。待把此花都折取，和泪连香寄与。　　须信道、离情如许。烟水茫茫斜照里，是骚人、九辨招魂处。千古恨，与谁语？[⑤]

含香有恨，招魂无路，瑶琴写怨。[⑥]

2. 琴高

另外，还有将水仙花比作水神琴高的诗作，如韩维《从厚卿乞移水仙花》诗：

翠叶亭亭出素房，远分奇艳自襄阳。琴高住处元依水，

---

① 陈允平《酹江月·赋水仙》，《全宋词》，第5册，第3098页。
② 王嘉《拾遗记》卷一〇。
③ 刘学箕《水仙花分韵得鸿字》，《方是闲居士小稿》卷上。
④ 刘克庄《水仙花》，《后村集》卷一〇。
⑤ 韩玉《贺新郎·咏水仙》，《全宋词》，第4册，第2057页。
⑥ 赵闻礼《水龙吟·水仙花》，《全宋词》，第5册，第3161页。

青女冬来不怕霜。[1]

图 04 ［明］李在《琴高乘鲤图》，上海博物馆藏。

《列仙传》记载:“琴高者，赵人也。以鼓琴为宋康王舍人。行涓彭之术，浮游冀州涿（一作砀）郡之间二百余年。后辞，入涿水中取龙子，与诸弟子期曰:‘皆洁斋待于水傍。’设祠,果乘赤鲤来，出坐祠中。日有万人观之。留一月余，复入水去。琴高晏晏，司乐宋宫。离世孤逸，浮沉涿中。出跃赪鳞，入藻清冲。是任水解，其乐无穷。”[2]很显然，在韩维看来，水神琴高的离世孤逸、浮沉涿中，正与水仙花相配。

需要指出的是，以上所列举的这些意象经常联合出现，尤其是女神形象，往往以两两或三三式的组合出现。如洛神、湘妃的组合：

与水相蒸暖盎春，湘妃洛女是前身。[3]

湘滨人远难闻瑟，洛浦才高最断肠。何似香严真实处，鼻端无窍着猜量。[4]

---

① 韩维《南阳集》卷一一。

② 刘向《列仙传》卷上。

③ 曾丰《谭贺州勉赋水仙花四绝》，《缘督集》卷九。

④ 张镃《水仙花》，《南湖集》卷六。

初疑邂逅，湘妃洛女，似是还非。[①]

又如洛神、汉女的组合：

晓风洛浦凌波际，夜月江皋解佩时。[②]

更有几种意象共同出现的情况，以词作为多：

消瘦不胜寒，独立江南路。罗袜暗生尘，不见凌波步。兰佩解鸣珰，往事凭谁诉。一纸彩云笺，好寄青鸾去。[③]

梦湘云，吟湘月，吊湘灵。有谁见、罗袜尘生。凌波步弱，背人羞整六铢轻。娉娉袅袅，晕娇黄、玉色轻明。　香心静，波心冷，琴心怨，客心惊。怕佩解、却返瑶京。杯擎清露，醉春兰友与梅兄。苍烟万顷，断肠是、雪冷江清。[④]

几年埋玉蓝田，绿云翠水烘春暖。衣熏麝馥，袜罗尘沁，凌波步浅。钿碧搔头，腻黄冰脑，参差难剪。乍声沉素瑟，天风佩冷，蹁跹舞、霓裳遍。　湘浦盈盈月满。抱相思、夜寒肠断。含香有恨，招魂无路，瑶琴写怨。幽韵凄凉，暮江空渺，数峰清远。粲迎风一笑，持花酹酒，结南枝伴。[⑤]

在宋代文学中，除了水中仙人的意象外，水仙花还被比作天仙、姑射仙子、贞女等意象，但数量较少，这里就不一一列举了。

---

① 王炎《朝中措 · 九月末水仙开》，朱德才主编《增订注释全宋词》，第 2 册，第 848 页。

② 徐渊子《七言散句》，陈景沂《全芳备祖》前集卷二一。

③ 杨冠卿《前调 · 忠甫持梅水仙砑笺索词》，《全宋词》，第 3 册，第 1860 页。

④ 高观国《金人捧露盘 · 水仙花》，《全宋词》，第 4 册，第 2349 页。

⑤ 赵闻礼《水龙吟 · 水仙花》，《全宋词》，第 5 册，第 3161 页。

二、宋代文学充分展现了水仙的自然物色之美和内在神韵之美，并由此确立了水仙的人格象征和比德意义

在咏花文学中，描摹花卉的自然物色之美是基础。虽然宋人没有前代的咏水仙文学可进行参考，但凭借咏花文学丰富的经验积累，再加上诗人敏锐的观察与领悟力，水仙的自然物色之美被捕捉得淋漓尽致。水仙的花、叶、茎、根须，乃至于花萼，都被细致地描写出来。人们大量运用联想和比喻，增添其生动性。例如把花瓣与花萼比作金盏银台，把花叶比作韭叶、翠带，把茎比作玉枝，把根比作葱根。

宋人还着重表现了水仙的颜色美和香味美，这是水仙外在自然美的核心。宋人赏花重素轻艳，水仙花色以白、绿、黄三色构成，清秀而不张扬，宋人极为看重水仙的素淡美，在多处加以表现。另外由于花瓣与花萼的形状如杯盘，于是“金盏银台”“玉盘金盏”这些含有金、银、玉字样的词语经常被用来描写水仙的色彩，但并非宋人所重。香味美是水仙为宋人所欣赏的另一个重要原因。水仙花开在秋冬季节，清香宜人，花气具有清、远、持久的特点。以上这些，全部被富有感情地写入了宋代文学。

除了描写外在物色美外，水仙的内在神韵美也被挖掘出来。水仙的素香、傲寒斗霜的风姿，无不显示出其清雅出尘、不同凡俗的内在神韵。水仙花由此被列入风雅层面，人们着意其高雅的花品形象，赋予其清贞的人格象征。

水仙在宋代确立了比德意义。在宋代，水仙与一些同样被赋予清贞品格的花卉联系在一起：“素颊黄心破晓寒，叶如萱草臭如兰。”[①]“杯

① 王之道《和张元礼水仙花二首》，《相山集》卷一三。

擎清露，醉春兰友与梅兄。”[1]这些植物具有的高尚品质，水仙也具有：“花仙凌波子，乃有松柏心。人情自弃忘，不改玉与金。”（赵西山）[2]士人们还让水仙与这些植物称兄道弟，并在人格层面上互相勉励：“殷勤折伴梅边，听玉龙吹裂。丁宁道，百年兄弟，相看晚节。”[3]水仙同松柏、梅花一样不畏严寒、傲霜立雪，体现了它正直刚毅的品格，人们将这一点极力挖掘，力图表现这一盈盈弱质的刚强品性：“冬深犹有水仙花，雪打霜催更好葩。岁岁山间连槛种，数枝亦足傲尘沙。”[4]

宋代文学由是确立了水仙、梅花联咏的模式。自从水仙在黄庭坚笔下被封为梅花之弟后（“山矾是弟梅是兄”），水仙与梅花的联咏就屡见不鲜，成为水仙文学的一个大类。人们或一起歌颂二者共同凌寒斗雪的可贵品质，认为二者联咏相得益彰；或认为水仙不配做梅花兄弟，贬斥水仙，抬高梅花；或另出别调，反过来认为梅花不如水仙。如此种种，不一而足。

宋代还开创了水仙花赋的先河。高似孙的《水仙花前后赋》，洋洋洒洒，充分铺排，将水仙的物色、神韵、比象、品性进行了充分的描写。其《前赋》序中说：“水仙花，非花也。幽楚窈眇，脱去埃滓，全如近湘君、湘夫人、离骚大夫与宋玉诸人。”他认为水仙花的风韵与水神相似，因此赋的正文先是讲帝女、湘君、神妃、冯夷诸位水神，然后写道：“于是乐极忘归，尘空失繝，万虑俱泯，余情独筌……怀琬琰以成洁，抱冰雪以为坚。参至道以不死，秉至精而长年。”[5]其情怀、心境可与屈

① 高观国《金人捧露盘 · 水仙花》，《全宋词》，第 4 册，第 2349 页。
② 陈景沂《全芳备祖》前集卷二一。
③ 赵以夫《金盏子 · 水仙》，《全宋词》，第 4 册，第 2661 页。
④ 韩淲《涧泉集》卷一八。
⑤ 陈元龙《御定历代赋汇》卷一二一。

原的“吸飞泉之微液兮，怀琬琰之华英”一脉相承。

在写了《水仙花前赋》后，高似孙意犹未足，紧接着写了《后赋》，其序中说：“余既作前水仙赋，疑不足以渫余之情者，乃依稀洛神赋为后辞，尚庶几乎！”后赋全仿《洛神赋》体式，将前赋的众多仙女凝练为“湘夫人”一人，描写了其“素质窈袅，流晖便娟，抱德贞亮，吐心芳蠲，婉婳幽静，志泰神闲，柔于修辞，既丰且鲜”的美好形象，塑造了其“志贞介而言妙兮，誓守礼以将之”[1]的贞婉品性。高似孙水仙赋的模式，同样被后世继承。

在宋代，盆栽水仙已普及，如杨万里《漆盆中石菖蒲水仙花水》：“旧诗一读一番新，读罢昏然一欠伸。无数盆花争诉渴，老夫却要作闲人。”[2]陈杰《和友人生香四和》：“水仙盆间瑞香盆。”[3]可见当时水仙大量盆栽，和其他许多花卉一样登堂入室。人们还将水仙作为清供花卉，出现在一些重要场合。如张孝祥就有《以水仙花供都运判院》诗四首。水仙还和蜡梅一样，被用来插瓶观赏。宋范成大《瓶花》诗云：“水仙携蜡梅，来作散花雨。但惊醉梦醒，不辨香来处。”[4]最重要的是，当时水仙的盆景造型艺术已经开始，其最早记载见于许开《水仙花》诗：“定州红花瓷，块石艺灵苗。芳苞茁水仙，厥名为玉霄。”[5]此诗说明宋代水仙即用著名的定州红瓷为盆，放入玲珑块石，成为盆景艺术。

墨水仙诗词也在宋代发端。按四库检索，颇早的一首是张镃《题水墨画水仙木犀》，稍后有陈著《赋贾养晦所藏王庭吉廸柬墨水仙花》

---

① 陈元龙《御定历代赋汇》卷一二一。

② 杨万里《诚斋集》卷三八。

③ 陈杰《自堂存稿》卷四。

④ 范成大《石湖诗集》卷三二。

⑤ 陈景沂《全芳备祖》前集卷二一。

等诗作。至于词作方面，吴文英有题水仙扇词《燕归梁·书水仙扇》一首，张炎画过《墨仙双清图》，并题《清平乐》云："丹丘瑶草，不许秋风扫。记得对花曾被恼，犹似前时春好。湘皋闲立双清，相看波冷无声。独说长生未老，不知老却梅兄。"[①]此外，张炎还另有数首专题墨水仙词，对墨水仙可谓情有独钟。

第二节　元明清及近代的水仙文学

元明清三代咏水仙文学，是对宋代咏水仙文学的延续。这三个朝代的咏水仙诗，继承了宋代咏水仙诗的许多现成模式，但又有所新变。

一、从元代开始，题画水仙诗和墨水仙诗大幅度增加，一时成为水仙文学的重要题材

元代题画诗和墨水仙诗在水仙诗歌中比例极大，这主要是因为经过一段时间的发展，水仙绘画逐渐走向成熟。南宋末期出现了一位以墨水仙名世的大家，他就是赵孟坚。赵孟坚，字子固，号彝斋居士，浙江湖州人，宋宗室，太祖十一世孙，是南宋末年兼具贵族、士大夫、文人三重身份的著名画家。他工诗善书，擅水墨白描水仙、梅、兰、竹、石，其中以墨兰、白描水仙最精，给人以"清而不凡，秀而雅淡"之感。传世作品有《水仙图卷》《岁寒三友图》《墨兰图》等。赵孟坚为书画大家，水仙画为其代表作，为历代评画者所叹赏："子固为宋宗室，精于花卉，平生画水仙极得意，自谓飘然欲仙。今观此卷，笔墨飞动，真不虚语。"[②]"兰雪坡刘芴歌水仙者曰：'凌波仙子言轻盈，缥缈可凌

---

① 《全宋词》，第 5 册，第 3513 页。

② 郁逢庆《书画题跋记》卷七。

波也，子固此画庶几为花传神矣。'" [1]赵孟坚有《自题水仙花》诗："自欣分得槠山邑，地近钱清易买花。堆案文书虽鞅掌，簪缾金玉且奢华。酒边已爱香风度，烛下犹怜舞影斜。矾弟梅兄来次第，搀春热闹令君家。" [2]赵氏水仙卷一出，其友人便有题咏者，如仇远《题赵子固水墨双钩水仙卷》：

冰薄沙昏短草枯，采香人远隔湘湖。谁留夜月群仙佩，绝胜秋风九畹图。白粲铜盘倾沆瀣，清明宝玦破珊瑚。却怜不得同兰蕙，一识清醒楚大夫。[3]

赵孟坚去世后几年，南宋便灭亡。因此，他的朋友如仇远等人，实际上大都为由宋入元人士。元后，不断有人吟咏赵孟坚水仙画，并且随着时间的推移逐步增多，成为墨水仙诗的主要部分。

图05 ［宋］赵孟坚《水仙》。美国米弗利尔美术馆藏。

① 汪砢玉《珊瑚网》卷三〇。

② 朱存礼《赵氏铁网珊瑚》卷一二。

③ 仇远《山村遗集》。

另外，元代出现了一些水仙绘画名家，如卢益修、虞瑞岩、钱选等。因为一大批文人画家参与到水仙画的创作和题咏中来，于是元代墨水仙诗出现了相对颇为可观的状况。

到了明清两代，除了咏赵子固水仙，咏钱选水仙的诗作也随处可见。钱选，字舜举，号玉潭，晚年更号霅川翁，吴兴（今浙江湖州）人。宋景定三年（1262）进士，善画花鸟、山水、人物，元初与赵孟頫等人并称“吴兴八俊”。钱选也有题水仙诗存世：“帝子不沈湘，亭亭绝世妆。晓烟横薄袂，秋濑韵明珰。洛浦应求友，姚家合让王。殷勤归水部，雅意在分香。”[①]钱选虽不独以水仙图名世，但其水仙图久负盛名，因此后世吟咏颇多。

图06　[元]钱选《八花图卷》之水仙。北京故宫博物院藏。

明代单个作家咏墨水仙最多的是著名文士徐渭。徐渭为当时泼墨写意画大师，他的写意花卉，用笔狂放，笔墨淋漓，不简单追求物象

① 钱选《水仙花图》，顾嗣立《元诗选二集》卷二。

外表形式，独创水墨写意画新风，与陈道复并称“青藤、白阳”，对后世影响很大。他现存水仙诗九首，都是题画诗，可谓诗画双绝。明代另一位水仙画名家仇英（约 1498 ～约 1552），字实父，一作实甫，号十洲，太仓（今江苏太仓）人，移家吴县（今江苏苏州）。仇英是明代有代表性的画家之一，与沈周、文征明和唐寅被后世并称为“明四家”，亦称“天门四杰”。仇英在他的画上，一般只题名款，因此并未有自题水仙诗名世。但清代仇英水仙图也见诸吟咏，如乾隆皇帝有《仇英水仙蜡梅》《题仇英水仙蜡梅小幅迭旧韵》《题仇英水仙》三首。

图 07 ［明］徐渭《杂花图》水仙竹（部分）。中国国家博物馆藏。

在水仙文学中出现了大批墨水仙诗的时候，水仙与其他花卉的联咏也转入到绘画领域。元代以后，除水仙和梅花的联咏数量不断增加外，还增添了许多新的联咏花木，如《题兰水仙墨竹》（元袁士元）、《题费而奇画水仙月季花》（清查慎行）等。更有人将水仙列入三香、五君子之类，直接出现了题三香、五君子的题目。所谓三香是指水仙、梅、山矾，如明刘基撰《题三香图》：“梅是玉堂花，和羹有佳实。水仙如淑女，婉娩抱贞质。山矾直而劲，野处似隐逸。”[①]而五君子是将水仙与松柏梅竹比并，如乾隆《题钱维城五君子图》有“松柏水仙梅与筠，天然结契意相亲”[②]之句。

二、意象的继承和品格的深化

元至清代的水仙文学延续了宋代的吟咏模式，水仙的类比意象没有大的变化，仍是洛神、湘神、灵均、琴高、姑射、青女、素娥之类。但有更多的人注重了水仙品格的完善，水仙在元代正式被封为雅客（《三柳轩杂识》水仙为雅客）[③]，即是宋代水仙花高雅形象的延续。水仙的出尘脱俗作为基本品质在每一篇吟咏中几乎都要被提到，与之相伴，水仙的清、贞、傲寒特性也被人们一提再提，水仙在宋代被期许的外柔内刚品质继续被强化。可以说，以上几点，从外在和内在形成了咏水仙文学的窠臼，元至清代的咏水仙文学，概莫能外。仅举元至清代的水仙赋为例便可说明此情况。

元任士林《水仙花赋》以水神仙子为原型塑造水仙花形象，开篇讲述水神蝉蜕变为水仙花的传说：“眇伊人之蝉蜕兮，宅清泠以为扉。”这句是描写环境，因为水仙花生于阴湿之地，故称“宅清泠以为扉”；然后重点描绘了水仙的肖像：“曳青葱之华裾兮，倚玉韭之披披。逍遥清霜之夕，徘徊明月之辰。佩乞碧霞，衣纫绿云。”水仙之叶如青葱、

① 刘基《诚意伯文集》卷三。

② 爱新觉罗·弘历《御制诗集》三集卷八六。

③ 陈梦雷等《古今图书集成》，“博物汇编·草木典”卷一二一，水仙部。

玉韭，色绿而厚，故称“青葱之华裙”“玉韭之披披”。水仙花在冬春之际开花，故称“逍遥清霜之夕，徘徊明月之辰”[1]。由这些句子可以看出，任士林仍采取传统手法，以花拟仙，以仙喻花，使水仙花与水仙子形象合一。

清代著名诗人龚自珍在十三岁时仿《洛神赋》写了一篇《水仙花赋》，开篇也是追溯了水仙花的来历，他写道：

有一仙子兮，其居何处？是幻非真兮，降于水涯。骈翠为裾，天然装束；

将黄染额，不事铅华。时则艳雪铺峦，懿芳兰其未蕊；玄冰荐月，感雅蒜而先花。

花态珑松，花心旖旎。一枝出沐，俊拔无双。半面凝妆，容华第几？

弄明艳其欲仙，写淡情于流水。磁盆露泻，文石苔皴。休疑湘客，禁道洛神。

端然如有恨，翩若自超尘。姑射肌肤，多逢小劫。玉清名氏，合足前身。[2]

龚自珍认为水仙花不是洛神、湘夫人变化的，因为她们缺少冰清玉洁之气。《庄子·逍遥游》说“藐姑射之山，有神人居焉，肌肤若冰雪，绰约若处子”，因此龚自珍将水仙比作“藐姑射神人”的转世，结尾处说水仙“姿既媲乎美人，品又齐乎高士”，无论是正文还是结语，都不脱前人范式。

在所有内容形式相似的水仙花赋中，明徐有贞的《水仙花赋》是

---

① 任士林《水仙花赋》，《松乡集》卷六。

② 龚自珍《龚自珍全集》，第 2 辑，第 409 页。

一篇集大成的经典之作。这篇赋基本包括了所有对水仙形象的女性比拟，并将水仙的比德精神发挥到极致，在“特举其形似之末”后，又“究其理趣之实”，认为水仙的操行“非夫至德之世，上器之人，孰为比拟而与之伦哉”，并给水仙花下了总结性定论：“清兮直兮，贞以白兮，发采扬馨，含芳泽兮，仙人之姿，君子之德兮。”[①]这“仙人之姿，君子之德”是对水仙品性象征的高度概括。

以上一干赋作，鲜明地体现了宋代吟咏模式在元明清三代的延续，同时也表现了“比德”意义的深化。除赋作外，清代著名小说《镜花缘》也对水仙比德的深化有所反映。书中在第五回通过上官婉儿之口把三十六种花分为三等，即十二师、十二友、十二婢。十二师，分别为牡丹、兰花、梅花、菊花、桂花、莲花、芍药、海棠、水仙、腊梅、杜鹃、玉兰，它们“或古香自异，或国色无双。此十二种品列上等。当其开时，虽亦玩赏，然对此态浓意远，骨重香严，每觉肃然起敬，不啻事之如师”[②]，水仙在这里已经上升到宗师的高度。

三、水仙在南方的繁盛，以及在北方的普及和吟咏

在我国，宋代水仙的栽培已经几乎遍及东南各省，到了明清时期，尤其是清代，南方水仙的养殖更是空前繁盛。清代光绪年间，漳州水仙已实现规模化出口，仅光绪七年(1881)，出口水仙鳞茎金额就达48558海关两（银）。民国时期，出口金额仍在不断增加，1925年已达138216银元[③]。

明清时期，除漳州外，水仙的著名产地还有普陀、苏州以及金陵（今

---

① 徐有贞《武功集》卷一。

② 李汝珍《镜花缘》，第15页。

③ 参金波等编著《水仙花》，第10页。

南京）等地，尤其是金陵水仙，被清初著名文士李渔誉为“天下第一”。李渔对水仙的感情非比寻常，已经到了嗜之如命的程度。他在《闲情偶寄·种植部·草木三·水仙》一条中，表达了自己对水仙的深厚感情：

> 水仙一花，予之命也！予有四命，各司一时：春以水仙、兰花为命，夏以莲为命，秋以秋海棠为命，冬以蜡梅为命。无此四花，是无命也；一季缺予一花，是夺予一季之命也。
>
> 水仙以秣陵为最，予之家于秣陵，非家秣陵，家于水仙之乡也。记丙午之春，先以度岁无资，衣囊质尽，迨水仙开时，则为强弩之末，索一钱不得矣。欲购无资，家人曰：“请已之。一年不看此花，亦非怪事。”予曰：“汝欲夺吾命乎？宁短一岁之寿，勿减一岁之花。且予自他乡冒雪而归，就水仙也，不看水仙，是何异于不返金陵，仍在他乡卒岁乎？”家人不能止，听予质簪珥购之。
>
> 予之钟爱此花，非痂癖也。其色其香，其茎其叶，无一不异群葩，而予更取其善媚。妇人中之面似桃，腰似柳，丰如牡丹、芍药，而瘦比秋菊、海棠者，在在有之；若如水仙之淡而多姿，不动不摇，而能作态者，吾实未之见也。以“水仙”二字呼之，可谓摹写殆尽。使吾得见命名者，必颓然下拜。①

李渔开篇直呼：“水仙一花，予之命也！”虽然他提到自己有“四命”，但在描写其他花卉的时候，并没有描写水仙这般强烈的感情。他对水仙的钟爱无以伦比，溢满笔端：他说自己选择居住在金陵，是因为金陵是水仙之乡；在无钱过年的情况下，也要想尽办法去买水仙，否则自己冒着风雪、历尽艰辛返回金陵过年就没有意义了。因此，“宁短一

---

① 李渔《闲情偶寄》卷五，第 286 页。

岁之寿，勿减一岁之花”，表明其对水仙的痴爱已经到了舍命的地步。

李渔特意强调，他对水仙的钟爱不是一种怪癖，而是因为水仙“其色其香，其茎其叶，无一不异群葩”，他尤其看好水仙“淡而能媚”的一面，说这是群花所不具有的。在历代描写水仙的作品中，李渔的这个观点比较独特。

此外，李渔还表达了对金陵水仙培育技术的钦佩，他在后文说道：

> 不特金陵水仙为天下第一，其植此花而售于人者，亦能司造物之权。欲其早则早，命之迟则迟。购者欲于某日开，则某日必开，未尝先后一日。及此花将谢，又以迟者继之，盖以下种之先后为先后也。至买就之时，给盆与石而使之种，又能随手布置，即成画图，皆风雅文人所不及也。岂此等末技，亦由天授，非人力邪？[①]

可见当时的水仙栽培技术和盆景艺术已经臻于化境，令人叹为观止。

由于这些技术上的完善，明清时期的北方地区，如北京这样的城市也出现了水仙的踪影。明崇祯年间，北京郊区丰台的草桥已经是繁殖水仙的基地。明《帝京景物略》记载：“右安门外南十里草桥，方十里，皆泉也……土以泉，故宜花，居人遂花为业……入春而梅，而山茶，而水仙……”[②]清代《光绪顺天府志》记载：“水仙……草桥圃人每逢庙市，肩担成集。”[③]说明当时北京已能培育这种在南方生长的植物。同是光绪时代的《燕京岁时记》一书中也记载了在护国寺、隆福

① 李渔《闲情偶寄》卷五，第286页。

② 刘侗、于奕正《帝京景物略》卷三，《四库存目丛书》本。

③ 《光绪顺天府志》卷五〇，《续修四库全书》本。

寺的花市上售卖花卉的情况："春日以果木为胜，夏日以茉莉为胜，秋日以桂菊为胜，冬日以水仙为胜。"[①]这些记载都说明，明清时期，水仙是不仅限于在南方才能看到的观赏植物，它在当时的首都北京已经普及开来。由于北方气候寒冷，水仙需室内养护才能开花，它越来越成为案头欣赏的植物。于是在北方诗人的诗作中，除墨水仙外，描写室内水仙、案头水仙、瓶中水仙的诗词也占很大比重。如清代的康熙皇帝现存的水仙诗，题目即为《见案头水仙花偶作二首》；康熙朝吏部侍郎汤右曾撰《咏斋中水仙》(己丑除夕作)；乾隆皇帝也有两首题为《咏案头水仙》的诗作。乾隆皇帝对水仙花情有独钟，其吟咏水仙花诗歌达59首。在他的带动下，一些臣子也有水仙诗的和作。这对清代的咏水仙文学来说，是一个重要的组成部分。

这些都体现了元明清朝水仙文学的新变。

四、到了近代，人们对水仙的关注未曾减退，水仙文学也未曾衰落消歇

近代著名书画大家吴昌硕最擅长写意花卉，所画梅、兰、竹、菊及水仙等皆负有盛名。他称赞水仙："此花中之最洁者。凌波仙子不染点尘，香气清幽，与寒梅相伯仲。箫斋清贡，断不可缺。"并为水仙赋诗云："溪流溅溅石峪岈，菖蒲叶枯兰未芽，中有不老神仙花，花开六出玉无瑕，孤芳不入王侯家。苎萝浣女归去晚，笑插一枝云鬓斜。"[②]他与水仙还有一则趣话：养水仙花的盆有陶质、瓷质、石质的，他却以砖砚供养水仙花。吴昌硕除为此作一幅画外，又题小诗一首："缶庐

① 敦崇《燕京岁时记》，南图藏光绪刻本，第13页。

② 吴昌硕著，吴东迈编《吴昌硕谈艺录》，第95页。

图08 吴昌硕《天竺水仙图》。北京匡时2014年夏季艺术品拍卖会展示。

长物唯砖砚，古隶分明宜子孙。卖字年来生计拙，商量改作水仙盆。”[①]诗中所说的砖砚是用古砖改制而成的砚台，颇为珍贵，且据吴昌硕说，家里的“长物”只有砖砚了，但他还是用来做水仙的花盆。虽然此诗不乏自嘲调侃的意味，但我们从中知道，水仙在吴昌硕这位一代宗师的心目中，地位是颇为不凡的。

不仅书画名家喜爱水仙，如秋瑾这样的女革命家也对水仙情有独钟，她曾赋诗咏道：“洛浦凌波女，临风倦眼开。瓣疑呈玉盏，根是谪瑶台。嫩白应欺雪，清香不让梅。余生有花癖，对此日徘徊。”[②]此诗处处赞美水仙美丽的风姿、高洁的气质，其“清香不让梅”之句自然让人联想到秋瑾巾帼不让须眉的英姿。

由此可见，水仙在近代仍是人们喜爱描写的花卉。水仙文学并没有消歇，它具有着持久的生命力。

① 吴昌硕著，吴东迈编《吴昌硕谈艺录》，第95页。

② 郭延礼选注《秋瑾诗文选》，第38页。

第二章　水仙的物色形象

第一节　水仙的自然美

水仙作为一种著名观赏花卉，本身具有独特的外在自然物象之美。从总体外观来看，水仙的叶青翠柔长，秀美动人；花茎亭亭玉立，笔直挺拔；含笑而开的花朵排序整齐，小巧素雅，香味浓郁；花蕊黄白相间，娇美异常，具有极强的审美性。尤其是被做成专门的观赏盆景后，更是不可替代的佳品。

中国水仙属多花水仙类，在分类上有单瓣和复瓣两种。据《洛阳花木记》载："水仙丛生下湿地，根似蒜头，外有薄赤皮。冬生叶如萱草，色绿而厚。春初于叶中抽一茎，茎头开花数朵，大如簪头，色白圆如酒杯，上有五尖中承黄心，宛然盏样，故有金盏银台之名。其花莹韵，其香清幽。一种千叶者，花片卷皱，下青黄上淡白，不做杯状，世人重之，指为真水仙。一云单瓣者名水仙，千瓣者名玉玲珑，亦有红花者。"[①]单瓣水仙花冠白色，花瓣六瓣，花蕊外有一层呈喇叭形的黄色副冠，看起来就像一个白色的托盘，托着一个精致的黄色酒盏，因此被形象地称作"金盏银台"。复瓣的水仙为白色重瓣花，花瓣褶皱，里层花瓣下端

① 汪灏等《御定佩文斋广群芳谱》卷五二。

图 09　海边丛生水仙。图片引自网络。（本书所引用的图片有很多来源于网络。凡图片所在网页明确标注摄影者、作者或上传者真实姓名或其他名号的，均依所见网页注明，称“某某摄，某网站”。若图作者未注明，则径称“引自某网站”。若图片是通过网络搜索引擎检索获得，来源网站不明，则只简注“图片引自网络”。因本书属于学术研究著作，所有图片之征引，皆为学术研究之目的，不用于营利，故相关图片之引用均不向有关作者支付酬金，祈请图片的摄影者和作者谅解海涵。在此谨向图片的摄影者、作者、上传图片的网友等各界朋友表示诚挚的敬意、祝福和感谢。本书其他章节有类似引用网络图片的情形，不再详细说明）

淡黄色，但不呈酒盏状，被称为“玉玲珑”。一般的花都是以重瓣者为贵，而水仙却是以单瓣为贵，这是因为重瓣的观赏效果和香气都不如单瓣。但也有一些人认为玉玲珑才是水仙的本来品种，而金盏银台为变种，即《洛阳花木记》所说的：“世人重之，指为真水仙。”实际上，世人多以单瓣为重，文学作品中也大多描写金盏银台而少提及玉玲珑，只有少数篇目为玉玲珑做一下翻案文章。至于所提到的红花水仙，属于罕有品种，除《酉阳杂俎》外，亦未见于其他文献，这里就不多加讨论。下面我们从色彩美、香味美、造型美等几方面来认识一下水仙的外在之美。

一、色彩美

单瓣水仙和复瓣水仙花形有很大差别，但是色彩基本一致，都以黄白为主。水仙花瓣黄色鲜明娇嫩,白色莹润剔透。人们将黄色比作金、玉，将白色比作银、玉、琉璃，于是便有了许多含金带银，或含金带玉的比喻，如“金芝相伴玉芝开”[①]“折送南园栗玉花”[②]“琉璃擢干耐祁寒，玉叶金须色正鲜”[③]等。人们又根据水仙的花形，将它比作金玉的杯盏酒器，这类比喻为数众多，如“六出玉盘金屈卮”[④]“三星细滴黄金盏，六出分成白玉盘”[⑤]“龙宫陈酒器，金盏白银台”[⑥]“银台金盏惟须酒”[⑦]“花似金杯荐玉盘”[⑧]“金盏银台映绿樽”[⑨]等。水仙由此被认为具有金玉之相，“表表金玉相”[⑩]“粹然金玉相”[⑪]。后来人们在房中摆放水仙，除欣赏之外，也取其“金玉富贵”之意。

文人们并不满足于只描写水仙的“金玉”表象，甚至有人认为将水仙外表比作金玉是将其俗化，如“金盏银台天下俗”[⑫]“银台金盏谈何俗”[⑬]。于是将金玉的比喻由表象深入到内核，称水仙金相玉质、金

① 陈图南《咏水仙》，陈景沂《全芳备祖》前集卷二一。
② 黄庭坚《吴君送水仙花二大本》，《山谷集》卷七。
③ 郭印《水仙花二首》，《云溪集》卷一二。
④ 姜特立《水仙》，《梅山续稿》卷九。
⑤ 袁说友《江行得水仙花》，《东塘集》卷四。
⑥ 洪适《水仙》，《盘洲文集》卷八。
⑦ 郑清之《督觉际植花》，《安晚堂集》卷六。
⑧ 杨载《水仙花》，《杨仲弘集》卷八。
⑨ 杨慎《水仙花》，《升庵集》卷三四。
⑩ 陈景沂《全芳备祖》前集卷二一。
⑪ 陈傅良《水仙花》，《止斋集》卷四。
⑫ 陈景沂《全芳备祖》前集卷二一。
⑬ 杨万里《水仙》，《诚斋集》卷二八。

玉之质，认为水仙只有具有金玉一样坚贞的品质，才不枉人们对它的赞美和期许，才能和松柏梅兰等花卉比并，才能完成从外在自然美到内在精神美的升华。而既具有金玉之相，又具有金玉之质的水仙，即非一般花卉所能比及的了。因此，水仙又被称为国色、国香，可居雅室，可登朝堂。元蒲道源称它“玉质金相擅国香”①。清吏部侍郎彭孙遹《水仙花》云：“莫将国色轻相比，碧玉从来是小家。”②显然将水仙在群芳中的地位提到牡丹的高度。乾隆皇帝《题仇英腊梅水仙小幅叠旧韵》更是对这一现象的一个总结：“玉质标来宜近水，金相放处正冲寒。毡庐试展香盈室，那藉寻常睡鸭兰。”③

图10　复瓣水仙。图片引自网络。

① 蒲道源《赋水仙花》，《闲居丛稿》卷八。
② 彭孙遹《松桂堂全集》卷三四。
③ 爱新觉罗 · 弘历《御制诗集》三集卷一一。

除了单纯的金盏银台、金玉表象等物态描摹外，对水仙的描写，还有一个将其比喻为水中仙人的重要模式，水仙的各个部分也就成了仙人身上的装饰：青翠柔长的叶片常被比作翠袖、碧绿的垂带或羽衣；黄色的花冠被比作黄冠、美人头上的额黄或鹅黄的衣衫；白色的花瓣被比作美人的衣裙，甚至是白皙的肤色。经过这些装扮，水仙花就变成了一位头上戴着黄冠（“黄冠表独立”①），额间涂抹额黄（“额间拂杀御袍黄”②），身上穿白色衣裳，凌波而来的仙子（“凌波仙子白霓裳”③）；或者身着黄衣，身佩绿带的宫装美人（“宫样鹅黄绿带垂”④）；抑或是翠袖翠裙（“翠裙湿凉蟾”⑤），披翠羽衣（“玉质檀心翠羽衣”⑥），头戴缃冠白玉珈（“翠帔缃冠白玉珈”⑦）的清丽佳人。这些描写大大加深了色彩的灵动性，使水仙的色彩美更进一步突出。

实际上，水仙如金而不绚丽，似玉而不俗贵。它的白是素雅的白，黄是柔嫩的黄，加上绿色的枝条掩映，属于颜色和谐、淡雅怡人的花卉品种。而且宋人赏花普遍有着重素轻艳的特点，他们往往称赞那些外表素雅、香气悠远的花卉，如梅花、白莲、茉莉等，水仙能进入他们的审美视野也是因为具有这样的特点。尽管由于吟咏模式等原因，水仙花有时被插了满身的金翠，实际上更多的人还是着眼于水仙的素雅，歌颂它的淡色之美。

---

① 朱熹《赋水仙花》，《晦庵集》卷五。
② 杨万里《水仙花》，《诚斋集》卷八。
③ 释来复《赵子固水仙》，《元艺圃集》卷四。
④ 张耒《水仙花叶如金灯……》，《柯山集》卷二五。
⑤ 韩性《题水仙图》，张豫章等《御选元诗》卷二〇。
⑥ 胡寅《和叔夏水仙》，《斐然集》卷四。
⑦ 爱新觉罗·玄烨《圣祖仁皇帝御制文集》卷三七。

韦骧公然批评艳色花卉："红紫妖韶何足计。"[①]认为这些花卉虽能在和暖的季节鲜艳一时，但经不住风霜的考验，而水仙"正白深黄态自浓，不将红粉作华容"[②]的原因正是"拒霜已失芙蓉艳，出水难留菡萏红"[③]。在素姿淡颜之下，是经历风霜寒水洗练后品不完的风韵气度，可谓似淡实浓的典型。士人们赞扬水仙：素姿芳洁，清铅素靥，欣赏它能够"素颊黄心破晓寒"[④]，倡导"青裳素面天应惜"[⑤]。周紫芝九江初见水仙花，便对它的素色之美感叹道："世上铅华无一点，分明真是水中仙。"[⑥]可见在宋代，水仙的素色之美是人们欣赏的主流。这种倾向延续后世，元明清的水仙文学也看重素色之美。元刘鹗诗："水府群仙别一家，清标为洗世铅华……素质自堪齐玉雪，冰肌那肯混烟霞。"[⑦]明李东阳《水仙》诗："水中仙子素衣裳……不是人间富贵妆"[⑧]之句，道出素色欣赏的背后，正是士人们所看重的素净淡泊的人生境界。

二、香味美

宋人对花卉进行审美，除看重素色外，另一个重要的方面是花朵的清香。宋初诗人韩琦赏花时即表现出"重香"倾向："俗人之爱花，重色不重香。吾今得真赏，似矫时之常。"[⑨]这个倾向在宋代具有广泛性，而宋人看重水仙花，也是因为香气美是水仙外在美的重要组成部分。

---

① 韦骧《减字木兰花·水仙花》，《全宋词》，第1册，第219页。
② 曾协《和翁士秀瑞香水仙二首》，《云庄集》卷二。
③ 韩维《谢到水仙二本》，《南阳集》卷一一。
④ 王之道《和张元礼水仙花二首》，《相山集》卷一三。
⑤ 陈与义《简斋集》卷一四。
⑥ 周紫芝《九江初识水仙》，《太仓稊米集》卷三八。
⑦ 刘鹗《水仙花二首》，《惟实集》卷六。
⑧ 李东阳《怀麓堂集》卷六〇。
⑨ 韩琦《夜合》，《安阳集》卷一。

水仙在寒冬腊月开放，其香气幽远绵长，受到普遍的喜爱。水仙的香是一种清香，人们在描述其香气的时候多用清芬、清香、幽香之类的词语，如“水仙花露幽香吐”[1]“一种清芬绝可怜”[2]。水仙的香气清幽持久，让人爱嗅爱赏，多生亲近之心，一些妇女甚至将它作为装饰品，佩戴在身上。晁说之咏水仙花诗题云：“四明岁晚水仙花盛开，今在鄜州辄思之。此花清香异常，妇人戴之，可留之日为多。”他还替不能接触到水仙的女子惋惜道:“枉是凉州女端正，一生不识水仙花。”[3]

图11　水仙花。图片引自网络。

水仙的清香又不是一般的清香，它是水仙在群花中确定地位的关

① 胡祗遹《点绛唇》，《紫山大全集》卷七。

② 刘克庄《水仙花》，《后村集》卷一〇。

③ 晁说之《景迂生集》卷七。

键因素，正是有了这种别具一格的香气作为资本，水仙才能“自信清香高群品”[①]。韩维曰:“异土花蹊惊独秀,同时梅援失幽香。”[②]杨慎曰:“清香况复赛兰荪。”[③]描述水仙清香超越了梅、兰，都是对水仙香气的极大肯定。前文提到水仙因玉质金相而有国色之誉，那么它的香高群品也相应有了国香之称，所谓“金质玉相擅国香”即是此意。黄庭坚也有托意之作云：“可惜国香天不管，随缘流落小民家。”[④]后来有几位诗人曾屡次援引“可惜国香天不管”之句，只是去其托意，直咏水仙，似为水仙的香气没有得到世人足够的重视而不满。

水仙的香除了被描述为“清香”外，另外一个用得最多的形容词就是“寒香”，这是由水仙开放的季候和人们赏花的环境所决定的。水仙开在寒冬，人们在欣赏室外水仙或较冷的室内的水仙时，自然有一种寒香清透的感受。宋王十朋《十八香》词,有一首《点绛唇》专咏“寒香水仙”[⑤]; 宋黄庭坚也有“寒香寂寞动冰肌”[⑥]这样的诗句。

三、姿态美

姿态美，是水仙整体外貌给人带来的审美感受。水仙为草本植物，植株本身比较柔软。一丛水仙,外面包裹着柔长细叶,里面是数枝花箭,上面点缀着素雅的花朵，自然有一种柔婉的姿态美。杨万里诗云“水仙头重力纤弱，碧柳腰支黄金萼，娉娉臬臬谁为扶”[⑦]，突出的就是这一点。

---

① 姜特立《水仙》,《梅山续稿》卷九。

② 韩维《从厚卿乞移水仙花》,《南阳集》卷一一。

③ 杨慎《水仙花四绝》,《升庵集》卷三四。

④ 黄庭坚《次韵中玉水仙花二首》,《山谷集》卷一〇。

⑤ 王十朋《点绛唇》,《全宋词》，第 3 册，第 1353 页。

⑥ 黄庭坚《刘邦直送早梅水仙花三首》,《山谷集》卷一〇。

⑦ 杨万里《再并赋瑞香水仙兰三花》,《成斋集》卷二八。

除柔婉外，人们还关注水仙其他各种动人姿态。在诗人们的笔下，水仙是“芳姿绰约”“素姿优雅”“仙姿婀娜”的。的确，当我们看到水仙绿叶轩昂，俏立水中，花朵垂垂，欲语还休，其优雅动人的姿态正如水中仙女一般。人们在文学作品中用许多仙女的身姿来比拟水仙，即是对水仙美丽姿态的认可。

图12　水仙盆景。图片引自网络。

水仙的姿态美，在不同环境下又有不同呈现：临水而翩翩，遇风而婆娑，带雨而垂垂，对雪而幽独，可谓姿态万千。而其中人们最欣赏的还是水仙傲霜斗雪的素颜寒姿。

图13　水仙根叶造型。图片引自网络。

除整体外，水仙各个部分的姿态也被文人们关注，如写其叶，“翠叶亭亭出素房”[①]“韭叶秀且耸”[②]；写其茎，“黄中秀外干虚通”[③]；写单瓣水仙花瓣，“三星细滴黄金盏，六出分成白玉盘”[④]；写复瓣水仙花瓣，“薄揉肪玉围金钿”[⑤]。因为水仙可以脱离泥土，在水中清养开花，因此在其他花卉描写中极少提到的根须，也成为水仙姿态美的一个部分，“韭叶葱根两不差[⑥]”“水仙头重力纤弱”[⑦]。水仙从头到脚各个部分都可以用来观赏，这在花卉中是独一无二的。人们将其插瓶或盆养在

① 韩维《从厚卿乞移水仙花》，《南阳集》卷一一。
② 陈景沂《全芳备祖》前集卷二一。
③ 韩维《谢到水仙二本》，《南阳集》卷一一。
④ 袁说友《江行得水仙花》，《东塘集》卷四。
⑤ 杨万里《千叶水仙花》，《诚斋集》卷二九。
⑥ 杨万里《千叶水仙花》，《诚斋集》卷二九。
⑦ 杨万里《再并赋瑞香水仙兰三花》，《诚斋集》卷二八。

房间内，尽情欣赏它的美丽姿态。尤其当人们将水仙的根茎枝叶加以处理，加工出造型各异的盆景时，水仙的姿态之美更是美不胜收。水仙盆景不但有赏花型，还有赏花叶型、赏花根型，配以假山流水、各类机巧装饰，在方寸之间展现水仙千姿百态，在有限的空间里表现出了无限的情趣和意境。

第二节　不同生态环境中的水仙

花卉植物是自然环境中的产物，因此描写花卉的文学作品不免要提到风霜雪雨露等自然气候和水月泥土沙等自然物象。水仙也处于这种描写模式中，但又有其自身的特色存在。从共性和个性出发，我们着重讨论以下三种气候、环境下的水仙。

一、水月水仙

水与月的组合，是古代文学作品中的常用组合，在描写花卉时更是如此。人们所熟知的林逋咏梅经典佳句“疏影横斜水清浅，暗香浮动月黄昏”，使用的就是这一组合。水仙和梅花二者出现的季节环境有诸多相同之处，因此经常在诗里被并举，而水月梅花的模式，也或多或少地被承袭下来，延续成水月水仙的模式。

“水仙丛生下湿地”，并可以脱离土壤，只靠清水生存，其生物特性决定了它与水的密切关系。不管是野生水仙还是室内水仙，除了栽培期之外，人们欣赏的水仙都在湿地或水边。水仙借水开花，因水得名，水不但滋养了水仙，使得它“借水开花体态丰”[①]，而且赋予水仙清洁

---

① 刘学箕《水仙花分韵得鸿字》，《方是闲居士小稿》卷上。

与鲜亮，赋予了它不同凡品的风韵气度。水仙与水的关系、水仙在水边的姿态是水仙所处环境中人们描写最多的一项。

许多人都对水仙能够纯粹脱离土壤，只靠一盆清水生叶开花的特性惊讶不已。黄庭坚在《次韵中玉水仙花二首》中就发出这样的感叹:“借水开花自一奇”,这是其他花卉所不具有的特性。而且水仙不只这一奇，借水开花之后,它还能吸收水的精华和灵性,将其归为己用,即所谓“得水能仙天与奇”①“水沉为骨玉为肌”②，这使水仙从骨子里就透着那么一股洁净，远远高出了其他泥土滋养出来的花卉。

在文学作品的刻画中，人们由水仙与水，往往联想到水中仙人踏水而来，如:“毫茫凌波微步来”③;水仙时或伫立水边，若有所思、所待:“翩翩凌波姝，伫立江之汜”④“婀娜仙姿江汉阿”⑤；时或临水照影，顾影自赏、自怜：“水边照影，华裾曳翠”⑥“丰姿未肯倩他怜，照影独临清水边”⑦；她的影子又时或那么孤清：“水殿四无人”⑧；而此时已是“草木凋零尽，风霜送岁华”的季节，于是人们投诸天际，寻月与之为伴，安排“湘江寒夜月，独照水仙花”⑨。

常常被比作洛神湘妃等水中仙子的水畔水仙，加以月的意象后，即有“月明水畔美人来”的意境。人们看到的是水仙乘月款款而来:“水

① 黄庭坚《刘邦直送早梅水仙花三首》，《山谷集》卷一〇。
② 黄庭坚《次韵中玉水仙花二首》，《山谷集》卷一〇。
③ 刘璟《画水仙花》，《易斋集》卷上。
④ 陈植《题水仙卷》，《慎独叟遗稿》。
⑤ 刘璟《水仙花》，《易斋集》卷上。
⑥ 吴文英《凄凉犯》（夷则羽，俗名仙吕调，犯双调，重台水仙），《全宋词》，第 4 册，第 2927 页。
⑦ 爱新觉罗·弘历《水仙》，《御制诗集》五集卷八六。
⑧ 杨万里《水仙花》，《诚斋集》卷八。
⑨ 陈高《题水仙花图》，《不系舟渔集》卷八。

上轻盈步微月”[①]；又在月下徘徊：“徘徊明月之辰”[②]；最后乘月而归：“环佩月中归”[③]。水月的清华都被它吸取：“月为精魄水为神”[④]；它的姿态在明月的衬托下更加端庄美丽：“傍水犹宜月下看[⑤]”；也更惹人怜惜：“常记月底风前，水沉肌骨，瘦不禁怜惜。”[⑥]

月下水边，自有一重朦胧意味，加上水神传说的惝恍迷离，人们捕捉到的，似乎总是水仙的影子：“看萧然、风前月下，水边幽影。”[⑦]“见幽仙，步凌波，月边影。”[⑧]这影子翩然幽独，来往不定，寄托着士人们凄凉枯寂，幽思迷茫的心绪：“幽花开处月微茫，秋水凝神黯淡妆。”[⑨]此时对着水仙花，联想到具有深刻象征意味的神女意象，仿佛是对着一个遥远天际的梦，而这个梦只能给他们带来惆怅，寄托幽寂荒寒的心理感受，梦醒之后，却又是伊人远去，徒留月华相照，试举两例：

题水仙

［元］于立

梦落人间不记年，月明清影袅翩翩。为问蓬莱几清浅，御风环佩欲泠然。[⑩]

---

① 黄庭坚《王充道送水仙花五十枝欣然会心为之作咏》，《山谷集》卷七。

② 任士林《水仙花赋》，《松乡集》卷六。

③ 顾瑛《送卢益修炼师所画水仙》，《草堂雅集》卷一〇。

④ 许子才《西室写水仙幅》，汪珂玉《珊瑚网》卷四一。

⑤ 陆深《题陶云湖墨花水仙》，《俨山集续集》卷四。

⑥ 王千秋《念奴娇·水仙》，《全宋词》，第 3 册，第 1470 页。

⑦ 辛弃疾《贺新郎·赋水仙》，《全宋词》，第 3 册，第 1873 页。

⑧ 吴文英《夜游宫》（竹窗听雨，坐久隐几就睡，既觉，见水仙娟娟于灯影中），《全宋词》，第 4 册，第 2896 页。

⑨ 梁辰渔《水仙花》，张玉书等《御定佩文斋咏物诗选》卷三六一。

⑩ 陈邦彦《御定历代题画诗类》卷八七。

水仙花二首

［元］丁鹤年

影娥池上晚凉多，罗袜生尘水不波。一夜碧云凝作梦，醒来无奈月明何。[①]

这种“幽寂荒寒”来源于士大夫们对所处的时代及自己身世的感怀。南宋国势飘摇，有识之士通常是仕途坎坷，生计艰难，而到了后来的元朝，知识分子落入异族统治，更是命途多舛。因此，水月水仙中人们抒发的“幽峭危苦，萧散落寞”[②]是士人阶层的一个普遍心理。

二、风露水仙

风露是花卉题材文学中另一组经常被提起的意象。微风是形成露水的一个重要条件，水仙花从秋深一直开到第二年的春天，临风带露是不可避免的。它“楚楚拂凉飔，娟娟挹秋露”[③]，经常是一副“绿罗带引风初定，碧玉珰含露未干”[④]的样子。前文说过，水仙属草本植物，风拂过水仙枝叶和花朵，使水仙的姿态更增娇柔韵致，也使水仙的清香传播更远，即诗中所说“风吹袜露明微照，芳云弱植仙姝庙”[⑤]“馨香随风发”[⑥]，此时的水仙更加惹人怜爱。

古时候，人们认为露水是从天上掉下来的宝水，所以许多民间医生及炼丹家都注意收集露水，用它来医治百病及炼就“长生不老丹”。凭风露滋润的水仙，当然也非凡品。刘克庄《水仙花》诗云：“不许淤

---

① 丁鹤年《鹤年诗集》卷二。

② 参程杰著《宋代咏梅文学研究》，第 285 页。

③ 谢承举《水仙》，张豫章等《御选明诗》卷九八。

④ 陆深《题陶云湖墨花水仙》，《俨山续集》卷四。

⑤ 谢翱《书画梅花水仙卷》，《晞发集》卷四。

⑥ 王洪《题水仙花》，《毅斋集》卷三。

图 14　金盏银台。图片引自网络。

泥侵皓素，全凭风露发幽妍。”[1]水仙花餐风饮露，不食人间烟火，因此丝毫不染尘埃，突出了不同凡俗之处。但风露并不总是给水仙带来美丽和滋润，到了秋深时节，更多的是风寒露重，它所处的环境，由“凉风清露”变为“披风擎露晓光寒”[2]“十二瑶台风露寒”[3]之类。水仙的纤纤弱质艰难承受风露之寒，不免有愁苦之态。面对“露下风清月惨”[4]的情景，它不免“睡浓更苦凄风紧”[5]，“露倾金盏愁欲悲”[6]，此时“露

① 刘克庄《后村集》卷一〇。
② 郭印《又和水仙花二首》，《云溪集》卷一二。
③ 贡师泰《水仙》，《玩斋集》卷五。
④ 白朴《清平乐 · 咏水仙花》，唐圭璋编《全金元词》，第 646 页。
⑤ 吴文英《花犯 · 郭希道送水仙索赋》，《全宋词》，第 4 册，第 2893 页。
⑥ 王冕《宣和殿画水仙鹌鸽图》，《竹斋集》卷下。

搔泪湿”[①]，团团清露，似都成泪，却也只能“怕临风、欺瘦骨，护冷素衣叠”[②]而已。

由于水仙花形如盘似盏，因此“承露”这个比拟自然罩到了水仙头上。水仙花上滴满清露的样子被比喻为“金杯承露玉盘擎”[③]“玉盘承露金杯劝”[④]，水仙花似乎是水仙宫里宴会的器皿，是用来“玉杯凉露承华宴”[⑤]的。

由承露而起，人们又联想到“金铜仙人承露盘”的典故。汉武帝为求长生，在神明台上建金铜仙人，捧露盘承白云之露。魏景初元年(237)，魏明帝想把金铜仙人取来立于自己宫中，当拆开金铜仙人及露盘准备装车时，金铜仙人潸潸泪下。元洪希文《水仙花》“露冷秋茎金屈卮”即用此典，他直接在诗后注解:“汉武命作承露台，立金茎铜柱，作仙人掌以承露，和玉屑饮之。”[⑥]唐代诗人李贺写过著名的《金铜仙人辞汉歌》，表达的是金铜仙人亡国之悲，寄寓着诗人在国运衰微时的家国之痛和身世之感，反映了诗人对唐王朝国势日衰、前途堪虑的忧愤心情。王沂孙《庆宫春·水仙花》词就照搬了这个典故，表达的是与李贺相同的感受，其下阕云:

> 国香到此谁怜，烟冷沙昏，顿成愁绝。花恼难禁，酒销欲尽，门外冰澌初结。试招仙魄，怕今夜、瑶簪冻折。携盘

---

① 吴文英《凄凉犯》(夷则羽，俗名仙吕调，犯双调　重台水仙)，《全宋词》，第4册，第2927页。

② 吴文英《凄凉犯》(夷则羽，俗名仙吕调，犯双调　重台水仙)，《全宋词》，第4册，第2927页。

③ 钱仲益《水仙花》，《三华集》卷一四。

④ 邵亨贞《虞美人·水仙》，《全金元词》，第1096页。

⑤ 邹亮《水仙花效李长吉》，张豫章等《御选明诗》卷四一。

⑥ 洪希文《续轩渠集》卷五。

独出，空想咸阳，故宫落月。[①]

元代于立在诗中也发表了类似的感慨："君王十二玉阑干，玉盘倒泻金茎露。江风吹断旧繁华，年年十月自春花。"[②]水仙花餐风饮露之间，承载了士人们的家国之思与身世之悲。

在上一节，我们说到水月水仙中人们抒发的"幽峭危苦，萧散落寞"是士人阶层的一个普遍心理，而综观风露之中的水仙花，也是侧重冷落孤寒的悲情成分。风露水仙的"幽寂荒寒"与水月水仙是相承相通的。

图15　带露水仙。wanlun0788提供。引自昵图网。

三、霜雪水仙

风露过后，水仙又迎来了霜雪。宋张耒特意在诗歌的题目中写道："(水仙)秋深开至来春方已，虽霜雪不衰。"[③]从侧面反映出，凌寒是

① 《全宋词》，第5册，第3359页。

② 于立《题虞瑞岩白描水仙》，《元诗选三集》卷一六。

③ 张耒《水仙花叶如金灯……》，《柯山集》卷二五。

水仙得到人们欣赏的一个重要原因。《宋代咏梅文学研究》一书中，讨论梅与雪的关系，总结出同时、疑似、比类、比较四种。除疑似外，其中的三种关系，同样适用于与梅同开的水仙。

首先是水仙与雪的同时关系。“花开飞雪底，香袭冷风行。”[①]“奇姿擅水仙，长向雪中看……着在冰霜里，姮娥御广寒。”[②]这些都是写水仙在雪中开放，与冰霜同时。

二是比类关系。水仙虽然不如白梅那样，与雪达到了混淆的程度，但敏感的诗人们还是发现了它们的相似之处，转而用来比喻。鉴于水仙的花瓣为白色，单瓣水仙排列有序的六片花瓣又与雪花瓣数相同，人们抓住这两点,确立了水仙与雪的比类关系。“六出分成白玉盘”[③]“六出玉盘金屈卮”[④]“谁将六出天花种，移向人间妙夺胎”[⑤]，都是将水仙的花瓣比做雪花花瓣。雪花从天而降，化作水仙，这是以形喻形。而人们更喜欢的方式是跳过直接比喻，创造多重比拟。水中仙子已成为水仙的借代模式，雪也直接化作了仙子们的冰肌雪肤，“雪作肌肤翠作裙”[⑥]“冰雪为肌玉炼颜”[⑦]，这些都是以色喻色。总之，从形色两方面，水仙与雪具有比类性。需要注意的是，在梅与雪的模式中，梅雪是互拟的，但在水仙与雪的模式中，只是单方面的比喻，即人们只说“水仙似雪花”，却不说“雪花似水仙”。

三是比较关系。从颜色上来说，水仙的白色比不上雪的纯粹，于

① 胡宏《双井咏水仙》，《五峰集》卷一。
② 史浩《水仙花得看字》，《鄮峰真隐漫录》卷三。
③ 袁说友《江行得水仙花》，《东塘集》卷四。
④ 姜特立《水仙》，《梅山续稿》卷九。
⑤ 舒岳祥《赋水仙花》，《阆风集》卷七。
⑥ 王恽《水仙萱草三咏并序》，《秋涧集》卷三一。
⑦ 爱新觉罗·玄烨《圣祖仁皇帝御制文集》卷三七。

是人们就从水仙的香气着手，写它高于雪花的地方在于：“冰肌冷浸六花香”[①]“六出自天然，更一味清香浑胜雪”[②]。在这里，雪就不仅“输梅一段香”，也输“水仙”一段香了。

在描写过水仙的雪霜之姿后，自然要上升到水仙的“雪霜之操”这样的“写神层面”，水仙也具有和梅花同样的“雪里精神”和“雪样精神”。雪里精神指的就是水仙傲霜斗雪，在严寒的环境下不屈不挠的精神，即“青女冬来不怕霜”[③]“高操摧冰霜”[④]的精神。水仙不但不怕冰霜，而且能够战胜冰霜，摧毁严寒带来的压迫，化恶劣的环境为上进的动力，做到“雪打霜催更好葩”[⑤]。雪样精神是指水仙如霜雪般清冷洁净的品质，如“几番疑汝是冰魂，浅渚微霜月映门”[⑥]“宗生元不混尘缘，雪貌幽姿总属仙”[⑦]“冰霜如许自精神，知是仙姿不污世间尘”[⑧]等。无论是雪里精神还是雪样精神，都是对水仙品格的高度塑造。

---

① 张天英《题赵子固花水仙花》，陈邦彦《御定历代题画诗类》卷八七。
② 赵以夫《金盏子 · 水仙》，《全宋词》第 4 册，第 2661 页。
③ 韩维《从厚卿乞移水仙花》，《南阳集》卷一一。
④ 朱熹《赋水仙花》，《晦庵集》卷五。
⑤ 韩淲《水仙花》，《涧泉集》卷一八。
⑥ 李日华《赵子固水仙》，陈邦彦《御定历代题画诗类》卷八七。
⑦ 黄希英《种水仙花》，曹学佺《石仓历代诗选》卷四七七。
⑧ 邵亨贞《虞美人 · 水仙》，《全金元词》，第 1096 页。

第三章　水仙的神韵美和人格象征

在介绍了水仙的外在之美和各种环境气候下的水仙之后，水仙的内在神韵美已经蕴含在表述之中，呼之欲出。在文学作品中，人们对任何一种植物的欣赏都不可能仅仅停留在外层的物象审美，而是必然通过物象转化为内在神韵和人格象征的探求。下面分别就水仙的神韵美和人格象征进行一下讨论。

第一节　水仙的神韵美

在前面讨论水仙的姿态美时，列举了几种姿态，都是从水仙的“姿颜”出发。在这里讨论水仙的神韵美时，我们是从其“姿韵”出发。因为神韵都是通过外在姿态表现出来的，因此，水仙的神韵美，可以概括为仙姿出尘、冰姿清幽两方面。

一、仙姿出尘

“水仙”之名着一仙字，全名又是诸仙的一种，诗云：“不是天仙与地仙，证仙班以水为缘。”[1]水仙的仙姿神骨为大家所公认，人们称赞它“婀娜仙姿”[2]“自有神仙骨”[3]。水仙当得起这样的评判是因为

① 爱新觉罗·弘历《水仙》，《御制诗集》四集卷三。
② 刘璟《水仙花》，《易斋集》卷上。
③ 张英《咏水仙花八韵》，《文端集》卷一三。

它“脱俗离尘意洒然”[1]，它的脱俗离尘是仙姿仙骨的内在神韵。水仙的出尘来自于它高雅的气质和不俗的资本，在以“仙”为名的花卉中，水仙兼具素洁的外表与清新的香气，又生长在洁净的环境中，它真的像神仙一样得水而活，不染尘埃，正如刘克庄所咏：“不许淤泥侵皓素，全凭风露发幽妍。”[2]又如王千秋所称赞的：“开花借水，信天姿高胜，都无俗格。”[3]水仙是一分俗格也不沾的，它是“虽堕尘埃不染尘”[4]的“无尘有韵花”[5]，自有“一种出尘态度”衬托它的“仙风道骨”。

图 16　水仙盆景。图片引自网络。

在比拟水仙花的意象中，出现最多的是前文提到的洛神、湘妃、汉女，以及姑射仙子、瑶台仙子等。她们的形象是神圣超凡、可望而不可即的，如元代陈旅写道：“莫信陈王赋洛神，凌波那得更生尘。水香露影空青处，留得当年解佩人。”[6]元袁士元《水仙诗》：“醉栏月落金杯侧，舞倦风翻翠袖长。相对了无尘俗念，麻姑曾约过浔阳。”[7]这

① 赵孟坚《水仙即用其韵》，爱新觉罗·弘历《御制诗集》二集卷七三。
② 刘克庄《水仙花》，《后村集》卷一〇。
③ 王千秋《念奴娇·水仙》，《全宋词》，第 3 册，第 1470 页。
④ 陈图南《咏水仙花》，陈景沂《全芳备祖》前集卷二一。
⑤ 汪灏等《御定佩文斋广群芳谱》卷五二。
⑥ 陈旅《题水仙花图》，《安雅堂集》卷一。
⑦ 张豫章等《御选元诗》卷七三。

些诗篇，写出了水仙出尘脱俗的仙姿和俊逸高雅的神韵。元沈禧《风入松·水仙》以汉水女神的典故来描绘水仙："一尘难染净娟娟，独立晚风前。"[①]用一位毫不媚俗从众的超凡脱俗的仙子形象，写出水仙花高雅飘逸的风姿、孤清冷寂的身影、一尘不染的品格、纯净明洁的气质。用仙女写"仙花"，是士人们对水仙花内在神韵的刻意塑造，也是对水仙花的期许,所谓"得水成仙最风味"[②]中的"风味"指耐人寻味的神韵，其内涵要求水仙既要具有仙子之姿，又要具有仙子之神——出尘脱俗，即"洛浦是精神"[③]也。

二、冰姿清幽

水仙具有冰雪的本质：洁白无暇，清净不尘，表里如一，透明如镜。在百卉中，花瓣白、鳞茎白、根须白，同具"三白"者，唯有水仙。也只有天上仙子、水中女神可与之媲美。加之水仙花不与群芳争艳、不畏冰雪风寒，其洁净澄澈的冰肌玉骨中散发出淡雅清幽的神韵。

沈禧《风入松·水仙》曰:"冰姿不许铅华污,淡凝妆,风度飘然。"[④]词人对水仙端庄秀美而不妖冶、风度飘逸绝无媚态之质大加赞美。其中"铅华"典出曹植《洛神赋》"芳泽无加,铅华弗御"之语。唐李善注:"铅华，粉也。"也就是古代女子搽脸的粉。"不施铅华"常用以形容女子美若天仙，根本就不需要靠化妆来掩饰什么瑕疵，这淡抹之色正显出水仙的姿韵清逸。

元赵孟頫《江城子·赋水仙》词曰"冰肌绰约态天然，淡无言，

① 《全金元词》，第 1041 页。

② 王十朋《水仙花》，《梅溪后集》卷一四。

③ 廖行之《水仙》，《省斋集》卷二。

④ 《全金元词》，第 1041 页。

带蹁跹”[1]，大加赞美水仙冰清玉洁的外貌、飘逸柔美的风姿，全在于水仙毫不装饰、崇尚天然的本性。

以上两词都强调了水仙的冰姿淡雅中蕴藏着“清”韵。具体说来，水仙的清韵建立在它的清姿、清妍、清芬等特质上。“水仙怯暖爱清寒”[2]，冬季开花，夏季休眠，开花时群芳凋谢。它和梅花一样傲立霜雪的冰姿和遇冷弥芳的特质，自然引起士人清赏：“隆冬百卉若为留，独对冰姿不解愁。谁插一枝云鬓里，清香浑胜玉搔头。”[3]“岁华摇落物潇然，一种清芬绝可怜。”人们赏其清，不仅赏清芬，而且赏清根、清蕊、清姿，赏清嘉的风味，“根尘已证清净慧”[4]“彻底清姿秀可餐”[5]“重薤风味独清嘉”[6]。这一切组成了水仙的清韵和清高的品质：“复有冰雪姿，水仙最清逸”[7]“花中此名清且高”[8]“清香自信

图17　水仙盆景。图片引自网络。

---

① 《全金元词》，第804页。

② 杨万里《晚寒题水仙花并湖山》，《诚斋集》卷二九。

③ 郭印《水仙花二首》，《云溪集》卷一二。

④ 张孝祥《以水仙花供都运判院》，《于湖集》卷一〇。

⑤ 袁说友《江行得水仙花》，《东塘集》卷四。

⑥ 杨万里《千叶水仙花》，《诚斋集》卷二九。

⑦ 张英《小憩》，《文端集》卷三四。

⑧ 陈景沂《全芳备祖》前集卷二一。

高群品”[1]。杨万里《水仙花》诗云：“韵绝香仍绝，花清月未清。”[2]其中水仙的清高韵味甚至超过了天上那遗世独立的月亮。

此外，从上文“水月”“风露”“霜雪”与水仙的关系中，我们知道水仙一般生长在幽冷孤清的环境中，而这孤清又陪伴着其“幽”韵之美。

写水仙之幽的诗句屡见不鲜，最常见的有幽芳、幽香：“湘娥化作此幽芳。”[3]“风度高闲,水仙花露幽香吐。”[4]幽妍:“全凭风露发幽妍。”[5]幽影：“看萧然、风前月下，水边幽影。”这些构成了水仙的幽姿：“雪貌幽姿总属仙。”[6]使其成为幽仙：“见幽仙，步凌波，月边影。”[7]水仙从而满含“幽韵”：“幽韵清香两奇绝。”[8]水仙作为幽花，多开在幽闭之所，这里有着一批满怀失意的“幽隐之士”或“幽居之人”，他们把自己的幽怀、幽愤都寄托在水仙身上：“幽怀悁兮如结。”[9]“幽思不可极，荡舟湘水间。”[10]“谩写入、瑶琴幽愤。”[11]水仙对他们起到了慰藉的作用：“能为幽人一洗愁。”[12]

实际上，通过对或幽雅安闲，或幽怨凄苦的水仙形象的描述，士人

---

① 姜特立《水仙》，《梅山续稿》卷九。
② 杨万里《水仙花》，《诚斋集》卷八。
③ 吴文英《花犯 · 郭希道送水仙索赋》，《全宋词》，第 4 册，第 2893 页。
④ 胡祗遹《点绛唇 · 赠妓》，《紫山大全集》卷七。
⑤ 刘克庄《水仙花》，《后村集》卷一〇。
⑥ 黄希英《种水仙花》，《石仓历代诗选》卷四七七。
⑦ 吴文英《夜游宫》（竹窗听雨，坐久隐几就睡，既觉，见水仙娟娟于灯影中），《全宋词》，第 4 册，第 2896 页。
⑧ 喻良能《戏咏书案上江梅水仙》，《香山集》卷一三。
⑨ 李廷臣《题水仙》，顾瑛《草堂雅集》卷一三。
⑩ 王洪《题水仙花二首》，《毅斋集》卷三。
⑪ 辛弃疾《贺新郎 · 赋水仙》，《全宋词》，第 3 册，第 1873 页。
⑫ 郭印《又和水仙花二首》，《云溪集》卷一二。

们流露出的是或超然意适，或失意隐逸的自我情感。明张宁《为沈履德题水仙》云:“地美姿容净，林孤气韵优。无因坐芳艳，聊尔伴吾幽。”[①]可见，水仙的幽韵之美是深被“幽士”们欣赏并引为知己的。

图18　水仙盆景艺术。图片引自网络。

---

① 张宁《方洲集》卷七。

最后要指出的是，水仙之仙姿出尘和冰姿清幽的神韵美并不是割裂的，而是互为表里，经常结合在一起出现。元邵亨贞《虞美人·水仙》云："冰霜如许自精神，知是仙姿不污世间尘。"[①]认为水仙在冰侵霜摧的严寒季节里，能表现出如此旺盛的生命力，应是它没有沾染尘世污秽的结果。这种将水仙各方面神韵集中表现的诗句，类似的还有明王夫之《水仙》："凡心洗尽留香影，娇小冰骨玉一棱。"[②]写出水仙像冰一样清明、如玉一样纯洁的清白本性和洗心除虑、排除杂念、超尘出世的操行。此外还有《江城子·赋水仙》"遮莫人间，凡卉避清妍"[③]等此类诗句，不一而足。

第二节 水仙的人格象征

对于水仙人格象征意义的塑造，从宋至清的文士们所参照比拟的源头十分鲜明，即屈原确立的香草美人、忠君比德传统，以及后来与之一脉相承的曹植《洛神赋》中塑造的女神形象及其内蕴。由此出发，水仙的人格象征可概括为以下两大层面：

一、美丽贞淑的女性

"水仙如淑女，婉娩抱贞质。"[④]文学作品经常将水仙塑造成美丽贞淑的女性，并主要赋予其两种人格象征：一是红颜知己，一是贞妇、烈妇。

---

① 《全金元词》，第 1096 页。

② 王夫之《七十自定稿》，《四库禁毁书丛刊补编》，第 79 册，第 515 页。

③ 赵孟頫《江城子·赋水仙》，《全金元词》，第 804 页。

④ 刘基《题三香图》，《诚意伯文集》卷三。

1. 贤淑解语的红颜知己

在屈赋中，作者构造了很多求女情节，塑造了一批女神形象，如洛神、湘妃、汉女等。虽然屈原的求女行为多被阐释为求贤、求君，但是其笔下神女的美丽光辉无法掩盖。之后的曹植继承了楚辞传统，又在《洛神赋》中塑造出极其完美的洛神形象。所谓“窈窕淑女，君子好逑”，无论有无深层寄托，诸多文士都在作品中对这种女性表现出向往之情。这是因为封建时代的文人，由于种种原因，人生有着诸多的坎坷失意，而在经历这些磨难的时候，他们往往又幽居寂寞，需要一个无论外在还是内在都符合要求的红粉知己陪伴。但是大多数的文人没有这样的好运，于是便将水仙等美丽芳香的花卉塑造成心中理想的女性知己。洛神等神女成为水仙的主要象征意象后，文士们又顺势将这些神女的品格赋予水仙，为它塑造出美丽贞洁的女性人格层面，并且表达了对此类红颜知己的希求，以及由此产生的甜蜜、安慰、惆怅、哀伤等情绪。

其甜蜜期许之情如宋李石《水仙花》诗:“肌肤剪秋水,垂云出龙宫。我意得子佩，笑许无言中。”[①]采用借喻手法，直接将水仙塑造成美丽的女子,表达了与其赠物相许的愿望。诗的尾句“笑许无言中”尽展深意,即作者看重的不仅仅是神女“秋水”“肌肤”这些外表的美丽，更重要的是一个无需言语、心灵默契的知己，这“一笑”乃是会心一笑，蕴涵着作者对水仙花所象征的美好女性的期许。

相对于李石的直白袒露，陈与义在表达同样的希求时便委婉惆怅得多：

---

① 李石《方舟集》卷五。

咏水仙花五韵

[宋]陈与义

仙人缃色裘，缟衣以裼之。青帨纷委地，独立东风时。吹香洞庭暖，弄影清昼迟。寂寂篱落英，亭亭与予期。谁知园中客，能赋会真诗。[1]

诗中使用的独立、弄影、寂寂等字眼，向我们展示了一位如同杜甫《佳人》般寂寞幽处的女子，这女子因为与诗人共同具有幽贞芳洁的品质，所以才能“亭亭与予期”。正是因为花品恰如人品，人意方托花意，此时水仙花在诗人笔下，要比那些不知道“园中客”有“能赋会真诗”才华的外人要解语得多、知己得多，而作者怀才不遇的幽怨之情却是浸透全篇、无法抑制的。

像陈与义般的失意文士们常常通过与花为伴来排遣寂寞，而水仙这样的花儿也的确为他们驱除了许多寂寞，给了他们急需的慰藉。

谢人送水仙

[宋]赵蕃

珍重江南好事家，老将种莳作生涯。似怜寂寞书斋里，折赠盈篮栗玉花。(太和谓江之南岸为江南)[2]

水仙

[宋]吕本中

淡绿衣裳白玉肤，近人香欲透衣襦。不嫌破屋飕飗甚，肯与寒梅作伴无？[3]

---

① 张玉书等《御定佩文斋咏物诗选》卷三六一。

② 赵蕃《淳熙稿》卷一八。

③ 吕本中《东莱诗集》卷一七。

水仙花

［元］商挺

明月珠衣翡翠裳，冰肌玉骨自清凉。不随王母瑶池去，来侍维摩病几傍。①

在这些诗作里，水仙花具有女性的柔情风韵与贤淑品质，在寂寞的书斋、寒屋中给了失意文士无限安慰。但相应的，如果连水仙也无法成为文士的解语花，他们的抑郁心情就可想而知了，那种对知己求之不得的哀伤与梦醒之后的惆怅，往往浸透着诗篇：

绝句

［宋］朱敦儒

轻阴小雨晚难收，柳瘦梅穷却是秋。可恨水仙花不语，无人共我说春愁。②

水仙图

［元］黄溍

翛翛翠羽映鸣珰，谁遣乘风过我傍。岁晏高堂空四壁，一帘烟雨梦潇湘。③

题水仙

［元］傅若金

月下湘水寒，风回汉皋夕。明珠不可赠，捐佩空相忆。④

---

① 苏天爵《元文类》卷八。

② 厉鹗《宋诗纪事》卷四四。

③ 黄溍《文献集》卷二。

④ 傅若金《傅与砺诗集》卷八。

水仙花

［明］王世贞

瑶池消息路还通，谪籍初分弱水东。吟罢冰壶秋片片，摘残珠蕊夜丛丛。霓裳舞夺唐宫月，纨扇歌留汉殿风。零落总如交甫佩，汉江清梦晓来空。①

图 19　水仙盆景。图片引自网络。

从宋到明，那些有关于“穷秋春愁”“烟雨潇湘”“明珠捐佩”“汉江清梦”的情绪一直缠绕着多愁善感的文士们，他们把这些感情托付于水仙，千载之下，余情不泯。

2. 严守封建礼教的贞女

水仙花素质娟娟，纤尘不染，其高洁脱俗的神韵，让人在描写时自然联想到女子品性的贞洁。

明徐渭《水仙兰》一诗说：“自从生长到如今，烟火何曾着一分。湘水湘波接巫峡，肯从峰上作行云？”②对水仙提出了这样的猜测：生来高洁的水仙，正如贞洁的湘妃，怕是不会效法那行为轻薄的巫山神女吧？宋高观国《浣溪沙·水仙》“魂是湘云骨是兰，春风冰玉注芳颜③”的句子表达出类似深意。

① 王世贞《弇州四部稿》卷四三。

② 陈邦彦《御定历代题画诗类》卷八七。

③《全宋词》，第 4 册，第 2357 页。

屈原《九歌·湘夫人》中有“沅有芷兮澧有兰”之句，王逸注：“言沅水之中，有盛茂之芷，澧水之内，有芬芳之兰，异于众草，以兴湘夫人美好，亦异于众人也。”[1]说明湘水女神是古代神话传说中坚贞纯洁人格的象征，常有澧兰沅芷与之为伴。在词人的眼里，水仙绝对是湘水女神的化身，“魂是湘妃，骨是兰花”比喻了水仙品性的贞洁。

另有一些人将水仙所代表的贞洁形象加以深化，列入封建礼教所要求的贞女范畴，并对其进行殷殷叮嘱，让它以那些行为不是那么检点，有碍礼教的女性为诫。如：

题水仙

［元］陈基

水苍为佩玉为人，素质娟娟不爱春。终古关雎遗德化，礼防游女汉江滨。[2]

如梦令·水仙（用雪堂韵）

［宋］姚述尧

绰约冰姿无语。高步广寒深处。香露浥檀心，拟到素娥云路。仙去，仙去，莫学朝云暮雨。[3]

这两首诗词，一首以随意赠与男子配饰的汉女为例，一首以巫山神女为例，告诫水仙千万不要学习这些反面榜样，要谨遵“终古遗德”，饱含说教口吻，着意把水仙塑造成符合封建礼教要求的贞女形象。宋曾丰更是在诗作中借题发挥，直接指称水仙为贞女，并且将其与莲花六郎作比，指斥道“贞女终轻贱丈夫”，对水仙贞洁人格的期许不可谓

① 王逸《楚辞章句》，第63页。
② 顾瑛《草堂雅集》卷一。
③《增订注释全宋词》，第2册，第556页。

不高。而到了理学家朱熹笔下,水仙的贞洁进一步发展成为“贞刚”“贞烈”，达到了无以伦比的高度。试看其《赋水仙花》一诗：

> 隆冬凋百卉，江梅厉孤芳。如何蓬艾底，亦有春风香。纷敷翠羽帔，温艳白玉相。黄冠表独立，淡然水仙装。弱植愧兰荪，高操摧冰霜。湘君谢遗褋，汉水羞捐珰。嗟彼世俗人，欲火焚衷肠。徒知慕佳冶，讵识怀贞刚。凄凉柏舟誓，恻怆终风章。卓哉有遗烈，千载不可忘。[①]

朱熹赞叹水仙的清雅出尘和它贞烈的节操，不但对把水仙比作汉水神女表示不满，而且认为人们一贯赞扬的湘君也输在行为轻浮。在他看来，只有像《诗经·邶风·柏舟》和《邶风·终风》中的女主人公们那种或贞烈或坚忍的女子才能配得上水仙的品德。朱熹咏花是为了言教，让世俗之人明白，水仙的“佳冶”，即外在美并不是欣赏的重点,水仙的“贞刚”品质才是世人须大力学习的对象。他在结尾用“卓哉有遗烈，千载不可忘”这样强烈的字眼表达自己对这种品质的推崇，水仙在他笔下成为了“贞刚”的节妇，其品质可堪“遗烈”千载。

二、馨德清贞的君子

汉代王逸阐释《离骚》象征比喻系统说:“《离骚》之文,依诗取兴,引类譬喻。故善鸟香草，以配忠贞；恶禽臭物，以比谗佞；灵修美人，以媲于君；宓妃佚女，以譬贤臣……”[②]屈原将香草比美德，把香草人格化,明确了花木比德传统。水仙的素雅芳馨、凌波傲寒使它不逊于沅、芷、汀、兰中任何一种香草，但是如此符合“香草”要求的花卉却“未入《离骚》”，让诸多后人不解，屡屡发出疑问：“楚辞香草费磨研，何

① 朱熹《晦庵集》卷五。
② 王逸、朱熹《楚辞章句·诗集传》，第2页。

独无言到水仙？”[1]“如何谱骚人，不收此香草？”[2]并对原因进行猜测：“灵均千古怀沙恨。恨当时、匆匆忘把，此仙题品。”[3]还对水仙不入《离骚》表示十分惋惜，为水仙抱屈含恨：“却怜不得同兰蕙，一识清醒楚大夫。”[4]“遗芳不入骚人佩，泣对秋兰恨未消。”[5]

图20　水仙花。yukon300提供，引自昵图网。

诗人有这样的行为情绪，正是因为充分发现了水仙作为香花的比德性。宋陈深《水仙兰》道：“翩翩凌波仙，静挹君子德。平生出处同，相知不易得。”[6]指出水仙和离骚中经典香草——兰花一样，象征着君子美德。水仙所代表的君子之德，突出地表现在清、贞两个方面。明

① 赵蕃《水仙》，《淳熙稿》卷一四。
② 仇远《水仙》，《金渊集》卷六。
③ 辛弃疾《贺新郎 · 赋水仙》，《全宋词》，第3册，第1873页。
④ 仇远《题赵子固水墨双钩水仙卷》，《山村遗集》。
⑤ 朱朴《题水仙花四首》，《西村诗集》卷上。
⑥ 陈深《宁极斋稿》。

顾清撰《菊隐轩记》指出："物之清贞而可爱者有三：松也、竹也、梅也，所谓岁寒三友者。其次，则惟水仙与菊焉。"水仙同菊花一样，是"追三友而为群"的花卉，"自昔骚人逸士，多嗜爱之"的原因恰是"比德于斯焉"①。

程杰师《宋代咏梅文学研究》一书中提到："'清''贞'是宋人花木'比德'思维的基本模式……"②宋代士大夫的具体品格理想体现为两个流行的范畴，这就是"清"与"贞"，水仙在宋代确立了比德内涵并且延续后世，其清、贞具体表现为以下特点：

1."'清'主要与'凡俗'相对，重在人格的独守、精神的超越……一切势利、污浊、平庸与鄙陋都是其反面。"③

水仙的"清"，主要指人品的清高与不俗。由前文论述的水仙之清韵美我们可以知道，水仙的纤尘不染、高雅不群，正是它清高品格的反映。这种清品，实际上是超凡脱俗的人格比附，是由花的清韵延伸而来的："朴翁老矣谁同调，相对无言意转清。"④"至今寒花种，清彻莹心神。"⑤水仙花的清雅符合士大夫对自身品格的要求，他们在观赏水仙花时，获得了"此时人独清"⑥的精神超越，从而也完成了水仙花在"清"这一点上的比德意义。诗云："山下六七里，山前八九家。家家清到骨，只卖水仙花。"⑦普通的山里人家，只因为出售水仙花，在诗人眼里便具有了"清到骨"的高雅风味，这实际上赋予了水仙花

① 顾清《菊隐轩记》，《东江家藏集》卷四。
② 程杰著《宋代咏梅文学研究》，第61页。
③ 程杰著《宋代咏梅文学研究》，第61页。
④ 陈景沂《全芳备祖》前集卷二一。
⑤ 陈景沂《全芳备祖》前集卷二一。
⑥ 赵溍《吴山青·水仙》，《全宋词》，第4册，第2952页。
⑦ 宋伯仁《山下》，《西塍集》。

极强的人格净化力。这种“清”，正是封建士人所追求和赞扬的道德层面，元吕诚在《双清诗序》中直接表达了这种仰慕之情：“……水仙……有类乎高人逸士，怀抱道德遁世绝俗，而高风雅志自有不可及者。余虽不敏，心甚慕惜之。”[①]其中，水仙的遁世绝俗，是士人所重，高风雅志，是士人所求。水仙作为一个道德标尺和人生范式被文士标榜追慕。

2. 水仙的“贞”指君子品性的刚毅坚定，其中包括对自身操守的坚持和对家国的忠贞。

《宋代咏梅文学研究》一书中同样将贞的内涵做了具体阐释：“贞，即正直刚毅，大义凛然，一切柔媚苟且之态、淫靡邪僻之性与之相对，重在发挥儒家威武不屈、贫贱不移、富贵不淫的道义精神。”[②]从孔子开始，儒家对花草树木的比德中，君子操守的比附就是一个重要方面，如大家所熟知的名言：“岁寒，然后知松柏之后凋也。”（《论语·子罕》）冰天雪地中凸现的松柏苍翠，正是君子处于恶劣环境下而不改本色的比照。后来松、竹、梅被称为“岁寒三友”，人们将它们比德于君子、丈夫、英雄，也是借其正直长青的寓意，寄托对崇高操守的景仰之情。以至后来被称为“四君子”的梅、兰、菊、竹，无不是因为它们傲寒斗霜、冷而愈青的习性正如君子“穷而益坚”的品德。

水仙作为岁寒花卉的一种，与三友和四君子具有同样的品性：“梅花水仙一草木也，其生恒在水涯幽谷之间，发于草木摇落之后，不以荣悴生死异，其芳不以春秋寒暑易，其操虽穷冬盛雪犹介然，与松竹争奇并茂。”无论是“荣悴生死”，还是“春秋寒暑”，水仙的操守都“介然”不变。胡宏在《双井咏水仙》诗序中对水仙的品性赞道：“当天寒

① 吕诚《来鹤亭集》卷四。

② 程杰著《宋代咏梅文学研究》，第61页。

风冽，草木萎尽而孤根独秀，不畏霜雪，时有异香来袭襟袖，超然意适，若与善人君子处，而与之俱化。”并在诗中进一步颂扬水仙的操守：“高并青松操，坚逾翠竹真。挺然凝大节，谁说貌盈盈。”[①]在这里，水仙已经由最初的贞婉淑女转化为“大节挺然”、秉性刚强的君子，在松、竹、梅等传统比德花木面前丝毫不显逊色。

由此，一些人认为水仙所代表的君子德行并不是那些女性意象所能承载的。如刘克庄在诗中写道：“却笑涪翁太脂粉，误将高雅匹婵娟。”[②]对凌波仙子一类的女性比喻嗤之以鼻。他更希望水仙是自己比德的对象，更希望把水仙描述成能够激励士人的意象，如最具有代表性的与水有关的仙人屈原、李白等：“骚魂洒落沉湘客，玉色依稀捉月仙。”[③]元代诗人袁易的《水仙花》诗表达了同样的内涵：

> 疾风吹长林，急雪集丛竹。飞仙从何来，翩然贲空谷。初逢恍若惊，庄视矧敢黩。黄裳韫华藻，素服立幽独。昔闻贤达流，沧波振遐躅。太白御鲸背，灵均葬鱼腹。永伤骨为土，缅想人如玉。贞魂千秋后，流落依草木。吾将佩幽芳，采采不盈掬。[④]

诗人认为，水仙是屈原和李白的“贞魂”所化，君子的“馨德”与水仙的“幽芳”一体，佩戴这种幽芳，就是继承了屈原“配香”以比德的传统，体现其道德上对自己的一种激励。

到了理学家陈傅良笔下，水仙花的贞刚更是压倒其他一切品质，独占鳌头：

---

① 胡宏《五峰集》卷一。

② 刘克庄《水仙花》，《后村集》卷一〇。

③ 刘克庄《水仙花》，《后村集》卷一〇。

④ 袁易《静春堂诗集》卷一。

水仙花

[宋]陈傅良

江梅丈人行，岁寒固天姿。蜡梅微着色，标致亦背时。胡然此柔嘉，支本仅自持。乃以平地尺，气与松篁夷。粹然金玉相，承以翠羽仪。独立万槁中，冰胶雪垂垂。水仙谁强名，相宜未相知。刻画近脂粉，而况山谷诗。吾闻抱太和，未易形似窥。当其自英华，造物且霁威。平生恨刚褊，未老齿发衰。掇花置胆瓶，吾今得吾师。①

图21 [明]陈淳《水仙图》(部分)，引自《陈淳·水仙图》。湖北美术出版社，2013年。

① 陈傅良《止斋集》卷四。

在诗中，陈傅良甚至对“水仙”这个充满了脂粉味、过于女性化的名字不满，觉得它没有体现出水仙“内刚”的本质，并从哲学高度出发，认为水仙的“体柔质刚”“外柔内刚”符合“宇宙间一切关系都得到协调”(太和) 的道理，正是他暮年学习的榜样。

需要注意的是，士人们在重视水仙贞刚操守一面的同时，也强调了水仙的“清品”，注重水仙清而能坚、刚柔并济的品格，即它清高且贞刚的一面。正是因为做到“超然意适”，才能拥有“不屈之节”。这就要求水仙把清、贞两方面品德完美地结合起来。因此，“清真处子面，刚烈丈夫心”这样的诗句才是对水仙意象的最佳概括。

水仙的“贞”，除了指德行的贞刚，还蕴涵着文士们的家国之思、忠贞之情。这种内涵除了来源于离骚传统，还和南宋时期的时代背景紧密相连。

我们知道，水仙是在南宋时期才逐渐被诗人们熟悉的，而南宋诗人，尤其是南宋政权灭亡之后的婉约词人，大都借咏物来寄托破家亡国的哀思，如王沂孙《眉妩》咏新月、《齐天乐》咏蝉，张炎《解连环》咏孤雁等。这种兴寄手法被后来处于易代之际或亡国于外族的文士们继承。在水仙文学中，对于家国哀怨的寄托也屡见不鲜，如由北宋入南宋的诗人韩淲作《次韵仲至腊梅水仙》诗道：“吾家同出郓州（今山东东平）梁，冷落江南各一房。梅下水仙京洛种，吟成应话故园香。”其诗下自注：“元唱谓水仙种于梅下，乃京洛旧根。”[1]通过吟诵出自故都的水仙，表达了南渡士人对故国的眷恋以及被冷落江南、乡思无限的哀愁。生活在宋理宗时期的赵闻礼，有一首水仙词表现的情致更加哀怨缠绵：

① 韩淲《涧泉集》卷一七。

《水龙吟·水仙花》

［宋］赵闻礼

几年埋玉蓝田，绿云翠水烘春暖。衣熏麝馥，袜罗尘沁，凌波步浅。钿碧搔头，腻黄冰脑，参差难剪。乍声沉素瑟，天风佩冷，蹁跹舞、霓裳遍。

湘浦盈盈月满。抱相思、夜寒肠断。含香有恨，招魂无路，瑶琴写怨。幽韵凄凉，暮江空渺，数峰清远。粲迎风一笑，持花酹酒，结南枝伴。①

图22 ［明］朱耷《水仙孤鸟图》。引自《八大山人全集》，江西美术出版社，2000年。

在诗词中，一向有“以相思内容、手法来写思乡、怀古、感念故国之情”的作品，宋代婉约词人多用此手法，这首词也是如此。表面上写洛女湘妃的相思凄苦，实际上读者从“含香有恨，招魂无路，瑶琴写怨”这些句子中，可以明白地看到其中寄托的亡国之恨、故国之思。最后一句“结南枝伴”，更是满含深意：南枝，本义指朝南的树枝，因为《古诗十九首·行行重行行》有“胡马依北风，越鸟巢南枝”之句，因以成为故土故国

① 《全宋词》，第5册，第3161页。

的代称，后来在逐渐的发展流传中，也用来借指梅花，而梅花在宋代同样是忠国大节的象征[1]，寄托着遗民悲思。因此，这首词的南枝，无论是指故国故土，还是指梅花，其深层含义都不言而喻，即表现了对故国的忠贞之情。

相较于尚有半壁江山可依的南宋文人，后来遭遇到亡国之痛的历代遗民所表现的情感就更加哀感幽怨，试看下面几例：

绣鸾凤花犯·赋水仙

［宋］周密

楚江湄，湘娥乍见，无言洒清泪。淡然春意。空独倚东风，芳思谁寄。凌波路冷秋无际。香云随步起，谩记得，汉宫仙掌，亭亭明月底。

冰弦写怨更多情，骚人恨，枉赋芳兰幽芷。春思远，谁叹赏、国香风味。相将共、岁寒伴侣。小窗净、沉烟熏翠袂。幽梦觉，涓涓清露，一枝灯影里。[2]

庆宫春·水仙花

［宋］王沂孙

明玉擎金，纤罗飘带，为君起舞回雪。柔影参差，幽芳零乱，翠围腰瘦一捻。岁华相误，记前度、湘皋怨别。哀弦重听，都是凄凉，未须弹彻。

国香到此谁怜，烟冷沙昏，顿成愁绝。花恼难禁，酒销欲尽，门外冰澌初结。试招仙魄，怕今夜、瑶簪冻折。携盘

① 参程杰著《宋代咏梅文学研究》。

② 《全宋词》，第5册，第3269页。

独出，空想咸阳，故宫落月。[①]

附浔阳舟卧舵牙下，累夕归梦不成

［清］彭孙贻

昨夜风吹客到家，故山开遍水仙花。寒鸡不肯完残梦，空有归心绕柁牙。[②]

所谓亡国之音哀以思，这些诗词在缠绵悱恻，凄婉动人之中，寄托着诗人对故国、故乡的忠贞不舍。

实际上，遗民对故国的忠贞是儒家君子操守的一个重要方面，是君子贞刚品性在特殊时期的强化表现，坚守住这种忠贞的人，被后世所钦佩赞美，而放弃了这种忠贞，便会被鄙薄唾弃。试看清代顾嗣立的《读元史》：

周室悯黍离，蜀臣悲杜宇。吁嗟彼王孙，甘心事仇虏。死愧文丞相，生惭谢皋羽。书画虽绝伦，大节吾不取。贤域彝斋翁，高风邈千古。遇弟辄生嗔，到门必见侮。吾爱《水仙图》，宝为翰墨祖。（彝斋，名孟坚，字子固，以梅竹水仙擅名。）[③]

此诗针对宋宗室成员——赵孟頫和赵孟坚兄弟在宋亡之后的不同表现加以褒贬，极力贬斥了赵孟頫以宋宗室而仕元的行为，热情歌颂了赵孟坚与其弟坚决划清界限的行动。因为赵孟頫大节有亏，其优秀的书画作品连带地受到嫌弃。相比之下，赵孟坚的《水仙图》便成为承载着高风亮节的艺术品，被遵为“翰墨之祖”。由此可见，并不是水

① 《全宋词》，第 5 册，第 3359 页。

② 彭孙贻《茗斋集》，《四部丛刊》本。

③ 沈德潜等《清诗别裁集》卷二三，上海古籍出版社 1984 年版。

仙自身的价值多么崇高，而是它所比附的道德品质符合志士君子的人格追求，因此才能被士人们所重视喜爱。

综上所述，清、贞两种品质概括了水仙意象的深刻内涵，是其精髓所在。

第四章　水仙与其他花木的联咏

花木联咏是文学中常见的题材。许多花卉通过彼此之间的类聚、拟似、比较，确立了各自的特质和品性。这类题材从一个侧面揭示出人们对某种花卉的审美态度，水仙与其他花木的联咏也是如此。

图 23　［清］虚谷《松竹水仙图》。北京故宫博物院藏。

水仙与其他花木的联咏主要有以下几种情况：一是与同时令或相继时令的花木联咏。清张英《冬日即事八首》其三说："水仙花发点青莎，但觉琼林姊妹多。"[①]《荆楚岁时记》记载："小寒三信：梅花、山茶、水仙；大寒三信：瑞香、兰花、山矾。"[②]这里提到的梅花、山茶、瑞香、兰花、山矾这五种花卉是与水仙联咏最多的，即水仙的"琼林姐妹"，其中梅花更是独占鳌头。

① 张英《文端集》卷三三。

② 陈元龙《格致镜原》卷三，《影印文渊阁四库全书》本

二是水仙与其他凌寒花木的联咏，如菊花、松柏、竹等。三是从“得水而仙”的角度出发，与另一重要水中花卉——荷花的交叉与并联。

由于宋代比德倾向兴盛，很多花卉意象由原来色貌鲜妍的美女转为品德端方的君子，水仙的社会关系不再只局限于“姐妹行”，而是拓展到与其他花卉称兄道弟、“呼朋唤侣”的范围。明徐有贞《水仙花赋》对这一情况有所铺叙：“或倚修竹，露华朝湿，一似湘娥，掩袂以泣；或傍寒梅，月影宵浮，复如汉女，弄珠而游；或侣幽兰，碧霞之坛，有若文箫之遇彩鸾；或依蕉绿，层台之曲，有若萧史之偕弄玉……”[①]正是因为这些联咏，使咏水仙文学增加了丰富的色彩，下面试从几方面分述之。

第一节　水仙的兄弟——梅和山矾[②]

一、水仙与梅花

在咏水仙文学中，水仙与其他花木的联咏比比皆是，而人们付诸笔端最多的，是水仙与梅花的联咏。在水仙广泛种植，进入文人审美视野之前，与梅联咏的花木，冬季多为松竹桂柏，春季则为桃李杏花等，另外还有兰、菊与之并举。而作为一种花卉能和梅花一起傲霜斗雪，又有着同样的素色清香之美的，水仙为其中翘楚。除这一因素外，构成水仙梅联咏的另一个重要原因是：在自然生态条件上，梅花与水

① 徐有贞《武功集》卷一。

② 矾，原写作礬。《诗林广记》：“山谷诗序云：‘江南野中有一种小白花，木高数尺，春开极香，野人号为郑花。王荆公尝求此花栽，欲作诗而陋其名，予请名曰山矾。野人采郑花叶以染黄，不借矾而成色，故曰山矾。’”蔡正孙《诗林广记》前集卷六。

的关系同样十分紧密。因为梅花是一种喜温湿植物，野生梅花多见于水畔、山谷，水边梅花又有早春先发的特性，加上后来人们对水畔梅花“疏影横斜”之美的认可和发现，梅花伴水成为人们对于景物的摄取模式之一[①]。于是，同样具有亲水特性的水仙，就被人们安排在梅花之下，人们往往将水仙和梅花交杂种植，广布山野园林：“栎林森疎陂渌净，江梅水仙争媚妩。”[②]“野鹤寮中最清绝，蜡梅水仙方弄香。”[③]“危亭直上花几许，水仙夹径梅纵横。”[④]“僦东西邻，树梅水仙，自食芳鲜，自写幽妍。”[⑤]这些诗句都证明：在室外，梅与水仙是常见的共植花卉；在室内，水仙也和梅花一起，成为主要的冬季装饰花卉。人们将二者或插瓶，或盆栽，并列于几头案上以供赏玩。黄庭坚冬季寓居荆州，在《与李端叔》一信中写道：“……数日来骤暖，瑞香水仙红梅盛开。明窗净室，花气撩人，似少年时都下梦也。”[⑥]寓所室内便摆放着水仙梅花。范成大《瓶花二首》咏插瓶的蜡梅水仙，宋吕本中《水仙》也有“小瓶尚恐无佳对，更乞江梅三四枝”[⑦]之句，可见梅与水仙的并赏已很普遍。于是在吟咏之际，“水仙梅”自然成为一个专题，并从宋代开始一直延续后世。宋曾协有联咏诗《周知和以苏陈倡和韵赋水仙江梅蜡梅三种花，谨次韵，知和名郷》，杜范有《五八叔席上咏江梅水仙》诗，韩淲有《次韵仲至腊梅水仙》等，不一而足。元代梅花和水

---

① 参程杰著《宋代咏梅文学研究》。

② 陈造《寄程安抚归》小序曰：“离襄阳始冒雨，中涂大雪，间关凄楚已甚，然奇观亦良快人。车中读程诗卷作古诗纪行且寄之。”《江湖长翁集》卷八。

③ 孙应时《梁山刘制参园亭》，《烛湖集》卷一五。

④ 韩元吉《方务德元夕不张灯留饮赏梅务观索赋古风》，《南涧甲乙稿》卷二。

⑤ 释居简《梵蓬居塔铭》，《北磵集》卷一〇。

⑥ 黄庭坚《山谷集》别集卷一三。

⑦ 吕本中《东莱诗集》卷一七。

仙又被合称为双清，元吕诚有《双清诗》专咏梅花水仙。除专题联咏外，在题为咏梅、咏水仙的诗歌中，将二者互相比较的更是极多，同时还有不少梅、水仙与其他花木一起杂咏的诗作。

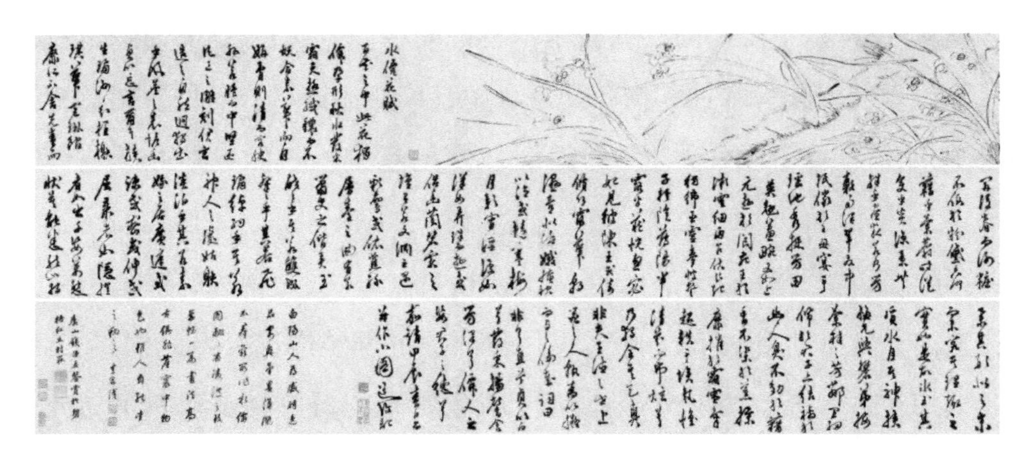

图 24　［明］陈淳《书画双清卷》。2011 年上海朵云轩秋季拍卖会展示。

除在文学领域结伴出现外，梅和水仙还一起入画，成为花卉题材的固定组合之一。宋时便有梅花水仙图案的诗笺，杨冠卿《前调 · 忠甫持梅水仙研笺索词》，即是用水仙梅笺题水仙梅词，可谓风雅成趣。宋诗人谢翱还专有题画诗《书画梅花水仙卷》。及至元代，题画诗增多，题梅花水仙图的诗作也相应增多。如李祁有《题梅花下水仙花》诗，释善住有题《青梅水仙图》诗，龚璛有《题赵子固水仙墨梅二首》，等等。

可以说，直到清代，无论在盆景装饰领域还是在文学绘画领域，水仙都是梅花极为常见和固定的搭档。《红楼梦》中有一段文字可印证此情况："宝玉在冬日来到潇湘馆因见暖阁之中有一玉石条盆，里面攒三聚五栽着一盆单瓣水仙，点着宣石，便极口赞：'好花！这屋子越发暖，这花香的越清香。昨日未见。'黛玉因说道：'这是你家的大总管赖大婶子送薛二姑娘的，两盆腊梅，两盆水仙。他送了我一盆水仙，他送了蕉丫头一盆腊梅……我一日药吊子不离火，我竟是药培着呢，哪里还搁的住花香来熏？越发弱了。况且这屋子里一股药香，反把这花香搅坏了。不如你抬了去，这花也清净了，没杂味来搅他。’……宝玉笑道：‘咱们明儿下一社又有了题目了，就咏水仙腊梅。’”[①]从这段话中，我们可以得到关于水仙香气美、造型美及室内养殖的知识，但更重要的讯息是水仙与腊梅同赏同咏的风尚，从宋一直延续至清。

因梅花种类众多，水仙与江梅、腊梅、红梅、古梅，乃至于墨梅都曾联咏。然而这种“类的差别”在水仙梅文学中并没有突出的显现，人们吟咏之际还是偏重水仙与梅的总体比较，并没有突出强调梅花各种类之间与水仙联咏的不同。二者最初的联咏，还是不脱窠臼地落在花开的时令上，即关注于水仙与梅花开花的先后顺序。宋初刘攽《水仙花》诗描写水仙花期“早于桃李晚于梅”[②]，黄庭坚的名句“山矾是弟梅是兄”，都是从花期出发加以描写。水仙花期稍晚于腊梅，但早于山矾，于是得到了黄氏梅兄矾弟的“诰封”。后世诗人除了着眼于花期这样的生物属性，还从花品出发，寄托了一层比德深意。这两方面都被士人反复提及、讨论、品评，形成了大体三类不同观点：一、认为水仙为梅之弟属实至名归，水仙与梅并举是水到渠成、相得益彰之事；二、认为水仙与梅并举，实是高攀，水仙远不及梅花；三、一些诗人旁出别论，认为梅花反不及水仙。其中，持第一种观点的占多数，持二、三种观点的为相对少数。下面分别从这三方面讨论。

---

① 曹雪芹《红楼梦》，第 51 回。

② 刘攽《彭城集》卷一八。

第一种观点："梅花水仙一草木也。"

元吕诚《双清诗》诗序说："梅花水仙一草木也。"[①]将梅和水仙列成同类。他又在《绝句题水仙图》中直接引用黄庭坚"山矾是弟梅是兄"的原句[②]，可谓"梅为水仙兄"的坚定支持者。《双清诗》诗序提出了水仙梅的同类论，从三方面简短阐述了理由，一提到了两者的生长环境，"恒在水涯幽谷之间"；二提到了两者的花时，"发于草木摇落之后"；三又盛赞了两者的芳香节操。这三点可以说概括了文人们将水仙与梅比并的主要原因。

在持梅弟水仙赞成论的文士看来，水仙与梅开在相似的时间、相似的环境，有着相似的外貌与风神，它们虽然在植株上一属木本，一属草本，但在其他生物属性和精神本质上却是极为相似与契合的。明皇甫芳《梅花水仙》诗云"弄影俱宜水，飘香不辨风。霓裳承舞处，长在月明中"，[③]就写出了水仙梅的共处环境与共同风韵。

值得注意的是，在赞成水仙梅比并的作品中，还分为三种不同层次观点：

一是从儒家伦理观念出发，强调两者关系中水仙为"弟"的从属地位。如宋李处全《水调歌头·咏梅》："一段出群标格，合得水仙兄事。"[④]认为水仙虽然堪与梅并，但梅花的标格要在水仙之上，理应得到水仙的敬重，水仙与梅花相处要遵照儒家强调的"兄友弟恭"的模式，要对梅花有着如侍奉兄长般的恭敬。宋曾丰秉持同样的观念，在《谭贺州勉赋水仙花四绝》中写道："会逢青帝欲回春，先与梅兄清路尘。

① 吕诚《来鹤亭集》卷四。

② 吕诚《来鹤亭集》卷五。

③ 陈邦彦《御定历代题画诗类》卷八六。

④ 《全宋词》，第 3 册，第 1730 页。

自别其衣黄一点，示吾不敢与兄均。”[1]此诗将水仙的地位和作用表达得更为具体：水仙作为梅花之弟，就是为了给梅花开路清尘，并且还要在自己的妆容上点出区别，表示自己不敢和梅兄并重。曾丰将水仙刻画得十分谦恭、友悌，对梅兄的态度是示弱、谦卑，体现了他对水仙和梅关系的认识，即水仙虽然与梅称兄道弟，但还是与梅花有着一定差距，水仙应当认识到这种差距，并表现出应有的低姿态。明顾辰《题钱山水仙花》中也说：“岁寒林下花时节，只许梅花压众芳。”[2]意思同样是水仙虽然能够傲视群芳，但仍低梅一头，应甘居梅下。

第二种层次的观点同第一种有所抵牾，认为水仙与梅完全可以平起平坐，甚至可以一争高下。王十朋《四日雪，坐间有江梅水仙花因目曰三白》中水仙花一首曰：“叶抽书带秀文房，玉表黄中耐雪霜。得水成仙最风味，与梅为弟各芬香。”[3]道出水仙可以与梅各自占一席之地，各自芬芳。蒲道源《赋水仙花》道：“柔荑凌雪并梅芳，玉质金相擅国香。方悟西湖林处士，合教配食水仙王。”[4]诗中水仙与梅并芳，并有着“国香”级地位。蒲道源认为：正如林逋可以配食水仙王庙，水仙完全可以和梅花一起供奉于处士之前。在这里，水仙有着和梅花同等的地位。在另一首用了同样典故的诗作——杨慎的《水仙花》中，水仙与梅由并列而转为竞争：“凌波微步洛川傍，合与江梅竞晚芳。不见当年林处士，西湖配食水仙王。”[5]诗歌更为直接地将水仙与梅的关系比作林逋与水仙王的关系。正如林逋可以和钱塘的水仙王配食，并

---

① 曾丰《缘督集》卷九。

② 张豫章等《御选明诗》卷七五。

③ 王十朋《梅溪后集》卷一四。

④ 蒲道源《闲居丛稿》卷八。

⑤ 杨慎《升庵集》卷三四。

且在士人们的心目中与之一较高低，水仙也“合与”江梅一竞芳华，一试高下。

水仙之所以能够与梅同等甚至竞芳，是因为它有这个资本与自信，多首水仙诗歌都提到了这一点：“琉璃擢干耐祁寒，玉叶金须色正鲜。弱质先梅夸绰约，献香真是水中仙。”[①]“六出玉盘金屈卮，青瑶丛里出花枝。清香自信高群品，故与江梅相并时。”[②]特别是王之道《和张元礼水仙花二首》之一诗云：“素颊黄心破晓寒，叶如萱草臭如兰。一樽坐对东风软，敢比江梅取次看。”[③]其中“敢比江梅取次看”一句更是说的理直气壮，这个“敢”字的前提，就是其他诗歌中也曾提到的“水仙素雅凌寒的风姿与萱叶兰熏的芳华”，这些与梅相较毫不逊色，故而水仙在梅花面前能够底气十足，敢公开宣称：“等差休问，未容梅品悬隔。”[④]

第三层次观点并不拘泥于高低尊卑之别，而是强调“兄弟感情”，突出水仙梅“相亲相勉”的一面。吕本中《水仙诗二首》曰：“淡绿衣裳白玉肤，近人香欲透衣襦。不嫌破屋飕飗甚，肯与寒梅作伴无。”“破腊迎春开未迟，十分香是苦寒时。小瓶尚恐无佳对，更乞江梅三四枝。”[⑤]强调在贫寒艰苦的条件下，二者之间的相依相伴。宋张栻《次韵周畏知问讯城东梅坞七首》之一更是将梅水仙封为难弟难兄：“春意新回庭树，角声莫起江城。更着水仙为伴，真成难弟难兄。”[⑥]这时的水仙，

① 郭印《水仙花二首》，《云溪集》卷一二。
② 姜特立《水仙》，《梅山续稿》卷九。
③ 王之道《相山集》卷一三。
④ 王千秋《念奴娇 · 水仙》，《全宋词》，第3册，第1470页。
⑤ 吕本中《水仙诗二首》，《东莱诗集》卷一七。
⑥ 张栻《南轩集》卷二。

不但被士人们期许为与梅花同甘共苦的陪伴者，更被期许为梅花的精神盟友:“殷勤折伴梅边,听玉龙吹裂。丁宁道,百年兄弟,相看晚节。”[①]水仙和梅花,互相勉励、互相监督、互相警策,一句叮咛,更是显示出“兄弟”之间不同于其他人的殷殷之意。

第二种观点：“水仙毕竟弟兄难。”

有“梅花水仙兄弟说”的赞成者，自然就有反对者。反对论多出现在对梅花的专题描写中。宋方岳《约刘良叔观苔梅再用韵》就公开反对黄庭坚诗句道：“涪老未为知已在，水仙毕竟弟兄难。”[②]认为“水仙毕竟弟兄难”的人主要源于以下几点原因：

一、虽然梅花因种类不同而导致花期有先有后，但从总体上来说，水仙花期毕竟晚于梅花，在凌寒斗雪方面并没有占到先机，因此梅花可以在这一点上傲视水仙。王逸民《摊破浣溪纱·白梅》云：“雪态冰姿好似伊，料应尝笑水仙迟。”[③]陆游《西郊寻梅》也道：“山矾水仙晚角出,大是春秋吴楚僭。”[④]在他们看来,梅花作为凌寒第一花的地位,是水仙无法僭越的。

二、梅花作为木本植物，枝干横斜孤峭，有挺立之姿，一直是文人们赞赏和大力描写的部分，而水仙作为草本植物，缺乏枝干之赏，故而被人认为不及梅。连最初发表水仙为梅弟言论的黄庭坚也曾道：“只比寒梅无好枝。”[⑤]认为水仙比梅只差在这一点上。宋许纶《水仙》

① 赵以夫《金盏子·水仙》，《全宋词》，第4册，第2661页。
② 方岳《秋崖集》卷一〇。
③ 黄大舆《梅苑》卷八。
④ 陆游《剑南诗稿》卷三。
⑤ 黄庭坚《次韵中玉水仙花二首》，《山谷集》卷一〇。

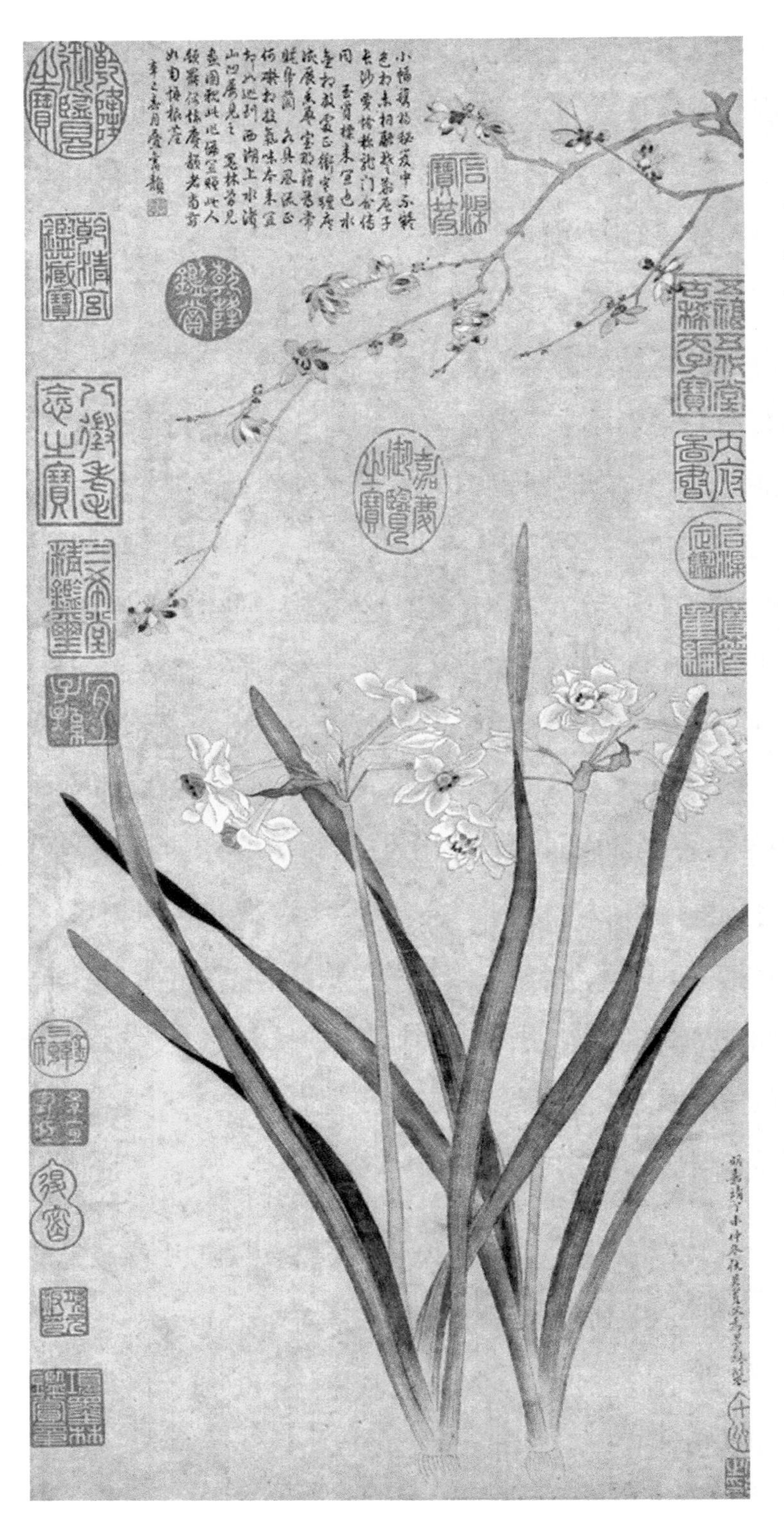

图25 ［明］仇英《水仙腊梅图》。台北故宫博物院藏。

云："正使枝难好，风标故似梅。"[1]承认水仙没有梅花枝干之美的同时，提出水仙的风标与梅相似，故也无关大碍。但是有一些要求严格的文人却不同意这个观点，由水仙缺乏挺立的枝干进一步指出它"婉弱、柔弱的缺点"。宋黎廷瑞《秦楼月·梅花十阕》道："花如玉，水仙伤婉，山矾伤俗。"[2]方岳《逢梅》道："水仙婉弱山矾冗，自我视之儿女曹。鲁直径令相伯仲，至今未敢广《离骚》。"[3]他认为水仙婉弱，不配称为梅花兄弟，它充其量只能做梅花的晚辈，沦为"儿女"之流。

三、梅花最初被人们看重的是其实用价值，即为重要的调味品，最早记载梅的文献之一《尚书·说命下》就提到"若作和羹，而为盐梅"。这样，梅花就成为既可观赏，又具实用的"内外皆佳"型花卉，十分符合儒家知识分子的价值标准，而水仙的实用价值一直不太显著，因此元李祁《题梅花下水仙花》道："自是孤山第一枝，闲花相倚斗清奇。虽然冰雪互同调，若问和羹却是谁？"[4]在缺乏实用与审美分离理论的古代，这一问可谓问到了点子上，水仙在儒家审美标准下，只好退避梅花之下。于是无怪乎有"颇怪涪翁错下言，水仙许入弟兄间。恨无好语供题品，花定嗔人颓玉山"[5]这样的埋怨出现，公开表示对黄庭坚"错下言"的不满了。

第三种观点："梅花未必合为兄。"

这种观点同样认为水仙不应为"梅弟"，却是从抬高水仙的角度出

① 许纶《涉斋集》卷一四。
② 《增订注释全宋词》，第4册，第345页。
③ 方岳《秋崖集》卷四。
④ 李祁《云阳集》卷二。
⑤ 王炎《廨舍梅花欲开三绝》，《双溪类稿》卷三。

发的。明钱仲益《水仙花》诗云:“洛浦孤山俱绝品,梅花未必合为兄。”[①]写道梅与水仙皆是极品，难分高下，梅花不适合凌驾于水仙之上。和其他一些人比起来，钱仲益的观点数温和的折中型理论。另有不少人持有与上文第二种截然相反的观点，认为梅花不如水仙，将梅花进行了种种缺点展示。有趣的是，在水仙不配为梅弟的理论中，人们用来称赞的梅花的优势，到这里一转而为劣势，梅花的枝干之美在持“水仙高于梅”观点的人们眼中变成了枝干之“丑”:“盈盈蝶粉衬蜂黄，水国仙人内样妆。同在寒梅应愧死，枯枝犹说傲冰霜。”[②]水仙在冰霜之中仍能做到叶繁花茂、妆容不减，而寒梅却枯立无叶。同样面对寒冷，水仙的鲜妍和梅花的憔悴形成鲜明对比，所以曹彦约很尖锐地嘲笑梅花，认为它在水仙面前只有惭愧至死的份儿，更别提尊为水仙兄长了。其他人没有曹彦约这样尖刻，但也陆续表达了与他类似的观点:“自是神仙客，梅花亦让青。绿垂云叶重，黄映雪花轻。”[③]“水花垂绿蒂，袅袅绿云轻。自是压群卉，谁言梅是兄。”[④]梅花输就输在雪霜中没有水仙的绿叶，即“绿蒂、绿云”，所以只好“让青”。在这一点上，水仙优于梅花与“群卉”，所以让水仙屈居梅弟之位实是不当之举。

正如一些人由水仙无枝干转而批评水仙婉弱，另一些人便由梅无繁叶转而批评梅花“枯瘦”。袁说友《江行得水仙花》:“山矾似俗梅偏瘦，别与诗人较二难。”[⑤]郭印《又和水仙花二首》:“湘娥故把玉钿留，能

① 钱仲益《三华集》卷一四。

② 曹彦约《水仙》,《昌谷集》卷三。

③ 陈起《次韵谢惠山村送水仙》,《江湖后集》卷一三。

④ 于若瀛《水仙》,张玉书等《御定佩文斋咏物诗选》。

⑤ 袁说友《东塘集》卷四。

为幽人一洗愁。不似梅花枝干古，凋年寂寞暮江头。”[①]幽人在孤独失意的时候，看到同样“凋年寂寞”的梅花，伤心人逢伤心物，心中况味自是不佳。而水仙繁茂美丽，在清冷的环境里让人感觉到素雅却又盎然的生机，能为幽人把烦恼洗除。相较之下，梅花的古旧枝干、枯瘦身姿就不为人所喜。不仅如此，水仙还有“同时梅援失幽香”[②]的香气，它的“天香宫态冰雪颜”[③]，使得“江梅避舍不敢干”[④]，自然也就让一些人得出“矾弟梅兄品未公”[⑤]“人道水仙标格俊，不许梅花殿后”[⑥]的结论。

综上所述，尽管梅与水仙的地位之争纷纷不休，但二者的联咏模式由此而越发牢固，在文学艺术领域经久不衰。

二、水仙与山矾

《观林诗话》记载：“涪翁云：江南野中有一种小白花，木高数尺，春开极香，野人号为郑花。王荆公尝求此花栽，欲作诗而陋其名，予请名曰山矾……涪翁作水仙花诗，有‘山矾是弟梅是兄’，亦谓此也。”[⑦]山矾本是野花，经过黄庭坚的推介才为文士所知，因为其诗将梅花封为水仙兄的同时，又将山矾封为水仙弟，因此，描写水仙的文学作品中也经常出现山矾的身影。水仙与山矾联袂的特点是：山矾的出现频率没有梅花那样频繁；水仙、梅、山矾三者经常同时出现，它们合称为三香。人们在诗作中或赞扬三香，或品评三香之间的高下。

---

① 郭印《云溪集》卷一二。

② 韩维《从厚卿乞移水仙花》，《南阳集》卷一一。

③ 叶自强《水仙花》，钱谷《吴都文粹续集》卷二七。

④ 叶自强《水仙花》，钱谷《吴都文粹续集》卷二七。

⑤ 杨万里《水仙》，《诚斋集》卷二八。

⑥ 刘辰翁《金缕曲·寿陈静山》，《全宋词》，第5册，第3242页。

⑦ 吴聿《观林诗话》。

图26　山矾。图片引自网络。

水仙、梅花与山矾并不同时开放，但是在绘画领域加以艺术表现后，三者能够出现在同一幅画面上。因此诸多咏三香的诗作都是咏《三香图》，如：明胡奎《题三香图》：

拾翠羽，采明珠，美人宛在沧洲居。梅为兄，矾为弟，一笑相逢大江水。江水澄澄罗袜寒，双井诗人谁共看。秋风双井芙蓉老，太史当年被花恼。挥毫曾赋水仙诗，矾弟梅兄奇绝倒。三香之图风骨清，信知难弟复难兄。昨夜月明江水白，出门一笑见高情。[①]

又如明刘嵩《题水仙梅矾华图》：

① 胡奎《斗南老人集》卷四。

仙子凌波春已深，梅兄矾弟已交临。世间多少同枝叶，花落花开自一林。[①]

在这首题咏三香图的诗作中，水仙是主角，“梅为兄，矾为弟”。水仙由梅花和山矾共同陪衬着，构成一幅“风骨清”的图画，难弟难兄亲密无间。

明刘基《题三香图》中，对这三者的描述颇有见地：

梅是玉堂花，和羹有佳实。水仙如淑女，婉娩抱贞质。山矾直而劲，野处似隐逸。分类族虽三，论德性乃一。琼台耿清夜，凉月白胜日。霏霏芳气交，粲粲华采溢。琪树让晶莹，瑶草愧私昵。愿言永其欢，岁莫保终吉。[②]

此诗首先分述了三者的特出之处：梅为“玉堂佳实”，水仙“贤淑贞婉”，山矾“直劲野逸”，接着又指出三者虽然不属于同族，但是品格相同，所谓“论德性乃一”。三者交相辉映，为芳林增辉。

相较于刘基的三者皆佳，元赵文《三香图》诗有不同见解：

梅花瘦而贞霜，磨雪折骨愈奇；山矾清而野，桃李场中不肯移。梅也似伯夷，矾也似叔齐，水仙大似孤竹之中子，不瘦不野含仙姿。人生但愿水仙福，梅兄矾弟真难为。[③]

在赵文看来，梅花瘦而贞霜、磨雪愈奇与山矾的清野的确有其不凡之处，但是二者如同伯夷、叔齐那样圣人般的的境界实在太难达到，反而是水仙，如同伯夷、叔齐的兄弟——孤竹君中子那样，“不瘦不野”，且蕴含一种不为世间烦忧所扰的“仙姿”，这样的人生才是最有福气的，

① 刘嵩《槎翁诗集》卷七。
② 刘基《诚意伯文集》卷三。
③ 赵文《青山集》卷七。

为人所艳羡的。“人生但愿水仙福”一句道出了赵文对水仙的艳羡。

图 27 ［明］徐弘泽《三香图》。中国嘉德 2014 年香港春季拍卖会展示。

虽然赵文对水仙有偏爱，但他仍和上文几首《三香图》诗的作者一样，都是赞成水仙、梅、山矾并列的。许多诗人受黄庭坚影响，对三者联袂持赞赏和支持态度，正如元牟巘所咏：“水仙侑食老逋家，更着江南小白花。三雅如渠好兄弟，众芳未许以肩差。”[①]三雅的地位是众芳所不及的。

明刘璟《题三香图》更是发表了一番饱有深情的议论：

山矾花兮，幽兰菲菲；水仙冬荣兮，琼佩葳蕤。异根同气兮，何必一时；谅千古之契心，翳或似之。王孙去兮，孰已知？岁聿暮兮，芳馨自持。三者一心兮，聊乐我私。白日出之迟迟，潇湘水兮涟漪，岂不郁陶而遐思？路崎岖兮难径驰，信君子

① 牟巘《题德范弟三香图》，《牟氏陵阳集》卷六。

之操兮，金玉其仪。审厥象兮玩以怡，固明哲之所为。[1]

三香在他笔下，达到了“异根同气”“千古之契”的高度，且赋予了“君子之操,金玉其仪”的比德意义与“明哲所为”这样的人生哲理，可谓是对三香的最高评价了。

当然也有对这一组合不满的，有的摒弃山矾：“金玉其相一两花，遐心空为尔兴嗟。山矾不用来修敬，只许江梅共一家。”[2]有的将梅、山矾一并批评：“矾弟堕小白，梅兄怜老苍。仲氏似白眉[3]，表表金玉相。”[4]但相较于针对水仙梅花进行的争论，山矾要少得多，情况也简单得多。

第二节　水仙的伴侣——兰

《御定佩文斋广群芳谱》提到《集异记》里有一则记载:“薛蟟(lǎo)，河东人。幼时于窗棂内窥见一女子，素服珠履，独步中庭，叹曰：‘良人游学，艰于会面，对此风景，能无怅然。’于袖中出画兰卷子，对之微笑，复泪下吟诗，其音细亮，闻有人声，遂隐于水仙花下。忽一男子从丛兰中出，曰：‘娘子久离，必应相念，阻于跬步，不啻万里。’亦歌诗二篇，歌已仍入丛兰中。苦心强记，惊讶久之，自此文藻异常。一时诵谓二花为夫妇花。”

---

① 刘璟《易斋集》卷上。

② 《游寒岩二首》，陈景沂《全芳备祖》前集卷二一。

③ 《三国志 · 蜀志 · 马良传》：“马良，字季常，襄阳宜城人也。兄弟五人，并有才名，乡里为之谚曰：‘马氏五常，白眉最良。’良眉中有白毛，故以称之。”后因以喻兄弟或侪辈中的杰出者。

④ 陈景沂《全芳备祖》全集卷二一。

《集异记》为唐代传奇小说集，一名《古异记》，撰者为唐薛用弱。《新唐书·艺文志》着录此书3卷。今本2卷，共16篇。《太平广记》采入颇多，清人陆心源据以辑录佚文4卷，编入《群书校补》，稍有遗误，所辑佚文并不都出自薛用弱，还有其他人的作品，如南朝宋郭季产的《集异记》。中华书局1980年版《集异记》附有补编。中华书局1985年版《丛书集成初编》，所收薛用弱《集异记》未录“水仙为兰妻”篇。

前文曾介绍过，水仙花在唐代未见种植记录，也未见任何吟咏水仙的文学作品留存。并且在检索到的宋代作品中，人们曾将水仙的香气比作兰花的香气。如：“韭叶秀且耸，兰香细而幽”[①]；也曾将水仙的风骨比拟兰花的风骨：“魂是湘云骨是兰”[②]“为君表出风流冠，只有春兰仅比渠”[③]，但从未见“水仙为兰妻”之说。由此推测：《集异记》中这则故事的产生不可能早于宋代，也不太可能是在宋代产生。

在元代洪希文的诗作《水仙花（俗名金盏银台）》中，曾经提到水仙的配偶问题：“商量恰好海棠聘，月老无人为主持。”[④]诗中并无一句提及兰花，反而提出将“海棠”作为水仙的伴侣；元仇远《题赵子固水墨双钩水仙卷》有“却怜不得同兰蕙”[⑤]的诗句，似乎对水仙为“兰妻”之说并不知晓。

明代将水仙兰一起入画并吟咏的作品显著增多，其中兰花之于水仙，或是衬托，或是陪伴。如“闲斗兰苕上翠翘”[⑥]“水边飞步倚兰

① 陈景沂《全芳备祖》前集卷二一。
② 高观国《浣溪沙》，《全宋词》，第4册，第2357页。
③ 胡寅《斐然集》卷四。
④ 洪希文《续轩渠集》卷五。
⑤ 仇远《山村遗集》。
⑥ 马祖常《题水仙花图》，《石田文集》卷四。

茗”①，都是将水仙比作仙子，而兰花作为有一定寓意的植物形象来衬托水仙。“汉之北兮湘之东，将帝子兮吾从，汀有兰兮岸有芷，恨千古兮如水。”②“潇湘无梦绕丛兰，碧海茫茫归不去，却在人间。”③水仙在此处是湘水女神，其所处的环境满是兰花等香草，“汀兰岸芷”“潇湘绕兰”,正是屈原确立的“香草美人”的传统形式,香草为美人的衬托。

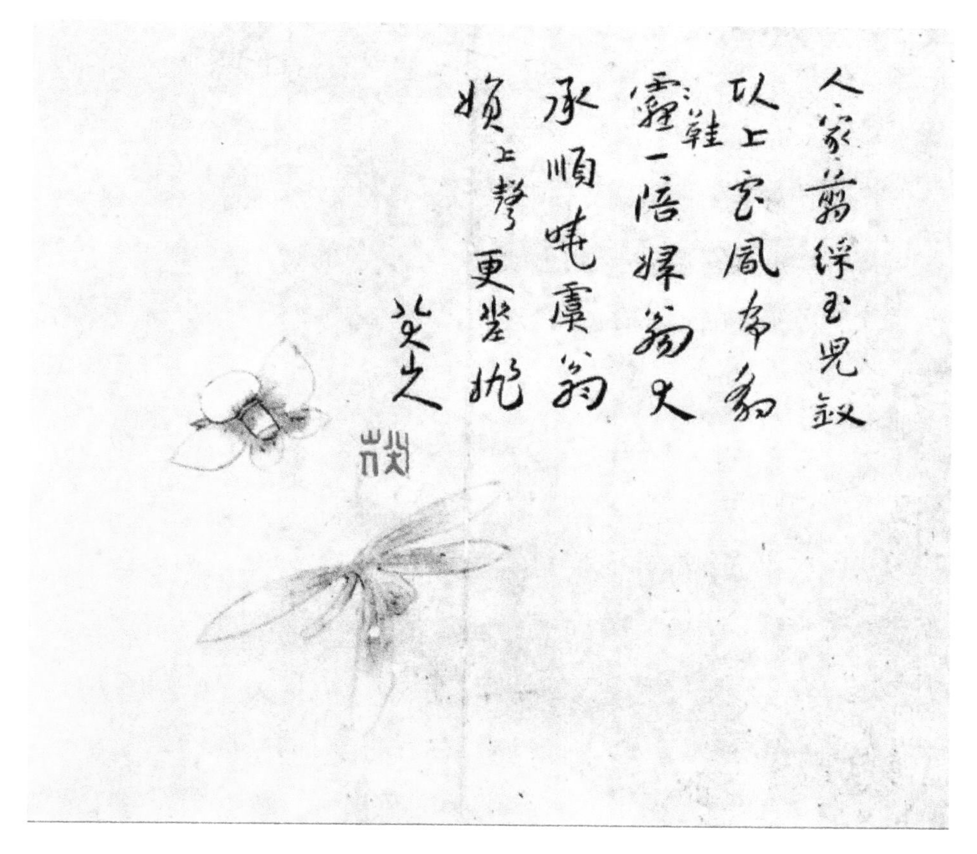

图 28 ［明］朱耷《水仙兰花》。引自《八大山人全集》，江西美术出版社，2000 年。

① 朱朴《题水仙花》，《西村诗集》卷上。
② 程敏政《水仙》，《篁墩文集》卷六四。
③ 张炎《浪淘沙 · 作墨水仙寄张伯雨》，《全宋词》，第 5 册，第 3516 页。

明代著名文人徐渭，画了很多兰与水仙相配的画。他的《题水仙兰花》诗云：“水仙开苑晚，何事伴兰苕？亦如摩诘叟，雪里画芭蕉。”谈论到水仙与兰本不是一个季节开放，画入一幅画中，如同王维的雪里芭蕉图，属于艺术上的抽象。他的另一首《题水仙兰竹》诗云：“水仙丛竹挟兰英，总是湘中三美人。莫遗嫦娥知此辈，定抛明月下江津。”将水仙、兰、竹三者比作湘中三位美人，也是相互陪伴的关系。在另一首《水仙兰》中，更是将二者融合为一：“自从生长到如今，烟火何曾着一分。湘水湘波接巫峡，肯从峰上作行云。”[①]这首诗虽题为《水仙兰》，但在诗中已经分辨不出何处咏兰，何处咏水仙，大概在徐渭看来，二者具有一致的风神与格调，完全可以不分彼此了。

明徐有贞《水仙花赋》中有句：“或侣幽兰碧霞之坛，有若文箫之遇彩鸾。”[②]意为水仙是幽兰之侣，如同文萧彩鸾夫妇一样。这个典故来自唐裴铏《传奇》中的《文箫》篇：传说唐大和年间，书生文箫在中秋节游览中陵西山“游帷观”时，遇见一美丽少女，口吟：“若能相伴陟仙坛，应得文箫驾彩鸾。自有绣襦兼甲帐，琼台不怕雪霜寒。”双方互生爱慕之际，忽有仙童到来，宣布天判：“吴彩鸾以私欲而泄天机，谪为民妻一纪。”两人遂成夫妇，后来双双骑虎仙去。[③]这里很明显地将水仙比对为兰妻，但不知徐有贞是出于己意偶一为之，还是受了所谓《集异记》记载的启发。

清张英有一首《咏水仙花八韵》诗，明确提到了水仙为兰妻的典故：“梅婢那堪受，兰妻应若何。清芬推第一，花史许谁过。”[④]张英为康

① 陈邦彦《御定历代题画诗类》卷八七。

② 徐有贞《武功集》卷一。

③ 裴铏著《传奇》，第 88 页。

④ 张英《文端集》卷一三。

熙朝大臣，可见在清初这个典故已经非常流行，由此推测，水仙为兰妻的记载应产生于明代，并在清代流行。

由是，水仙拥有了一个伴侣——兰花，但此种说法影响并不深远，也没有被广泛接受。

第三节　水仙的朋友——松、菊、竹、柏、瑞香等其他花木

水仙作为傲寒的香花，经常与时令相近的花卉——瑞香、山茶或同样具有凌寒特性的花木——松、菊、竹、柏一起出现在文学作品中。

一、水仙与瑞香、山茶、萱草

图 29　瑞香。图片引自网络。

瑞香为我国著名花木，花期3～4月，早春开花，芳香常绿，性喜阴，忌日光暴晒，耐寒性差，北方盆栽需室内越冬，喜排水良好的酸性土壤。萱草性强健而耐寒，适应性强，又耐半荫，华北可露地越冬，初夏开花，漏斗形，直径10厘米左右，对土壤选择性不强，以富含腐殖质、排水良好的湿润土壤为宜。山茶树冠多姿，叶色翠绿，花大艳丽，花期正值冬末春初，江南地区可丛植或散植于庭园、花径、假山、草坪及树丛边缘，也可片植为山茶专类园，北方宜盆栽。

由于这三种花草的习性与水仙相近，冬季可以和水仙在室内共存，春季可以在室外同见，于是便同水仙一起，偶杂以梅、兰、山矾等共入题咏。如：

再并赋瑞香水仙兰三花

［宋］杨万里

水仙头重力纤弱，碧柳腰支黄金萼。娉娉㛹㛹谁为扶，瑞香在旁扶着渠。春兰初芽嫩仍短，娇如西子无人管。瑞香绿荫浓如云，风日不到况路尘。生时各在一山许，畦丁作媒得相聚。三花异种复异妆，三公同韵更同香。诗人喜渠伴幽独，不道被渠教断肠。[1]

玉壶中插瑞香水仙梅花戏咏

［元］倪瓒

寒梅标素艳，幽卉弄妍姿。团团紫绮树，共耀青阳时。折英欲遗远，但恐伤华滋。置之玉壶冰，芳馨消歇迟。[2]

这两首诗一首以水仙瑞香配兰，一首配梅，第一首分别描述了三

① 杨万里《诚斋集》卷二八。

② 倪瓒《清閟阁全集》卷一。

花的特征后，强调三花虽属“异种异妆”，但是“同韵同香”，堪比三公；第二首题为“戏咏”，单纯赏花惜花之意较多，没有第一首那样“断肠”似的愁思。

水仙萱草三咏并序

［元］王恽

余行次赤城，两浙宪司属吏侯仲卿挐舟自杭，追余四十余里。及之拱立水，次致紫山之意，仍索赋水仙萱草诗。询渠别有何故，曰：“无有余。”笑曰：“澹痴好名有如是者。”遂书三绝以付，时至元二十七年冬十月二十二日也。

片帆归自海东头，何限烟江叠嶂愁。展放画图还一笑，世间名品果忘忧。

绿萱不得独忘忧，江草江蓠总带愁。若使花神真解事，一枝金凤也垂头。

雪作肌肤翠作裙，凌波微步袜生尘。笔端欲见钱郎意，重为陈王赋洛神。[①]

这三首出自同一作者的诗作，是咏水仙萱草的。萱草又称忘忧草，其文献记载最早见于《诗经·卫风·伯兮》：“焉得萱草，言树之背。”朱熹注曰：“萱草，令人忘忧；背，北堂也。”[②]称它“忘忧”是因为：“食之令人好欢乐，忘忧思，故曰忘忧草。”[③]《野客丛书》曰：“今人称母为北堂萱，盖祖《毛诗·伯兮》：‘焉得萱草，言树之背’。”[④]谈到“北堂”在后世有代表母亲之意。因此，古代当游子要远行时，就会先在

---

① 王恽《秋涧集》卷三一。

② 朱熹《诗经集传》，第28页。

③ 季本《诗说解颐》正释卷五。

④ 王楙《野客丛书》卷一〇。

北堂种萱草，希望母亲减轻对孩子的思念，忘却烦忧。唐朝孟郊《游子诗》写道:“萱草生堂阶，游子行天涯。慈母倚堂门，不见萱草花。”[1]王冕《四月廿五日，堂前萱花试开时，老母康健，因喜之》道：“今朝风日好，堂前萱草花。持杯为母寿，所喜无喧哗。”[2]除孟郊和王冕外，历代不少文士对萱草都有所描写，如曹植曾为之作颂，苏东坡为之作诗，夏侯湛为之作赋，等等。

此处王恽描写水仙萱草，在诗序中提到作诗缘由：“两浙宪司属吏侯仲卿拏舟自杭，追余四十余里……仍索赋水仙萱草诗。”侯仲卿追出四十余里为索诗，题目是确定的，即“水仙萱草”。然而为何偏偏要求这样一个联咏题目，却不得而知。王恽的三首诗，无论从内容还是表现手法上来看都没有什么特殊之处，他提出羁旅之愁、萱草忘忧，却没有提及这种情感和水仙联咏的关系。因此只能推测——索诗行为纯粹是“好名”，索诗题目单纯从时令常见的景物选取。然而不管怎样，这三首诗告诉我们：水仙萱草从元代就已开始联咏。

二、水仙与松、菊、竹、柏

水仙和傲寒花木的联咏是联咏诗中最多，也最引人注目的。水仙除与梅合称为“双清”外，还同与梅联系紧密的松、竹、柏结合，五者一起被称为“五君子”。这五者有合咏，也有相互之间的随意组合，如元谢应芳《题梅竹水仙图》、汪承霈《古柏水仙》等。其中合咏五君子的，以清代乾隆皇帝的作品最多，他在《王中立水仙》诗后注：“文征明画松、柏、梅、竹、水仙为五君子图。”[3]这是所知较早的“五君子”

① 孟郊《游子》，《孟东野诗集》卷三。

② 王冕《竹斋集》卷中。

③ 爱新觉罗 · 弘历《御制诗集》四集卷三四。

称谓。乾隆皇帝非常喜欢五君子这个组合，不但写了多首诗歌来吟咏，还特意要求臣子作五君子图以供欣赏。他在《题董诰五君子图五叠旧作韵》中说："向命董邦达所画最多，而独无此图，亦一缺欠，故命其子为之。"①

图 30　［明］徐渭《花果卷》之水仙竹。引自《徐渭精品画集》，天津人民出版社，2000 年。

诗人们将水仙与这些花木联咏，无非是看中了它们相似的本质。

① 爱新觉罗 · 弘历《御制诗集》四集卷三三。

宋赵西山诗云:“花仙凌波子,乃有松柏心。人情自弃忘,不改玉与金。”[1]指出水仙柔弱的表象之下，是与松柏一样绝对不因外界环境而改变的“金玉”之“心”。正因有了这样的本质，水仙于是能和松柏梅竹一起傲视群芳，从而任“春风桃李自尘土”，自己却“不涴岁寒冰雪容”[2]。

明顾清在《菊隐轩记》提出:“物之清贞而可爱者有三:松也，竹也，梅也，所谓岁寒三友者。其次，则惟水仙与菊焉。”[3]菊为中国传统凌寒花卉，声名地位甚高，顾清将水仙与其并列，并指出岁寒三友之下，唯有此二花，这是水仙从宋以来逐渐被人们所重视的结果。

由于菊花种类众多，晚菊花期可达十二月至元月，因此个别地区水仙和菊花可同时开放。下面这首诗作就表达了诗人看到水仙梅菊同开的喜悦：

岁除水仙梅菊盛开，与鹏飞、照磨饮于花间赋之

［元］刘　鹗

转眼惊看节序新，水仙梅菊喜相亲。时穷幸有花堪友，道在尤多客可人。清意纷纷凉似水，孤标郁郁更无尘。明朝又道春来到，岁晏谁云此老贫。[4]

水仙梅菊，同为君子之友，让刘鹗觉得与座中同道相得益彰，其中寄托了比德深意。

三、水仙与荷花

水仙特殊的培育和养殖过程，使得它成为“水陆两栖”型花卉。在与梅、菊、松、柏、竹等耐寒花木进行联咏的同时，水仙与另一水

---

① 陈景沂《全芳备祖》前集卷二一。

② 谢应芳《题梅竹水仙图》，《龟巢稿》卷三。

③ 顾清《东江家藏集》卷四。

④ 刘鹗《惟实集》卷六。

中著名花卉——荷花存在着一定的牵绊。在水仙花传入中国之前，“水仙”这一词条的本意是指水中仙人。荷花作为开在水中的美丽花卉，不但经常在文学作品中被人们比作“水仙”，而且经常被称做“凌波仙子”。事实上，只是在黄庭坚所作水仙诗流传之后，水仙花才得到凌波仙子这个别称，并逐渐为人们所普遍接受。“凌波仙子”之名其实是水仙后荷花而“占”之的。因此，便出现了荷花与水仙花经常共享“水仙”“凌波”“湘水”等典故的情况，如：

游女汉皋争笑脸，二妃湘浦并愁容。[①]

绿罗盖底争红白，恍若凌波，仙子步罗袜。[②]

指垂杨柳为烟客，认白莲花是水仙。[③]

红衣乱委鸳鸯浦，罗袜尘消水仙府。[④]

水仙步稳青霞蹙，湘女衣轻白露滋。[⑤]

金掌溢时清露委，水仙多处绿云攒。[⑥]

何妨绝代称君子，准拟前身是水仙。[⑦]

由于水是两者的共存环境，从而造就了两者之间许多共同品质。荷花一向被认为具有“出淤泥而不染，着清涟而不妖”的高洁，而水仙也拥有这种特色：“不许淤泥侵皓素，全凭风露发幽妍。”[⑧]宋韩维

① 李绅《重台莲》，《全唐诗》，第481卷。

② 张抡《醉落魄》，《全宋词》，第3册，第1414页。

③ 耶律铸《小隐园拟乐天》，《双溪醉隐集》卷三。

④ 耶律铸《秋莲怨》，《双溪醉隐集》卷五。

⑤ 程敏政《次河间顾太守双头瑞莲诗三首》，《篁墩文集》卷七九。

⑥ 李东阳《内阁五月莲花盛开奉和少傅徐公韵二首》，《怀麓堂集》卷五五。

⑦ 陆深《和宫端后渠玉亭赏莲之作》，《俨山集续集》卷四。

⑧ 刘克庄《水仙花》，《后村集》卷一〇。

《谢到水仙二本》中有诗句云："拒霜已失芙蓉艳，出水难留菡萏红。"[1]专从色彩上对水仙作了一个精彩的描述：诗人认为水仙原本具有"荷红莲艳"般的丽色，只因经过"拒霜、出水"的洗礼，脱胎换骨，洗净铅华，才有了清丽的姣容。句中"已失""难留"二词，让人感觉水仙好像处于一种弱势状态，但"拒霜""出水"二词却转而赞美了水仙"出淤泥而不染"、洁身自好、超凡脱俗的个性。这里显然将水仙与荷花进行了同一化处理，荷花仿佛是水仙的前身。然而艳、红毕竟是宋人所不喜的色彩，于是水仙的脱胎换骨，便似乎有高于芙蓉、菡萏之意。乾隆《赵孟坚水仙即用其韵》一诗道："评量卉谱合称仙，脱俗离尘意洒然。不与荷花争夏日，为他微有净中妍。"[2]赞赏水仙脱俗离尘，不与荷花争妍的洒脱心性。在乾隆看来：水仙礼让荷花，只因它"微有净中妍"，道出水仙对"净妍"品质的重视，同时"微有"二字，写出荷花与水仙的差距。实际上，除了诗人因偏爱而着意标榜外，水仙也确实有高于荷花的地方：水仙可以傲寒，荷花却在秋风中凋零；荷花根部离开淤泥便不能存活，水仙却可以离开泥土，完全凭借清水开花；水仙的根部须白皓净，人们可以将其作为一个重要的造型部分与水仙的花叶同赏，这一点是包括荷花在内的其他任何一种花卉都无法比拟的。再加上荷花意象在长期的发展过程中出现了一些格调低下的象征：如以莲花喻妓女、佞臣[3]，而水仙基本没有这种情况，所以到了有意抬高水仙比德意义的诗人笔下，便扬水仙之长来抑莲花之短，如曾丰的诗句："玉女琼姬暂谪居，水中无可与为徒。莲花固与六郎似，贞女终

① 韩维《南阳集》卷一一。

② 爱新觉罗·弘历《御制诗集》二集卷七三。

③ 参俞香顺著《中国荷花审美文化研究》。

轻贱丈夫。”[1]荷花经常被用来比喻士大夫的芳洁之志，也被用来比喻女子的贞洁自守[2]，但曾丰偏偏选用了唐人莲花六郎的典故。六郎乃武则天宠臣张昌宗，唐人用六郎拟莲花本是“以色喻色”[3]，而到了重视比德的宋人眼中，此比喻被大加鞭鞑。在曾丰看来，荷花有这样不光彩的一面，是“贱丈夫”，较之堪比“贞女”的水仙，是被轻蔑鄙视的对象。因此他下了结论，水仙花的地位是“水中无与可为徒”。这一手法如同以我之上驷比彼之下驷，在文学中很常用，所不能忽视的是曾丰在这一举动中所寓含的比德倾向。

---

① 曾丰《谭贺州勉赋水仙花四绝》，《缘督集》卷九。
② 俞香顺著《中国荷花审美文化研究》，第 23 页。
③ 俞香顺著《中国荷花审美文化研究》，第 26 页。

第五章　黄庭坚与水仙文学

图 31　黄庭坚像。图片引自网络。

以上诸章通论了中国古代文学水仙意象和题材创作的历史，基于黄庭坚在水仙文学创作史上的重要地位，此处特辟一章，具体阐述黄庭坚对水仙题材创作的重要作用。

公元一一零一年，即宋徽宗建中靖国元年，黄庭坚五十七岁。四月，他来到江陵（今治湖北荆州），泊家沙市（今湖北沙市）。在这里，他再次接到尚书省劄子除“吏部员外郎”之命，要求乘递马，速赴阙。因长年贬谪，体弱多病，又有丧弟之痛，因此黄庭坚上《辞免恩命状》，请求为官于太平州（今安徽当涂县）或无为军（今安徽无为县），并在荆州等候命令，次年四月离开荆州。[①]就是在荆州的短短一年期间，黄庭坚见到了水仙花，并与之结下不解之缘，写出

① 郑永晓著《黄庭坚年谱新编》，第 345 页。

了至关重要的传世之作。

现存《文渊阁四库全书》所录《山谷集》中,共有咏水仙花诗六首,分别为:《王充道送水仙花五十枝欣然会心为之作咏》《刘邦直送水仙花》《次韵中玉水仙花二首》《吴君送水仙花二大本》《刘邦直送早梅水仙花三首》之第三首。数量虽然不多,但篇篇堪称上乘,对后世咏水仙诗作影响重大。

黄庭坚之于水仙花的意义,正如林逋之于梅花。而黄庭坚自从见到水仙花后,也的确是将其提到梅花的高度来看待的。在可能是他的第一首水仙诗——《刘邦直送水仙花》中,黄庭坚写道:“钱塘昔闻水仙庙,荆州今见水仙花。暗香靓色撩诗句,宜在林逋处士家。”[①]并在后面注解道:“钱塘有水仙王庙,林和靖祠堂近之,东坡先生以为和靖清节映世,遂移神像配食水仙王云。”黄庭坚通过水仙花马上联想到水仙王庙,接着想到爱梅成痴的林逋,他认为:水仙这样与梅同样暗香靓色的花卉,不是正应该供奉在水仙王庙中,为清节映世的和靖先生所赏吗?在后来的几首诗作中,黄庭坚盛赞水仙“借水开花”的奇妙之处,称赞水仙拥有“仙风道骨”,如《刘邦直送早梅水仙花》:“得水能仙天与奇,寒香寂寞动冰肌。仙风道骨今谁有,淡扫蛾眉簪一枝。”[②]在称赞的同时,黄庭坚还不遗余力地将水仙与梅花相提并论,如:

次韵中玉水仙花

借水开花自一奇,水沉为骨玉为肌。暗香已压荼蘼倒,只比寒梅无好枝。

吴君送水仙花二大本

① 黄庭坚《山谷集》卷七。

② 黄庭坚《山谷集》卷七。

折送南园栗玉花，并移香本到寒家。何时持上玉宸殿，乞与宫梅定等差。[①]

在《次韵中玉水仙花》诗中，诗人感叹水仙借水开花的奇特之后，以水之澄澈、玉之晶莹来突出水仙的高洁，接着又以荼蘼来反衬水仙。苏轼《咏荼蘼诗》曰："不妆艳已绝，无风香自远。"[②]而水仙香味能够压倒荼蘼，可见其香味之不俗。《次韵》一诗结语说：比起梅花，水仙唯一差在没有梅枝所拥有的"疏影横斜"之美；在《吴君送水仙花二大本》的结语中，又提到水仙应该与梅花一起评定等级高下，可见黄庭坚对水仙的喜爱与重视。

正如林逋的《山园小梅》将梅花的地位提到了一个新的高度，黄庭坚也有一首诗对水仙具有同样的作用，那就是《王充道送水仙花五十枝欣然会心为之作咏》：

凌波仙子生尘袜，水上轻盈步微月。是谁招此断肠魂，种作寒花寄愁绝。含香体素欲倾城，山矾是弟梅是兄。坐对真成被花恼，出门一笑大江横。[③]

这首诗无论在内容上还是手法上，都体现了黄庭坚作诗"推陈出新""点铁成金"的理论。

此诗一、二句"以人比花"本是传统手法，但黄庭坚的杰出之处就在于第一个用"凌波仙子"来比拟水仙，"凌波仙子"原本多被人们用来形容荷花，黄庭坚将其挪来形容水仙，可谓"何等现成，却又何等新鲜贴切"！此后凌波仙子成为水仙的别名，不但诗人们在吟咏时屡屡用之，同时也在荆州等地成为水仙别名延续至今。接下来的语词"生

① 黄庭坚《山谷集》卷一〇。

② 王十朋《东坡诗集注》卷九。

③ 黄庭坚《山谷集》卷七。

尘袜”，用了“凌波微步，罗袜生尘”的典故。自从曹植《洛神赋》一出，从魏至宋，这个典故被用得何其熟滥，加上后一句水月咏花的模式，更是俗之又俗。但是这一系列俗、熟的意象组合在一起，用来形容水仙花，却让人觉得再清新自然不过，这正是因为黄庭坚抓住了水仙的特色，才使得“物”与“象”之间结合得天衣无缝，受到了普遍的称道和认可，同时又使得水仙具有了曹植《洛神赋》中士人们所千载探索的深意，使得花的内涵变得丰富。

接下来，全诗自然过渡到三、四句，文士失意，千古同悲，而追溯过往人物，其中最令人哀思的当属曾经行吟水畔，最终投水而死的“屈原”了，于是借用了招魂的典故：“是谁招来断肠的魂魄，种成了素洁的寒花，来寄托哀愁？”这两句采取遗貌取神的方法，想落天外，情景交融，物我不分，被前人评价为“奇思奇句”。虽然没有正面描写水仙，却写出了水仙的风神，为其内涵又添新高。

第五句是对水仙的正面描写，写出了它被人欣赏的两大原因：素色、芳香。第六句又用梅花和山矾来烘托，通过梅花奠定了水仙在群花中的地位。

最后两句巧妙化用杜甫《江畔独步寻花》中“江上被花恼不彻，无处告诉只颠狂”一句，但将其改编得更为灵活：“被花恼”，其实是终日对花欣赏不厌，更见出其爱花爱到了极点。这句因为典型的黄氏风格，被论诗者屡屡提及——宋蔡正孙编《诗林广记》卷二引《步里客谈》云：“古人作诗断句，辄旁入他意，最为警策。如老杜云：‘鸡虫得失无了时，注目寒江倚山阁’是也。黄鲁直作水仙花诗：‘坐对真成被花恼，出门一笑大江横’亦是此意。”[1]清吴景旭《历代诗话》《落句》

---

① 蔡正孙《诗林广记》。

篇有相似论叙："吴旦生曰：'落句之妙忽入他意，灵变莫测，非后人之所可拟；'真西山引黄山谷《书酺池寺》云：'小黠大痴螗捕蝉，有余不足夔怜蚿。退食归来北窗梦，一江风月趁渔船；'《步里客谈》又引山谷水仙花诗：'坐对真成被花恼，出门一笑大江横；'师民瞻引苏子瞻《二虫诗》：'二虫愚智俱莫测，江边一笑无人识；'洪容斋引李德远东西船行云：'东西相笑无已时，我但行藏任天理。'数诗语意互相祖述，然与老杜自悬殊也。"①

图32　黄永厚《出门一笑大江横》斗方。引自《黄永厚画集》，文化艺术出版社，2007年。

① 吴景旭《历代诗话》卷三八。

陈永正解释说:“所谓‘旁入他意’，表面上两句意思无关，实际上，是诗意在跳跃和转换。‘出门一笑大江横’，诗境由幽怨、纤细，一变而为开朗、壮阔。前后对比，以达到一个更为深远的新的境界，使读者有强烈的美的感受。”[①]整首诗多从侧面落笔，最后两句甚至“旁入他语”，这样就使咏花的诗不落前人窠臼。因为前人已经正面描写得太多，再正面去写就不可能出彩，所以从虚处落笔，以貌取神。因此，这首诗“一扫前人咏物诗的陋习，没有一点儿柔靡纤巧的气息，直接继承了韩愈的遒劲老健的艺术风格”。黄庭坚这首咏水仙诗，成为他咏花诗的经典之作，对他同时和以后的咏花诗作影响很大。宋胡仔说:“苏黄又有咏花诗，皆托物以寓意，此格尤新奇，前人未之有也。”[②]称引的例子就是苏轼荼蘼诗和此诗。

而此诗最重要的作用，还是对水仙文学的影响。通过这首诗，水仙在文学中确立了主要意象模式，确立了比德地位，水仙文学的局面被开创。这在前文已有详述，此处便不再赘言。我们这里直接谈一下后世针对此诗的评论和用典,这主要可分为三种情况:第一种是针对“梅兄矾弟”恰当与否的争论，这在水仙与其他花木的联咏中也已分析过。

第二种是出于称道和欣赏对此诗的隐括和衍生。宋代刘学箕《水仙说》:“予酷爱水仙花，以金华仙伯所赋八句，概括作《浣沙溪》词云:‘水上轻盈步月明，凌波仙子袜生尘。是谁招此断肠魂，种作寒花愁绝意。含香艳素欲倾城,并芳难弟与难兄。’”[③]宋林正大有一首《括朝中措》词 :“凌波仙子袜生尘。水上步轻盈。种作寒花愁绝，断肠谁与招魂。

① 刘逸生主编，陈永正选注《黄庭坚诗选》，第 212 页。
② 胡仔《渔隐丛话》前集卷四七。
③ 刘学箕《方是闲居士小稿》卷下。

天教付与，含香体素，倾国倾城。寂寞岁寒为伴，藉他矾弟梅兄。”[1]这两首词都是对山谷水仙诗的隐括，从而可以看出宋代诗人对此诗极为推崇。

明代姚绶更是对此诗大肆敷衍渲染，仿照《洛神赋》写了一首《水仙花赋》，假托黄庭坚与水仙子相遇的故事来铺排描写。赋中由交待“伊昔涪翁，夙罹谪逐”缘起，写黄庭坚居住于江畔，遇到水仙子，后来“晨兴向明，踯躅于庭，忽幽花之托根，依后土以降灵。胡然生之太瘦，岁晏流形”，知道“水仙”白天托身庭院化为水仙花，晚上就恢复成仙子的原身回到江中，在花与仙之间轮回，感慨之下写出了千古名诗。姚绶在赋的结尾处赞扬黄诗“调同金石”，可比美于“宋玉招魂之赋，庄周梦蝶之经”，对黄庭坚不滞于物，能拥有“无被花之懊恼，出门一笑而横大江之空碧”[2]的潇洒心胸尤其称赏。

第三种是出于对黄诗艺术的欣赏，专门对结句“出门一笑大江横”的评引。元吴澄曾经为他人写过两篇诗集序，一篇在《吴文正集》卷一五，题为《出门一笑集序》，其文曰：

唐人诗可传者，不翅十数百家，而近世能诗者何寡也？场屋举子多不暇为，江湖游士为之又多不传，其传者必其卓然者也。往年，鉴溪廖别驾以名进士为学子师，既宦游遍历岭表，始有诗曰：“南冠吏退。”其从子业举子未仕，亦有诗曰：“月矶渔笛。”“吏退”之语清而韵，“渔笛”之声奇而婉，虽不传于人，吾固知其诗也。云仲亦别驾君从子，自选举法坏而其业废，遂藉父兄之余为诗，且韵且婉，锵然不失其家法。

① 《全宋词》，第4册，第2450页。

② 姚授《水仙花赋》，陈元龙《御定历代赋汇》卷一二一。

顾取黄家诗，题其集曰："出门一笑。"黄诗自为宋大家，然诸家中一家耳，水仙之辞又一家中一句耳，而奚独有取于是哉？此句与老杜"寒江山阁"之句同机，于此悟入横竖透彻，则一句而一家，一家而诸家，诸家而数十百家，跻于晋魏汉周可也。诗至是其至矣，云仲其然之乎？[1]

在这篇序言中，吴澄提到水仙花一诗由学杜而来，体现了黄诗对唐诗的传承。他赞扬"大江横"一句"横竖透彻"，一句诗便能代表一家之风格，由一家之风格推广到数十百家，可比肩于前朝诗作。吴澄认为像黄庭坚这样做诗，可以说"诗至是其至矣"。这篇序告诉我们：吴澄的诗歌主张与江西诗派诗人一脉相承，同时也体现出《王充道送水仙花五十枝欣然会心为之作咏》一诗鲜明的江西诗派特色及其在艺术领域对后世的深刻影响。

吴澄对"大江横"一句可谓情有独钟，因此在《吴文正集》卷一六中，又为别人写了一篇《一笑集序》：

诗人网罗走飞草木之情，疑若受役于物。客尝问焉，予应之曰：江边一笑，东坡之于水马；出门一笑，山谷之于水仙。此虫此花，诗人付之一笑而已，果役于物乎？夫役于物者未也，而役物者亦未也。心与景融，物我俱泯，是为真诗境界。熊撄君学其可与议此矣，遂以斯言提于其集之首。[2]

这篇序较之前篇篇幅稍短，讨论的内容仍是诗歌主张，但却由技法上升到哲学层面，提出苏轼和黄庭坚对一虫一花付之一笑，是不役于物的超脱表现，只有拥有这样的精神境界，才能写出警句，所谓"心

① 吴澄《吴文正集》卷一五。
② 吴澄《吴文正集》卷一六。

与景融，物我俱泯，是为真诗境界”。由此序看出，吴澄对一笑的认识有一个深化的过程，同时也说明他对山谷水仙花一诗经年不忘，时时揣摩，才屡次从一笑之句入手来引申议论。

吴澄之后，明许相卿撰《一笑轩记》：

守愚祝翁居之东偏郄地，故为圃者，亩有奇。正德三年春，乃址而屋焉。楹宇规制，弗俭弗侈。阑可徙倚，窗便启闭。豁如也，奥如也。中庭环数武许嘉卉，怪石互经纬之。琴奕啸咏，晦明凉燠，无不宜也。既落，命之曰：“一笑。”而以记属。某尝忆长老为我言里俗之旧：“其处者力耕桑时，废举简馈，遗实盖藏，以丰其家。士则学习经义，修仪观饬，行检事进，取名位为乡人荣。子弟或舍是，而为饮、博、斗、讼、骋、骛、嬉游之习者，辄不齿于人，人而羞其父兄。”是故，吾里大族多世其家。翁，里大族之出也，蚤治举子业，中间弃去，晚于为家，亦若不以屑意，而休偃兹轩，顾以是名之。何居夫江边？“一笑”，坡翁咏水马也；“出门一笑”，涪翁咏水仙也。翁无亦虫卉世故，而寄之自况耶？余意其不惟不俗之尚，而更傲睨焉，以为高者也。某观今之士之于世，大都不玩则溺，溺求余者也。玩，知余之不可必得，自足焉，而鄙夫溺者也；无玩无溺，与道消息，不啻不求之余，而足与不足将并忘之，乃予所愿学而未之见也。翁所谓玩乎非邪然，而去夫溺者远矣，作一笑轩记。[①]

在这篇记中，许相卿同样偏向于讨论处世哲学。文中提到了守愚祝翁以“一笑”名轩，让他联想到苏轼和黄庭坚的诗句。他猜测祝翁取“一

① 许相卿《云村集》卷八。

笑”两字，是“寄之自况”，并对祝翁这种外物不萦于心，烦扰付之一笑的人生态度很是赞赏：“余意其不惟不俗之尚，而更傲睨焉。以为高者也。”此序与水仙花的联系不是很大，主要是由苏黄咏物诗而引发的对人生哲学的探讨，尤其是对“不溺于物”这一哲学命题的议论。但不管怎样，由头是来自黄庭坚的水仙诗，因此附之以备一说。

总之，《王充道送水仙花五十枝欣然会心为之作咏》一诗的地位是卓然的，影响是深远的，为黄庭坚咏水仙花，同时也是咏花诗代表作。清代宋荦《水仙》诗曰：“开门无复澄江在，惆怅涪翁一首诗。”[1]道出了后世文人对黄庭坚这首诗的感情。

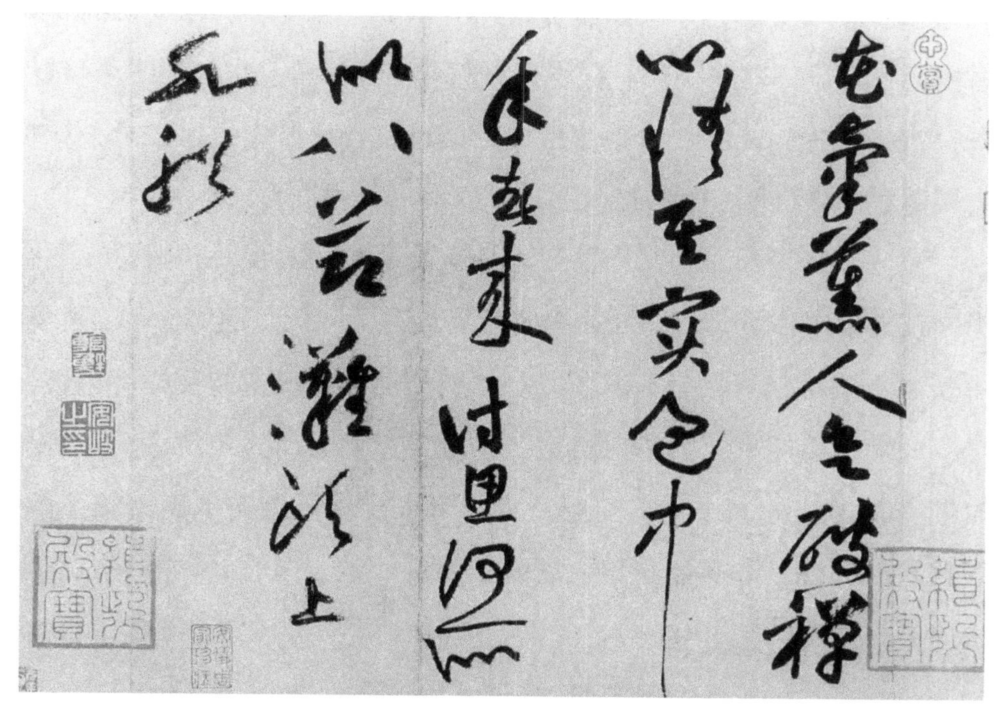

图33　黄庭坚草书《花气熏人帖》。台北故宫博物院藏。

黄庭坚与水仙之间还有一则重要的轶事，这就是《次韵中玉水仙

① 宋荦《西陂类稿》卷六。

花二首》中第二首的“本事”。原诗为：“淤泥解作白莲藕，粪壤能开黄玉花。可惜国香天不管，随缘流落小民家。”作者在后面注解：“时闻民间一事如此。”这件事在很多后人的诗文中都有所记载。宋张邦基的《墨庄漫录》云：“山谷在荆州时，邻居一女子，闲静妍美，绰有态度，年方笄也。山谷殊叹惜之。其家盖闾阎细民，未几嫁同里，而夫亦庸俗贫下，非其偶也。山谷因和荆南太守马瑊中玉《水仙花诗》有云……盖有感而作。后数年此女生二子，其夫鬻于郡人田氏家，憔悴顿挫，无复故态。然犹有余妍，乃以国香名之。”[①]这则故事道出黄庭坚的《次韵马中玉水仙花》一首乃是托意之作。黄庭坚明写水仙，实际上是感叹邻家那位“闲静妍美，绰有态度”的女子。她本来拥有天香国色，却不幸落在民间。尘埃里纵然开出了花朵，也如同明珠暗投、衣锦夜行，这怎能不让人感慨！山谷此诗，当有自伤身世之意，只是这层意思幽微含蓄，不易被人察觉。

黄庭坚在荆州时，对一位当地诗人高荷颇为赏识，并特意在写给李之仪的信中称赞此人：“比得荆州一诗人高荷，极有笔力，使之陵厉，中州恐不减晁张，但公不识耳。”[②]虽然高荷后来没有如黄庭坚预言那样，成为什么名家，但是对黄庭坚仍颇为感激。作为与黄庭坚在荆州时期交往密切的人士，高荷对黄庭坚《次韵》一诗的本事比较了解，并且是“国香”一事的当事人之一。他有一首《国香诗》并序，详细讲述了此事始末：

国香诗并序

国香，荆渚田氏侍儿名也。黄太史鲁直自南溪召为吏部

① 张邦基《墨庄漫录》卷一〇。
② 黄庭坚《山谷集》别集卷一三。

副郎，留荆州，乞守当涂待报，所居即此女比邻也。太史偶见之，以为幽闲姝美，目所未睹。后其家以嫁下俚贫民，因赋《水仙花》诗，寓意云："淤泥解出白莲藕，粪壤能开黄玉花。可惜国香天不管，随缘落在小民家。"俾余和之。后数年，太史卒于岭表。当时宾客云散，此女既生二子矣。会荆南岁荒，其夫鬻之田氏家。田氏一日邀予，置酒出之，掩抑困悴，无复故态。坐间话当时事，相与感叹。予请田氏名曰"国香"，以成太史之志。政和三年春，客京师，会表弟汝阴王性之问太史诗中本事，因道其详。性之文词俊敏，好奇博雅，闻之拊髀太息，曰："可留之篇咏，为一段奇事。"因为赋之，且邀诸公各作一篇云。

南京太史还朝晚，息驾江陵颇从款。彩毫曾咏水仙花，可惜国香天不管。将花托意为罗敷，十七未有十五余。宋玉门墙迁贵从，蓝桥庭户怪贫居。十年目色遥成处，公更不来天上去。已嫁邻姬窈窕姿，空传墨客殷勤句。闻道离鸾别鹤悲，藁砧无赖鬻蛾眉。桃花结子风吹后，巫峡行云梦足时。田郎好事知渠久，酬赠明珠同石友。憔悴犹疑洛浦妃，风流固可章台柳。宝髻犀梳金凤翘，樽前初识董妖娆。来迟杜牧应须恨，愁杀苏州也合销。却把水仙花说似，猛省西家黄学士。乃能知妾妾当时，悔不书空作黄字。王子初闻话此详，索诗裁兴漫凄凉。只今驱豆无方法，徒使田郎赋国香。[①]

据高荷序中所言：当年黄庭坚《次韵》一诗，他也写过和诗，但遗憾的是高荷的诗集没有留存下来，这首诗也就无可寻觅了。高荷还写道：多年后，是他在田氏席上重遇此女，感慨之余请求将此女更名

① 王铚《雪溪集》卷一。

为国香，“以成太守之志”。之后，他的表弟王铚问及《次韵》一诗本意，他“因道其详”，并与表弟和其他诸公都做诗一篇。高荷与王铚的诗作都保存在了王铚的诗集——《雪溪集》中，其他所谓诸人之作惜皆不见。王铚的《次韵国香诗》并序如下：

次韵国香诗并序

表兄高子勉，南平武信王孙，学问文章知名四海。黄太史自黔南召归过荆南，与为忘年友，赠六言诗曰：“顾我今六十老，付子以二百年。”此语岂易得哉？太史没后数年，当政和癸巳岁，与仆会都城，假日话国香事，甚长，又赋长句相示。因次其韵，凡子勉诗中不言者，仆得以言之矣。

百花零落悲春晚，不复林园门可欸。待花结实春已归，到头只有东家管。楚宫女子春华敷，为云为雨皆有余。亲逢一顾倾国色，不解迎人专城居。目成未到投梭处，后会难凭人已去。可怜天壤擅诗声，不如崔护桃花句。坐令永抱埋玉悲，游手那知京兆眉。难堪白鹤分飞后，犹是惊鸿初见时。新欢密爱应长久，暂向华筵赏宾友。舞尽春风力不禁，困里腰肢一涡柳。座上何人赠翠翘，蜀中风调尤情饶。欢浓酒晕上玉颊，香暖红酥疑欲销。佳人薄命古相似，先后乃逢天下士。但惜盈盈一水时，当年不寄相思字。宜州遗恨君能详，瘴云万里空悲凉。无限风流等闲别，几人赏鉴得黄香。[1]

这两首《国香诗》及并序从总体来说，思想价值和艺术价值都平平，但道明了黄庭坚《次韵》一诗的寓意，间接起到了丰富水仙文学的作用。后世因此有用“国香”称水仙的，如南宋张孝祥《水仙》：“净色只应

① 王铚《雪溪集》卷一。

撩处士，国香今不落民家。江城望断春消息，故遣诗人咏此花。”[1]便是使用“国香”的典故来写水仙花。

综上所述，黄庭坚与水仙花渊源深厚，他虽然不是第一个咏水仙的人，但在水仙文学领域起到了开创性的作用，他的水仙诗歌无论在内容上还是艺术上都泽被后世，在水仙文学史上居于首席地位。

① 张孝祥《于湖集》卷一一。

征引书目

说明：

1. 凡本文征引书籍均在其列。

2. 以书名拼音字母顺序排列。

3. 单篇论文信息详见引处脚注，此处从省。

1. 《安阳集》，[宋]韩琦撰，《影印文渊阁四库全书》本，上海：上海古籍出版社，1987。

2. 《安晚堂集》，[宋]郑清之撰，《影印文渊阁四库全书》本。

3. 《安雅堂集》，[元]陈旅撰，《影印文渊阁四库全书》本。

4. 《北涧集》，[宋]释居简撰，《影印文渊阁四库全书》本。

5. 《不系舟渔集》，[元]陈高撰，《影印文渊阁四库全书》本。

6. 《楚辞章句》，[汉]王逸注，长沙：岳麓书社，1989。

7. 《传奇》，[唐]裴铏撰，上海：上海古籍出版社，1980。

8. 《昌谷集》，[宋]曹彦约撰，《影印文渊阁四库全书》本。

9. 《诚斋集》，[宋]杨万里撰，《影印文渊阁四库全书》本。

10. 《淳熙稿》，[宋]赵蕃撰，北京：中华书局，1985。

11. 《草堂雅集》，[元]顾瑛撰，《影印文渊阁四库全书》本。

12. 《长物志》，[明]文震亨撰，《影印文渊阁四库全书》本。

13.《诚意伯文集》，［明］刘基撰，《影印文渊阁四库全书》本。
14.《槎翁诗集》，［明］刘嵩撰，《影印文渊阁四库全书》本。
15.《帝京景物略》，［明］刘侗．于奕正撰，《四库存目丛书》本。
16.《东莱诗集》，［宋］吕本中撰，《影印文渊阁四库全书》本。
17.《东塘集》，［宋］袁说友撰，《影印文渊阁四库全书》本。
18.《东坡诗集注》，［宋］王十朋撰，《影印文渊阁四库全书》本。
19.《东江家藏集》，［明］顾清撰，《影印文渊阁四库全书》本。
20.《斗南老人集》，［明］胡奎撰，《影印文渊阁四库全书》本。
21.《方舟集》，［宋］李石撰，《影印文渊阁四库全书》本。
22.《方是闲居士小稿》，［宋］刘学箕撰，《影印文渊阁四库全书》本。
23.《斐然集》，［宋］胡寅撰，《影印文渊阁四库全书》本。
24.《傅与砺诗集》，［元］傅若金撰，《影印文渊阁四库全书》本。
25.《观林诗话》，［宋］吴聿撰，《影印文渊阁四库全书》本。
26.《龟巢稿》，［元］谢应芳撰，《影印文渊阁四库全书》本。
27.《光绪顺天府志》，［清］周家楣．缪荃孙编纂，《续修四库全书》本。
28.《龚自珍全集》，［清］龚自珍著，上海：上海人民出版社，1975。
29.《古今图书集成》，［清］陈梦雷等编，北京：中华书局，1985。
30.《广群芳谱》，［清］汪灏著，上海：上海书店，1985。
31.《晦庵集》，［宋］朱熹撰，《影印文渊阁四库全书》本。
32.《后村集》，［宋］刘克庄撰，《影印文渊阁四库全书》本。
33.《鹤年诗集》，［元］丁鹤年撰，《影印文渊阁四库全书》本。
34.《怀麓堂集》，［明］李东阳撰，《影印文渊阁四库全书》本。

35.《篁墩文集》，[明] 程敏政撰，《影印文渊阁四库全书》本。

36.《红楼梦》，[清] 曹雪芹著，上海：上海古籍出版社，1991。

37.《黄庭坚诗选》，刘逸生主编 . 陈永正选注，香港：三联书店香港分店，1980。

38.《黄庭坚年谱新编》，郑永晓著，北京：社会科学文献出版社，1997。

39.《涧泉集》，[宋] 韩淲撰，《影印文渊阁四库全书》本。

40.《简斋集》，[宋] 陈与义撰，《影印文渊阁四库全书》本。

41.《景迂生集》，[宋] 晁说之撰，《影印文渊阁四库全书》本。

42.《剑南诗稿》，[宋] 陆游撰，《影印文渊阁四库全书》本。

43.《江湖后集》，[宋] 陈起撰，《影印文渊阁四库全书》本。

44.《江湖长翁集》，[宋] 陈造撰，《影印文渊阁四库全书》本。

45.《金渊集》，[元] 仇远撰，《影印文渊阁四库全书》本。

46.《静春堂集》，[元] 袁易撰，《影印文渊阁四库全书》本。

47.《镜花缘》，[清] 李汝珍著，上海：上海古籍出版社，1991。

48.《柯山集》，[宋] 张耒撰，《影印文渊阁四库全书》本。

49.《列仙传》，[汉] 刘向著，上海：上海古籍出版社，1990。

50.《阆风集》，[宋] 舒岳祥撰，《影印文渊阁四库全书》本。

51.《来鹤亭集》，[元] 吕诚撰，《影印文渊阁四库全书》本。

52.《历代诗话》，[清] 吴景旭撰，《影印文渊阁四库全书》本。

53.《列女传译注》，张涛译注，济南：山东大学出版社，1990。

54.《孟东野诗集》，[唐] 孟郊撰，《影印文渊阁四库全书》本。

55.《墨庄漫录》，[宋] 张邦基撰，《影印文渊阁四库全书》本。

56.《鄮峰真隐漫录》，[宋] 史浩撰，《影印文渊阁四库全书》本。

57.《梅溪集后集》，[宋]王十朋撰，《影印文渊阁四库全书》本。
58.《梅山续稿》，[宋]姜特立撰，《影印文渊阁四库全书》本。
59.《梅苑》，[宋]黄大舆编，《影印文渊阁四库全书》本。
60.《牟氏陵阳集》，[元]牟巘撰，《影印文渊阁四库全书》本。
61.《茗斋集》，[清]彭孙贻撰，《四部丛刊》本。
62.《宁极斋稿》，[宋]陈深撰，《影印文渊阁四库全书》本。
63.《南阳集》，[宋]韩维撰，《影印文渊阁四库全书》本。
64.《南湖集》，[宋]张镃撰，《影印文渊阁四库全书》本。
65.《南涧甲乙稿》，[宋]韩元吉撰，《影印文渊阁四库全书》本。
66.《南轩集》，[宋]张栻撰，《影印文渊阁四库全书》本。
67.《彭城集》，[宋]刘攽撰，《影印文渊阁四库全书》本。
68.《盘洲文集》，[宋]洪适撰，《影印文渊阁四库全书》本。
69.《全芳备祖》，[宋]陈景沂辑，《影印文渊阁四库全书》本。
70.《秋崖集》，[宋]方岳撰，《影印文渊阁四库全书》本。
71.《青山集》，[元]赵文撰，《影印文渊阁四库全书》本。
72.《清閟阁全集》，[元]倪瓒撰，《影印文渊阁四库全书》本。
73.《秋涧集》，[元]王恽撰，《影印文渊阁四库全书》本。
74.《七十自定稿》，[清]王夫之撰，《四库禁毁书丛刊补编》本。
75.《清诗别裁集》，[清]沈德潜等编，上海：上海古籍出版社，1984。
76.《全唐诗》，[清]彭定求等编，北京：中华书局，1999。
77.《全宋词》，唐圭璋编，北京：中华书局，1965。
78.《全金元词》，唐圭璋编，北京：中华书局，1979。
79.《秋瑾诗文选》，郭延礼选注，北京：人民文学出版社，1982。

80.《史记》，[汉] 司马迁著，上海：上海古籍出版社，1997。

81.《三国志》，[晋] 陈寿撰，[南朝] 裴松之注，北京:中华书局，1982。

82.《拾遗记》，[晋] 王嘉撰，[南朝] 萧绮录，齐治平校注，北京:中华书局，1981。

83.《述异记》，[南朝] 任昉撰，《影印文渊阁四库全书》本。

84.《山谷集》，[宋] 黄庭坚撰，《影印文渊阁四库全书》本。

85.《诗经集传》，[宋] 朱熹注，上海：上海古籍出版社，1987。

86.《涉斋集》，[宋] 许纶撰，《影印文渊阁四库全书》本。

87.《诗林广记》，[宋] 蔡正孙编，《影印文渊阁四库全书》本。

88.《石湖诗集》，[宋] 范成大撰，《影印文渊阁四库全书》本。

89.《山中白云词》，[宋] 张炎撰，《影印文渊阁四库全书》本。

90.《双溪类稿》，[宋] 王炎撰，《影印文渊阁四库全书》本。

91.《松乡集》，[元] 任士林撰，《影印文渊阁四库全书》本。

92.《慎独叟遗稿》，[元] 陈植撰，《影印文渊阁四库全书》本。

93.《石田文集》，[元] 马祖常撰，《影印文渊阁四库全书》本。

94.《双溪醉隐集》，[元] 耶律铸撰，《影印文渊阁四库全书》本。

95.《山村遗集》，[元] 仇远撰，《影印文渊阁四库全书》本。

96.《三华集》，[明] 钱仲益编，《影印文渊阁四库全书》本。

97.《升庵集》，[明] 杨慎撰，《影印文渊阁四库全书》本。

98.《石仓历代诗选》，[明] 黄希英编，《影印文渊阁四库全书》本。

99.《诗说解颐》，[明] 季本撰，《影印文渊阁四库全书》本。

100.《珊瑚网》，[明] 汪砢玉撰，《影印文渊阁四库全书》本。

101.《书画题跋记》，[明] 郁逢庆撰，《影印文渊阁四库全书》本。

102.《三曹集》，[明] 张溥辑评，长沙：岳麓书社，1992。

103.《松桂堂全集》，[清] 彭孙遹撰，《影印文渊阁四库全书》本。

104.《圣祖仁皇帝御制文集》，[清] 爱新觉罗 · 玄烨撰，《影印文渊阁四库全书》本。

105.《水仙花》，金波等编著，上海：上海科学技术出版社，1998。

106.《宋代咏梅文学研究》，程杰著，合肥：安徽文艺出版社，2002。

107.《太仓稊米集》，[宋] 周紫芝撰，《影印文渊阁四库全书》本。

108.《吴都文粹续集》,[宋] 叶自强编,《影印文渊阁四库全书》本。

109.《五峰集》，[宋] 胡宏撰，《影印文渊阁四库全书》本。

110.《惟实集》，[元] 刘锷撰，《影印文渊阁四库全书》本。

111.《玩斋集》，[元] 贡师泰撰，《影印文渊阁四库全书》本。

112.《文献集》，[元] 黄溍撰，《影印文渊阁四库全书》本。

113.《武功集》，[明] 徐有贞撰，《影印文渊阁四库全书》本。

114.《文端集》，[清] 张英撰，《影印文渊阁四库全书》本。

115.《吴昌硕谈艺录》,吴昌硕著,吴东迈编,北京:人民美术出版社,1993。

116.《文白对照全译诸子百家集成——搜神记 · 博物志》，周永年主编，北京：时代文艺出版社，2002。

117.《西塍集》，[宋] 宋伯仁撰，《影印文渊阁四库全书》本。

118.《香山集》，[宋] 喻良能撰，《影印文渊阁四库全书》本。

119.《相山集》，[宋] 王之道撰，《影印文渊阁四库全书》本。

120.《晞发集》，[宋] 谢翱撰，《影印文渊阁四库全书》本。

121.《省斋集》，[宋] 廖行之撰，《影印文渊阁四库全书》本。

122.《雪溪集》，[宋] 王铚撰，《影印文渊阁四库全书》本。
123.《闲居丛稿》，[元] 黄溍撰，《影印文渊阁四库全书》本。
124.《续轩渠集》，[元] 洪希文撰，《影印文渊阁四库全书》本。
125.《西村诗集》，[明] 朱朴撰，《影印文渊阁四库全书》本。
126.《续书画题跋记》,[明] 郁逢庆编,《影印文渊阁四库全书》本。
127.《闲情偶寄》，[清] 李渔撰，杭州：浙江古籍出版社，1991。
128.《西陂类稿》，[清] 宋荦撰，《影印文渊阁四库全书》本。
129.《酉阳杂俎》，[唐] 段成式编，北京：中华书局，1981。
130.《于湖集》，[宋] 张孝祥撰，《影印文渊阁四库全书》本。
131.《云溪集》，[宋] 郭印撰，《影印文渊阁四库全书》本。
132.《缘督集》，[宋] 曾丰撰，《影印文渊阁四库全书》本。
133.《杨仲弘集》，[宋] 杨载撰，《影印文渊阁四库全书》本。
134.《元艺圃集》，[宋] 释来复撰，《影印文渊阁四库全书》本。
135.《云庄集》，[宋] 曾协撰，《影印文渊阁四库全书》本。
136.《野客丛书》，[宋] 王楙撰，《影印文渊阁四库全书》本。
137.《渔隐丛话前集》，[宋] 胡仔撰，《影印文渊阁四库全书》本。
138.《云阳集》，[元] 李祁撰，《影印文渊阁四库全书》本。
139.《元文类》，[元] 苏天爵编，《影印文渊阁四库全书》本。
140.《续轩渠集》，[元] 洪希文撰，《影印文渊阁四库全书》本。
141.《俨山集》，[明] 陆深撰，《影印文渊阁四库全书》本。
142.《俨山续集》，[明] 陆深撰，《影印文渊阁四库全书》本。
143.《云村集》，[明] 许相卿撰，《影印文渊阁四库全书》本。
144.《易斋集》，[明] 刘璟撰，《影印文渊阁四库全书》本。
145.《毅斋集》，[明] 王洪撰，《影印文渊阁四库全书》本。

146.《弇州四部稿》，[明]王世贞撰，《影印文渊阁四库全书》本。

147.《御选宋金元明四朝诗》，[清]张豫章等编，《影印文渊阁四库全书》本。

148.《御定佩文斋广群芳谱》，[清]汪灏等编，《影印文渊阁四库全书》本。

149.《御制诗集》，[清]爱新觉罗·弘历撰，《影印文渊阁四库全书》本。

150.《御定历代赋汇》，[清]陈元龙编，《影印文渊阁四库全书》本。

151.《御定历代题画诗类》，[清]陈邦彦编，《影印文渊阁四库全书》本。

152.《御定佩文斋咏物诗选》，[清]张玉书编，《影印文渊阁四库全书》本。

153.《燕京岁时记》，[清]敦崇编，南图藏光绪刻本。

154.《元诗选》，[清]顾嗣立编，《影印文渊阁四库全书》本。

155.《止斋集》，[宋]陈傅良撰，《影印文渊阁四库全书》本。

156.《自堂存稿》，[宋]陈杰撰，《影印文渊阁四库全书》本。

157.《赵氏铁网珊瑚》，[宋]赵孟坚撰，《影印文渊阁四库全书》本。

158.《烛湖集》，[宋]孙应时撰，《影印文渊阁四库全书》本。

159.《紫山大全集》，[元]胡祗遹撰，《影印文渊阁四库全书》本。

160.《竹斋集》，[明]王冕撰，《影印文渊阁四库全书》本。

161.《增订注释全宋词》，朱德才主编，北京：文化艺术出版社，1997。

162.《中国荷花审美文化研究》，俞香顺著，成都：巴蜀书社，2005。

梨花题材文学与审美文化研究

雷　铭　著

目　录

引　言

中国是古老的花卉国度。农耕文化的传统为花木的种植与繁衍增殖了浓郁的养分。自然界中的各色花草树木在中国人的视野中，无不可种植观赏，入诗入画，吟咏歌唱。所以，以花木等植物作为独立的或者主要的审美对象的作品难以计数，构成了中国文学的重要一宗。对于花卉文学的研究，也就是必要且必须的一项工作。

近年来，花卉文学的研究得到了一定的关注，有关梅、兰、竹、荷等重要花卉的研究专著、论文时见发表，这是一些学者关于文学主题、文学意象研究不断开拓、探索的成果与结晶。在中国品种繁多的万花丛中，梨花，不是最耀眼、最绚丽的一朵，它独立东栏，悄然开落，很少为人重视，也很少为人激赏。笔者向导师程杰先生提交撰写毕业论文计划的时候，选择了毫不起眼的梨花，最重要的原因就是被梨花高洁、清雅、淡然的品格所吸引，梨花的这种品格推动着笔者想要梳理出中国咏梨文学发生发展的脉络，以及古人以什么样的眼光去欣赏梨花、审视梨花。我生长在安徽砀山，砀山酥梨名满天下，百里黄河故道两岸，梨云似海，乌龙披雪，这一切都是我探究梨文化的推动力。

梨是我国人民最早栽培的水果之一。我国最早的诗歌总集《诗经》里就有记载，《庄子》《山海经》《礼记》等文献常提到的几种水果中，也把梨列为其中之一。从今天的眼光看来，梨更主要的是一种水果，而非观赏花卉，但是历代吟咏梨花的文学作品，虽不比梅、兰、竹、菊，亦复不少。对于既为观赏花卉，又是重要水果的梨来说，梨花意象和题材研究不仅有文学审美的意义，又有文化认识上的功能，亦有社会生产生活方面的价值。

图 01　杨秀坤《梨花香里说丰年》。图片引自网络（根据丛书编排要求，为提高可读性，呈现图文并茂、图文互释效果，本文采用了一定数量图片，有些图片引自网络。本书是非营利学术专著，无力提供图片稿酬，在此向图片作者深表感谢。后文引自网络的图片，不再详细说明）

根据文献搜索结果可知，系统性地研究有关梨花题材文学与文化的课题及成果还没有，所有的也只是三两篇欣赏性的文章。因此，《梨花题材文学与审美文化研究》一文，将对梨花这一文学题材进行一次全面系统的研究，这也是丰富与促进花卉文学进一步发展的必要。本文通过梳理中国古代文学中以梨花为意象和题材的文学作品创作的发生、发展过程，探究了人们对梨花审美特征的产生、发展与演变以及有关梨文化方面的初步认识。本论文采取的研究方法和手段有：

文学史研究：梳理梨花题材文学的发生、发展过程，在文学史的进展中总结有关梨花的审美特征。

文化学研究：以梨花的文学研究为中心，适当拓展，探究与梨花相关的文化在花卉文化中独特的意义与作用。

跨文体研究：搜集诗、词、文等各种文学体裁中有关梨、梨花的资料，进行综合梳理与分析，全面总结、探究有关梨与梨花的审美特征与艺术表现。

本文分为三部分论述。

第一章　梨花题材文学创作的发生与发展。梨是我国古代先民最早栽培种植的水果之一。这在先秦文献《诗经》《庄子》《韩非子》里有多次明确的记载。魏晋南北朝时，梨花开始成为人们歌咏关注的文学题材，南北朝时期的咏梨文学为后代文人开拓了一条宽广的道路。唐五代时期，咏梨文学进一步发展，梨花雪、梨花春雨、梨花春逝、梨花月等后代常见的梨花综合主题意象都已出现，并形成繁茂之势。到了宋、金、元时代，对于梨花这一文学意象的吟咏及梨花题材的文学创作取得了较大成就，作品的数量明显增多，质量上也日臻完善，人们不仅仅着眼于梨花自然性状方面的欣赏，更深入到梨花的内在审美与认识，咏梨文学进入了成熟阶段。

第二章　梨花意象的审美特征与艺术表现。梨花作为春天的花卉，从色、香、姿等方面来说都有其独特的审美价值。然而，人们并不满足于花卉的这种自然物性的美，特别是到了宋代以后，更关注其内在的神韵美，具体来说，梨花的神韵美在于：高洁、清雅、素淡、娴静，从而逐渐形成了“梨为淡客”的文化心理。

第三章　梨果的文学表现及其审美特征。梨，不同于牡丹、芍药、桂花等一般的观赏花卉，它是一种果子花。春华秋实，梨果作为梨花的产物，一直存在于古代文学作品中，在人们欣赏梨花、享用梨果的时候，也同时注意到了梨果的欣赏价值。所以，笔者利用第三部分梳理了梨果在古代文学作品中的表现，并初步挖掘了梨果的审美价值。

第一章　梨花题材文学创作的发生与发展

第一节　魏晋南北朝咏梨文学的萌芽和发展

梨是中国古代先民最早栽培的水果之一，先秦两汉典籍和文学作品中就有不少关于梨的记载和描述。《诗经》中记载的“甘棠”[①]“杜”[②]“树檖”[③]等皆为梨属的果树。《尔雅》释木:“梨，山樆。注:即今梨树。”[④]《庄子·人间世》:“夫楂梨橘柚果瓠之属。”[⑤]“汉书曰：淮北荥南河济之间千树梨，其人与千户侯等也……真定御梨，甘如蜜，脆如菱。”[⑥]《西京杂记》中记载，汉武帝修建上林苑时，群臣从远方贡献名果异树，梨就有十种:紫梨、青梨(实大)、芳梨(实小)、大谷梨、细叶梨、缥叶梨、金叶梨(出琅琊王野家，太守王唐所献)、瀚海梨(出瀚海北，耐寒不枯)、东王梨(出海中)、紫条梨[⑦]。西汉文学家司马相如还著有《梨

---

① 《召南·甘棠》，《诗经》，长城出版社，1999年版，第23页。

② 《唐风·杕杜》，《诗经》第188页。《小雅·杕杜》，《诗经》第281页。

③ 《秦风·晨风》，《诗经》第211页。

④ 陈梦雷《古今图书集成》草木典，第2163页。

⑤ 曹础基《庄子浅注》，中华书局，2000年第2版，第64页。

⑥ 徐坚等《初学记》，中华书局，2004年第2版，第678页。

⑦ 李昉等《太平御览》卷九六九。

赋》，可惜只有残句：“唰嗽其浆。”[①]

图 02　梨花。吴其濬《植物名实图考长编》。（吴其濬《植物名实图考长编》，商务印书馆，1959 年）

经过先秦两汉人们对梨的认识，到了魏晋南北朝时代，文人的自觉意识促动了歌咏梨花的心弦。人们开始把梨和梨花作为歌咏的对象，梨花意象、梨花题材陆续出现在文学作品中，开始了它的文学之路。目前，笔者查到的以梨花为描写主题的最早的单篇作品是南朝宋孝武帝的《梨花赞》。魏晋六朝时代，吟咏梨的文赋有 4 篇，专咏梨花（梨）的诗歌有 7 首，另外还有一些散句。这 11 篇文学作品中，4 篇描写梨树整体形象，4 篇歌咏梨花，3 篇赞美梨果。这些作品和查阅到的一些

① 费振刚等校注《全汉赋》，广东教育出版社，2006 年版，第 102 页。

有关梨花的单句，除了晋王赞的《梨树颂》，其他的都出自于南北朝时期文人之手。仅从《先秦汉魏晋南北朝诗》的查询情况来看。与桃、梅、李、杏、松、柏、桂、杨柳等当时出现在文学作品的花木相比，与现在主要的观赏花卉牡丹、芍药、杜鹃、海棠等相比，梨花（梨）主题的作品数量还是较多的（见表一）。

表一：《先秦汉魏晋南北朝诗》中梨主题诗歌
与其他花卉主题诗歌数量对比表

花卉	桃	梅	李	杏	杨柳	松	柏	菊	桂	梨
主题诗歌数量	9	22	2	1	4	7	2	5	4	7
花卉	芍药	牡丹	荷	兰	竹	海棠	萍	桑	杜鹃	梧桐
主题诗歌数量	0	0	39	11	20	0	5	16	0	14

在这些最早的有关梨花的文学作品中，人们首先抓住了梨花最显著的特点——洁白，并且把梨花的洁白比喻成雪。王融《咏池上梨花》“芳春照流雪”[①]，萧子显《燕歌行》“洛阳梨花落如雪”[②]，刘孝绰《于座应令咏梨花》“素蕊映华扉”[③]，鲜明写实梨花之白，并用雪喻之。众所周知，天下万物之白，莫过于雪。无论是萧子显的明喻，还是王融的借喻，南朝的诗人不约而同地以雪比喻梨花之白，可见梨花之洁白在诗人们的头脑中烙下了深深的印象。这给以后的咏梨花文学开辟了一条永恒的道路，至唐代岑参“千树万树梨花开”[④]之句一出，梨花

① 逯钦立辑校《先秦汉魏晋南北朝诗》齐诗卷二，中华书局，1983年版。

② 《先秦汉魏晋南北朝诗》梁诗卷一五。

③ 《先秦汉魏晋南北朝诗》梁诗卷一六。

④ 岑参《白雪歌送武判官归京》，《全唐诗》卷一九九，中华书局，1999年版。

的洁白成为花卉王国的绝响，没有其他花卉能与之争锋了。文人墨客由梨花似雪这一最根本最显著的特色，生发出许多关于梨花的人生品味。这些恰是南朝文人为梨花题材文学所做的最大贡献。

春天百花开，百花时不同。因为各种花卉对气候、温度等生态环境的感知不同，故而花期有先有后。白乐天在他的小诗《春风》里给我们吟诵了春天花开的次序："春风先发苑中梅，樱杏桃梨次第开。"[①]南朝的诗人们注意到梨花洁白的同时，也明显注意到了物候与时节。诗人们把梨花放在暮春的背景下，铺展开他们对梨花的认识与关注，这一开始就注定了以后的梨花飘零的春逝情怀。前文提到的萧子显说的就是梨花落，那么梨花落在什么时节呢？我们看他诗歌的后几句："洛阳梨花落如雪，河边细草细如丝。桐生井底叶交枝，今看无端双燕离。"梧桐叶生发到"交枝"的时刻,南方越冬的燕子也迁徙到北方度夏。这个时期，正是清明、寒食节期间。笔者家乡安徽省砀山县是著名的白梨品种砀山酥梨的产地，每年清明节开始举办梨花节。梨花花期非常短暂，一般只有一周时间就飘落红尘。江淮之地，梨花花期大致相同，江南早些，黄河以北晚些，但大致不差。从节气上说，清明一过，春天就接近尾声了，正是所谓的暮春时节。梨花就是在这个时节开落。刘孝绰《于座应令咏梨花》最后四句："杂雨疑霰落，因风似蝶飞。岂不怜飘零，愿入九重闱。"梨花花瓣薄如蝉翼，临风飘落，似蝶飞舞，在暮春的时节，"岂不怜飘零"呢？这个时期的诗歌中，虽然写到梨花飘落，不过还没有明确点出暮春，没有把梨花开落与清明节、寒食节直接联系在一起，但是雨中梨花飘落的景象，毕竟传达出淡淡的伤感，文人们那根梨花春逝的心弦已经被南朝的文人挑动。

---

① 《全唐诗》卷四五〇。

这个期间为数不多的梨花诗文作品，还揭示出了梨花与月、梨花与雨的关系，为后世梨花伴月、梨花春雨等综合意象的形成开辟了最初的一段道路。

我们先看他们是怎么初步体现梨花与月的关系。王融的《咏池上梨花》："翻阶没细草，集水间疏萍。芳春照流雪，深夕映繁星。"[①]刘绘的《和池上梨花》："露庭晚翻积，风闺夜入多。萦叶似乱蝶，拂烛状聊蛾。"[②]从这两首诗的内容和诗人的时代背景，我们可以初步判断这是唱和作品。首先我们可以判断诗中的景物发生在夜晚，虽然没有出现月亮的字样，但是有繁星的夜晚必然是晴天。当然，是晴天也不一定能肯定有月亮。但是"芳春照流雪""萦叶似乱蝶"，这都是诗人们眼中看到的，如果在没有一点点月光，只凭星光是很难看到这些景物的。当然，我们也可以说当时有烛光，作者是通过烛光观察景物。但是，夜晚赏梨花毕竟走进了文人的笔下，这是不可否定的事实了。月下赏花似乎是中国文人的通好，所以翻看中国的文学作品，特别是诗歌，很多花卉都展现在夜色中、月光下。经过文人墨客穿越千年的创造、推动与发展，"梨花伴月"到了清朝成了经典景致，列入康熙皇帝御点的三十六景之一。"梨花伴月"的形成，我想向前推导至王融、刘绘所开拓的雏形应不为过。

梨花雨在刘孝绰的诗歌中得到体现，他的《于座应令咏梨花》后四句"杂雨疑霰落，因风似蝶飞。岂不怜飘零，愿入九重闱"[③]把梨花的飘落放在春雨凄凄的环境中展现，一个"怜"字点出了作者对梨

① 《先秦汉魏晋南北朝诗》梁诗卷一五。
② 《先秦汉魏晋南北朝诗》齐诗卷五。
③ 《先秦汉魏晋南北朝诗》梁诗卷一六。

花飘零的惋惜之情。这些为后人勾勒出一条吟咏梨花的线路，梨花在春雨中飘零，传达出寓意明显的伤春情怀。

图03　砀山梨花风景照片《梨花雨》。图片引自网络。

通过分析这几首梨花题材的诗歌，我们还需要指出一点，这些作品虽然产生在南朝形式主义、宫体诗盛行的时代下，但是思想内容比较充实，表现出了较高的艺术魅力，这是难能可贵的。特别是王融的《咏池上梨花》:“翻阶没细草，集水间疏萍。芳春照流雪，深夕映繁星。”这首较早的梨花题材诗歌一开始就把梨花的形象推到了一种静谧、高洁的境界。“芳春照流雪”一语洗练而宁静，给后人开辟了一条歌咏梨花题材诗歌的先河，使后世的文人沿着他和其他南朝诗人铺就的这条道路一直走下去，不断地丰富、发展这种美好的文学意象。

综合魏晋南北朝的梨花诗文，把梨花比喻为雪，以显示其洁白；把梨花放在暮春、杂雨的背景下，传达出淡淡的伤感。虽然这些描述还没有形成统一的意象特色，没有赋予梨花一个固定的主题内涵，但是梨花雪、梨花雨、梨花月、梨花春逝等文学作品中常见的梨花综合意象已经出现在南北朝诗人的视野中，这些都深深影响着后代梨花题材文学的发展，后世的人们不断汲取魏晋南北朝诗人的营养，深化发展梨花题材作品的内涵。应该说，南北朝时期的咏梨文学为后代文人开拓了一条宽广的道路。

第二节　唐五代咏梨文学的繁荣

唐代的咏梨花文学，在作品数量、吟咏模式、作家的创造等方面都有着进一步发展。反映在作品的数量上，全唐诗中含梨花（梨）单句的诗歌 472 首，全唐五代词 20 多首，其他别集、专集中的近 40 篇，其中梨花（梨）专咏或为主要意象的作品近 40 篇。梨花雪、梨花春雨等固定咏吟模式形成。梨花与别离、梨花春逝、梨花月等综合主题意象出现。梨花成为寒食节、清明节期间的时令花卉，传达出离别的伤感。元稹、白居易开拓并完成了“梨花少妇”形象的塑造。

一、“梨花雪”固定吟咏模式形成探究

人们在欣赏花卉的时候，最先注意到的便是它的色彩。在花卉的诸多审美要素中，色彩给人的美感最直接、最强烈。红色热情，白色素雅，蓝色沉静，橙色温暖等，不同的色彩往往产生不一样的审美效

果。[1]自然界中，很多花卉都有着多种多样的色彩。菊花的花色有数百种，梅花的颜色有十余种，杏花有姣容三变之说，桃花也有白、红、粉等多色，其他如月季、牡丹、桂花、荷花等所谓的中国十大名花，莫不是色彩斑斓。而梨花仅一种颜色，就是白，而且梨花的白非同一般，洁白无瑕。自然界的花卉中，还有李花、绣球等花色为白色，但是梨花与它们皆不同。植物开花与发叶有先有后，先开花后发叶的称之为先花后叶，先发叶后开花的称之为先叶后花。李、绣球等花木是先叶后花，先叶后花的花木花朵开时，叶片已经长出，必然要掩盖一部分花朵，使得花朵显得不那么繁盛。所以李花、绣球等花卉，颜色虽然是白色，但是绿叶映衬，就是白绿相间了。梨花是先花后叶的花卉，花落时叶子才开始大量长出，梨花又非常繁茂，无论远观还是近看，都是一片洁白。梨花的这些生物学特性都展现在文人墨客的视线中，无怪乎梨花刚一出现在诗人们的视野中，它的洁白就被紧紧地抓牢，并被喻之为雪。这在王融与萧子显的诗歌都得到了鲜明的体现。到了唐代，梨花似雪成为大家的共鸣，诗人们着力在梨花的洁白上下功夫。世间万物，白不过雪花，万花园中，白不过梨花。梨和雪就这样自然而然地被文人捆绑在一起了。然而，从王融的“芳春照流雪”到萧子显的“洛阳梨花落如雪”，一直到李白的“梨花白香雪”[2]，诗人们都陷于了梨花似雪的窠臼。唐代岑参雄奇的浪漫主义打破了常规，唱出了“千树万树梨花开”的白雪歌。

众所周知，比喻修辞有本体、喻体，为了把本体描写的形象生动，喻体用来形容本体。在王融、萧子显、李白的梨花似雪的比喻中，用

① 周武忠《中国花卉文化》，花城出版社，1992年版，第6页。

② 《全唐诗》卷二八。

雪的白来比喻梨花的白。人们都认为雪是自然界中最洁白无瑕的事物，为了形容梨花的洁白，用雪喻之，这是自然而然的事情。而到了岑参，竟然用梨花来形容雪的洁白，这是何等的雄奇豪迈。岑参把雪喻之为梨花一出，得到大家的一致认同，可见梨花之白非其他白色的花卉可比了。王维在与丘为、皇甫冉、武元衡等唱和的《左掖梨花》中也说："冷艳全欺雪，馀香乍入衣。"[①]王维的意思很明显，他说梨花啊，你怎么这么洁白，都盖过了自然界中最白最白的白雪了。后来的令狐楚《宫中乐》其三中也说"梨花雪不如"[②]。自从岑参以梨花喻雪以凸显梨花洁白的高歌唱响，梨花的洁白成为花卉王国的绝响，没有其他花卉能与之争锋了。从此，"梨花一雪一洁白"成为梨花题材的文学作品中的固定捆绑模式，引导着人们朝着更加纵深的方向发展。

二、"梨花春雨"固定吟咏模式的出现和形成

唐人对于咏梨文学的贡献，另一个恐怕是"梨花春雨"综合意象的形成，这同样是在魏晋南北朝的梨花诗歌中吸取的营养。刘孝绰在《于座应令咏梨花》中曾说"杂雨疑霰落，因风似蝶飞"[③]，已经把梨花与雨联系在一起了，春雨如霰，霰落梨花，梨花飘飞，飘飞似蝶。概括起来就是，春雨打落飞花如蝶舞，给人的感受恐怕不那么开心吧。上文我们已经提到：梨花开落时，正是春天多雨的清明时节。春雨绵密如丝如线，给人以寂寞惆怅的伤感、相思别离的痛楚。这些都被敏感的诗人们所感知，在他们的诗中得以表现。戴叔伦《春怨》："金鸭香消欲断魂，梨花春雨掩重门。欲知别后相思意，回看罗衣积泪痕。"[④]

① 《全唐诗》卷一二九。
② 《全唐诗》卷三三四。
③ 《先秦汉魏晋南北朝诗》梁诗卷一六。
④ 《全唐诗》卷二七四。

梨花春雨，这种模式已经出现了，并且与女人的泪痕交织在一起。吕温《道州郡斋卧疾寄东馆诸贤》:“独卧郡斋寥落意,隔帘微雨湿梨花。”[①] 吕温独卧，心意寥落，他看到帘外雨打梨花，此时此景，更进一步浓郁了其寥落的心意 。这些诗人和诗句进一步发展了梨花雨的意象内涵。到了白居易慨叹杨贵妃的“玉容寂寞泪阑干，梨花一枝春带雨”[②]，把梨花春雨意象推向了一个高峰。梨花花色洁白，如果以女子来形容各色花卉，梨花想必也是一个寂寞的女人。这个寂寞的女人，偏偏要那清明时节淅淅沥沥的春雨里洒落,这绵密哀婉的春雨恰如女人的眼泪?白乐天用一枝春带雨的梨花形容寂寞的杨玉环，可谓只此一比，别无二选。至此，梨花春雨形成了一个固定的意象组合，后代的文人对它不断的发展、完善。如韦庄《清平乐》:“春愁南陌。故国音书隔。细雨霏霏梨花白。燕拂画帘金额。”[③]《清平乐》:“锁窗春暮。满地梨花雨。君不归来情又去。红泪散沾金缕。”[④]孙光宪《虞美人》:“红窗寂寂无人语。暗淡梨花雨。”[⑤]让我们对无名氏《小秦王》“柳条金嫩不胜鸦，青粉墙头道韫家。燕子不来春寂寞，小窗和雨梦梨花”[⑥]这一首小词作一具体的分析。这春天的雨丝落下，便是洒下一丝丝的寂寥了。这位谢道韫式的才女斜倚在床边，寂寞使她朦胧入梦。这梦更平添了一段寂寞，这梦在似醒非醒之间，便也告诉人们：寂寞使人百无聊赖，这一层层的寂寞发生在这位女子身上，可能有许多人们不能理解的地方。

---

① 《全唐诗》卷三七一。

② 白居易《长恨歌》,《全唐诗》卷四三五。

③ 《全唐五代词》正编卷一，中华书局，1999 年版。

④ 《全唐五代词》正编卷一，中华书局，1999 年版。

⑤ 《全唐五代词》正编卷三，中华书局，1999 年版。

⑥ 《全唐五代词》副编卷一，中华书局，1999 年版。

她入梦了，梦见梨花白，梨花飞，我想她的心绪也随着片片梨花飘飞，不知飞往何处？是飞到她梦中的郎君那里去吧！可怜梦醒时分，空对一窗潇潇春雨，伤心惆怅致极！从这首小词里，我们可以看出，词人在女子寂寞的时候，让她入梦，梦到的就是片片洁白的梨花，可见梨花与寂寞春愁联系得有多么紧密了。这梨花春雨之中满含的是女子的寂寞与惆怅、孤独与彷徨。通过以上的举证和分析，我们可以看出梨花春雨包含了完整而独立的意象内涵，这标志着经过一代代诗人的发展与完善，梨花春雨综合意象在唐五代得以形成，白居易在梨花春雨意象的形成中做出了较大的贡献。

图 04　李福华《梨花春雨》。图片引自网络。

三、清明节、寒食节与梨花春雨的离别伤感

诗人们注意到梨花洁白的同时，也明显注意物候、时节，春天百花开，百花时不同。白乐天在他的小诗《春风》里给写明了春天花开的次序："春风先发苑中梅，樱杏桃梨次第开。"[1]梅开早春凌寒雪，桃杏闹春正当时，梨花开时春已暮。正所谓时节催人老，人们从梨花的开落中感叹春尽，感叹美好华年的逝去。于是梨花与残春、春尽、春晚、春暮等字样联系在一起。崔国辅《香风词》："梨花落如霰，玉楼春欲尽。"[2]李颀《遇刘五》:"洛阳一别梨花新,无惊蕙草惜残春。"[3]杜甫《三月十八日雪》："只缘春欲尽，留着伴梨花。"[4]刘方平《春怨》："寂寞空庭春欲晚,梨花满地不开门。"[5]到了李贺,发出了"梨花落尽成秋苑"[6]的伤叹，徐凝则在他的《梨花》诗中开门见山即说："一树梨花春向暮，雪枝残处怨风来。"[7]郑谷一语道破："落尽梨花春又了，破篱残雨晚莺啼。"(《下第退居二首》其一)[8]达尔文说："花是自然界最美丽的产物。"[9]所以，花朵的飘落自然会引起人们的惋惜。既使现在与松、竹并称为岁寒三友的梅花,在南朝的文学作品中,也是韶华易逝的象征。何况是开在春末的梨花呢？所以，人们把梨花与春天离去联系在一起，是梨花开落的时节决定的，是诗人们从时节变换、物候更替中感悟而

---

① 《全唐诗》卷四五〇。
② 《全唐诗》卷二二。
③ 《全唐诗》卷一三四。
④ 《全唐诗》卷五八三。
⑤ 《全唐诗》卷二五一。
⑥ 李贺《杂曲歌辞 · 十二月乐辞 · 三月》，《全唐诗》卷二八。
⑦ 《全唐诗》卷四七四。
⑧ 《全唐诗》卷六七五。
⑨ ［英］达尔文《物种起源》第二分册，商务印书馆，1981 年，第 299 页。

来的。就像梅花“凌寒独自开”，人们根据梅花在早春开放，凌霜傲雪的物候特性，赋予其独立、傲峭、坚贞的人格意义，逐步与松、竹相联系而形成“岁寒三友”。[1]

“悲莫悲兮生别离，乐莫乐兮新相知。”[2]离别的话题在中国文学的历史中始终作为一条主旋律奏响。这在有关梨与梨花的文学作品中得到突出的体现，这种体现在唐代诗歌中产生并得到初步发展。梨花与别离相连，有着比较深层次的内涵，需要我们细细地分析说明。

首先，梨花开时，正当清明、寒食时节。我国自从汉代以来就有清明插柳的传统，清明节插柳的习俗主要有两种源头。柳树极易成活，俗话说：“有心栽花花不发，无心插柳柳成荫。”柳条插土就活，年年插柳，处处成荫。清明节是春天耕种的时节，插柳栽柳，是为了纪念“教民稼穑”的农事祖师神农氏。清明节插柳戴柳还有驱鬼辟邪之说。原来中国人以清明、七月半和十月朔为三大鬼节，是百鬼出没讨索之时。人们为防止鬼的侵扰迫害，而插柳戴柳。受佛教的影响，人们认为柳可以驱鬼，而称之为“鬼怖木”，观世音以柳枝沾水济度众生，即为明证。北魏贾思勰《齐民要术》里说：“取柳枝著户上，百鬼不入家。”[3]清明既是鬼节，值此柳条发芽时节，人们自然纷纷插柳戴柳以辟邪了。清明之所以被视为鬼节，其实来源于寒食节。春秋五霸之一的晋文公重耳在逃亡的过程中，饥寒交迫，跟随的介之推割下大腿上的肉煮汤进献给重耳。后来公子重耳登上晋国的国君，即为晋文公，于是分封大臣，独忘记了介之推。介之推又是狷介之士，带领老母隐居于山西

---

① 程杰《宋代咏梅文学研究》，安徽文艺出版社，2002 年，第 193 页。

② 屈原《九歌 · 少司命》，《楚辞》吉林文史出版社，1999 年，第 56 页。

③ 贾思勰《齐民要术》卷五。

西北部的绵山。晋文公带领官员至绵山寻找介之推，介之推立誓隐居侍奉老母，不出朝为官。于是有人建议烧山逼迫介之推出山，大火过后，仍不见介之推与老母出山。晋文公进山寻找，发现介之推与母亲被烧焦在一株柳树之下。晋文公将放火烧山的一天定为寒食节，并规定人们禁止用火，寒食一天，以纪念介之推的忠诚，以后在寒食节这一天折柳枝纪念介之推[①]。因为寒食节与清明先后相邻，折柳插柳纪念亡灵，逐渐演变成今天的清明节习俗。

其次，梨花与清明节、寒食节相连融入了别离的主题内涵，是通过我国古代“折柳赠别”而递进的。汉人就有“折柳赠别”的风俗。古代长安东边的灞桥两岸，堤长十里，一步一柳。汉人送客至此桥，折柳赠别。由长安东去的人多到此地惜别，折柳枝赠别亲人，因“柳”与“留”谐音，以表示挽留之意。这种习俗较早的记载见于《诗经·小雅·采薇》里“昔我往矣，杨柳依依”[②]。用离别赠柳来表示难分难离，恋恋不舍的心意。古人折柳相送，也喻意亲人离别去乡正如离枝的柳条，希望他到新的地方，能很快地生根发芽，好像柳枝之随处可活，这是一种对亲友的美好祝愿。唐代诗词中也大量提及折柳赠别之事。李白《忆秦娥》词云：“年年柳色，灞陵伤别。”[③]权德舆《关陆太祝赴湖南幕同用送字》诗：“新知折柳赠。”[④]人们不但见了杨柳会引起别愁，连听到《折杨柳》曲，也会触动离绪，李白《春夜洛城闻笛》：“此夜曲中闻折柳，何人不起故园情。”[⑤]

---

① 王当《春秋臣传》卷七。

② 《诗经》第 274 页。

③ 《全唐五代词》正编卷一。

④ 《全唐诗》卷三二四。

⑤ 《全唐诗》卷一八四。

综上所述，梨花的别离主题内涵是通过清明节、寒食节折柳插柳以及离别赠柳而联系在一起的，通过这样的层层关系，梨花与别离也联系在了一起。以上是梨花别离内涵第一个成因的分析。第二个成因比较好说。梨与“离”同音，汉字的同音问题往往能使得人们对它们之间引发起关联，特别是民间。比如桑与梅，因为与丧、霉同音，所以人们的房前屋后都不种桑植梅，久而久之，就形成了一种习俗，被大家所认可了。鉴于此，笔者认为，梨花题材的诗歌多传达出别离的主题，和以上两种因素都有着千丝万缕的联系，下面我们举唐代诗句予以佐证。

图 05　谢稚柳《梨花斑鸠图》。图片引自网络。

赵嘏《东望》诗中慨叹：“楚江横在草堂前，杨柳洲西载酒船。两见梨花归不得，每逢寒食一潸然。”[①]时在寒食节间，作者浪迹在天涯异地，又见梨花绽放，杨柳依依。自己与家人故友分别两年，无法回乡，抬眼东望，不禁潸然。张渐在他的《郎月行》里也发出了“今年花未落，谁分生别离”[②]的叹息，诗中记述：去年梨花盛开的时刻，“与君新相知”，今年梨花又开了，可是我们之间被生生分离。从“新相知”到“生别离”，正是屈原说的世上最大的乐事与最大的悲凉。这种生死离别都被梨花开落所见证，诗中的梨花自然而然地成为了别离的代名词。岑参《送颜韶》：“迁客尤未老，圣朝今复归。一从襄阳住，几度梨花飞。”[③]这是岑参送颜韶的前四句，从中可以得出颜韶离开京都到遥远的襄阳，这一别就是好几年了，年年梨花开落，至今才得以相逢饮酒共醉。诗中虽没有明确指出离别之痛，但是从“几度梨花飞”中，我们分明感受到离别相思之苦。梨花寓含别离之意，我们还能从唐人众多有关梨花的诗句中探得。钱起《梨花》：“梨花度寒食，客子未春衣。”[④]韩愈《梨花下赠刘师命》：“洛阳城外清明节，百花寥落梨花发。今日相逢瘴海头，共惊烂漫开正月。”[⑤]赵嘏《送友人郑州归觐》：“古陌人来远，遥天雁势斜。园林新到日，春酒酌梨花。”[⑥]

四、梨花伴月文学意象的萌芽

唐代的咏梨花文学，还表现在对梨花月的歌咏。与以上梨花雨、梨花春逝、寒食梨花的惆怅、寂寞、别离等伤感主题不同的是，梨花

---

① 《全唐诗》卷五四九。
② 《全唐诗》卷一二一。
③ 《全唐诗》卷二〇〇。
④ 《全唐诗》卷二三七。
⑤ 《全唐诗》卷三四三。
⑥ 《全唐诗》卷五四九。

月给人们带来的是清雅、朦胧的美。这种意象的产生，较以上的主题为晚，因为花色、季节是人们首先接触到的，给人以直接的碰撞与思考。而梨花与月的联系，需要诗人们在生活中体验，甚至是在特殊的时间与场合下产生的体验。

根据笔者检索的情况，虽然南朝王融和刘绘的梨花诗写的是夜晚赏花，但是到中晚唐的诗歌中，梨花与月才一同出现在诗歌作品中。温庭筠《舞衣曲》:“满楼明月梨花白。”[①]唐彦谦《忆孟浩然》:“句搜明月梨花内。”[②]郑谷《旅寓洛南村舍》:“月黑见梨花。”[③]崔道融《寒食夜》:“满地梨花白，风吹碎月明。”[④]还有无名氏的《杂诗》:“青天无云月如烛，露泣梨花白如玉。”[⑤]以上这些梨花与月的诗句，还停留在梨花白与夜月明的关联上，只是表象的记述，没有多少作者内心的思考，到了宋代，作家们为我们描绘了一幅梨花伴月的淡雅图卷。

五、元稹白居易开拓并完成了“梨花少妇”形象的塑造

元稹、白居易在唐代咏梨花文学的发展上居于重要的地位。他们开拓并完成了“梨花少妇”形象的塑造。元稹关于梨花的专咏四首，两首把梨花与白衣女子紧紧联系在一起。白居易描写梨花（含单句）的诗歌十二首，专咏三首，更加鲜明地用诗句“最似孀闺少年妇，白妆素袖碧纱裙”[⑥]“玉容寂寞泪阑干，梨花一枝春带雨”[⑦]诠释了“梨花少妇”意象蕴含。

---

① 《全唐诗》卷五七五。
② 《全唐诗》卷六七一。
③ 《全唐诗》卷六七四。
④ 《全唐诗》卷七一四。
⑤ 《全唐诗》卷七八五。
⑥ 白居易《酬和元九东川路诗十二首·江岸梨花》,《全唐诗》卷四三七。
⑦ 白居易《长恨歌》,《全唐诗》卷四三五。

花美且柔弱，所以人们以鲜花比作女性。松柏伟岸不畏严寒，恰似坚强刚健的男人。这是人们普通的审美心态。但是唐代的元稹、白居易为什么特别喜好以梨花喻美妇呢？唐人以白为美，所以诗人以梨花喻女子白皙。这从李白的几首诗中皆可以看出，《越女词》其二：“吴儿多白皙，好为荡舟剧。”其五：“镜湖水如月，耶溪女似雪。”[①]这都说明唐人认为女子白才美。上文我们分析，梨花是万花丛中最洁白的

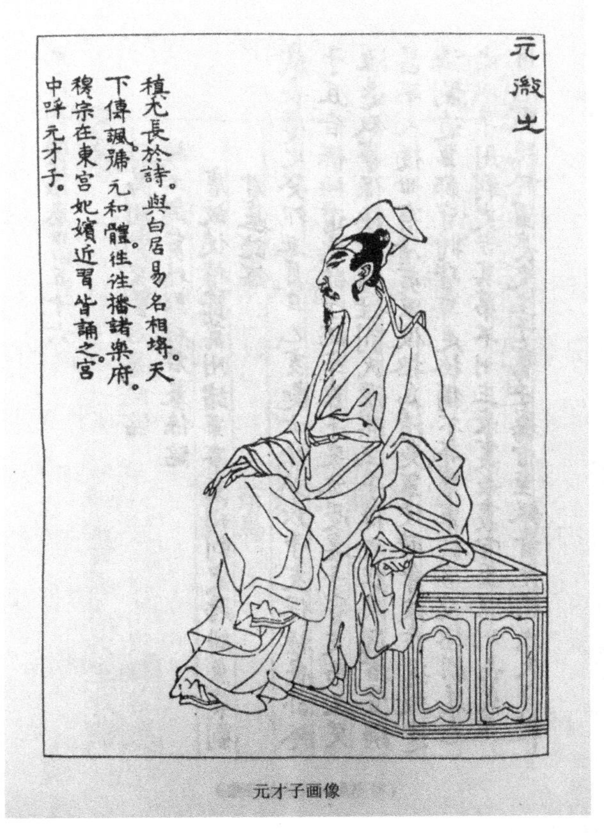

元才子画像

图 06　元稹画像，见吴伟斌《元稹评传》。（吴伟斌《元稹评传》，河南人民出版社，2008 年）

---

① 《全唐诗》卷一八四。

花卉，所以唐人自然以梨花比喻女子了。再看李白的诗句："柳色黄金嫩，梨花白香雪。"[1]李白的这首《宫中行乐词》是李白醉酒后应唐玄宗之召而写，诗咏杨贵妃如一朵白皙似雪的梨花。温庭筠《太子西池二首》其一："梨花雪压枝，莺啭柳如丝。懒逐妆成晓，春融梦觉迟。"[2]也明显以梨花暗喻女子。这些诗文反映了唐人以白为美的审美心态，梨花作为百花之中最洁白的花卉，自然是崇尚"白美"的唐人的首选了。

图 07　白居易画像，见肖伟韬《白居易诗歌创作考论》。（肖伟韬《白居易诗歌创作考论》，江西人民出版社，2014 年）

① 《全唐诗》卷二八。
② 《全唐诗》卷五七七。

我们先把元稹、白居易有关梨花与女子的诗歌选列如下：

元稹《白衣裳二首》其一："雨湿轻尘隔院香，玉人初著白衣裳。半含惆怅闲看绣，一朵梨花压象床。"①

元稹《离思五首》其五："寻常百种花齐发，偏摘梨花与白人。今日江头两三树，可怜和叶度残春。"②

白居易《江岸梨花》："梨花有思缘和叶，一树江头恼杀君。最似孀闺少年妇，白妆素袖碧纱裙。"③

白居易《陵园妾》："眼看菊蕊重阳泪，手把梨花寒食心。把花掩泪无人见，绿芜墙绕青苔院。"④

白居易《长恨歌》："玉容寂寞泪阑干，梨花一枝春带雨。含情凝睇谢君王，一别音容两渺茫。"⑤

元、白是中唐文学运动中的战友，也是生活中的密友。他们经常在诗文上相互唱和，表达他们之间的文学理论以及友情，在梨花与女子的关联上应该也有相互的影响从而达到某些共识。白居易在《暮春寄元九》开头两句就是"梨花结成实，燕卵化为雏"⑥就证明了他们在诗歌的唱和之中运用过梨花这一文学意象。从以上元、白的五首诗歌，我们可以比较清晰地得出如下几点：一是以梨花与女子的白衣裳相关联，从而进一步以梨花比喻白衣女子；二是这些白衣女子往往满含惆怅、寂寞甚至有一种怨情；三是白色的梨花、素白的衣妆都透露出这些女

---

① 《全唐诗》卷四二二。
② 《全唐诗》卷四二二。
③ 《全唐诗》卷四三七。
④ 《全唐诗》卷四二七。
⑤ 《全唐诗》卷四三五。
⑥ 《全唐诗》卷四三二。

子身上有一种冷凄的色调；四是从梨花的洁白折射出这些女子不同寻常的美，这种美不同于桃红杏闹，这种美中浸透了冷艳，浸透了凄凉。

书至此，笔者以为应该比较深入地分析唐代梨花所代表的女性美是什么色彩的。梨花花瓣又轻又薄，色白而淡，花期极短，单花不过三五天即随风飘落。这种脆弱而短暂的花朵，不同于桃红杏闹，给人以艳丽与生机。诗人们自然把梨花当作女子红颜易逝、命运不幸的象征。然而，梨花又是那样的洁白，白并不能说明不美。《红楼梦》中有诗句："淡极始知花更艳。"[1]诗中虽然是咏白海棠，但从生物学的角度看海棠与梨同科同属，都是梨属。从花形、颜色来说，梨花与白海棠花并无二样。笔者以为诗中说白色的海棠淡极花更艳，极有道理。梨花同样如此，想那梨花，开在春暮时分，此时百花凋零，只有孤芳自赏罢了。更兼有雨打梨花，犹如泪湿女人苍白的面容。梨花之艳，怕只有用冷艳喻之了。翻开唐诗，正好有梨花冷艳之说。与王维唱和《左掖梨花》的丘为就说："冷艳全欺雪，馀香乍入衣。春风且莫定，吹向玉阶飞。"[2]这里的玉阶正对应着王维诗中的"未央宫"，看来王、丘等人的唱和，也和宫中女子有着一定的联系。诗中的冷艳也绝非仅仅代表梨花，而应该还暗指宫中女子。我们再分析刘方平《春怨》中的梨花意象："纱窗日落渐黄昏，金屋无人见泪痕。寂寞空庭春欲晚，梨花满地不开门。"[3]陈桥生在《'不关门'与'不开门'——读刘方平<春怨>》一文中分析得非常透彻[4]。满地的梨花为诗中的主人公做了一个美丽而凄艳的见

① 曹雪芹著，郑庆山校《脂本汇校石头记》，作家出版社，2003年，第382页。

② 《全唐诗》卷一二九。

③ 《全唐诗》卷二五一。

④ 陈桥生《'不关门'与'不开门'——读刘方平<春怨>》，《兰州教育学院学报》（社会科学版）1994.01，第10—12页。

证。梨花并非不美，却是一种冷艳的美，屋内的美人也是一个凄艳的美人。梨花洁白，但至洁者易污，在晚春的黄昏时分，梨花的洁白变得那么苍白、凄冷，在寂寞、孤独、忧伤中的金屋女子，和那些被遗弃的宫女一样，永远没有希望。有的只是寂寞地等待，在等待中老去。这种老去，我们也可以看待成另一类的死亡。

从以上分析我们可以看出，唐诗中梨花所体现的女性是一种凄冷的美，是寂寞、孤独、哀伤，甚至还有一些悲怨。这样一种凄凉、冷艳是唐人梨花诗中女性美的基本色调。

我们再从白居易的“梨花一枝春带雨”[①]分析元、白笔下的梨花诗所体现的女性内涵。白居易《长恨歌》中以两种花卉比喻杨贵妃，一是芙蓉，一是梨花。芙蓉在诗中出现三次，分别为第14、58、59三句中，而梨花仅仅出现一次，在第100句中。诗中没有提到芙蓉花的颜色，但是我们可以推论出芙蓉是红色。首先看第13、14句“云鬓花颜金步摇，芙蓉帐暖度春宵”，这是杨贵妃正直唐玄宗千宠百爱之时，这时的色彩自然是暖色的，可以说是红色调的，这芙蓉帐我们推论为红色想来不为过吧。正当“芙蓉帐暖度春宵”，“从此君王不早朝”时，“渔阳鞞鼓动地来，惊破霓裳羽衣曲”。安史之乱爆发了，在玄宗逃亡西南的途中，杨贵妃被迫赐死。“君王掩面救不得，回看血泪相和流。”以后的唐玄宗，在逃亡之后的东归中，一直到安史之乱平息，一直到退位为太上皇，皆在寂寞悲伤、缠绵悱恻的相思之中度过。第58、59句中的芙蓉是在东归至京城以后睹物思人的情况下出现的。“归来池苑皆依旧，太液芙蓉未央柳。芙蓉如面柳如眉，对此如何不垂泪。”华清池依旧，太液池依旧，芙蓉花依旧，无尽的相思使唐玄宗把那太液中的

① 以下《长恨歌》中诗句均引自《全唐诗》卷四三五。

芙蓉花看成了杨贵妃生前承欢时的面孔，还是那么鲜活红润。这太液池中的芙蓉花，不正是芙蓉帐里的杨玉环吗？白居易以芙蓉花象征杨贵妃，实际是用芙蓉花赋予李隆基对杨玉环性欲的渴求，太液池中的芙蓉实际上是一朵漂浮于李隆基欲海之中的性爱之花。但是泪光闪过，物是人非。此时此刻，杨贵妃那芙蓉花般鲜活红润的面容只不过是一时的梦中之花罢了。代之而来的是无尽的思念，唐玄宗对杨贵妃这朵性之花的思念在白居易的笔下发生了转变。唐玄宗知道，白居易也知道，马嵬坡事件之后，杨玉环已成为梦中之花了，李隆基所有的意念最后只能化为乌有。诗歌至此，必须改变套路，转移方向，对于杨贵妃的描写也自然改变。对于信奉道教的大唐天子和信奉佛教的白居易来说，杨玉环化为宗教中的形象也就是自然而然的了，更何况杨玉环在入宫以前，本就上演过“太真”的戏目呢！诗中把曾经出家为尼的太真扮演成天宫仙子的太真。既然杨玉环被替换成蓬莱宫中的仙子，自然不能有性爱之花的芙蓉之喻了。于是白居易找到了白色的梨花替代了红色的芙蓉花。之所以用白色的梨花替代红色的芙蓉，表面上看是梨花的白与“太真仙子”的雪肤花貌有外表上的相似。更重要的恐怕是随着身份的转变，颜色的转变也是必然的。杨玉环从李隆基的宠妃幻化成蓬莱宫的仙女，再也无法回到代表红色的芙蓉花的时代了。白色极近无色，有纯洁、虚无、清静之感，这和蓬莱宫中的仙境是最相称的颜色了。而梨花所代表的颜色，反映在女人的脸上，正是苍白、凄美、冷艳的。此时“玉容寂寞泪阑干”的太真，不正是一枝春带雨的梨花吗？白居易选择梨花，正体现了他的高妙之处，此时若用花比喻杨玉环，非梨花不可。这正是千百年来，人们对“梨花一枝春带雨”[1]高度认

① 白居易《长恨歌》，《全唐诗》卷四三五。

可与赞美的根本原因所在。杨玉环从李隆基的宠妃到道教中仙女的转变，现实世界中的宫阙和永生世界中的仙境必然呈现出两种不同的颜色。红色和白色正是这两个世界最好的色彩渲染，芙蓉花和梨花正是这两个世界中的杨玉环的最好的花卉象征。所以，从红色到白色，从芙蓉到梨花，这是必然的选择，也是唯一的选择，这也是白居易的成功之处。这种正确的替换所展现出来的艺术力量，正是这首长诗的魅力所在。但是，我们还应该看到，安史之乱前后杨贵妃两种不同的身份和生活，一个是现实社会中活生生的人，一个却是虚无世界中没有生命的泡影。这种虚无世界中的形象实际上代表的是死亡。

至此，我们可以对元、白笔下的梨花女性之内涵作一个小结了。他们的梨花女形象应该可以归结为少妇而不是少女形象。这种少妇是美丽的,但是她们的美是一种冷艳的凄美。这种少妇是寂寞的、孤单的，充满了哀怨与惆怅，代表着悲凉甚至死亡。

第三节　宋代咏梨文学趋于成熟

相对于唐代，宋代有关梨花题材诗词数量上有较大幅度的增加。通过查询检索《全宋诗》《全宋词》《全宋文》以及《四库全书》中宋代别集。粗略统计，含梨花或者梨单句的诗词文 880 多篇，专咏梨花或者以梨为主要意象的诗歌 144 首,词 15 首,文赋 4 篇,共 163 首(篇)。从数量上可以看出，这一时期的咏梨文学作品的数量虽然无法和梅花、荷花这些名花相比，但是从咏梨文学作品的历史发展来看，数量上远远超过前代,是南朝咏梨文学作品（11 篇）的 15 倍,是唐五代（40 篇）

专咏的 4 倍。

更多文人墨客开始歌咏梨花，出现了组诗、唱和、题画诗以及与桃、梅、李、杏等花卉相互比较等多种形式的咏梨文学作品。组诗方面，如胡寅的《和单令简园梨花四绝》，陆游《梨花》三首、《春晚怀山南》四首都是梨花的专咏，赵必象《南康县圃赏梨花呈长官》四首，刘子翚《食鹅梨三首》，等等。一些著名诗人都有不少咏梨诗词，黄庭坚梨花专咏 4 首，陆游 7 首，梅尧臣 5 首，强至 11 首，韩琦 11 首，苏轼 5 首，王安石 4 首，等等。唱和方面，南朝开始出现咏梨花诗歌时就有唱和，比如王融的《池上梨花》，刘绘的《和池上梨花》，唐代王维、丘为、皇甫冉等人的《左掖梨花》，但是关于梨花的诗歌唱和还比较少见。到了宋代则不同，不但参与的诗人多，唱和的诗歌也多。比如前文所举胡寅的《和单令简园梨花四绝》，秦观、黄庭坚的《次韵梨花》，强至、韩琦、黄庭坚、苏辙等人参与唱和《压沙寺梨花》超过 20 首，苏轼、苏辙兄弟也有咏梨的唱和诗，还有宋初钱惟演、杨亿、刘筠、丁谓等人唱和的西昆体《梨》，等等。梨花题材的题画诗在唐五代以前都没能查询到，当然，这并不能说明以前没有画家以梨花为题材作画，也不能说明没有人作过梨花题材的题画诗。但是我们能够说明宋代开始，更多的文人画家开始注重把梨花作为创作的题材，入诗入画。梨花作为一种艺术表现题材，其表现方式和技法越来越丰富了。题画诗如范成大的《题张曦颜两花图——玉梨》等。

先秦、汉魏晋南北朝、唐五代有关梨花的诗文中很少出现梨花与桃、梅、李、杏等花卉的比较，宋人更加关注梨花与其他花卉的区别与联系，在比较中表现梨花的特色，这在下一章专门论述。

与前人相比，宋人更加注重梨花题材作品的内审，从梨花的特性那里找寻符合自我思想的关联，作品鲜明地表达了自我意识，赋予了更加深层次的含义，彰显出宋人人文的理念与价值的观念。如宋代的梨花诗词中,更多地出现了“素”“淡”“仙骨”“冰清”“风韵”“清雅”“神清”等等这样的字样。这些词语的出现，在人们头脑打下深深的烙印，与唐五代的“白衣裳”“春带雨”等完全不同。在这种思想的指导下，宋代的“梨花雪”与唐代有了很大的差别，向着“素淡”等富含着自我内审式的梨花意象内涵发展。与之相应，梨花月意象得到充分的发展与深化，为梨花题材文学图卷涂上了淡雅与朦胧的色调。宋人拓展着自我的理念与思想，注重对梨花文学意象的内审，最终形成了“梨为淡客”①这种综合性的梨花文化心理。

图08 [元]钱选《八花图卷》之梨花。北京故宫博物院藏。

① 姚宽《西溪丛语》卷上记载:“牡丹为贵客，梅为清客，兰为幽客，桃为夭客，杏为艳客……梨为淡客……”中华书局，1993年版，第36页。

一、“梨花雪”综合意象与唐及前代的区别与联系

唐及前人的“梨花雪”是为了说明梨花的白，是用比喻、夸张等手法来形容梨花的色彩。并且以最高的出现频率来描述梨花，应该说这是人们欣赏花卉的第一阶段——初级阶段。无论是王融的“繁星照流雪”，还是李白的“梨花千树雪”[①]，都是为了说明梨花的白，白似雪，是其他所有的花卉都不可比拟的。而宋人的梨花诗词中则较少出现“梨花雪”这个综合意象了，即使出现，意味也不同于前代。如陈博良的“海棠故作十分红，梨更超然与雪同”[②]，虽然用雪比喻梨花之白，但是“超然”二字使得梨花之白不仅是色彩上的含义，更是与海棠之红风格上的差异，这种差异是为了更好地体现梨花的“洁”，而不仅仅是色彩上的白。所以强至在《梨花》诗说:“花中都让洁。”[③]苏简《赋雪梨寄二孙》中有句：“开花如雪洁。”[④]我们可以看出，诗人们不再注重梨花似雪的白，而是注重梨花似雪的洁。苏轼的《东栏梨花》是吟咏梨花的名诗，大家都比较熟悉:“梨花淡白柳深青，柳絮飞时花满城。惆怅东栏一树雪，人生看得几清明。”[⑤]这里也用雪比喻梨花，但已不是为了说明梨花白似雪了，而是说梨花“淡白”。“梨花雪”综合意象在宋代较少，这在宋词得到更明显的体现。笔者搜索的含有梨花意象单句的 168 首词中，含有“梨花雪”综合意象的仅 8 处，而“梨花月”综合意象 57 处，“梨花雨”综合意象 74 处。

---

① 李白《送别》，《全唐诗》卷一七七。

② 陈傅良《游金奥赵园赋海棠梨花呈留宰》，《止斋集》卷七。

③ 北京大学古文献研究所编《全宋诗》，北京大学出版社，1999 年（以下简写为《全宋诗》），第 10 册，第 6951 页。

④《全宋诗》第 31 册，第 19669 页。

⑤《和孔密州五绝》其三，《全宋诗》第 14 册，第 9236 页。

综合起来分析，唐以前的“梨花雪”综合意象在宋代主要向两个方向延伸。一是“素淡”，另一个是“冰清”。这两个方向，一个涉及的是颜色，另一个涉及的是温度。宋人审视梨花的颜色，不再强调梨花像雪那样色白耀眼。前文我们引用《红楼梦》中咏白海棠的句子：“淡极始知花更艳。”白色也可以表现出明艳的色彩来。就如元稹、白居易笔下的白衣女子、衣裾飘飘的太真仙子。那是唐人眼中的梨花，唐人眼中的梨花少妇，虽然失去了生机与活力，但是她们还是艳的，她们在素白中透出一种逼人的冷艳。但是白色几近于无色，白色的另一个方向就是素、淡。其实，这在最早一批的梨花诗歌中即得到了体现：“素蕊映华扉。”(梁刘孝绰《于座应令咏梨花》)[①]只是刘孝绰笔下梨花的“素蕊”被李唐以来“梨花白雪香”[②]“千树万树梨花开”等“梨花似雪”“雪似梨花”的雄奇浪漫的强大声势淹没了。宋人以学者的心态、儒子的精神，开始重新审视梨花的色彩，他们从中悟出了一个“淡”字。这个“淡”字由“素”简单过渡，即成为宋人表达梨花的最主要的词语之一了。我们结合宋人的诗词来具体分析梨花在宋人眼中的素淡形象。韩琦与强至的唱和《同赏梨花》有句：“寒食西蓝赏素英，白毫光里乱云腾。”[③]诗中也说到梨花之白，但是就不再用雪来比喻了，素英明确指出梨花是素淡之花。同样是在歌咏压沙寺梨花，他说：“笙歌不作芳菲主，风雅终成冷淡家。”[④]如果说他前一首诗歌还只是指出梨花是“素英”，这首诗就直接用“冷淡之花”替代了梨花，应该说韩琦是宋代较早明确指出梨花所代表的人文内涵是“冷淡”二字。淡字在宋代诗僧那里也得到体

---

① 《先秦汉魏晋南北朝诗》梁诗卷一六。

② 李白《宫中行乐辞》，《全唐诗》卷二八。

③ 《全宋诗》第 6 册，第 4092 页。

④ 韩琦《壬子寒食会压沙寺梨二首》其二，《全宋诗》第 6 册，第 4092 页。

现，释善珍《游下竺御园》:“荒园闲柳色，斜日淡梨花。”[1]到了南宋的陆游，把梨花的素淡升华为梨花的本质特色，淡白的梨花替代了雪白的梨花，形成了梨花在宋代的最基本的也是最核心的色素。“粉淡香清自一家，未容桃李占年华。常思南郑清明路，醉袖迎风雪一杈。”(《梨花》)[2]陆游“粉淡香清自一家”的自一家与“梨为淡客”俨然一体，毫无二致。到了王十朋那里，更是直呼为淡客了:“淡客逢寒食，烟村烂漫芳。”(《梨花》)[3]“梨为淡客”正是通过梨花的色彩，由唐及以前文人描述的梨花似雪的白，抛却了唐人雪白的醒目、明艳的成分，注意的是梨花素白、淡雅的一面，沿着这条道路不断前进，最终形成了“梨

图09 《梨花白香雪》,朱芳摄影。图片引自网络。

① 《全宋诗》第 60 册，第 37792 页。
② 《全宋诗》第 40 册，第 25436 页。
③ 《全宋诗》第 36 册，第 22959 页。

为淡客”的文化心理。当然,“梨为淡客”的形成,还有其他很多的因素,不过从颜色出发而延伸却是最主要的。“梨为淡客”我们将在下一章做较为详细的考证，这里先略述如上。

“梨花雪”沿着温度向前发展，形成了宋人喻梨花“冰清玉洁”的主题内涵。梨花本来是没有温度的，但是雪花是有温度的，而且雪的温度代表的是寒冷。南朝与唐代诗人把梨花与雪联系在一起，他们更多地只是注意梨花的颜色，以歌咏梨花的白是万花之魁首。前文所举王融、李白、岑参、杜牧等人的诗歌莫不如此，笔者仅在唐代的有关梨花的诗句中找到一句有关梨花似雪而冷的，就是丘为与王维等人的唱和《左掖梨花》，丘为的句子是这样的：“冷艳全欺雪。”诗句中的冷显然受了雪的影响，但是从“欺雪”来看，说的还是梨花之白，似乎超过了雪花之白，说的还是颜色的问题。但是到了宋代，就大大的不同了。胡寅《和单令简园梨花四绝》其三：“共传嘉树锁山阴，冰彩瑶光自一林。”[①]刘倓：“江南春晚经行地，胜有唐昌玉蕊花。露绮烟絺无限态，冰清玉润自成葩。”[②]梨花本来开在春末，距离雪天已经比较遥远了，和寒冬的冰冷自然也就挂靠不上了，但是由于前人在“梨花似雪”以及“雪似梨花”方面做出的巨大贡献，使得人们自然把梨花与雪花联系在一起，由雪花之冰冷联系到梨花之冰洁。当然，这中间都是梨花之白起着关键性的作用，但是到了宋代，人们的价值观和人生观都发生了变化，从表象的感官发展到更注重内在的思索。他们抛开了“梨花似雪”之白，为了表达自我内心世界的情感大胆启用了“梨花似雪”之冰清玉洁。强至的小诗《梨花》就说：“花中都让洁，月下

① 《全宋诗》第 33 册，第 21019 页。

② 《全宋诗》第 56 册，第 35145 页。

倍生神。”[1]赵福元《梨花》:“玉作精神雪作肤，雨中娇韵越清癯。”[2]这些诗句里都不仅仅传达了梨花白的信息了，而是梨花之“冰清玉洁”。众所周知，“冰清玉洁”和“梨花似雪”相比，蕴含的是一种精神、一种品质。就这样，梨花在宋人的导演下，一步步演变成清雅、高洁、不同流俗的花中仙子。

以上简述了唐人创造的“梨花雪”意象,到宋代发展为“素淡”“冰清玉洁”等蕴涵着人格魅力的艺术形象。为什么如此呢？我们还得从宋人的精神世界来分析。宋人的人格理想构建中特别倾向于品格自尊与个人自由意志，道义精神的刚方与个人情志的雅适等有机的统一。这不仅渊源于中国文化之“天人合一”的观念，注重个人与社会，理性与感性之统一的传统精神，同时也是宋以来封建士大夫社会地位和伦理责任同步提高之现实的反映。其具体品格理想体现为两个流行的范畴，这就是程杰先生阐述的宋人心中的“清”与“贞”[3]。在宋人心目中“清”主要与“尘俗”相对应，重在人格的独守、精神的超越，代表着广大士大夫在自身普通平民化、官僚化之后坚持和维护精神的高超和优越的心理取向,一切势利、污浊、平庸与鄙陋都是其反面。“贞”即正直刚毅、大义凛然，一切柔媚苟且之态、淫靡邪僻之性都与之相背离,重在发扬儒家威武不能屈、贫贱不能移、富贵不能淫的道义精神,呼唤人的主观意志。

梨花“素淡”与“冰清玉洁”正可对应着程杰先生所说的宋人心中“清”与“贞”，只是梨花“贞”的人格内涵没有能够发展起来。其

① 《全宋诗》第 10 册，第 6951 页。
② 陈梦雷等《古今图书集成》第 2176 页。
③ 程杰《宋代咏梅文学研究》第 61 页。

实在梨花“冰清玉洁”的方面,宋人还是有所发展的,发展的结果就是“风骨”,这风骨即是相对于梅花的“贞”。我们看以下诗句,冯时行《梨花》:“带月归来仙骨冷,梦魂全不到梨花。”[①]张镃“梨花风骨杏花妆”[②],赵汝州“换却冰肌玉骨胎”[③],等等。诗句中的仙骨、冰肌玉骨、风骨都是“贞”的一面。当然,梨花风骨虽然有所发展,但是终究没有成

图 10　颛孙恩杨《月下梨花图》。图片引自网络。

① 冯时行《缙云文集》卷三。

② 魏庆之《诗人玉屑》卷二。

③《全宋诗》第 33 册,第 21265 页。

长为梨花歌咏的主旋律，而是让位给“梨为淡客”。这一现象表现出宋人客观的心态与理性的认识。梅花由早春的梅花落演变成“岁寒三友”，比德君子。梨花独占高洁，但开在春末，时令不同。虽然因为梨花似雪发展至冰清玉洁以至于仙胎风骨，但是其终究缺少凌寒傲雪之势。其“淡雅”强于梅花，其“清贞”远逊色于梅花。故“梅为清客”“梨为淡客”。宋人也可谓抓住了这些花卉的根本，用理性的手法调制出了一幅幅花卉王国的人文情态图。

二、“梨花月”意象的发展与成熟

宋代，另一个得到较为充分发展的就是“梨花月”组合意象。“梨为淡客”的形成与之也不可截然分开，这在有关梨花的词句里表现更为突出。其实,“月”本身就是古代文人喜欢歌咏的一个主题,时至今日，依然如此。月之皎洁、清朗、朦胧、淡雅等无不是文人墨客欣喜而向往的情景。仅李白就有数十首关于月的诗歌,如《古朗月行》《关山月》《静夜思》《峨眉山月歌》《把酒问月》《月下独酌四首》等。在《月下独酌》中，他对月痴迷到月即是我、我即是月的程度。月是自然界最神奇的景物，花是自然界最美丽的产物，花月相交，乃天作之合。所以，李白说:“花间一壶酒,独酌无相亲。举杯邀明月,对影成三人。”[①]至宋代，月下赏花已是文人墨客的通识。“疏影横斜水清浅,暗香浮动月黄昏。”[②]这是说的月下梅花。“今年春早，到处花开了。只有此枝春恰好，月底轻颦浅笑。”[③]这是说的月下杏花。“中庭月色正清明，无数杨花过无影。”[④]这是说的月下杨花。然而梨花似乎与月更为相亲相近。前文我

① 《全唐诗》卷一八二。

② 林逋《山园小梅》，《全宋诗》第2册，第1218页。

③ 王庭筠《清平乐·赋杏花》，《古今图书集成》第548页。

④ 张先《木兰花》，唐圭璋编《全宋词》，中华书局，1965年版，第75页。

们提到，唐代诗人的梨花月诗词，还停留在梨花白与夜月明的关联上，只是表象的记述，没有多少作者内心的思考。到了宋代，月光里的梨花给我们带来什么样的感受呢？宋人赋予其什么内涵呢？我们试举例说明。

晏殊《无题》:“梨花院落溶溶月，柳絮池塘淡淡风。”①

苏轼《寒食夜》:“淡云笼月照梨花。”②

危昭德《春晚》:“晴天杨柳丝千绪，淡月梨花玉一庭。”③

沈括《开元乐》:“寒食轻烟薄雾，满城明月梨花。”④

万俟咏《卓牌儿·春晚》:“玉艳淡泊，梨花带月，胭脂零落，海棠经雨。”⑤

王庭珪《谒金门·梅》:“梦断香云耿耿，月淡梨花清影。”⑥

李祁《减字木兰花》:“梨花院宇。澹月倾云初过雨。”⑦

楼扶《水龙吟·次清真梨花韵》:“素娥洗尽繁妆，夜深步月秋千地。”⑧

前文我们已经说明，基于宋人客观的心态与理性的认识，梨花颜色洁白，到了宋人眼里逐渐演变为淡白。在古代文学作品中，月色多以淡雅、清朗的特色被描述、吟咏。如果说我们在万花园中寻找一种与月的品质最为相近的花卉，愚意以为，非梨花莫属了。上文我们举

---

①《全宋诗》第1册，第89页。
②《全宋诗》第14册，第9607页。
③《全宋诗》第66册，第41289页。
④《全宋词》第1册，第215页。
⑤《全宋词》第2册，第810页。
⑥《全宋词》第2册，第816页。
⑦《全宋词》第2册，第910页。
⑧《全宋词》第4册，第2964页。

的梅花、杏花、杨花等花卉的月中风采，虽然自有一番意味。但无论是梅枝在月下的疏影，还是杏花在月底的浅笑，月还是月，梅还是梅，杏还是杏，梅、杏没有与月融为一体。皎洁淡雅的月光照在素淡清洁的梨花上，让人分不出哪里是梨花，哪里是月光。“满城明月梨花”“月淡梨花清影”等诗句都给我们传达出一个信息——梨花与月光自然而然地融为一体了。梨花月包涵的内容是一种淡泊、清淡的意味，和宋人眼中“梨花雪”传达出的信息是相通的。这些都是梨花之白与雪之白、月光之皎洁淡泊等相同点所决定的。经过文人的演绎与发展，梨花与月的融合，更有力地促进了宋代“梨为淡客”的发展与形成。

在研读梨花月的诗文中，我发现“梨花月”与“梨花雪”所承载的内涵有着惊人的相似之处。除了上面所分析的淡泊之外，还有仙骨、清凉等也是相通的。如：

冯时行《都下》：“月凉如水浸梨花。”①

冯时行《梨花》：“带月归来仙骨冷。”②

秦观《次韵梨花》：“梁园雪尽已无余，月锁瑶枝冷自如。”③

我们前面分析梨花雪时，曾经说：由梨花之洁白推导出梨花淡泊，由雪之清冷推导出梨花风骨。和雪一样，人们在月的寓意里赋予了清冷的内容，这就为梨花月产生出仙骨冷的意味，与梨花雪的另一个发展方向是一致的。不但如此，我们还从中看到，这一方向发展的不如梨花淡泊。其中缘由，我想和梨花开时已近春末，天气转暖，如果仅仅从月之清冷嫁接到梨花之清冷，抛却了梨花开放时的温度情况，未

① 冯时行《缙云文集》卷三。

② 冯时行《缙云文集》卷三。

③《中华诗词》电子版。

免有些强词夺理了，所以这也是梨花风骨未能充分发展的最重要的原因。

学习分析梨花月组合意象，我们不得不说一说宋人赋予的另一种含义。那就是蕴含在前文所说的淡泊、风骨之中的,而又有所区别的“清雅”。淡泊、风骨、清雅虽然有相通之处，但还是有着明显区分的。宋人发展并完成了梨花淡泊的品质，梨花风骨却因为梨花天然的软骨病不得不被放弃了，但是梨花清雅的一面却被开发并传承下去。这种清雅脱去了梨花月所富含的一种冷清与寂寞，欣赏梨花月，人们变得心情阔朗起来，正所谓神清而气爽。

强至《梨花》:“花中都让洁，月下倍生神。”①

黄庚《春寒夜》:“一庭夜色无人管，吩咐梨花伴月明。”②

史达祖《玉楼春·赋梨花》:“前身清澹似梅妆，遥夜依微留月住。”③

如果说宋人眼中的梨花月，还含有缕缕寂寞与惆怅，经过金、元、明代的发展，到了清初康熙帝大量吟咏梨花，“梨花伴月”被其钦题为三十六景之一④，梨花伴月则更多地抛弃了寂寞伤感，富含了清雅的品质了。这些将在下文详细阐述。

三、“梨花春雨”意象内涵与唐代的异同

相对于以上我们论述的梨花雪、梨花月综合意象，梨花春雨意象在宋代诗文里运用较多。笔者搜索的含有梨花意象单句的 168 首词中，含有“梨花月”综合意象的 57 处，“梨花雨”综合意象的达 74 处。但

---

① 《全宋诗》第 10 册，第 6951 页。

② 《全宋诗》第 69 册，第 43608 页。

③ 《全宋词》第 4 册，第 2327 页。

④ 爱新觉罗·玄烨《圣祖仁皇帝御制文集》卷五〇。

是与梨花雪、梨花月不同的是，梨花春雨意象在宋代仿佛沿袭了唐人特别是白居易“梨花一枝春带雨”[①]所富含的美人寂寞妆内涵，沿着白居易铺设的这条道路向前走去。李重元著名的《忆王孙·春词》:“萋萋芳草忆王孙。柳外楼高空断魂。杜宇声声不忍闻。欲黄昏，雨打梨花深闭门。”[②]朱淑贞《月华清·梨花》;“粉泪共、宿雨阑干，清梦与、寒云寂寞。”[③]史达祖《玉楼春·赋梨花》:“玉容寂寞谁为主。寒食心情愁几许……黄昏着了素衣裳，深闭重门听夜雨。”[④]汪洙《梨花》:“院落沉沉晓，花开白雪香。一枝轻带雨，泪湿贵妃妆。”[⑤]韩琦《会压沙寺梨花》最后一句:“朝来轻雨低含泪，竞写真妃寂寞妆。”[⑥]像以上有关梨花春雨的句子还有很多，但是都没能翻出新意，白乐天的“梨花一枝春带雨”蕴含着“美人寂寞妆”之风韵，成为宋人无法逾越的高峰。但是，宋人也较好地总结了白乐天“梨花春雨”的内涵，便是笔者上面指出的“美人寂寞妆”了。除了梨花春雨所代表的“美人寂寞妆”以外，白居易《长恨歌》中的“梨花春雨”意象渐渐演变一个典故，育化了多方面的内容，它浸透着唐明皇与杨贵妃所代表的帝妃相思相爱，凝结了唐明皇、杨贵妃梨园笙歌的美好回忆，又交织着安史之乱、杨玉环被赐死于马嵬坡梨树下的终生遗憾。毛直方《梨花》:“园思前法部，泪湿旧宫妃。”[⑦]赵令畤《蝶恋花》:“忍泪凝情，强作

---

① 白居易《长恨歌》,《全唐诗》卷四三五。
② 《全宋词》第 2 册，第 1039 页。
③ 《全宋词》第 3 册，第 1408 页。
④ 《全宋词》第 4 册，第 2327 页。
⑤ 《全宋诗》第 22 册，第 14978 页。
⑥ 《全宋诗》第 6 册，第 4076 页。
⑦ 《全宋诗》第 69 册，第 43621 页。

霓裳序。弹到离愁凄咽处。弦肠俱断梨花雨。”[①]杨泽民《玉烛新·梨花》:“风流出浴杨妃，向海上何人，更询安否。”[②]宋代诗人在诗词里开始运用梨花带雨所寓含的唐明皇、杨贵妃的爱情故事，逐渐把白居易的“梨花带雨”演化成一个典故。但是,我们也不得不说,“梨花带雨”所表达的唐明皇、杨贵妃的爱情故事之典故，在宋代只能刚刚被注意并运用，更多的应用则在宋以后的金元明清。我们还可以看出，宋代诗词里运用“梨花雨”意象有着明显不同，唐明皇与杨贵妃的典故多在诗歌里出现。上文我们指出,宋词里常见的有关梨花的意象多数与雪、月、雨相关而组成综合意象,其中梨花雨最为常用,而词里的“梨花雨”多数还是通过自然景物的描写表达着一般的寂寞离愁的情愫，并不像诗歌那样与唐杨爱情紧密地关联在一起，从而较多地传达出政治的信息。

相对于唐代，梨花别离的主题意象被宋人运用得很少。笔者检索到的800多篇含有梨的单句诗文和160多篇专咏里，涉及别离主题的数量极少，不足十处。如方岳《别陈尉》:“微官梅隐亦风度，寒食梨花更别离。”[③]王质《眼儿媚·送别》:“雨润梨花雪未干。犹自有春寒。不如且住，清明寒食，数日之间。想君行尽嘉陵水，我已下江南。相看万里，时须片纸，各报平安。”[④]梨花别离的主题依旧与清明、寒食交织在一起，别无新意。

四、陆游对梨花文学意象的贡献

南宋的陆游与梨花结下不解之缘，对梨花意象也赋予了新的内涵。

---

① 《全宋词》第1册，第494页。

② 《全宋词》第4册，第3013页。

③ 《全宋诗》第61册，第38351页。

④ 《全宋词》第3册，第1638页。

《春晚怀山南》四首、《梨花》三首都是梨花的专咏，情真而意切，传递出对以往生活的思索与留恋。陆游是伟大的爱国主义诗人，一生未忘收复中原。但在他 86 年的人生旅途中，仅有一年左右的时间亲自投身沙场。1172 年，四川宣抚使王炎邀请他为干办公事，参与襄赞军务。他从夔州到了南郑（今陕西汉中）[1]，身着戎装，生活在战士中间，戍卫在大散关头，来往于前线各地，接触了爱国民众，考察了南郑一带的形势，出谋献策，积极筹划北伐。但是，南宋朝廷不能容忍爱国将士积极的抗战活动。不到一年，他就被调离南郑，只好吟着“渭水岐山不出兵，却携琴剑锦官城”（《即事》）回到成都，借酒消愁，排遣他报国无门的苦闷。[2]这七首有关梨花的专咏写于陆游晚年定居于老家山阴之时，当时他过着宁静而简朴的生活，但是他的爱国、报国热情并未减少，时常回忆他当年亲历南郑疆场的戎马生涯，七首诗歌都是关于南郑的回忆。抄写如下：

《梨花》三首：“开向春残不恨迟，绿杨窣地最相宜。征西幕府煎茶地，一幅边鸾画折枝。”“粉淡香清自一家，未容桃李占年华。常思南郑清明路，醉袖迎风雪一杈。”“嘉陵江色嫩如蓝，凤集山光照马衔。杨柳梨花迎客处，至今时梦到城南。”[3]

《春晚怀山南》四首：“梨花堆雪柳吹绵，常记梁州古驿前。二十四年成昨梦，每逢春晚即凄然。”“壮岁从戎不忆家，梁州裘马斗豪华。至今夜夜寻春梦，犹在吴园藉落花。”“梁州

① 朱东润《中国历代文学作品选》中编第二册，上海古籍出版社，2002 年版，第 187 页。

② 游国恩等《中国文学史》三，人民文学出版社，1964 年版，第 96 页。

③ 《全宋诗》第 40 册，第 25436 页。

一别几清明，常忆西郊信马行。桃李成尘总闲事，梨花杨柳最关情。”“身寄江湖两鬓霜，金鞭朱弹梦犹狂。遥知南郑城西路，月与梨花共断肠。”①

图11　李世南《陆游像》。图片引自网络。

① 《全宋诗》第40册，第24898页。

陆游在他的诗中，把开在晚春的梨花作为当时连接过去的一条纽带，沟通着他现时闲居的山阴与过去挥剑的南郑，成为他对一生中短暂的戎马生涯的思念与寄托。虽然诗中的梨花所代表的也是思念，但是这不是儿女相思的情愁，也不是文人骚客的闲愁，而表达了报国无门的悲愤！正如他自己所说："遥知南郑城西路，月与梨花共断肠。"在陆游这里，梨花的意象得到了升华，与爱国报国的情谊有所关联，只是这种升华仅限于陆游的诗歌，笔者并未在他人诗文里寻找到相同的讯息。但无论如何，陆游丰富了梨花意象的内涵，使之更加丰满，增添了一丝阳刚之气。这种阳刚之气在其《闻武均州报已复西京》更能得到明显体现："白发将军亦壮哉，西京昨夜捷书来。胡儿敢作千年计，天意宁知一日回。列圣仁恩深雨露，中兴赦令疾风雷。悬知寒食朝陵使，驿路梨花处处开。"

陆游对"梨为淡客"花卉文化内涵的贡献。"粉淡香清自一家，未容桃李占年华。常思南郑清明路，醉袖迎风雪一杈。"这是陆游《梨花》三首其二。诗中用梨花与桃花、李花作了比较，他把桃李作为妖桃艳杏之属，梨花自成一家，格调高雅，非桃李能比。可以说，陆游已经形成了"梨为淡客"的文化心理。

五、宋代"梨为淡客"的人文情怀

以上我们分析了宋代咏梨花文学作品，宋人和唐人眼中的梨花有着明显的不同。唐人着眼于梨花颜色、姿态、开落的时节，唐人更多地把梨花作为自然物所吟咏、歌唱，展现的是梨花似雪的自然色彩，春末开落的时节感叹，这些还都属于自然美的层次与阶段。宋人着眼于梨花的精神，更多地赋予梨花人文的内涵，从梨花生物学上的色、香、姿延伸到"梨为淡客"，具有素淡、清雅的风韵。唐宋审美的不同，是时代发展使然。中唐以来，特别是两宋时代，儒学进一步复兴，儒家义理更加深入人心，广大士人的思想发生了较为深刻的变化，他们的道德品格意识普遍高涨。人们特别是理学家把自然看作天理流转化育的产物，自然界的事物虽然种类繁多、各不相同，但是理学家都能从自然物的本质属性那里体悟到流行化育、无所不在的天理，体现从容得道、无往不乐的胸襟修养。[1]春天是一年之中自然景物最为生机盎然的时节，多为人们所关注，而花卉之美当然是春天的首要象征了。赏花成为文人士大夫欣赏春景的首选，他们自然把赏花与理学的玄机相互关联起来，形成区别于唐人的审美倾向。邵雍《善赏花吟》:“人不善赏花，只爱花之貌。人或善赏花，只爱花之妙。花貌在颜色，颜色人可效。花妙在精神，精神人莫造。”[2]理学家周敦颐、程颢都有不除窗前草，欲观“自家意思”[3]“造物生意”[4]的记载。

在有宋一代，人们对梨花的审美特征取得了长足的发展，文人士大夫们不再满足于唐人紧扣自然景物的自然美来抒情叙事，不仅仅着眼于梨花的色、香、姿等自然性状，更多地着眼于梨花的神韵，从其神韵挖掘人文的精神内容。从梨花淡白与梨花夜月等角度透视出梨花清淡的一面，喻为人之“淡客”，这种拟人化的精神透视给梨花意象以更加深邃的思想内涵。另外，宋人还通过与其他常见花卉的比较，以反衬梨花的形象表征。众所周知，到宋代，花卉比德大盛，梅花已经跃为“群芳之首”，比德君子，“桃为夭客”“杏为艳客”等。我们从以

---

① 程杰《宋代咏梅文学研究》，安徽文艺出版社，2002 年版，第 162 页。

② 《全宋诗》第 7 册，第 4559 页。

③ 《宋元学案》卷一一，《濂溪学案》下附录程颢忆周敦颐语。

④ 张久成《横浦日新》载程颢语。注释 3、4 转引自丁小兵《杏花意象的文学研究》硕士学位论文。

上的论述可以看出，如果宋人把梨花比喻为某一类人的话，应该为清淡之人了。那么我们试寻找梨花与梅花、桃花、杏花等常见花卉的比照诗文，以映衬梨花的形象。黄庭坚《次韵梨花》:“桃花人面各相红，不及天然玉作容。总向风尘尘莫染，轻轻笼月倚墙东。”[①]陈造《出郭》:“夭桃艳杏虽已过，郁李金沙犹未谢。鞶风笑露频欲语，半吐梨花最闲雅。”[②]韩琦《同赏梨花》:“风开笑脸轻桃艳，雨带啼痕自玉容。”[③]陈傅良《游金奥赵园赋海棠梨花呈留宰》:“海棠故作十分红，梨更超然与雪同。”[④]诗人们用桃红杏艳与梨花的高洁、淡雅形成了明显的对比，认为夭桃艳杏之美终归是低俗之美，比不上“粉淡香清”的梨花。所以陆游认为桃李之后，还是梨花占尽了春光。陆游《春晚怀山南》:“桃李成尘总闲事，梨花杨柳最关情。”[⑤]陆游《梨花》:“粉淡香清自一家，未容桃李占年华。”由梨花的高洁清雅，对照桃夭杏艳，人们从而推出梨花可以桃杏为奴为婢。强至《丙午寒食厚卿置酒压沙寺邀诸君观梨花独苏子由不至以诗来邀席客同作予走笔依韵和之》:“天姿必欲贵纯白，红杏可婢桃可奴。”[⑥]那唐昌蒲、玉蕊花也够不上与梨花为朋友。韩琦《同赏梨花》:“后土琼花斩我寡，唐昌玉蕊岂吾朋。”[⑦]就是梨的果实，因甘甜脆酥，也比橘柚等水果更高超一等。强至《倚韵奉和司徒侍中压沙寺梨》:“江橘空甘得奴号，果中清品合称公。”[⑧]以上我们

① 《全宋诗》第 17 册，第 11743 页。
② 《全宋诗》第 45 册，第 28062 页。
③ 《全宋诗》第 6 册，第 4092 页。
④ 陈傅良《止斋集》卷七。
⑤ 《全宋诗》第 40 册，第 24898 页。
⑥ 《全宋诗》第 10 册，第 6926 页。
⑦ 《全宋诗》第 6 册，第 4084 页。
⑧ 《全宋诗》第 10 册，第 7026 页。

可以看出，梨花与桃、杏、李、海棠等同是开花结果的“果子花”相互比较考对，更凸现出梨花在宋人眼中的分量。桃花有粉、红、紫等多色，杏花姣容三变，海棠也是姹紫嫣红，唯有梨花仅有一色，洁白赛霜雪，高洁的颜色就胜出桃杏一等。除了梨花的高洁与桃杏的红艳相对照之外，桃杏闹春之后，梨花独立东栏，不与群芳争艳，也是人们赞叹歌咏的一个方面。所以，陆游发出了“桃李成尘总闲事”“未容桃李占年华”的由衷钦佩。以下我们再看看梨花与梅花、牡丹这两种群芳主、花中王的比较。陈与义《梅》：“一阵东风湿残雪，强将娇泪学梨花。”[①]韩琦《壬子寒食会压沙寺梨二首》其一有句：“共醉一时寒食景，不须庭际牡丹红。”[②]陈与义认为梅花虽能傲雪，但在娇美、含蓄方面比不上梨花，韩琦则以为有了梨花作为寒食时节的景色，不须光顾庭院中的牡丹花。可见，宋代文人士大夫对梨花的推崇。梨花傲立于桃梅李杏之外，独立东栏，自成一家，既不与桃、李、杏、唐昌、玉蕊等为友为朋，也不和梅花、牡丹争奇斗艳，为主为魁。韩琦《壬子寒食会压沙寺梨二首》其二有句：“筀歌不作芳菲主，风雅终成冷淡家。”[③]汪炎昶《梨花》：“残雪浮光莹晓枝，肯随红紫贰妍姿。年年寒食风和雨,天谴天花值此时。”[④]“不作芳菲主”“风雅冷淡家”“天谴天花”以及上文提到的“仙姿”“玉容”等都给我们传达着梨花的信息，它犹如天上仙子，立于人间，淡看风尘，最后随风飘去。通过梨花与桃杏秾繁闹春的比较，通过梨花不与梅花、牡丹争王称霸的比照，我们和宋人一样，更有理由为梨花这种“清淡之客”从内心里喝彩。

---

① 《全宋诗》第 31 册，第 19579 页。

② 《全宋诗》第 6 册，第 4092 页。

③ 《全宋诗》第 6 册，第 4092 页。

④ 《全宋诗》第 71 册，第 44817 页。

第四节　金元咏梨文学沿承唐宋继续发展

金、元两代虽然是少数民族建立的国家，统治时间也不算久长，但是有关梨花的诗词文亦复不少，通过搜索《全金元词》《中州集》、四库全书中的御选《金诗》《元诗》、作家别集等资料，得梨之专咏80多首（篇）。有的作家吟咏梨花的诗文数量还是比较多的，比如元好问有9首梨花诗歌，郝经有长达252字的《梨花曲》，吴澄有专咏梨花的《木兰花慢》四首，程文海梨花诗7首，陈樵咏梨花组诗《玉雪亭》9首，等等。另外，金、元时代较多地出现了有关梨花的题画诗和梨花折枝的诗歌。金、元咏梨文学沿承唐宋又继续发展，梨花雪的高洁、梨花雨的寂寞、梨花月的清雅、梨云的朦胧以及梨花春逝的慨叹、离愁等情感在金、元有关梨花的文学作品中都有反映。元好问等人发展唐代元、白“梨花少妇”形象，糅合了宋代梨花“淡泊”“清雅”“仙骨玉容”的精髓，形成了“梨花静女”形象，这是梨花人格化的又一提升。

一、梨花题材文学作品的时代烙印

辽、金、元三朝都是少数民族建立的国家，与宋朝汉民族建立的国家以及各个少数民族所建立的国家之间的矛盾和斗争是时代发展的主要方面。民族矛盾和阶级矛盾突出，社会动荡不安，政治、经济、文化等社会各个层面都受到较大的影响。文人士大夫受到不同程度的限制、打击甚至凌辱。我们在分析梨花文学作品之前，有必要简要介绍一下这一时期的时代背景。辽是契丹族统治者建立的国家，与北宋南北相峙了166年。金是女真族统治者建立的国家，与南宋南北对峙了109年。辽和金都定都于今天的北京地区（辽称南京，金称中都），与辽同时存在的还有位于今天宁夏一带的西夏小国。它们同北宋、南宋长期对立既表现了我国不同民族之间的斗争，也有着一定程度的融合，这些融合必然带来相互之间的文化交流。[1]宋金对立的时期，蒙古各部落在北方迅速发展。宋宁宗开禧二年（1206），蒙古族的杰出领袖铁木真创立蒙古帝国，结束了蒙古族长期分裂的局面，被尊为成吉思汗。宋理宗端平元年（1234），成吉思汗的儿子窝阔台消灭了金国，占据了黄河流域。宋度宗咸淳七年(1271),成吉思汗的孙子忽必烈取《易经》乾元之义,改国号为大元,是为元世祖。元世祖至元十六年（1279）灭了宋朝，统一了全国。[2]在辽、金、宋、元以及与西夏、大理等国斗争与对峙的过程中，在元代等少数民族统一之下，民族矛盾与阶级矛盾日益加重。蒙古族贵族破坏了中国古代传统的文化制度,破坏了唐、宋以来发展的农业经济，把汉人降低到社会阶层中最低的一等。从前被看作是上品的读书儒生，这时却下降到“七匠、八娼、九儒、十丐”的地步了。以上辽、金与宋朝的矛盾和斗争，以及元代对知识分子的压迫与摧残，严重影响了中国当时的学术思想。但是从文学史上看来，金、元却是重要时期，也产生了一些伟大的文学家。这个时期是我国民族大融合的一个重要时期，民族的融合必然带来文化的融合，也促使文学产生崭新的面貌。这个时期，前人所视为微不足道的市民文学大大地发展起来，这就是众所周知的曲子词与歌剧，它代替了正统文学的地位，而放出了异样的光彩。但是这个时期的诗词古文，虽也有

---

① 《中国文学史》三，第156页。

② 《中国文学史》三，第171页。

一些好的作品，但是大都承袭前代，跳不出唐、宋诸家的圈子。[1]由于社会动荡，士大夫的思想也发生了一些变化，诗词作品大致向两个方面发展，一方面是为家国之难而慷慨激昂，表达了沉雄豪壮的斗争精神。另一方面因为失国离散而怀念故土，表达出忧时伤乱的矛盾与痛苦，有些诗人则在动乱乃至于黑暗统治中归隐山林，过着清风明月的淡漠生活。当然，也有一些弄臣文客偏于雕字琢句，内容空乏，无病呻吟。

这个时期有关梨花的文学作品也大致反映了这样几个方面的内容。高士谈的《梨花》诗，就是目睹梨花又开这一景象，通过梨花的描写表达了忆国怀乡的内心情感："中原节物正，梨花配寒食。黄昏一雨过，满地嗟狼籍。塞垣春已深，花事犹寂寂。朝来三月半，初见一枝白。烂漫雪有香，珑松玉仍刻。芳心点深紫，嫩叶裁轻碧。懒慢不出门，双鉼贮春色，殷勤遮老眼，邂逅慰愁夕。一尊对花饮，况有风流客。酒阑思故乡，相顾空叹息。"[2]吴激也在《春从天上来》一词中通过梨园典故表达了在北国飘零的忧伤及对故国的怀念，他在小序里记述："会宁府遇老姬，善鼓瑟，自言梨园旧籍，因感而赋此。"[3]方回自宋入元后不久罢官，归乡著书立说，他在《残春感事》中因春暮见梨花而表达千古兴亡之恨："青简兴亡聚，苍规代谢频。悬知千古恨，政似一年春。甫换钟馗旧，俄闻杜宇新。梨花自寒食，谁酹石麒麟。"[4]李俊民在其《醉梨赋》中真实抒写了他幽忧悲愤之语，表达了他金亡不仕的决心。"其未醉也，磊磊落落，高世之杰，驱之者众，甚于成蹊之李。其既醉

① 刘大杰《中国文学发展史》，上海古籍出版社，1997年版，第851—854页。
② 元好问《中州集》卷一。
③ 《全金元词》金词卷一。
④ 《全宋诗》第66册，第41519页。

也，昏昏漠漠，保身之哲，驱之者寡，比于不材之樗。”他说梨“皆得天地之义气，介然特立，确乎不移此性之常也”。[①]从文中我们可以看出，李俊民借梨花之精神抒写自己的精神，借梨花之情态抒发自己内心的思想。当金、元等少数民族立国巩固以后，这些前朝亡臣自觉无力回天，原来悲愤幽怨的心态开始转化，有的不免产生消极的心态，有的寄情于山水园林，用诗文描画自己归隐的淡漠生活。

二、元好问与“梨花静女”文学意象

金代著名诗人元好问也经历了一番思想发展变化的过程，但是元好问作为诗文大家和明哲之士，他能够走出人事变迁、家国兴亡的哀伤感叹。在诗文创作上也尝试描绘清远秀美的自然景致，特别钟情于自然界的花草树木。一草一木在他眼里都沁人心脾，给后人带来了纯朴自然、不事雕琢的优秀作品，他的梨花诗亦复如此。他的《古意》：“桃李弄娇娆，梨花淡丰容。”[②]《杏花》诗通过梨花与杏花的比较，赞美梨花超然的品性：“纷纷红紫不胜稠，争得春光竞出头。却是梨花高一着，随宜梳洗尽风流。”[③]笔者查到元好问梨花诗9首，以梨花为主题或含有梨花意象的词8首。笔者粗略搜索了四库全书《遗山集》常见花卉主题诗歌的数量，梨花诗歌虽然比不上杏花，但是在元好问所有花卉主题诗歌中的数量也为数不少（见表二)。这表明了喜咏花卉的元遗山对梨花有着特别的关注和喜好。

① 李俊民《庄靖集》卷一。
② 元好问《遗山集》卷一。
③ 元好问《遗山集》卷一一。

表二：元好问《遗山集》常见花卉主题诗歌统计

诗歌主题	杏花	梨花	菊花	梅花	海棠	牡丹	桃花	兰花
诗歌数量	20	9	8	6	3	2	2	1

我们着重分析一下元好问《梨花》诗："梨花如静女，寂寞出春暮。春工惜天真，玉颊洗风露。素月淡相映，萧然见风度。恨无尘外人，为续雪香句。孤芳忌太洁，莫遣凡卉妒。"[①]在笔者检索的400多首有关梨花专题的诗文中，元遗山的这首诗歌可谓技压众人，把咏叹梨花的诗文推上一个更高的高度，这个高度无疑汲取了众多前辈诗人的营养，光照千年，至今尚无人可与之比拟。诗歌词精语洁自不必说，最可贵的是他总结了宋代以来诗人笔下梨花清淡、素雅的面目，发展了唐代元、白"梨花少妇"的美人形象，由"梨花少妇"到"梨花静女"，这是对梨花人格化的又一次提升，这次提升完成了梨花人格化的定位。

前文分析，唐代元、白在梨花似雪的洁白与梨花春雨的寂寞之基础上，结合唐代以白为美的审美特征，白乐天在《长恨歌》中一语绝唱，使得后人为之倾倒。"梨花一枝春带雨"，成为后代文人经常引用的梨花典故，表现的是"梨花少妇寂寞妆"。梨花诗文发展至宋代，由于社会的发展、人事的变迁，儒家思想开始在社会思潮中跃居为主要的意识形态，人们逐渐给梨花打上了"素淡""清雅""娴静"的印记，这与元、白笔下的"玉人初著白衣裳""最似孀闺少年妇"的梨花少妇形象拉开了距离。宋诗大家苏轼、黄庭坚、陆游等虽然吟出了"轻轻笼月倚墙东""惆怅东栏一株雪""粉淡香清自一家"的名句，但是他们诗句中呼之欲出的少女形象始终没有被塑造成功，我们只能从他

① 元好问《遗山集》卷二。

们多人有关梨花的描述中临摹出一位少女的形象。这位少女独立在春光里，不与桃杏争春天之盛，也不与梅花、牡丹争夺花魁，她安静、

图12《元好问像》。见陈娇《中国古代文人》。(陈娇《中国古代文人》，中国商业出版社，2015年)

淡雅地独立东栏，或者独倚墙东，似天上仙女，以自我的姿态展现春光，展示美与风度。时光向前推进，这位少女终于从元好问的《梨花》诗中走出来了。元遗山的“梨花静女”恰到好处地浓缩了宋代诗人的思想，给宋人的梨花女子形象一个精确的定义。她带有浅浅的寂寞，在春天即将离去时来到了人间，她被春天的光笔雕刻的完美无瑕，洁白素净的面颊上还浸染着清晨的露珠。她俏立在月光下，淡然萧索，玉立亭亭。可恨枉入尘世的我（元好问自称）无法描摹她卓绝的美。这位素洁无瑕的少女，岂能为凡花俗草所忌妒？元好问“梨花静女”的形象得到同时代和后代文人士大夫广泛认同。金、元诗文中较多地出现“素女”“素娥”等字样，即是明证。郝经《梨花曲》：“梨花两株最幽妍，姑射风神素娥骨。”[①]方回《梨花》：“仙姿白雪帔青霞，月淡春浓意不邪。天上嫦娥人未识，料应清雅似梨花。”[②]

需要指出的是，元代梨花诗歌中对梨花的形象有所发展，从素娥仙骨中折射出梨花英姿潇洒的风度。这在元好问《梨花》“素月淡相映，萧然见风度”中有所透露。郝经的《梨花曲》中进一步实写：“开樽彻幕对芳姿，一时英俊皆潘陆。”吴澄在《木兰花慢·和杨司业梨花》词中也表达了同样的意思：“有白雪精神，春风颜貌，绝世英游。”[③]但是这种人格倾向没能得到进一步发展，梨花所寓含的人格形象应该还是元好问展现给我们的梨花静女。

三、梨和梨花与全真道的关联

金、元时代有关梨与梨花的文学问题，需要提及的还有全真道与

① 郝经《陵川集》卷八。

② 《全宋诗》第66册，第41724页。

③ 《全金元词》元词五。

梨之间的关系。全真道是金代初期形成于北方的一个具有广泛影响的道教流派，其创始人王重阳留下一部书叫《重阳分梨十化集》。这部书主要收入了王重阳以“分梨十化”之法暗示马钰夫妇出家入道的作品。马大辨作序说:“重阳真人锁庵百日，于孟冬初出而赐浑梨，令丹阳（马钰）食之，每十日索一梨送于夫妇，自两块至五十五块，每五日又赐芋栗各六枚，及重阳入梦，以天堂、地狱，十犯大戒罪警动之。每分则送作诗词或歌颂隐其微旨。”所谓“分梨”象征夫妻分离，而“十化”则暗合天地自然之数。由“天一”至“地十”，共十个自然数，相加恰好是五十五。所以“分梨”由两块到五十五块。据说这是为了“达天地阴阳奇偶之数，明性命祸福生死之机”[①]。

王重阳选择梨作为度化弟子的一种方法，并不是偶然的。我们知道白居易在《长恨歌》中把离开人间的杨玉环比喻成一枝带雨的梨花，而这朵梨花毕竟不是凡间的梨花，离开唐明皇的杨贵妃已不再是原来的杨玉环，而是蓬莱宫里的女道士、远离尘世的绰约仙子。精通佛道玄理的白居易把另一个世界的杨玉环比喻成道教里的仙子是最好的选择，这符合大唐王朝当时推崇的李氏道教思想，符合故事发生发展的情节安排。从此以后，梨花和道教联系在一起了，后代文人士大夫较为广泛地应用到文学作品中去。李洪《以雪梨遗韩子文》“姑山绰约想肌肤”[②],方回《梨花》“仙姿白雪帔青霞”[③],杨泽民《玉烛新·梨花》“风流出浴杨妃，向海上何人，更询安否”[④]。我国自古以来就把梨果誉为仙果，梨树为仙种。这在一些古代文献和诗文中时有表现。《尹喜内传》

① 王重阳，《重阳分梨十化集》卷上，《道藏》第 25 册，第 790 页。
② 《全宋诗》第 43 册，第 27189 页。
③ 《全宋诗》第 66 册，第 41724 页。
④ 《全宋词》第 4 册，第 3013 页。

里记载："老子西游，省太真王母，共食碧梨、紫梨。"[1]刘筠《梨》"玄光仙树阻丹梯"[2]，刘子翚《梨》"谁分灵种下仙都"[3]，张舜民《梨花》"青女朝来冷透肌"[4]。在王重阳以前，人们就把梨和仙树、仙果、仙子等道教中的形象联系在一起了，在加上"分梨"与"分离"谐音，所以，王重阳在度化弟子时常用分梨十化之法，这不是空穴来风，梨与道教本来就有着较长时间的历史渊源。

"十化分梨，我于前岁生机构。二人翁母，待教作拏云手。用破余心，笑破他人口。从今后，令伊依旧。且伴王风走。"[5]"百日锁庵门，分梨十化。闲闲澄中，净养真假。个人叹问，直受如斯潇洒。我咱知得也，诚清雅。别有一般，分明好画。频频亲擎出、暂悬挂。那滮要看，万斛珍珠酬价。恁时传说下，些儿话。"[6]

以上这两首词就是王重阳分梨给马钰及其妻子孙不二吃时并送给他们以"隐其微旨"的词作。另外王重阳及其众弟子的诗文中也常常利用梨或者梨花的形象，用以度化弟子或者传道布教。宋代人们赋予梨花清淡的品格，这和王重阳所创立的道教全真派倡导心灵空虚清净也是有关联的。

王重阳《渔家傲·赠道友》："这个王风重拜见。珍珠水饭诚堪羡。盈腹充肠白气显。白气显。金朝专问梨花片。有说之时开一遍。无言

① 欧阳询撰，汪绍楹校《艺文类聚》，上海古籍出版社，1999年版，第1474页。
② 《全宋诗》第2册，第1271页。
③ 《全宋诗》第34册，第21431页。
④ 《全宋诗》第14册，第9705页。
⑤ 王重阳《点绛唇》，《重阳分梨十化集》卷上。
⑥ 王重阳《感皇恩》，《重阳分梨十化集》卷上。

对后馨香善。满树高高真玉现。真玉现。月明正照清凉院。”[1]词中梨花的清凉淡雅正是道家所追求的境界。

图13 ［宋］黄居寀《梨花春燕图》。图片引自网络。

马钰《万年春·继重阳韵》:“悟彻梨分，常清常净新营构。神添秀。食其真母。展出拿星手。从此收心，磨琢慵开口。通前后。始知元旧。参丛风仙走。”[2]马钰是王重阳的大弟子，位列全真七子第一，世称“丹阳真人”。这是重阳真人用“分梨十化”之法度化马钰之后，马钰顿悟的作品。

丘处机《无俗念·灵虚宫梨花词》:“春游浩荡，是年年、寒食梨

① 王重阳《重阳分梨十化集》卷上。

② 王重阳《重阳分梨十化集》卷上。

花时节。白锦无纹香烂漫，玉树琼葩堆雪。静夜沈沈，浮光霭霭，冷浸溶溶月。人间天上，烂银霞照通彻。浑似姑射真人，天姿灵秀，意气舒高洁。万化参差谁信道，不与群芳同列。浩气清英，仙材卓荦，下土难分别。瑶台归去，洞天方看清绝。”[①]丘处机是王重阳的第四个弟子，号长春子。元太祖曾问丘处机治国之方，丘答以敬天爱民为本；复问长生久视之道，则对以清心寡欲为要。太祖深器重之，赐“神仙”号并“大宗师”爵，掌管天下道教。[②]词中的梨花正是长春子丘处机所说的“清心寡欲”之类。

四、梨花题画诗的文学内涵

宋代开始出现了有关梨花的题画诗，但是数量很少。笔者粗略统计元代有关梨花的诗歌里，有一定数量的梨花题画诗。从这些诗歌里我们可以看出，梨花图画主要是纯梨花图、梨花与鸟图两种，其中梨花与鸟图中有梨花春燕图、梨花鸲鹆图、梨花白头翁图、梨花喜鹊图、梨花画眉图等。鸲鹆即八哥，八哥能学人语，画眉善鸣唱，作者借此类花鸟寓讽唐明皇与杨贵妃之事。如吾丘衍《梨花鸲鹆图》：“三月华开雪满枝，肯将春色让黄鹂。它年调舌如能语，休语开元夜雨时。”[③]张昱《题赵子昂画梨花画眉图》：“鸣春如有意，谁与画眉长。若诉梨园事，开元梦一场。”[④]其他梨花图多数还是表现梨花春雨的淡淡愁绪。

金、元代诗文成就总体上说不高，既缺乏唐代李杜韩柳那种积极向上的精神和磅礴深厚的思想内容，也没有宋代欧苏王黄诸家广博精

---

① 沈辰垣等《历代诗余》卷六九。
② 秦志安《金莲正宗记》卷四。
③ 吾丘衍《竹素山房诗集》卷一。
④ 张昱《可闲老人集》卷一。

深的学术造诣。作品内容显得单薄，形式上也只能规唐仿宋。[1]有关梨花的诗词文也是如此，在内容与形式上大多数是描摹雕琢前人的东西。但是金代的元好问却是中国文学史上的大家，他的梨花诗词在前人的基础推出了新的面容，他总结了唐宋诸人的成果，把元、白“梨花少妇”的形象推向“梨花静女”更高的层次,给后人展现了一个素淡、清雅、高洁的梨花仙子形象。

第五节　明清余论与杨基的梨花诗歌

据不完全检索搜寻，明、清文集中关于梨花、梨的专咏120多首(篇)。明清咏梨文学中洗刷了那种寂寞惆怅的伤感，换上的是梨花清淡的人生况味。明初杨基的三首都超过两百字的长诗把梨花与个人的人生经历紧密联系在一起。较多的梨花洗妆出现在诗歌等文学作品中，反映了人们对这种淡雅的追觅。清康熙帝御制梨花诗，把“梨花伴月”作为承德避暑山庄三十六景之一。明清时代，梨花禽鸟是绘画的一种常见题材，咏画诗文也占了咏梨文学作品的一部分，画家和作家都刻意捕捉自然中花与鸟的对比映衬，创造花鸟同枝的和谐之美。

一、扬基：梨花旧梦的人生喟叹

学习研读明清时代的梨花诗词，唐代“梨花落尽成秋苑”[2]式的寂寞惆怅、宋代“粉淡香清自一家”[3]式的人格寓意都明显减少了。从明清梨花诗词里，我们可以读出作者似梨花一样清淡的人生况味，抒

① 《中国文学史》三，第178页。

② 李贺《河南府试十二月乐词·三月》，《全唐诗》卷二八。

③ 陆游《梨花》，《全宋诗》第40册，第25436页。

发的感情平和而舒缓。

王鏊《雨中对梨花》其一："一年花事又阑珊，自笑闲官不得闲。小巷梨花三日雨，一枝犹得举杯看。"①

杨慎《寒食见梨花》："寒食村藏寺，晴光水见沙。老僧闲贝叶，邀客看梨花。尘外冰壶莹，风前玉树斜。洗妆犹待雨，春态倚云霞。"②

吴绮《集种松轩看梨花》："李艳桃娇百感生，梨花开处更含情。相看但觉尘心净，不意能教病眼明。"③

毛奇龄《清丰江梨花》："清丰江上马频嘶，万树梨花晓渡迷。记得瀫溪寒食后，落花如雪过溪西。"④

以上所举四例，明、清各两首诗歌。内容上可以看出非常贴近生活，语言平实、朴素，体现了作者清淡闲静的生活。

明初杨基的三首都超过两百字的长诗把梨花与个人的人生经历紧密联系在一起，通过杨基的梨花诗，我们也可以分析出明代梨花题材诗词的内容与风格。笔者搜索到杨基的梨花诗词共16首，多数收在其《眉庵集》，有的收在《明诗综》和《御选明诗》内，其中《北山梨花》《忆北山梨花》《湘阴庙梨花》三首诗歌都在220字以上，分别写于辛亥年、壬子年、癸丑年，这连续的三年作者分别在南京、江西、湖南三地。我们先看三首诗的序言：

《北山梨花》序："余卜居金川（金陵城西北门也），去北山无十里。每清明时梨花盛开，辄动洗妆之想，邻友薛起宗

① 王鏊《震泽集》卷一。
② 杨慎《升庵集》卷一九。
③ 吴绮《林蕙堂全集》卷一九。
④ 毛奇龄《西河集》卷一三九。

图14　徐风华油画《梨花盛开》。图片引自网络。

余看者再，俱以猥俗所系不能如约。昨又期出郭，风雨泥泞，弗良于行，起宗为折一枝相赠，喜而赋此。辛亥暮春五日。”①

《忆北山梨花》序：“辛亥清明，予与薛起宗聊骑游北山，饮酒大梨树下。时花盛开，余有咏北山梨花诗。壬子清明，备员江西省幕。风雨兀，坐案牍如山。积缅怀北山之集，邈如梦寐。扶景感旧，纪之以诗。”②

《湘阴庙梨花》序：“癸丑二月廿日，泊舟湘阴庙下，庙东圃有棠梨一株，花犹未开。因念辛亥春与薛起宗赏花于钟山之北，赋诗酌酒为一时胜集。壬子岁，宦居豫章，追忆旧游，尝与员外方君道其事，复有诗寄薛。今年见花于湘水之上，

① 杨基《眉庵集》卷二。

② 杨基《眉庵集》卷三。

不惟北山之会不可寻，而豫章僚友亦相望数千里外。人生漂泊，盖如是也。舟中岑寂，赋诗一首，且归以示方君，预与起宗缔来岁之约云。”①

《姑苏志》记载：洪武二年，杨基从河南被放归，不久任用为荥阳知县，后蛰居南京。后来又被任命为江西行省幕官，因罪丢职。洪武六年又起用，出使湖广。②我们知道洪武六年正是癸丑年，辛亥、壬子、癸丑正是《姑苏志》中所记载的他蛰居南京，后又赴江西、湖广任职的三年。杨基蛰居南京时，过着清闲平静的生活，所以他的《北山梨花》里充满了对梨花赞美的生活情趣，正如其序中说：“喜而赋此。”我们试举几句为例，“看花出郭我最爱，况是梨花最多态”，“江梅正好怜清楚，桃杏纷纷何足数”。而壬子年清明，他在江西任职时，再观梨花，心情就大不一样了：“壬子清明，备员江西省幕。风雨兀，坐案牍如山。积缅怀北山之集，邈如梦寐。扶景感旧，纪之以诗。”诗中也有明显的对比：“去年清明花正繁，骑马晓出神策门。千桃万李看未了，小径更入梨花村。低枝初开带宿雨，高树烂日迷朝暾。柔肤凝脂暖欲滴，香髓入面春无痕。青霞玲珑翠羽乱，白雪照耀琼瑶温。折花对酒藉草坐，花气暗扑黄金尊。薛君起舞为我寿，劝我一曲招花魂。须臾明月忽到树，主人送客唯留髡。罗巾欹斜乌帽落，醉眼况复知清浑。村中至今为故事，笑我自是刘伶孙。我惭不答窃自庆，大抵此乐皆君恩。今年清明坐西省，雷雨两日如翻盆。群花削迹净如扫，众绿既暗不可扪。岂无清钱换斗酒，案牍杂沓躬晨昏。伻来督责至诃詈，面微发红气每吞。未能抟摇跨雕鹗，讵免束缚同鸡豚。人生屈辱乃淬砺，百炼正欲逢盘根。自知力不举一羽，强欲扛鼎追乌贲。

① 杨基《眉庵集》卷三。

② 王鏊《姑苏志》卷五二。

晚晴汲井试新火，紫筍绿韭供盘飧。归来饭饱对妻子，万事反复何足论。”从辛亥年清明的“喜而赋此”到壬子年清明“扶景感旧”所透露出的劳累、苦闷、屈辱，我们可以看出作者通过梨花所感叹人生飘零之苦，被束缚役使之累以及其心情之愤懑。至癸丑年清明，作者又换了地方，在湖南湘江边上看到梨花一株，遂追忆辛亥、壬子清明之事，发出“人生飘泊盖如是也”的长叹。《湘阴庙梨花》共三十四句二百三十八字，用了二十二句追忆辛亥年清明在南京北山与薛起宗共赏梨花的往事，用二句略提壬子年清明在江西豫章城之事，用四句描写癸丑年清明在湖南洞庭湖畔所观梨花之感：“今年邂逅洞庭曲，细萼含愁照清泚。人至魂消楚雨中，花应断肠湘烟里。”最后六句总结三年观花之况，相寄来年载酒赏花。

岁岁年年梨花同，年年岁岁人飘零。杨基的三首梨花诗给我们勾画出其人生辗转飘零之苦，他把不同的感受寄予梨花之中，看起来似乎由梨花而引发，但与其人生经历息息相关。

不过，笔者认为杨基的人生态度还是积极乐观的，无论是第二首诗还是第三首诗，结尾都表达了乐观向上的人生意志，不为暂时的苦难而折服。《忆北山梨花》结语：“晚晴汲井试新火，紫筍绿韭供盘飧。归来饭饱对妻子，万事反复何足论。”《湘阴庙梨花》结语：“更约明年载酒来，莫笑花前人老矣。”

从杨基这三首关于梨花的长诗和他的其他梨花诗词中，我们可以看出他对梨花有着特别的爱。“看花出郭我最爱，况是梨花最多态。”（《北山梨花》）“平生厌看桃与李，惟有梨花心独喜。”（《湘阴庙梨花》）杨基为何在诗中明确标榜独爱梨花？一是在他眼中梨花最美。“梨花最多态”，“富贵标格神仙风”，“皓腕轻笼素练衣，峨嵋淡扫春风面”，在他眼中，梨花能够为他“灿然露齿”。他认为桃、梅、李、杏甚至牡丹都不如梨花，只有梨花能够牵动他的“旧梦”。因为梨花与他的人生经历紧紧地关联在一起了，在他的花卉王国里，梨花不再是一种花木，而是其人生经历的一部分。这恐怕是他独爱梨花的第二个原因了。这就如刘禹锡与玄都观的桃花，那桃花已不是桃花，而是他淡淡的依恋、绵绵的相思了。

二、“梨花伴月”意象的内涵与贡献

从目前笔者搜集到的清代的梨花诗文来看，值得我们提出的是“梨花伴月”经典吟咏模式的内涵得到进一步拓展。与“梨花雪”“梨花春雨”“梨花春逝”等吟咏模式来说，梨花与月的结合相对晚些。因为人们欣赏花卉的时候，总是先有直观的感受，先观花之色，闻花之香，看花之态。“梨花似雪”就属于花色的范畴，并且相对于其他花卉来说，梨花之白无与伦比，桃花、梅花有红、白、粉多色，杏花姣容三变，而梨花只有白色一种，所以就格外引人注目了。梨花开在春末，正值清明、寒食春雨淅淅沥沥的时节，所以容易引起人们伤春之感，增添许多寂寞、惆怅、悲伤等情感在心里面。前文我们说明，梨花花期甚短，不过一周、十天的时间，这短短的时光里，哪里正好碰到月圆之夜？如果不是月圆之夜，哪里有明亮皎洁之月光？人们月下赏花，总喜欢月光皎洁才妙。所以，梨花与月的结合，从梨花的颜色、开放的时节等方面看，后来才被注意是合情合理的。月光清凉、皎洁，可给花卉增添清朗、朦胧、淡雅之感，月下赏花，更增一段神韵，这也是人们喜爱月下赏花的缘由之一 。梨花与月的组合，较早地出现在唐末五代诗人的笔下。温庭筠“满楼明月梨花白”[1]，唐彦谦“句搜明月梨花内”[2]，郑谷“月黑见梨花”[3]，崔道融“满地梨花白，风吹碎月明”[4]，还有无名氏的“青天无云月如烛，露泣梨花白如玉”。以上这些梨花与月的诗句，还停留在梨花白与夜月明的关联上，只是表象的记述，没有多少作者内心的思考。到了宋代，梨花与月则融合成一体了。黄庚《春寒夜》：“一庭夜色无人管，吩咐梨花伴月明。”[5]王庭珪《谒金门·梅》：“梦断香云耿耿，月淡梨花清影。”[6]强至《梨花》：“花中都让洁，月下倍生神。”[7]这里我们可以看出与唐人的诗句明显不同，宋人的月照梨花，传达的是梨花之清凉、素淡、神韵等精神层次的信息，不仅仅如唐人那样月只是与梨花的白联系在一起。可以说，到了宋代，梨花与月的关联，所赋予的内涵已经比较丰富，已经基本形成一个固定的模式。这样一个固定的吟咏模式的形成与发展，需要一代代人共同努力，“梨花伴月”给出了明显的证明。到了金代，出现了“梨花月”的专咏，刘勋《同赵宜之赋梨花月》：“雪树生香淡月边，相媒相合鬭清妍。空庭冷落秋千影，虚度良宵亦可怜。”[8]明代出现了“梨花夜月”的专咏。杨基《菩萨蛮·梨花夜月》：“水晶帘外娟娟月，梨花枝上层层雪。花月两模糊，隔帘看欲无。月华今夜黑，全见梨花白，花也笑姮娥，让

① 《全唐诗》卷五七五。
② 《全唐诗》卷六七一。
③ 《全唐诗》卷六七四。
④ 《全唐诗》卷七一四。
⑤ 《全宋诗》第 69 册，第 43608 页。
⑥ 《全宋词》第 2 册，第 816 页。
⑦ 《全宋诗》第 10 册，第 6951 页。
⑧ 元好问《中州集》卷七。

它春色多。”[①]朱诚泳《梨花夜月》:“深院溶溶夜色新，素娥移步就花神。琼姿皓魄相辉映，并作人间一段春。”[②]

据《钦定热河志》记载 :“(承德避暑) 山庄西北曰梨树峪，以所产得名。时当春日，万树梨花素艳幽香，清辉不隔。圣祖御题额曰 : 梨花伴月。内为永恬居，更内则素尚斋。并御制《梨花伴月 (并序)》诗，序 :‘入梨树峪，过三岔口，循涧西行可里许，依岩架屋，曲廊上下，层阁参差，翠岭作屏，梨花万树，微云淡月，时清景尤绝。’诗:‘云窗倚石壁，月宇伴梨花。四季风光丽，千岩土气嘉。莹情如白日，托志结丹霞。夜静无人语,朝来对客夸。’”[③]康熙《梨花伴月》诗又见《圣祖仁皇帝御制文集 · 热河三十六景诗》。清《御制诗集》关于梨花的专咏诗歌 31 首，其中名为《梨花伴月》2 首、《梨花月明》1 首、《右梨月》1 首。果毅亲王允礼题“热河三十六景诗”有《梨花伴月》1 首[④]。张玉书亦记载康熙题额及赋诗之事，并描写“梨花伴月”之景[⑤]。通过以上摘引，我们比较清楚地了解，“梨花伴月”是清初康熙帝题写的承德避暑山庄“三十六景”之一。“梨花伴月”成为清代皇亲国戚以及文人士大夫吟咏的常见题材,其表达的主题内涵多为“梨花月”的清雅淡静，与宋人的“梨为淡客”有同工之妙。

通过以上分析，唐末五代出现了梨花与月的诗句，宋代梨花与月组合形成了具有比较固定的内涵，到了金、明时期，出现了“梨花月”、“梨花夜月”的专咏，正是经过一代代作家的创造，清代初期康熙帝把

① 杨基《眉庵集》卷一二。
② 朱诚泳《小鸣稿》卷八。
③ 和珅《钦定热河志》卷二七。
④ 陈廷敬《皇清文颖》卷六六。
⑤ 张玉书《张文贞集》卷六。

“梨花伴月”题写为承德避暑山庄三十六景之一，康熙等人题写的“梨花伴月”诗歌，被后代的人们普遍认可。今天，“梨花伴月”与“杏花春馆”“海棠春坞”“武陵春色”“香远益清”等已经成为我国古典园林中一种常见的经典布局模式。[1]

① 周武忠著《中国花卉文化》，花城出版社，1992年版，第222页。

第二章　梨花意象的审美特征与艺术表现

第一节　梨花的生物学特性及其审美表现

梨是蔷薇科梨属落叶乔木。我国是梨树的原产地之一，全国各地都有梨树分布和栽培，但是以北方为主。[①]“北地处处有之，南方惟宣城为胜。”[②]我国梨树栽培历史悠久，现在普遍栽培的白梨、砂梨、秋子梨都原产我国。白梨主要分布在黄淮海平原及向西一线的中温带、暖温带地区，这个地区十分适合落叶果树的生长，是我国最大的梨树区，全国有70%的梨产于此区。秋子梨主要分布在东北、华北北部等寒温带地区。砂梨主要分布在长江流域以及江南的亚热带地区。[③]

梨树一般在阳历四月初的寒食节、清明节时开花，花白色。“二月间开白花，如雪六出。”[④]至于梨花的香味，众人说法不一，有的说有香味，个别资料反映说没有香味。《格物丛话》记载：“春二三月百花开尽，始见梨花，靓艳寒香。”[⑤]梨树作为一种果树，一般成片栽植，无论远观或者近看，雪白一片，犹如梨花的海洋，巍然壮观。“梨花处处有之，

① 许方《梨树生物学》，科学出版社，1992年版，第1页。

② 汪灏等《广群芳谱》卷五五。

③ 许方《梨树生物学》，第5—7页。

④ 汪灏等《广群芳谱》卷二七。

⑤ 陈元龙《格致镜原》卷七〇。

或拥山巅，或列山脚，或满人村望之如涛如雪。仆自曲靖还省时，有乍疑洱海涛，初起忽忆：苍山雪未消之句。”[1]

图 15　风景图片《云南梨花盛开》。图片引自网络。

花是自然界中最美丽的精灵。现代的园艺学家往往把花卉的美概括为四个方面“色、香、姿、韵”，已经被人们广泛接受。色、香、姿是花卉本身所表现出的美，韵往往是人类结合花卉的本身特性而赋予的精神内涵。色与香一般就花朵本身而论。姿态应该包括花朵、枝叶等花木的整体而论。

一、梨花的花色

人们在欣赏花卉的时候，最先注意到的便是它的色彩如何。在花卉的诸多审美要素中，色彩给人的美感最直接、最强烈。红色热情，

① 顾养谦《滇云记胜书》，黄宗羲《明文海》卷二九〇。

白色素雅，蓝色沉静，橙色温暖等，不同的色彩往往产生不一样的审美效果。[①]自然界中，很多花卉都有着多种多样的色彩。菊花的花色有上百种，梅花的颜色有十种以上，杏花姣容三变，桃花也有白、红、粉等多色，其他如月季、牡丹、桂花、荷花等所谓的中国十大名花，莫不是色彩斑斓。而梨花仅一种颜色，就是白，而且梨花的白非同一般,洁白无瑕。上文所引《广群芳谱》梨花“如雪六出”是类书的总结。较早的梨花诗歌南朝齐代王融的《池上梨花》说“芳春照流雪”[②]，梁代萧子显也说“洛阳梨花落如雪”。到了唐代李白的“梨花白香雪”被后人广泛引用传播。岑参更是用其雄奇的浪漫主义打破了常规，唱出了“千树万树梨花开”的白雪歌，岑参这种雪似梨花的瑰丽想象无疑给诗人们的心海注入了一段壮丽的波澜。自此以后，人们喜爱梨花如雪的洁白，已成共识。梨花的白色给我们带来如下几个方面的信息：

（一）高洁，不染尘埃

因为雪的高洁，人们自然联想到似雪的梨花亦是高洁不凡。宋代强至在《梨花》诗说：“花中都让洁，月下倍生神。”[③]金代丘处机《无俗念·灵虚宫梨花词》：“浑似姑射真人，天姿灵秀，意气舒高洁。”[④]元代吴澄在其《木兰花慢·和杨司业梨花》里说到梨花“有白雪精神，春风颜貌，绝世英游。”[⑤]这里的白雪精神，也应该是指梨花的高洁，不染尘埃。

---

① 周武忠《中国花卉文化》，第 6 页。

②《先秦汉魏晋南北朝诗》梁诗卷一五。

③《全宋诗》第 10 册，第 6951 页。

④ 沈辰垣等《历代诗余》卷六九。

⑤《全金元词》元词五。

（二）玉肌仙骨，有仙女之态

这种感受其实并不是白色的梨花直接得来的，而是因为梨花洁白似雪，雪冰冷清凉，这种情景营造的世界犹如仙界一般，而古人常以花比喻女子，那么像雪一样清凉冰冷的梨花自然是玉肌仙骨，有仙女之态了。李洪《以雪梨遗韩子文》："婺女新梨玉雪如，姑山绰约想肌肤。"[①]赵必象《南康县圃赏梨花呈长官》："霜玉肌肤冰雪魂，春风庭院月黄昏。"[②]周邦彦《水龙吟·越调梨花》："恨玉容不见，琼英谩好，与何人比。"[③]

图 16　砀山梨花风景图片《梨花一枝春好在》。图片引自网络。

---

① 《全宋诗》第 43 册，第 27189 页。

② 《全宋诗》第 70 册，第 43936 页。

③ 《全宋词》第 2 册，第 610 页。

（三）梨花色白近无色，素淡清雅

梨花的白色，到了宋代以后，文人士大夫开始向素淡方面发展其审美意趣。自然界的色彩，又可以分为浓淡之对比，相对于黑、红、紫，白、灰、青等应该是淡色。白色近无色，无色也是色，无色当然是最淡的色彩了。前文说过，宋人着力描写梨花素淡是由其审美思想决定的。晁说之在其《梨花》诗中说“春到梨花意更长，好将素质殿红芳”[①]就是将梨花之素淡与其他花卉的姹紫嫣红相对比。苏轼《东栏梨花》：“梨花淡白柳深青，柳絮飞时花满城。惆怅东栏一株雪，人生看得几清明。”[②]王十朋《梨花》：“淡客逢寒食，烟村烂漫芳。谪仙天上去，白雪世间香。”[③]从以上宋人的诗文里我们可以看出，宋人推崇梨花的淡白已成共识，无怪乎姚宽在《西溪丛语》里说“梨为淡客”[④]。董颖《薄媚·西子词》：“鸾镜畔、粉面淡匀，梨花一朵琼壶里。”[⑤]宋代词人即使用梨花来形容女子，也是淡淡的容颜。这种观念被后人广泛认同，元代方回《梨花》：“仙姿白雪帔青霞，月淡春浓意不邪。天上嫦娥人未识，料应清雅似梨花。”[⑥]明代沈周《梨花》诗：“日华暖抱溶溶雪，月影凉生淡淡烟。”[⑦]清代康熙帝《梨花》诗也说：“淡脂开到全身白，满意轻盈满体柔。”[⑧]

二、梨花的花香

花卉的香带给人们的美感恐怕是难以描摹的，它们神奇而令人沉

① 《全宋诗》第21册，第13754页。
② 《全宋诗》第14册，第9236页。
③ 《全宋诗》第36册，第22959页。
④ 姚宽《西溪丛语》，第36页。
⑤ 《全宋词》第2册，第1165页。
⑥ 《全宋诗》第66册，第41724页。
⑦ 沈周《石田诗选》卷九。
⑧ 爱新觉罗·弘历《御制诗集》五集卷四五。

醉。我国传统名花——桂花虽然没有硕大的花朵、鲜艳的色彩，但是它却挤身于中国十大名花之一，最重要的原因就是其香味。兰花因其神秘的幽香被誉为“香祖”。南京街头“白兰花”四季飘香。有的花香能给人带来多种审美感受，例如著名的观赏花卉梅花的香就被称为寒香、幽香、奇香、孤香、芬郁等[①]。那么梨花有没有香气，梨花的香气如何呢？较早提及梨花香的应该是唐代的伟大诗人李白，他的《宫中行乐辞》就说“梨花白雪香”[②],稍晚的武元衡在《左掖梨花》里说“晴雪香堪惜”[③],五代时花间词人毛熙震也在他的《菩萨蛮》词中提到“梨花满院飘香雪”[④]。宋代艾可翁《春夜》:“雨浥梨花粉泪香，一痕淡月照修廊。”[⑤]元代郝经《梨花曲》:“欢成气合花亦喜,舞杀微风香蔌蔌。”[⑥]明代潘希曾《曹亚卿第赏梨花》:“香气氤氲百和余,隔墙暗逐东风度。”[⑦]可见梨花具有香气，是不可置疑了。那么梨花的香是什么样的香呢？且看以下诗句：

宋代晁补之《和王拱辰观梨花二首》:“赖有乐天春雨句，寂寥从此亦馨香。”“银阙森森广寒晓，倦人玉仗有天香。”[⑧]

宋祁《偶记洛下旧游》:“洛阳三月见梨花，遥认清香识钿车。”[⑨]

---

① 程杰《宋代咏梅文学研究》，第214页。
② 《全唐诗》卷二八。
③ 《全唐诗》卷一二九。
④ 《全唐五代词》正编卷三，第593页。
⑤ 《全宋诗》第68册，第43184页。
⑥ 郝经《陵川集》卷八。
⑦ 潘希曾《竹涧集》卷三。
⑧ 晁补之《鸡肋集》卷二〇。
⑨ 《全宋诗》第4册，第2573页。

苏轼《湖上夜归》:“尚记梨花村，依依闻暗香。”[①]

谢逸《梨花》:“冷香消尽晚风吹，脉脉无言对落辉。”[②]

王旭《梨花》:“虽然不与梅同梦，何愧寒香雪里株。”[③]

高启《对梨花》:“素香寂寞野亭空，不似秋千院落中。”[④]

御制诗集《梨花》:“巧裁蛤粉碎镂金,风递幽香小院深。”[⑤]

上述诗歌里出现的梨花香有“馨香”“清香”“暗香”“冷香”“寒香”“素香”“幽香”等。这些梨花香大概可以分为两类，一是清香，一是寒香。清香是梨花本身的香味，寓含着梨花淡白清雅的品质。寒香是由梨花似雪而来，本不是梨花的香味，而是诗人们因为雪之寒冷，从而想象而来的梨花香味，寓含着梨花玉肌仙骨的品质。但是笔者搜索可知，诗人们描摹最多还是梨花的清香，试举几例：

文同《北园梨花》:“清香每向风外得，秀艳应难月中见。”[⑥]

文同《和梨花》:“素质静相依，清香暖更飞。”[⑦]

程文海《梨花》:“清香发妙质，皓齿映明眸。”[⑧]

贡性之《梨花》:“庭院深沈淑景长，一枝晴雪淡生香。”[⑨]

陆游《梨花》:“粉淡香清自一家，未容桃李占年华。”[⑩]

花卉的香味，除了由花卉本身的特性所决定以外，从审美意义上

---

① 《全宋诗》第 14 册，第 9174 页。
② 《全宋诗》第 22 册，第 14851 页。
③ 王旭《兰轩集》卷六。
④ 高启《大全集》卷一七。
⑤ 爱新觉罗 · 弘历《御制诗集》初集卷二四。
⑥ 《全宋诗》第 8 册，第 5392 页。
⑦ 《全宋诗》第 8 册，第 5341 页。
⑧ 程钜夫《雪楼集》卷二八。
⑨ 张镃《南湖集》卷下。
⑩ 《全宋诗》第 40 册，第 25436 页。

说，更多地伴随着人们的审美意味。为什么描写梨花的香味多用“清香”“淡香”，应该说和宋代以来文人士大夫所认同的“梨为淡客”有关。梨花的清香虽然不浓，但是这种清香似乎也比较持久，阵阵香飘十里外，粘连衣巾拂不去。

黄庭坚《压沙寺梨花》：“压沙寺后千株雪，长乐坊前十里香。”①

强至《和同赏梨花》：“句引春风香阵阵，侵凌夜月粉层层。”②

杨基《湘阴庙梨花》：“归来婆娑簪满帽，十日罗衣香不止。”③

郝经《梨花曲》：“欢成气合花亦喜，舞杀微风香薮薮。”④

当然，相对于梨花似雪的洁白来说，梨花的清香似乎并没有太多的被人们注意，这也是梨花香味不如玫瑰、桂花、白兰花、茉莉花等著名的香花那么明显所决定的吧，但是梨花这种清香和其淡泊的气质正是和谐一致的。所以，陆游在其《梨花》诗中给梨花打上了人文的印痕——“粉淡香清”⑤，这是梨花区别于其他花卉的最突出、最鲜明的特质，正是因为“粉淡香清”的气质，才使得梨花能够于万花丛中，卓然特立，自成一家。

关于梨花的香，以李太白的“雪香”最有名气。宋朝韩琦和文彦博的诗歌中都提到雪香亭，是观赏大名府压沙寺中千树梨花而建。先

---

① 《全宋诗》第 17 册，第 11632 页。
② 《全宋诗》第 10 册，第 7026 页。
③ 杨基《眉庵集》卷三。
④ 郝经《陵川集》卷八。
⑤ 《全宋诗》第 40 册，第 25436 页。

看韩琦的《同赏梨花》:“寒食西栏赏素英，白毫光里乱云腾。庄严金地三千界，颜色瑶台十二层。后土琼花惭我寡，唐昌玉蕊岂吾朋。雪香豫约为亭号，修创终逢好事僧。”[①]再看文彦博的《寒食游压沙寺雨中席上偶作》:“魏公前岁朝真去，寂寞阑干尚有情。莫道甘棠无异种，至今留得雪香名。沙路无泥地侧金,满园香雪照琼林。一枝带雨尊前看，还是去年寒食心。”诗后有记:“盛传道士拜章见魏公于天门，魏公命主僧建雪香亭于梨园，诗刻在焉。”[②]两首诗中都明确提到在压沙寺建雪香亭的事情。这在其他地理志里也能得到印证。《明一统志》记载:“雪香亭在(大名府)旧府治,宋文彦博有制石刻存。”[③]《大清一统志》记载:“韩魏公琦于压沙寺种梨千树，方花繁盛时，邦人士女日携觞酣饮其下。寺僧创亭花间,取唐人诗句名之。文彦博有诗刻石尚在。”[④]《畿辅通志》记载:“压沙寺在府城东旧城内，始建莫考。中有梨千树，宋韩琦留守大名,每花时辄造树下游赏。因命僧创亭花间,曰雪香亭。”[⑤]以上韩琦、文彦博的诗歌以及明、清地理志记载，都明确证实魏公韩琦留守大名府时，常去城东旧城内的压沙寺观赏梨花，又命压沙寺的僧人建造观赏亭，取名于李太白的诗句，叫雪香亭。这在强至、韩琦等人压沙寺梨花的唱和中也有体现。可见，梨花之香在人们心中也占有一定分量。古人能以此为号筑亭纪念，固然有李白诗歌的因素，恐怕透过“雪香”所反映出的梨花的气质、品格也令人难以忘怀吧。

① 《全宋诗》第7册，第4084页。

② 《全宋诗》第6册，第3522页。

③ 李贤《明一统志》卷四。

④ 穆彰阿、潘锡恩等《大清一统志》卷二二。

⑤ 李卫等《畿辅通志》卷五二。

三、梨花的姿态与梨树的整体描写

这一部分的论述，我们可以从一朵梨花、一树梨花、一片梨花来分析。

（一）一朵梨花："因风似蝶飞"

梨花开放时，一个花芽一般分化成六朵花，花柄很长，嫩绿色。每朵花有五片花瓣，洁白无瑕，薄如蝉翼。花丝二十根左右，顶端花药稍微膨大，粉红色。粉红的花药如满天星星，点缀在洁白的花瓣上，别有一番娇娆艳姿，所以古来有不少诗人形容梨花是"冷艳"，唐代咏梨文学部分已有论述，此处不再重复。

图17　砀山梨花风景图片《一朵梨花似蝶飞》。图片引自网络。

梨花花瓣非常薄，落花在风中飘飘洒洒，犹如蝴蝶飞舞，姿态轻盈飘洒。所以，南朝梁刘孝绰《于座应令咏梨花》中描写梨花飘落的情景："杂雨疑霰落，因风似蝶飞。岂不怜飘零，愿入九重闱。"[1]另外，梨花长长的花柄托起花朵，使得一束梨花中有的上仰，有的下俯，有的似乎左顾右盼，在风中飘摇，也恰似蝴蝶飞舞。这相对于直接在枝干上开花的桃、梅、李、杏等诸多花卉来说，自然又平添一番风采。各代的诗人也乐于吟诵梨花的这种动态之美。且看以下诗句：

刘绘《和池上梨花》："萦叶似乱蝶，拂烛状聊蛾。"[2]

皇甫冉《左掖梨花》："巧解逢人笑，还能乱蝶飞。春时风入户，几片落朝衣。"[3]

梅尧臣《梨花》："月白秋千地，风吹蛱蝶衣。"[4]

朱淑真《梨花》："许同蝶梦还如蝶，似替人愁却笑人。"[5]

史达祖《玉楼春·梨花》："香迷蝴蝶飞时路，雪在秋千来往处。黄昏着了素衣裳，深闭重门听夜雨。"[6]

鲜于枢《清明日宴集贤宋学士园时梨花盛开诸老属仆同赋》："一片花疑蝴蝶化，满枝春想玉钗肥。"[7]

郑韶《梨花》："多少东家蝴蝶梦，相思并逐彩云飞。"[8]

张昱《东堂梨花》："风前恐化庄周蝶，月下还迷卫阶车。"[9]

诗歌长着一双善于联想的翅膀。因为梨花花瓣薄，花柄长，在风

---

① 《先秦汉魏晋南北朝诗》梁诗卷一六。
② 《先秦汉魏晋南北朝诗》齐诗卷五。
③ 《全唐诗》卷二五〇。
④ 《全宋诗》第1册，第276页。
⑤ 《全宋诗》第28册，第17959页。
⑥ 《全宋词》第4册，第2327页。
⑦ 《元诗选》二集卷六。
⑧ 顾瑛《草堂雅集》卷一〇。
⑨ 张昱《可闲老人集》卷三。

中摇曳飘逸，故而诗人们把梨花联想成风中舞蹈的蝴蝶，因为庄周梦蝶的典故深入人心，又联想到庄周的故事，从而一层层深化梨花所包括的内涵。

至于梨花带雨的寂寞情愁、梨花夜月的娴静淡雅等，也都体现了梨花与生态环境融为一体的姿态美，我们将另文详述。

（二）一树梨花："东栏一株雪"

梨是蔷薇科梨属的乔木，主干的生长性良好，枝干修长，树木高大挺拔。所以，人们欣赏梨花时，喜欢其整体美，一树梨花是怎样的美呢？

图18　李景秀《一树梨花》。图片引自网络。

杜牧《鹭鸶》:“惊飞远映碧山去，一树梨花落晚风。”[①]

苏轼《东栏梨花》:“惆怅东栏一株雪，人生看得几清明。”[②]

黄庭坚《次韵梨花》:“总向风尘尘莫染，轻轻笼月倚墙东。”[③]

李俊民《寒食》:“一树梨花一溪月，不知墙外是谁家。”[④]

方回《舟行青溪道中入歙》:“故教客子知寒食，时有梨花一树明。”[⑤]

以上唐、宋、金、元四朝诗人的诗句，都是把梨花作为一树的整体欣赏。从诗中的“一树梨花”“一株雪”“一树明”等，我们可以明显感受到诗人眼中的梨花，修长挺拔，亭亭玉立，给人以玉树临风之美感。黄庭坚笔下的梨花“轻轻笼月倚墙东”,则恰如元好问诗中的“静女”，不与桃杏争春，清雅、静谧，悄然独立，自有一番韵致。至于白居易“梨花一枝春带雨”[⑥]其实不是写梨花，而是以一枝梨花比喻寂寞娇娆的杨贵妃。

（三）一片梨花：梨云似海

笔者仔细搜索了有关梨花的诗文，一枝一朵的细微描写极少出现。相反的是，人们从一株一树的描写扩大到千株万棵，无论远观近看，犹如花的海洋，梨云片片，巍然壮观。笔者家乡安徽砀山，是我国著名的砀山酥梨产地，在故黄河两岸，梨树绵延百余里，每年四月初，

① 《全唐诗》卷五二二。
② 《全宋诗》第 14 册，第 9236 页。
③ 《全宋诗》第 17 册，第 11743 页。
④ 爱新觉罗 · 玄烨《御选金诗》卷二五。
⑤ 方回《桐江续集》卷一五。
⑥ 白居易《长恨歌》,《全唐诗》卷四三五。

花开如雪，仿佛雪落平原，又似白云覆盖。走进梨花丛中，犹如走进梨花的海洋，即使是当地人也会迷路难归。

李白《送别》："梨花千树雪。"①

毛熙震《菩萨蛮》："梨花满院飘香雪，高楼夜静风筝咽。"②

韩琦《压沙寺梨》："压沙梨开百顷雪。"③

沈括《开元乐》："寒食轻烟薄雾，满城明月梨花。"④

陆游《闻武均州报已复西京》："驿路梨花处处开。"⑤

杨万里《梨花原》："何堪一原雪，将冷入春衣。"⑥

杨基《北山梨花》："北山梨花千树栽，年年清明花正开。"⑦

图19　安徽砀山梨花风景图片《香雪海》。图片引自网络。

"满院""满城""处处""千树栽""百顷雪""一原雪"等都极写

① 《全唐诗》卷一七七。

② 《全唐五代词》正编卷三，第593页。

③ 《全宋诗》第6册，第4080页。

④ 《全宋词》第1册，第215页。

⑤ 《全宋诗》第39册，第24260页。

⑥ 杨万里《诚斋集》卷三〇。

⑦ 杨基《眉庵集》卷二。

梨树千万株成片栽植，花开满原，如云似海的壮观景象。这不但从古代诗文中可以体现，历史史料中也可佐证。《大清一统志》记载："韩魏公琦于压沙寺种梨千树，方花繁盛时，邦人士女日携觞酣饮其下。寺僧创亭花间，取唐人诗句名之，文彦博有诗刻石尚在。"[①]"入梨树峪，过三岔口，循涧西行可里许，依岩架屋，曲廊上下，层阁参差，翠岭作屏，梨花万树，微云淡月，时清景尤绝。"这就是《钦定热河志》记载的承德避暑山庄的景色，被康熙帝题写的三十六景之一，是为"梨花伴月"[②]。

第二节　梨花与桃杏、梅花、杨柳等审美比较

中国是诗的国度、花的王国。古代的诗人喜欢通过不同花木之间的比较来体现它们之间的区别与联系，以凸显花卉的审美特征。

前文我们论及，春天梅、杏、桃、梨次第开放，同是春花，古代的文人士大夫们自然喜欢它们之间的比较了。桃、梅、杏等属于蔷薇科李属小乔木，呈自然开心型生长，没有主干，树枝比较短小、弯曲，树冠一般呈圆形，植株一般比较矮小。梨是蔷薇科梨属的乔木，主干的生长性良好，枝干修长，树木高大挺拔。它们的花朵和果实差别都比较大。

一、梨花与桃、杏等花卉的审美差异

由前文可知，梨花是单一色的花卉，只有白色。而桃花、杏花花色较多，一般来说有白、粉、红三色，其中粉红和红色较为常见。姚宽《西

① 穆彰阿、潘锡恩等《大清一统志》卷二二。

② 和珅《钦定热河志》卷二七。

溪丛语》记载："桃为夭客，杏为艳客。"[1]这与"梨为淡客"有非常明显的审美差异。我们试举古代诗文中的几例来看：

钱起《梨花》："艳静如笼月，香寒未逐风。桃花徒照地，终被笑妖红。"[2]

黄庭坚《次韵梨花》："桃花人面各相红，不及天然作玉容。总向风尘尘莫染，轻轻笼月倚墙东。"[3]

韩琦《同赏梨花》："风开笑脸轻桃艳，雨带啼痕自玉容。"[4]

陈造《出郭》："夭桃艳杏虽已过，郁李金沙犹未谢。其余红白争姱嫮，醉态啼妆各潇洒。颦风笑露并欲语，半吐梨花最娴雅。"[5]

文同《北园梨花》："苦嫌桃李共妖冶，多谢松篁相葱蒨。"[6]

晁说之《梨花》："春到梨花意更长，好将素质殿红芳。"[7]

韩琦《壬子寒食会压沙寺二首》其一："共醉一时寒食景，不须庭际牡丹红。"[8]

潘希曾《曹亚卿第赏梨花》："桃夭杏艳多名园，春深狼藉空愁烦。"[9]

以上诗句基本上是从梨花的颜色与桃杏等花相比，以桃杏诸花的

---

① 姚宽《西溪丛语》，第 36 页。
② 《全唐诗》卷二三九。
③ 《全宋诗》第 17 册，第 11743 页。
④ 《全宋诗》第 6 册，第 4092 页。
⑤ 《全宋诗》第 45 册，第 28062 页。
⑥ 《全宋诗》第 8 册，第 5392 页。
⑦ 《全宋诗》第 21 册，第 13754 页。
⑧ 《全宋诗》第 6 册，第 4092 页。
⑨ 潘希曾《竹涧集》卷三。

红颜来烘托出梨花的洁白、素雅。可见,世上也多有如同笔者一样的人，喜欢洁白无瑕的梨花，白色历来象征纯洁、素淡、清雅，人们通过其洁白的色彩联想出人格寓意。以下的诗文就较多地体现出诗人的人文倾向了。

强至《梨花》:“花中都让洁，月下倍生神……莫开红紫眼，此外尽非真。”①

强至《和同赏梨花》:“时间冷艳尤难识，世上妖葩各有朋。”②

韩琦《壬子寒食会压沙寺二首》其二:“笙歌不作芳菲主，风雅终成冷淡家。”③

陆游《春晚怀山南》:“桃李成尘总闲事,梨花杨柳最关情。”④

陆游《梨花》:“粉淡香清自一家，未容桃李占年华。”⑤

陈傅良《游金嶴赵园赋海棠梨花呈留宰》:“海棠故作十分红，梨更超然与雪同。”⑥

元好问《杏花》:“纷纷红紫不胜稠，争得春光竟出头。却是梨花高一着，随宜梳洗尽风流。”⑦

强至在其诗中明确指出梨花的洁白是其他花卉无与伦比的，只有洁白的颜色才是真颜色。而梨花洁白之中透露出的冷艳不像红桃艳杏那么引人注目，这种冷艳的魅力岂是桃杏可比，梨花自然也不愿与它

① 《全宋诗》第10册，第6951页。
② 《全宋诗》第10册，第7026页。
③ 《全宋诗》第6册，第4092页。
④ 《全宋诗》第40册，第24898页。
⑤ 《全宋诗》第40册，第25436页。
⑥ 陈傅良《止斋集》卷七。
⑦ 元好问《遗山集》卷一一。

们为朋作友，而是独自开在春暮时节，不与桃李争锋，这在韩琦、陆游、元好问的诗句里都得到明确的体现。桃杏争春、闹春，总是一时繁华，不若梨花“粉淡香清自一家”。这是非常高的评价了。

古往今来，成名者不少，自成一家者不多。而梨花这种似乎不被人们重视注意的花木，能够在万花丛中，独立一隅，自成一家，岂不可歌可咏、可敬可叹。强至、韩琦、陆游、元好问等人正是从梨花的精神里，探寻出其所代表的人格意义。

图 20　砀山风景图片《梨花春色》。洁白的梨花，粉红的桃花，与远处翠绿色杨柳构成美妙春之色。图片引自网络。

赵必象《南康县圃赏梨花呈长官》：“李俗桃麄不用评，梅花之后此花清。”[①]

① 《全宋诗》第 70 册，第 43936 页。

强至《丙午寒食厚卿置酒压沙寺邀诸君观梨花独苏子由不至以诗来邀席客同作予走笔依韵和之》:“天姿必欲贵纯白，红杏可婢桃可奴。”①

杨基《尚梅轩》:“梨花轻盈杏花俗，只有梅花清可尚。”②

认定了梨花高洁、清雅的一面，再看桃杏诸花，自然是粗俗不堪了。在喜好人格化比拟的宋代，自然得出桃杏为梨花奴婢的结论了。

比较梨花与桃杏诸花，色彩上一红一白，形成妖艳与清淡娴雅的对比，桃杏的浓妆艳抹与梨花的天然玉容对比鲜明。桃杏的浓妆艳抹是作态的假，梨花的洁白玉容是自然的真。桃杏开于盛春之时，梨花开于春末之际，桃杏繁闹争春是小人的同，是粗俗的美，梨花在暮春独自开落，不争春寻欢，从而自成一家。

二、梨花与梅花审美的区别与联系

相对于梨花与桃杏等花的对比，梨花与梅花的对比仿佛更多的是相同之处，区别似乎较少。可以说是“雪”将梨花与梅花关联在一起。雪把梨花与梅花关联在一起有两种情况。

（一）花的色彩

梅花有白色的，如雪一样，从而引起文人墨客把雪与梅类比描写，梨花与雪联系在一起是因为梨花洁白似雪。杜牧《初冬夜饮》:“砌下梨花一堆雪，明年谁此凭阑干。”③李煜《清平乐》:“砌下落梅如雪乱，拂了一身还满。”④都是说梨花、梅花白似雪。因此，也有人把白色的梨花当作梅花。周必大《重九竹园见梨花怀子中兄》:“望断行人思折

①《全宋诗》第10册，第6926页。

② 杨基《眉庵集》卷二。

③《全唐诗》卷五二二。

④《全唐五代词》正编卷三，第747页。

寄，却疑呼作岭头梅。”[①]潘希曾《曹亚卿第赏梨花》:“醒心忽到池塘路，疑是江梅初返魂。”[②]

古代诗文中以雪喻梨花、梅花的可以说都很多。但是总的说来，如果说到以雪来比喻梨花、梅花的颜色之白，应该说梅花不如梨花。梨花是占尽天下花之白，而梅花除了白色，还有其他红色、粉色甚至墨梅等多种颜色，所以岑参用梨花来比喻雪的白，可谓明确道出梨花的白色是无与伦比的了。

（二）“雪样精神”

梨花、梅花与雪的关联还在于雪一样的精神。关于“雪样精神”，在程杰先生的《宋代咏梅文学研究》里有专门论述:“所谓‘雪样精神’则是说梅花具有霜雪一样的品质，即以霜、雪、冰、玉诸物质之洁白、晶莹、冷冽的感觉来直接比喻指称梅花素洁、明净、冷凛、清峭之品性。”[③]关于梨花的“雪样精神”,笔者在论文的第一章的宋代“梨花雪”意象和第二章梨花洁白似雪的色彩内都有所论及，梨花的雪样精神主要由其洁白如雪而引起，从而赋予其如雪一样洁白、冰清等品质，这和梅花的雪样精神应该有共同之处。

史达祖《玉楼春·赋梨花》:“玉容寂寞谁为主。寒食心情愁几许。前身清澹似梅妆，遥夜依微留月住。”[④]

赵必象《南康县圃赏梨花呈长官》:“李俗桃麄不用评，梅花之后此花清。”[⑤]

---

① 周必大《省斋集钞》。

② 潘希曾《竹涧集》卷三。

③《宋代咏梅文学研究》第 243 页。

④《全宋词》第 4 册，第 2327 页。

⑤《全宋诗》第 70 册，第 43936 页。

杨基《北山梨花》:“江梅正好怜清楚,桃杏纷纷何足数。”[1]

以上诗句都可说明梨花、梅花在清雅方面的相同之处。但是笔者认为梅花与梨花的雪样精神应该还是有区别的，梅花的雪样精神主要是由其花开早春——雪里梅所决定的，也就是程杰先生所论述的由雪里精神到雪样精神，另外白梅似雪也进一步支撑了这种雪样精神。梨花的雪样精神主要是由其洁白的颜色所决定的。因此,在雪样精神方面,梨花明显不如梅花被人推崇，梅花也最终由早春芳树走到与松、竹并列的“岁寒三友”之君子境界;而梨花最终走到素淡自成一家的道路上。如此看来，梨花、梅花似乎没有什么高下之分，古人的诗句中也并没有刻意区分它们二者的高低贵贱，不像梨花、梅花之于桃杏，洁与艳、清与粗、雅与俗等等有着明显的对比映衬。再如：

楼扶《水龙吟·次清真梨花韵》:“想千红过尽，一枝独冷，把梅花比。”[2]

强至《会压沙寺观梨花》:“更蒙佳句形珍赏，漫说寒梅竞效妆。”[3]

陈与义《梅》:“一阵东风湿残雪，强将娇泪学梨花。”[4]

曾觌《蓦山溪·赏梨花》:“更向五侯家，把江梅、风光占了。”[5]

（三）“雪香亭”

梨花与梅花的区别与联系，有“雪香亭”之典故，试分析如下。

---

① 杨基《眉庵集》卷二。

② 《全宋词》第 4 册，第 2964 页。

③ 《全宋诗》第 10 册，第 7026 页。

④ 《全宋诗》第 31 册，第 19579 页。

⑤ 《全宋词》第 2 册，第 1318 页。

元朝吴澄《雪香亭记》:“洛阳名园名花之盛，自唐以来尝为天下最，宋既南渡逮于金亡，洊罹兵祸殆不能如旧也。然地气得其中，正民俗习于承平，故虽谨定小康之时，士大夫往往亦修治亭台以为游观之。适杨献卿，河南旧族。居后有园，植梅其间，筑台构亭，曩时郡守东平严侯为书，其扁曰雪香。雪，梅之色也，香，梅之气也……尝以白雪香咏梨花,而梨花不敢当也。则悉举而归之于梅,盖梨花能如雪之白，不能与雪同时而白也。”[①]文中关于“白雪香咏梨花”，是指唐代李太白之句“柳色黄金嫩，梨花白雪香。”[②]此后梨花白雪香广泛被人引用，已成共识，这在前文“梨花的花香”部分有较为详细的论述。至于雪香亭，笔者搜索到两个，一是吴文中所说的洛阳雪香亭。另一个在今北京城内，即前文“梨花的香气”所引述的雪香亭，此亭是北宋韩琦留守大名府（今北京）时在城内压沙寺命寺僧所建，这在《明一统志》《大清一统志》《畿辅通志》等历史文献中都有详细而明确的记载。笔者理解，有关梨花的雪香亭，是因为梨花似雪，有清香之气，因而用李太白之名句为亭命名。而洛阳的雪香亭，是为梅花傲雪开放，散发清香，为之命名的。自然界的花木本无高低贵贱之分，只是人们以自我的审美特征而给予它们不同的审美形象。吴澄认为梨花不敢承当“白雪香”,是因为梨花能如雪一样洁白,但是不能在雪中开放。笔者认为，梅花固然能在雪中开放，但是梅花花色多变，怎比梨花仅以洁白面对天下？！正如杏花姣容三变，本来是美好之事，就因其花色多变，红白不一，而使得由美至丑，有宋以来被一步步贬低至轻薄、低贱的娼妓之花了。可见世间物事好恶,除天然所使之外,更多的是人为所致了，

① 吴澄《吴文正集》卷四四。

② 《全唐诗》卷二八。

仅以白雪香不足以分出梨花、梅花之高下。

鉴于以上的举例分析，梨花与梅花相比的共同之处在于：洁白、清雅、冷艳，赋之于人格化的形象就是冰清玉洁的仙女了。不同之处在于：梨花由于仅仅是颜色淡白，没有凌寒傲雪之特性，更多的是赋予其素淡、娴静的“淡客”形象，而梅花被宋人誉之为“清客”，其“清”也多有清寒斗霜雪之意，这还是有着明显区分的。

综合以上论述，我们也必须说明，由于梨花以果实为主，梅花以观赏为主，梅花凌寒傲雪开放，以及色、香、姿、韵等方面的优势，其观赏的价值应该说远在梨花之上。但是梨花的素淡终究是自成一家，诗文中常见桃杏等为梅花之奴婢，也有个别桃杏为梨花之奴婢，而从没有见过梨花为奴为婢的提法，可见梨花高洁、素淡的品格也多被世人所认可，其人文地位也只见抬高未见贬低。相对于被节节拔高的梅花君子形象，梨花更像元好问笔下的“静女”，娴静、淡雅地独立于东栏，享受着那一份安静。

三、梨花与杨柳的联用：清明景色与别离主题

杨柳是春天的象征，在我国最早的诗歌总集《诗经》里就已经非常引人瞩目了。从早春的柳眼探春到春末的柳絮飘飞，一直贯穿于整个春天的时光里，其顽强的生命力及其与春天的特殊关联使得这一意象在文学作品普遍出现、源远流长。柳眼、梅蕊是春天最早的讯息，桃红柳绿是春天鼎盛的景象，而梨花开、柳絮飞则是春末时刻。梨花在清明、寒食时节开放。清明、寒食时节，人们有折柳送别、祭奠祖先的习俗。这种习俗带给人们春天最盛大、最隆重的氛围，是人们年复一年，春天里不可避免的习俗，可以说已经成为中国人生活的一个组成部分。这是客观的存在，是人们触目即得的景物，使得梨花与杨

柳一起构成了一个常见的景物组合，尤其是春末的典型景象。所以，梨花与杨柳自然而然地联系在一起，常被文人士大夫运用在古代诗文之中。

梨花与杨柳的联用，一是表现了春天的景色，这时节梨花开落，柳絮飘飞，梨花与杨柳相互映衬，一派春天的欣然景象。

李白《宫中行乐词》："柳色黄金嫩，梨花白雪香。"①

王安石《染云》："染云为柳叶，剪水作梨花。不是春风巧，何缘有岁华。"②

许月卿《新安道中》："白水黄山天一青，雪梨金柳眼双明。"③

刘兼《贵游》："风飘柳线金成穗，雨洗梨花玉有香。"④

以上诗句用梨花的洁白与柳色黄嫩相比，以凸显春日欣欣然的美好画面，给人一种春意盎然的景象。柳絮是春末的独特景物，呈淡淡的白色，轻盈漂浮，这些都和梨花有共同之处。柳絮似绵，梨花似雪，随风飘舞，有时候让人分不出哪是梨花，哪是柳绵，别有情趣。所以，诗人们也喜欢用柳絮与梨花对比衬托，以描写春末的这种闲趣。

唐彦谦《忆孟浩然》："句搜明月梨花内，趣入春风柳絮中。"⑤

郑谷《旅寓洛南村舍》："村落清明近，秋千稚女夸。春

---

① 《全唐诗》卷二八。

② 《全宋诗》第10册，第6675页。

③ 吴之振《宋诗钞》卷一二〇。

④ 《全唐诗》卷七六六。

⑤ 《全唐诗》卷六七一。

阴妨柳絮，月黑见梨花。”[1]

洪咨夔《清明二绝》：“梨花匼匝不见叶，柳毯玲珑初欲绵。”[2]

释普济《偈颂》：“风吹柳絮毛扑走，雨打梨花蛱蝶飞。”[3]

陆游《春晚怀山南》：“梨花堆雪柳吹绵，常记梁州古驿前。”[4]

图21　砀山风景图片《古黄河春色》。砀山故黄河两岸，桃红柳绿，梨云片片，鹭鸟齐飞，构成了一幅欣欣然的春天景象。图片引自网络。

以上诗句中柳绵与梨花相依相映，形成了春末时分对比辉映的景色亮点。这和梅花、桃花等与杨柳的对比完全不同，梅花、桃花等花

① 《全唐诗》卷六七四。

② 《全宋诗》第55册，第34531页。

③ 《全宋诗》第65册，第40641页。

④ 《全宋诗》第40册，第24898页。

卉是红艳对映杨柳的嫩绿，而梨花与柳絮的关联是因为它们色白轻盈、随风飘舞的共同之处，这和桃红柳绿的常景相比，自然是令人欣然欢喜了，笔者认为是另一种美好图景，给人以娴静安详的美感，是为“闲趣”。

清明时节，寒食潇潇雨。毕竟已是春末天气，随之而来的就是叹伤春晚，一派离愁别绪上心头。“昔我往矣，杨柳依依。”[①]清明折柳送别，这是中国很久以来的传统。我们在宋代梨花与别离主题内涵的探讨中，已经述及梨花因为杨柳的关联，另因梨与“离”谐音，使得梨花也富含了别离的寂寞伤感。以下诗词句中的梨花、杨柳所蕴含的情绪，就是明证。

葛起耕《春怀》：“过了花朝日渐迟，相将又是禁烟时。寒留柳叶凄迷处，春在梨花寂寞枝。”[②]

陆游《春晚怀山南》：“梁州一别几清明，常忆西郊信马行。桃李成尘总闲事，梨花杨柳最关情。”[③]

陆游《梨花》：“杨柳梨花迎客处，至今时梦到城南。”[④]

宋无《次友人春别》：“波流云散碧天空，鱼雁沈沈信不通。杨柳昏黄晚西月，梨花明白夜东风。[⑤]

陈造《次赵帅韵》：“上冢归来更乘兴，醉依柳影藉梨花。”[⑥]

戴表元《戊戌清明杭邸坐雪》：“思乡处处只愁生，正好

---

① 《诗经》第275页。
② 《全宋诗》第67册，第42055页。
③ 《全宋诗》第40册，第24898页。
④ 《全宋诗》第40册，第25436页。
⑤ 陈思《两宋名贤小集》卷三七六。
⑥ 《全宋诗》第45册，第28257页。

春游又不晴。雪是梨花云是柳，马婆巷口过清明。”①

真山民《江头春日》:“风暖旗亭煮酒香，醉醒始悟是他乡。驾言行迈路千里，岂不怀归天一方。春事渐消莺语老，离愁偏胜柳丝长。无聊莫向城南宿，淡月梨花正断肠。”②

以上梨花与桃杏、梅花、杨柳等不同花木之间的异同，应该说正好是三个方面的比较。与桃杏诸花基本上是正反对比，与梅花更多的是相似对照，与杨柳则是联用映衬。通过这些比照和以上的论述，我们可以得出梨花的审美特征主要是洁、淡、静、雅四个方面，这种审美特征应该就是梨花的神韵之美了，这方面的内容我们将在下面论述。

第三节　不同自然条件和生态环境下梨花审美表现

花卉的美并不仅仅体现在花卉本身的色、香、姿、韵等诸方面。花卉是一种具有生命的自然物，花卉欣赏除了与一般审美活动一样，受审美主体的知识水平、文化素养等影响之外，还受审美客体（花卉）所处的自然条件和生态环境等外在因素影响。具体说来，就是花卉这种有生命的欣赏对象在大自然的风、雨、日、月、水陆条件以及其他自然物共存中所体现的美，还有在立春、清明等节气时序里展现出来的生命力度，等等。梨花作为一种观赏和实用兼备的花木，在不同的自然条件和生态环境下，其审美表现有何不同，有待于我们进一步梳理、论述。

---

① 《全宋诗》第69册，第43714页。

② 黄希英《石仓历代诗选》卷一九〇。

一、风中梨花："但有梨花弄晚风"

梨花是一种春天的花木。"东方风来满眼春"[1]，是春风最先带来春天的气息。可以说，是春天吹开了百花。白居易在他的小诗《春风》里详细观察与记录了樱杏桃梨开放的次序[2]，他敏锐地感知了时节的变换与物候的变化，准确地捕捉到春风在这些变换中所起的决定性作用。作为春天开放的花卉，春风中的梨花给我们带来了以下几种审美感受：

一是风中梨花表现了春天的景色，传达出春天的气息。

杜牧《鹭鸶》："惊飞远映碧山去，一树梨花落晚风。"[3]

唐彦谦《忆孟浩然》："句搜明月梨花内，趣入春风柳絮中。"[4]

刘兼《贵游》："春云春日共朦胧，满院梨花半夜风。"[5]

黄庭坚《压沙寺梨花》："寄语春风莫吹尽，夜深留与雪争光。"[6]

强至《会压沙寺观梨花》："日高恐释三春雪，风细犹传数里香。"[7]

文同《北园梨花》："清香每向风外得，秀艳应难月中见。"[8]

王安石《染云》："染云为柳叶，剪水作梨花。不是春风巧，

---

① 李贺《河南府试十二月乐词·三月》，《全唐诗》卷二八。
② 《全唐诗》卷四五〇。
③ 《全唐诗》卷五二二。
④ 《全唐诗》卷六七一。
⑤ 《全唐诗》卷七六六。
⑥ 《全宋诗》第 17 册，第 11632 页。
⑦ 《全宋诗》第 10 册，第 7026 页。
⑧ 《全宋诗》第 8 册，第 5392 页。

何缘有岁华。”[①]

王安国《清平乐·春晚》:“不肯画堂朱户,春风自在梨花。”[②]

杨泽民《玉烛新》:“梨花寒食后。被丽日和风,一时开就。”[③]

杜牧诗中的鹭鸶远山、梨花晚风,本身就是一幅春天的水墨山水禽鸟梨花图;唐彦谦给我们带来的是春风明月、梨花柳絮的闲趣图;刘兼、黄庭坚送给我们的是春风夜赏梨花图;看了强至、文同的诗句,我们仿佛从那细细的春风里嗅到了缕缕清香;王安石、王安国、杨泽民送给我们的则是春风吹开了梨花的笑脸,风绕梨花、春光无限的生机与活力。以上诗句实际上都是一幅幅春风梨花的图画,给我们带来了风中梨花的种种美感。春风吹拂梨花,体现出生命的律动,这和观赏静物得来的美有着本质的区别,我们在这些动态的美中,还感受到生命的气息、生命的活力。这是春风中的梨花给我们的第一层感受。

风中梨花给我们的第二层感受则是梨花随风飘零带来的岁月易逝的伤感。花是美的象征,再进一步说,花是美的极致。人们观花开则喜,看花落则悲。花落本即逝,何况风相逼。娇柔的花朵怎么能经得起雨打风吹!所以,风吹花落自然就容易引起人们的伤感和愁绪了。梨花本来就开在春末,风中梨花落从自然时节上反映的是春暮的景况,从人文心理上透析出岁月流失的伤感。

罗邺《春闺》:“梨花满院东风急,惆怅无言倚锦机。”[④]

---

① 《全宋诗》第 10 册,第 6675 页。
② 《全宋词》第 1 册,第 217 页。
③ 《全宋词》第 4 册,第 3013 页。
④ 《全唐诗》卷六五四。

毛直方《妾薄命》:“自怜孤灯照春梦,年年风雨梨花时。”①

洪皓《山顶花》:“万片随风正可嗟，残枝带雨认梨花。”②

向子諲《鹧鸪天》:“朝朝暮暮春风里,落尽梨花未肯休。”③

朱淑真《生查子》:“寒食不多时，几日东风恶……不忍卷帘看，寂寞梨花落。”④

程垓《乌夜啼》:“杨柳拖烟漠漠，梨花浸月溶溶。吹香院落春还尽，憔悴立东风。”⑤

以上诗词更多的是通过春末风中梨花的飘落，感叹岁月易逝的伤感。人们怨风、恨风，是因为风吹落了洁白的梨花，这里美丽的梨花代表了美好的春天，代表了青春、生命和活力。梨花随风飘落，也就意味着美好的春天就要过去了，意味着青春年华就要逝去，意味生命活力的逝去。所以，这里的风就从和煦的春风变成了无情的恶风，“怨风来”“东风急”“东风恶”等都鲜明地表达出诗人们内心强烈的情感。

梨花在风中飘零不仅仅带来岁月易逝的伤感，还蕴涵着离别相思的愁绪，这应该是风中梨花给人们带来的第三层感受。

元稹《使东川·江花落》:“日暮嘉陵江水东，梨花万片逐江风。江花何处最肠断，半落江流半在空。”⑥

邓肃《蝶恋花·代送李状元》:“执手长亭无一语。泪眼汪汪，滴下阳关句。牵马欲行还复住。春风吹断梨花雨。”⑦

---

① 《全宋诗》第69册，第43621页。

② 《全宋诗》第30册，第19169页。

③ 《全宋词》第2册，第970页。

④ 《全宋词》第2册，第1405页。

⑤ 《全宋词》第3册，第2001页。

⑥ 《全唐诗》卷四一二。

⑦ 《全宋词》第2册，第1110页。

图 22　喻继高《梨花春燕》。图片引自网络。

温庭筠《鄠杜郊居》："寂寞游人寒食后，夜来风雨送梨花。"①

罗公升《春晚》："梦魂惊断梨花月，寂寞五更风雨寒。"②

梅尧臣《梨花忆》："欲问梨花发，江南信始通。开因寒食雨，落尽故园风。"③

陈允平《倚楼》："满院梨花香寂寞，隔帘风雨正春寒。"④

陈与义《点绛唇·紫阳寒食》："愁无那。短歌谁和。风动梨花朵。"⑤

朱淑真《江城子·赏春》："斜风细雨作春寒。对尊前。忆前欢。曾把梨花，寂寞泪阑干。"⑥

元稹出使东川，邓肃送李状元，他们看到风吹梨花的景象，都用了一个"断"字，离别使人肠断，断肠可谓悲伤欲绝。梅尧臣和朱淑真在风吹梨花落中回忆以前的岁月，得来的是相思情绪。温庭筠、罗公升、陈允平都用寂寞表达着内心的伤愁。这一切的离愁别绪、寂寞相思都由风吹梨花而引发，自然界的这样一种景物能给人带来的如此触目惊心的感受，实在令人不可轻视。

风中梨花还有一种特别的美感效果，笔者总结为"因风似蝶飞"。先看两首较早的小诗：

刘绘《和池上梨花》："露庭晚翻积，风闺夜入多。萦叶

---

① 《全唐诗》卷五七九。

② 《全宋诗》第 70 册，第 44348 页。

③ 《全宋诗》第 5 册，第 2897 页。

④ 《全宋诗》第 67 册，第 41994 页。

⑤ 《全宋词》第 2 册，第 1069 页。

⑥ 《全宋词》第 2 册，第 1405 页。

似乱蝶，拂烛状聊蛾。”①

刘孝绰《于座应令咏梨花》：“玉垒称浸润，金谷咏芳菲，讵匹龙楼下，素蕊映华扉。杂雨疑霰落，因风似蝶飞。岂不怜飘零，愿入九重闱。”②

这两首诗歌都来自于南朝时期的诗人，应该说是最早的几首吟咏梨花的诗歌了。诗中都把梨花比喻成飞舞的蝴蝶，可谓巧妙新颖。这也影响着后代的人们以蝴蝶来比喻风中的梨花，前文“梨花的姿态与整体美”已经引用了有关的诗文，这里不再重复引用。为什么如此呢？梨花春天开放时，从一个花苞中一般可以抽出六朵花，和桃、梅、李、杏等诸花不同的是，梨花的花朵并不是紧紧贴在花枝上，而有一根长长的花柄拖着洁白的花朵。因为花柄很长，微风出来，即随风飘摇，犹如一只只粉白的蝴蝶飞舞跳跃，别有一番风致。笔者每每看到梨花如蝴蝶般舞蹈或者每当想起这样的景致，都会露出会心的微笑，这是风中梨花给我们带来的第四层感受。

梨花和桃、梅、李、杏诸花虽然同属于春花，但是风中梨花带给我们的审美感受是丰富多彩的，并且有其独特的表现形式和价值体现。最后，我想用宋代诗人胡宏的《春事》为风中梨花这一专题论述作一小结：“走马寻春西复东，夭桃零落委残红。可怜日暮天低处，但有梨花弄晚风。”

二、雨中梨花：“梨花一枝春带雨”

如果说是春风吹来了春天，那么也可以说是春雨滋润了春天。古

① 《先秦汉魏晋南北朝诗》齐诗卷五。

② 《先秦汉魏晋南北朝诗》梁诗卷一六。

谚云："春雨贵如油。"杜甫说："好雨知时节，当春乃发生。"[①]这些都说明了春雨的作用和价值。春风先行，春雨随后相伴，春天的百花等万物才能生根发芽、茁壮成长、春华秋实。客观地说，雨中梨花与风中梨花的美感都有传达春天的气息这样的共同之处，但是雨中梨花也有其突出的审美特征。笔者总结为雨中梨花春景，"梨花雨"综合意象带来的伤感与离愁别绪、寂寞相思，娇泪梨花的美感，以及"梨花一枝春带雨"的典故等几个方面，以下依次论述。

图23　砀山风景图片《梨花一枝春带雨》。雷铭摄影。

人们欣赏花卉总是先观景，再生情，雨中梨花给人们的感受首先是春色春景。以下诗句表现的即是雨中梨花的春天景象：

① 杜甫《春夜喜雨》，《全唐诗》卷二二六。

刘兼《贵游》："风飘柳线金成穗，雨洗梨花玉有香。"①

葛绍体《赠黄友把酒东皋》："好伴闲身春雨里，一川烟雨落梨花。"②

胡寅《和单令简园梨花四绝》："未要烘晴千树白，且看带雨一枝新。"③

释普济《偈颂》："荷叶团团团似镜，菱角尖尖尖似锥。风吹柳絮毛抃走，雨打梨花蛱蝶飞。"④

张舜民《梨花》："青女朝来冷透肌，残春小雨更霏微。流莺怪底事来往，为掷金梭织玉衣。"⑤

仲殊《柳梢青·吴中》："雨后寒轻，风前香软，春在梨花。"⑥

陈克《豆叶黄》："秋千人散小庭空。麝冷灯昏愁杀侬。独有闲阶两袖风。月胧胧。一树梨花细雨中。"⑦

前文论及，梨花开于清明、寒食季节，这个季节正是春雨最多最密的时节，人们常见立于雨中的一树梨花，梨花雨自然而然地成为一种固定的吟咏模式，在古代诗词很常见。可以说"梨花雨"已经成了梨花与其他事物结合而构成的综合意象之中最常见的一种，可见梨花与春雨二者之间关系的密切程度已经被古人广泛注意了。

"梨花雨"这一综合意象寓含着离别的忧伤、相思的愁绪。我们举以下诗词为例：

---

①《全唐诗》卷七六六。

②《全宋诗》第 60 册，第 37973 页。

③《全宋诗》第 33 册，第 21019 页。

④《全宋诗》第 65 册，第 40641 页。

⑤《全宋诗》第 14 册，第 9705 页。

⑥《全宋词》第 1 册，第 550 页。

⑦《全宋词》第 2 册，第 830 页。

陈允平《倚楼》:“金虬熏尽鹧鸪班，独上层楼倚画栏。满院梨花香寂寞，隔帘风雨正春寒。”[1]

寇准《春恨》:“侵阶草色连朝雨，满地梨花昨夜风。蜀魄不来春寂寞，楚魂吟夜月朦胧。”[2]

梅尧臣《梨花忆》:“欲问梨花发，江南信始通。开因寒食雨，落尽故园风。白玉佳人死，青铜宝镜空。今朝两眼泪，怨苦属衰公。”[3]

孙光宪《虞美人》:“红窗寂寂无人语。暗澹梨花雨。绣罗纹地粉新描。博山香炷旋抽条。暗魂销。”[4]

李重元《忆王孙·春词》:“萋萋芳草忆王孙。柳外楼高空断魂。杜宇声声不忍闻。欲黄昏，雨打梨花深闭门。”[5]

戴叔伦《春怨》:“金鸭香消欲断魂，梨花春雨掩重门。欲知别后相思意，回看罗衣积泪痕。”[6]

白居易在他的长诗《长恨歌》中用一朵带雨的梨花比喻杨玉环，从此以后“梨花雨”组合意象又被赋予了新的内涵。“梨花雨”与人联系在了一起，表现的是女子寂寞、相思、哀伤等，“梨花雨”就仿佛寂寞的女子脸上挂着一滴晶莹的泪珠，又含有一种娇美不胜之态。

陈与义《梅》:“一阵东风湿残雪，强将娇泪学梨花。”[7]

---

① 《全宋诗》第 67 册，第 41994 页。
② 《全宋诗》第 2 册，第 1044 页。
③ 《全宋诗》第 5 册，第 2897 页。
④ 《全唐五代词》正编卷三。
⑤ 《全宋词》第 2 册，第 1039 页。
⑥ 《全唐诗》卷二七四。
⑦ 《全宋诗》第 31 册，第 19579 页。

谢逸《江神子》:“恰似梨花春带雨，愁满眼，泪阑干。”[①]

陈亮《洞仙歌》:“似蓬山去后，方士来时，挥粉泪、点点梨花香润。”[②]

吴文英《无闷·催雪》:“还怕掩、深院梨花，又作故人清泪。”[③]

楼扶《水龙吟·次清真梨花韵》:“怅仙园路杳，曲栏人寂，疏雨湿、盈盈泪。”[④]

王德莲《踏莎行·啼痕》:“梨花带雨不禁愁，玉纤弹尽真珠泪。”[⑤]

陈与义在咏梅诗中描写梅花“强将娇泪学梨花”，可见“梨花雨”富含了娇泪盈盈的美女妆扮。

以上两小节是对梨花在风、雨中的描述，可以看出梨花与春风、春雨有着不可分割的关联。梨花随着春天的风雨而开放，又伴着春天的风雨而凋落，梨花在风雨中飘落所表达的春天的伤逝以及离愁别绪等情感内涵也都有相同之处。风中梨花摇曳多姿，雨中梨花默默含情，梨花在风雨中又各具特色。特别是梨花雨所富含的审美感受给人深刻的印象。

三、月下梨花：“素月淡相映，萧然见风度”

花卉是美的象征。人们喜爱花卉，观赏花卉，千百年来创造了很多欣赏的方式与意趣。月下赏花应该说是一种普遍的欣赏形式，“疏影

① 《全宋词》第 2 册，第 650 页。
② 《全宋词》第 3 册，第 2109 页。
③ 《全宋词》第 4 册，第 2903 页。
④ 《全宋词》第 4 册，第 2964 页。
⑤ 沈辰垣等《历代诗余》卷三六。

横斜水清浅，暗香浮动月黄昏”[①]，人们月下赏梅，主要体会月光中浮动的缕缕清香。“无情有恨何人见，月白风清欲堕时”[②]，只有在淡白的月光之下，才能品味出白莲清苦、寂寞的情怀。“璧月沉沉过女墙，时闻桂子落天香”[③]，古往今来，桂花被人们誉为天香，人们赏桂多是赏其香，诗中告诉我们桂花之香仿佛是随着月光的移动而渐渐传来。以上我们略举几例，都是月下赏花的佳句，被世人认可推崇。一般说来，月下赏花有两种主要的审美感受：一是月下闻花香，二是欣赏月光中花卉的清雅姿态。月下赏梅花、白莲是花香、清雅兼而有之，月下赏桂主要是闻其花香了。我们试着分析月下梨花有什么特色，月下梨花能够给人们带来什么样的审美感受。

先看一组诗词句子：

白居易《寒食月夜》:“风香露重梨花湿，草舍无灯愁未入。南邻北里歌吹时，独倚柴门月中立。”[④]

黄庭坚《次韵梨花》:“桃花人面各相红，不及天然作玉容。总向风尘尘莫染，轻轻笼月倚墙东。”[⑤]

陈克《豆叶黄》：“月胧胧。一树梨花细雨中。”[⑥]

蔡松年《浣溪沙》(范季霑一夕小醉，乘月羽衣见过。仆时已被酒，顾窗间梨花清影，相视无言，乃携一枝径归。明日作浣溪沙见意，戏次其韵。)：“月下仙衣立玉山。雾云窗户

① 林逋《山园小梅》,《全宋诗》第 2 册，第 1218 页。
② 陆龟蒙《和袭美木兰后池三咏 · 白莲》,《全唐诗》卷六二八。
③ 赵鼎《南轩》,《全宋诗》第 28 册，第 18422 页。
④《全唐诗》卷四三六。
⑤《全宋诗》第 17 册，第 11743 页。
⑥《全宋词》第 2 册，第 830 页。

未曾开。”[1]

刘秉忠《临江仙·梨花》:“冰雪肌肤香韵细，月明独倚阑干。”[2]

《梨花》:“一林轻素媚春光，透骨浓薰百和香。消得太真吹玉笛，小庭人散月如霜。[3]

李俊民《寒食》:“闲身行止属年华，故国春归未有涯。一树梨花一溪月，不知墙外是谁家。”[4]

杨基《清平乐·江宁春馆写怀》:“今夜相思何处，明月满树梨花。”[5]

《梨花伴月》:“一天明月淡，万树艳云晴。”[6]

图 24　李长贤《梨花院落溶溶月》。图片引自网络。

① 《全金元词》金词卷一。
② 《全金元词》元词卷一。
③ 元好问《中州集》卷七。
④ 爱新觉罗·玄烨《御选金诗》卷二五。
⑤ 杨基《眉庵集》卷一二。
⑥ 陈廷敬《皇清文颖》卷六六。

我们看以上诗词句中多出现“月中立”“倚墙东”“一树梨花”“一林轻素”等词汇，这都明确地传达着一个信息，展现在月光里的梨花不是一朵、一枝，而是“一树梨花”这样一个整体。我们前面提到的梅花、荷花、桂花，都是月下的宠花，人们喜欢借着月光欣赏这些花卉。梅花、桃花等是蔷薇科的小乔木，荷花是草本花卉，桂花是灌木，这些花卉都没有主枝主干，没有挺拔秀美的姿态。梨花是较大的乔木，主干挺秀，玉立亭亭。月光笼罩，尤其显得淡姿丰容，清雅脱俗。这在古代的诗文里都有明确的体现：

史达祖《玉楼春·赋梨花》：“玉容寂寞谁为主。寒食心情愁几许。前身清澹似梅妆，遥夜依微留月住。”[①]

方回《梨花》：“仙姿白雪帔青霞，月淡春浓意不邪。天上嫦娥人未识，料应清雅似梨花。”[②]

萧贡《梨花》：“丰姿闲淡洗妆慵，眉绿轻颦秀韵重。香惹梦魂云漠漠，光摇溪馆月溶溶。陈家乐府歌琼树，妃子春愁惨玉容。安得能诗歌韩吏部，郭西同去醉千钟。”[③]

庞铸《梨花》：“孤洁本无匹，谁令先众芳。花能红处白，月共冷时香。缟袂清无染，冰姿淡不妆。夜来清露底，万颗玉毫光。”[④]

当然，月下梨花的这种淡姿丰容之美，还有赖于其他多种因素的成就。比如色彩上的洁白，白色的梨花就像月下的白莲花一样，在皓白皎洁的月光里更增添一层淡白清雅的美感。这种淡姿丰容的美是梅

① 《全宋词》第 4 册，第 2327 页。
② 《全宋诗》第 66 册，第 41724 页。
③ 元好问《中州集》卷五。
④ 元好问《中州集》卷五。

花、桂花等花卉所没有的，梨花的挺拔秀美也是月光下的白莲花、梅花、桂花，还有桃花、杏花等花木所不具备的。这些应该都是月下梨花的特有美感。

中唐特别是北宋以来，随着韩柳、欧苏两次“古文运动”的深入发展，儒学传统得到复兴，伦理道德思潮持续高涨。人们在观察自然景物，体现自然美的观念上不满足于前人的只知沉吟视听、流连光景，而是倾向于因物“比德”，寄托人生志向，显示人格操守。在这种思潮的影响下，荷花、梅花被比为君子之花，兰花、菊花成为幽隐之花。文人士大夫们根据梨花的色之淡白，不与桃杏争春等特性，被比喻为“淡客”，这样和月下赏花之淡白风清的意趣更加相得益彰。宋以后，梨花与月的结合更多地出现在古代诗文中，体现的审美特征主要是素淡、清雅。到了清代，“梨花伴月”发展成一种经典的园林布局模式，这是特立于万花丛中的一树风景。

月下梨花除了素淡、清雅之美以外，还蕴含着一种娴静之美，月下梨花就像一位娴静的少女，不施粉黛，不染尘埃，淡白风清，萧然独立于桃繁杏闹的春光之外。这种静美在苏轼、黄庭坚、元好问的诗中都得到了比较充分的体现。

苏轼《东栏梨花》：“梨花淡白柳深青，柳絮飞时花满城。惆怅东栏一株雪，人生看得几清明。”[①]

黄庭坚《次韵梨花》：“桃花人面各相红，不及天然作玉容。总向风尘尘莫染，轻轻笼月倚墙东。”[②]

元好问《梨花》：“梨花如静女，寂寞出春暮。春工惜天真，

① 《全宋诗》第 14 册，第 9236 页。

② 《全宋诗》第 17 册，第 11743 页。

玉颊洗风露。素月淡相映，萧然见风度。恨无尘外人，为续雪香句。孤芳忌太洁，莫遣凡卉妒。”[①]

所以，笔者更愿意为月下梨花的风采用元好问的一句诗做结：“素月淡相映，萧然见风度。”

第四节　梨花的神韵及其人格形象

园艺学家把花卉的美概括为色、香、姿、韵是非常有见地的观点，可谓抓住了花卉美的主要方面。花卉的色彩、香味、姿态三者其实是指花卉的自然属性及其在各种自然条件、自然环境中显示出来的美，也就是美学家称作的第一层次的自然美。但是，作为欣赏花卉的主体，人们带有自我的主观意识，喜欢把自我的情感、性格等糅合到花卉的自然美中，通过移情、比喻、拟人、象征等种种表现手法赋予花卉人格化的美感特征，这就是所谓的第二层次的美，就是通常说的风韵美或神韵美。神韵美是花卉各种自然美的凝聚和升华，它体现了花卉的风格、神态和气质，具有多种精神意义。千百年来，人们赋予不同花木不同的神韵美。荷花“出淤泥而不染，濯清涟而不妖”(周敦颐《爱莲说》)，这是纯洁清白的君子品格；“大雪压青松，青松挺且直”(陈毅《青松》)，这是坚贞不屈的英雄气概；“宁可枝头抱香死，何曾吹落北风中”(郑思肖《寒菊》)，这是幽隐不屈的隐士情怀，等等。

前文我们论及梨花的色白、香清、姿雅等方面的自然美。梨花，作为一种以水果著称的果子花，自然没有荷花、青松、梅花等花木声

① 元好问《遗山集》卷二。

名远播，但是，结合古代吟咏梨花的作品以及我们以上的论述，是不是可以总结出梨花所呈现给世人的神韵之美呢？梨花的神韵美又体现在哪些方面呢？

一、梨花的神韵美：高洁、清雅、素淡、娴静

同是程杰先生弟子的丁小兵学姐在她的《杏花意象的文学研究》硕士学位论文中总结了杏花的神韵美为娇、闹、俗、艳四个字[①]，并从这四个方面进行了较为详细的论述，笔者认为是非常确当的。结合前文中梨花与桃杏、梅花、杨柳等诸花审美特征的区别与联系分析，笔者发现梨花的神韵美可以概括为高洁、清雅、素淡、娴静。

图 25　砀山梨花风景图片《乌龙披雪》。图片引自网络。安徽砀山百年老梨树，虬枝盘扎，如乌龙盘旋，梨花盛开之时，似雪落于龙身，故名乌龙披雪，是人们欣赏砀山梨花的一个主要景点。

① 丁小兵硕士学位论文《杏花意象的文学研究》，第 29 页。

（一）高洁

梨花之洁应该是由它的白色推导而来，梨花似雪，这是梨花给人的最初印象。南朝时期，诗人们开始专门咏赞梨花，就把它比喻为洁白的雪花。齐王融《咏池上梨花》："芳春照流雪。"[①]梁萧子显《燕歌行》："洛阳梨花落如雪。"[②]可以说这些都是赞美梨花的名篇名句。到了唐代，浪漫主义诗人岑参把雪花比喻成千树万树的梨花，一下子突出了梨花的白是万花丛最耀眼的颜色，使得梨花似雪的白成了其他花卉不可动摇的颜色。从此，后代的文人士大夫沿着前人铺就道路进一步发展，由梨花似雪的洁白自然引导至梨花所代表的品格。强至在《梨花》诗里写道："旧爱乐天句，今逢带雨春。花中都让洁，月下倍生神。翫好张瑶席，攀仍赠玉人。莫开红紫眼，此外尽非真。"[③]"花中都让洁"一句明确点出梨花的洁白、高洁是其他花卉莫可能比的了，而"此外尽非真"又告诉我们梨花的洁白才最能代表梨花的真性情。苏简在《赋雪梨寄二孙》诗中也说："开花如雪洁，结实论斤重。"[④]那么，梨花的洁有什么具体内涵呢？我们先看以下两首作品：

丘处机《无俗念·灵虚宫梨花词》："春游浩荡，是年年、寒食梨花时节。白锦无纹香烂漫，玉树琼葩堆雪。静夜沈沈，浮光霭霭，冷浸溶溶月。人间天上，烂银霞照通彻。浑似姑射真人，天姿灵秀，意气舒高洁。万化参差谁信道，不与群芳同列。浩气清英，仙材卓荦，下土难分别。瑶台归去，洞

① 《先秦汉魏晋南北朝诗》梁诗卷一五。

② 《先秦汉魏晋南北朝诗》梁诗卷一六。

③ 《全宋诗》第 10 册，第 6951 页。

④ 《全宋诗》第 31 册，第 19669 页。

天方看清绝。”[1]

王旭《满江红·次李公敏梨花韵》:“客里光阴，又逢禁烟寒食节。花外鸟、唤人沽酒，一声清切。风雨空惊云锦乱，尘埃不到冰肌洁。对芳华、一片惜春心，谁边说。难便与，东君别。更莫把，繁英折。恨山香舞罢，玉鸾飞怯。休道梅花同梦好，黄昏只解供愁绝。洗妆来、应笑老书生，头如雪。”[2]

无论是丘处机词中的“浑似姑射真人”，还是王旭词中的“尘埃不到冰肌洁”，梨花的洁都代表着超凡脱俗的仙人形象。这和刘筠笔下的“玄光仙树”(《梨》)[3]、刘子翚诗中的“谁分灵种下仙都”(《梨》)[4]等都是相同的，梨花的洁犹如世外仙子冰清玉洁，是一般的桃杏等花不可比拟的。

梨花的洁这种神韵之美还有一层意思，就是雪样精神。雪，被誉为自然界中最为纯洁的物质，它不染尘埃，纯净洁白。梨花的雪样精神是人们在凸显梨花似雪的颜色中总结表现的一种审美感受，这和梅花雪里开放不是一条道路，梅花是傲雪而开，人们就是看到梅花的这种自然属性，由开始的梅花落的伤春情结一步步发展成为梅花斗雪傲霜的雪里精神和雪样精神。梨花仅仅是因为颜色上洁白，与雪相同，在理学兴盛，比德高涨的情况下，梨花也被赋予了雪样精神，这在有关梨花的诗文中都有所体现。梨花的雪样精神主要体现了梨花如雪一般冰清玉洁的神韵美。

李洪《以雪梨遗韩子文》:“婺女新梨玉雪如，姑山绰约

① 沈辰垣等《历代诗余》卷六九。
② 王旭《兰轩集》卷九。
③《全宋诗》第2册，第1271页。
④《全宋诗》第34册，第21431页。

想肌肤。”[①]

刘倓："露绮烟絺无限态，冰清玉润自成葩。”[②]

赵必象《南康县圃赏梨花呈长官》："霜玉肌肤冰雪魂，春风庭院月黄昏。”[③]

赵福元《梨花》："玉作精神雪作肤，雨中娇韵越清癯。”[④]

周邦彦《水龙吟·越调梨花》："恨玉容不见，琼英谩好，与何人比。”[⑤]

赵文《阮郎归·梨花》："冰肌玉骨淡裳衣，素云生翠枝。”[⑥]

吴澄《木兰花慢·和杨司业梨花》："有白雪精神，春风颜貌，绝世英游。”[⑦]

（二）清雅

梨花清雅的神韵来自于它的颜色、香味与姿态。前文论及，梨花以洁白取胜，洁白的色彩相对于红紫诸色，自然较为清雅，世人探讨梨花的香味多以清香描述。梨花的姿态因高大、挺拔形成一段玉树临风的天然雅姿。梨花的清雅之美还体现于它伴月而生，与清凉的月光融为一体，自然体现出一派清雅的风度。

在苏轼、黄庭坚等人的笔下，它独立东栏，轻倚东墙，不与凡花俗草争春夺艳，清雅之美犹如天成。关于梨花的洁白、清香以及与月光的关系，前文论述较多，下边仅从梨的姿态方面做一分析。梨是蔷

① 《全宋诗》第43册，第27189页。

② 《全宋诗》第56册，第35145页。

③ 《全宋诗》第70册，第43936页。

④ 陈梦雷等《古今图书集成》第2176页。

⑤ 《全宋词》第2册，第610页。

⑥ 《全宋词》第5册，第3322页。

⑦ 《全金元词》元词五。

薇科较为高大的乔木，它有明显的主干，可以形成较为高大挺拔的体态，这与桃、梅、李、杏等小乔木有着明显的不同。桃、梅、李、杏等花木没有主干，树冠呈球状的圆形，树枝短小，横斜枝条较多，所以咏梅文学作品中常见“疏影横斜水清浅”[1]，咏桃花的文学作品有“竹外桃花三两枝”[2]等等。而高大的梨树花开满枝，在春天的风雨中，在溶溶的月光下，独立于人间，即构成了挺拔清雅、亭亭玉立的美感效果。

梨花的清雅神韵还可以从清与雅两个方面理解。先看清。“炎荒有此清凉地，剪水装林绝点埃。”[3]胡寅在简园欣赏梨花，感觉梨花园是一片清凉地。释妙伦认为梨花具有神清的气质：“象床骨冷尺春梦，雾阁神清怯晓风。”[4]“玉作精神雪作肤，雨中娇韵越清癯。”[5]赵福元说梨花雨中清癯。蔡松年窗前看到的是梨花清影：“仆时已被酒，顾窗间梨花清影，相视无言，乃携一枝径归。”[6]另外，以下诗词无不是赞美梨花的清影、清绝、清妍、清癯：

王庭珪《谒金门·梅》：“梦断香云耿耿。月淡梨花清影。长笛倚楼谁共听。调高成绝品。”[7]

丘处机《无俗念·灵虚宫梨花词》：“浩气清英，仙材卓荦，下土难分别。瑶台归去，洞天方看清绝。”[8]

王恽《好事近·赋庭下新开梨花》：“留待夜深庭院，伴

---

① 林逋《山园小梅》，《全宋诗》第2册，第1218页。
② 苏轼《惠崇春江早景》其一，《全宋诗》第14册，第9240页。
③ 胡寅《和单令简园梨花四绝》，《全宋诗》第33册，第21019页。
④ 释妙伦《梨花》，《全宋诗》第62册，第38902页。
⑤ 赵福元《梨花》，陈梦雷等《古今图书集成》第2176页。
⑥ 蔡松年《浣溪沙》《全金元词》金词卷一。
⑦ 《全宋词》第2册，第816页。
⑧ 沈辰垣等《历代诗余》卷六九。

素娥清绝。”[1]

庞铸《梨花》:“缟袂清无染，冰姿淡不妆。夜来清露底，万颗玉毫光。”[2]

刘勋《同赵宜之赋梨花月》:“雪树生香淡月边，相媒相合斸清妍。”[3]

程文海《梨花》:“神清体绰约，云淡月朦胧。道是玉环似，输渠林下风。”[4]

王旭《梨花》:“未要春风吹散漫，且教明月伴清癯。”[5]

《梨花》:“比桃清绝比梅妍，风送嫣香户牖传。寂寞云鬟不堪整，恼人天气暮春天。”[6]

可见,梨花之清已深入人心。在众多花卉中,梅花以其清著称于世,我们看梨花与梅花之清有什么区别和联系。

赵必象《南康县圃赏梨花呈长官》:“李俗桃麄不用评，梅花之后此花清。”[7]

史达祖《玉楼春·赋梨花》:“玉容寂寞谁为主。寒食心情愁几许。前身清澹似梅妆，遥夜依微留月住。”[8]

王庭珪《谒金门·梅》:“梦断香云耿耿。月淡梨花清影。

① 王恽《秋涧集》卷七六。
② 元好问《中州集》卷五。
③ 元好问《中州集》卷七。
④ 程钜夫《雪楼集》卷二七。
⑤ 王旭《兰轩集》卷六。
⑥ 爱新觉罗·弘历《御制乐善堂全集定本》卷二八。
⑦《全宋诗》第70册，第43936页。
⑧《全宋词》第4册，第2327页。

长笛倚楼谁共听。调高成绝品。”[①]

图 26　李晓明《梨花小品》。图片引自网络。

以上诗词中似觉梨花之清不如梅花，但是世人已公认梨淡梅清，所以，梨之清就退居第二了，但是梨的清还是具有比较突出的神韵之美。

关于梨之雅，北宋就有人提出：

① 《全宋词》第 2 册，第 816 页。

陈造《出郭》:“颦风笑露瓶欲语，半吐梨花最闲雅。”[①]

韩琦《壬子寒食会压沙寺二首》其二:“笙歌不作芳菲主，风雅终成冷淡家。”[②]

梨花的雅基本上还是从梨花淡白风清的角度考虑的，至宋末元初的方回对梨花的清雅作了一个总结，其《梨花》诗:“仙姿白雪帔青霞，月淡春浓意不邪。天上嫦娥人未识，料应清雅似梨花。”[③]

（三）素淡

梨花的淡是在咏梨文学长期的发展中，在一代代文人士大夫慢慢积累中形成的共识。素淡，应该说是梨花神韵美最本质的体现。南朝梨花诗歌中出现过素淡的字样，但是到了唐代，人们惊诧于梨花洁白的颜色，没有人向梨花素淡的路子上走。宋代，花卉描写蔚然成风，宋代的文人士大夫们对于花卉等自然万物比德兴致盎然。周敦颐在《爱莲说》里就明确告诉世人:“予谓菊，花之隐逸者也；牡丹，花之富贵者也；莲，花之君子者也。”姚宽在《西溪丛语》里有关于花客有较为详细的记载:“昔张敏叔有十客图，忘其名，予长兄伯声尝得三十客。”[④]笔者在《中吴纪闻》查到有关张敏叔十客的内容。后来元朝陶宗义编写的《说郛》里在姚宽记载的基础上增加了另外二十客,共得五十一客。张敏叔十客图中没有提到梨花，《西溪丛语》里的三十客与《说郛》里的五十一客里对一些花卉有不同的比德观念，但是都记载了梨花，并皆称之为“淡客”。这些都说明“梨为淡客”是人们比较公认的审美倾向。素淡也成为宋代以后的诗文里描写梨花使用频率最高的词语，素淡可

---

① 《全宋诗》第 45 册，第 28062 页。

② 《全宋诗》第 6 册，第 4092 页。

③ 《全宋诗》第 66 册，第 41724 页。

④ 姚宽《西溪丛语》，第 36 页。

谓抓住了梨花的神韵，我们试从以下几个方面分析：

梨花的素淡体现在其颜色上。梨花以白著称于世，有宋一代，不再一味强调梨花如雪的洁白，开始把梨花的白向另外一面发展，白色即素色、淡色，着意在梨花的素淡之色上下功夫。

韩琦《同赏梨花》:“寒食西栏赏素英，白毫光里乱云腾。”[①]

苏轼《东栏梨花》:“梨花淡白柳深青，柳絮飞时花满城。”[②]

郑侠《次孟坚初冬晴和见梨桃二花作》:“半扉素蕊呈修径，几朵夭红出茂林。”[③]

以上宋人眼中的梨花,不再是如雪一样洁白,而是“素英”“淡白”“素蕊”，这些词语的应用都传达出宋代文人士大夫思想和观念的转变，梨花在宋人的眼里开始变化，由“梨花雪不如”的耀眼皓白到几近无色的“淡白”。这是梨花素淡神韵的第一步蜕变，那就是颜色由“洁白”到“淡白”的转变。如果宋人继续沿着唐人“千树万树梨花开”的道路走下去，就不会有“梨为淡客”的结论。梨花的素淡体现在月光参与到梨花的欣赏之后。月光以皎洁的白色为主色调,时有朦胧的淡淡感觉。淡白的月光照在淡白的梨花上，更增添了一份淡然。梨花与月的结合，较早出现在晚唐诗人的句子里:温庭筠《舞衣曲》:“满楼明月梨花白。”[④]崔道融《寒食夜》:“满地梨花白，风吹碎月明。”[⑤]唐彦谦《忆孟浩然》:“句搜明月梨花内。”[⑥]这些诗句里还找不出素淡的寓意,说的是月光明、

① 《全宋诗》第 6 册，第 4092 页。
② 《全宋诗》第 14 册，第 9236 页。
③ 吴之振《宋诗钞》卷二三。
④ 《全唐诗》卷五七五。
⑤ 《全唐诗》卷七一四。
⑥ 《全唐诗》卷六七一。

梨花白，但是月光明、梨花白的景象和梨花似雪的景象已经有很大差别了。这是一种清凉世界，透露出的信息和热烈、喧闹、嘈杂显然不同，已经开始向素淡方面发展了。审美随着人们的思想意识而变化，花卉等事物的神韵美也随着人们的审美思想而变化。进入到宋代，梨花与月的结合使人们对梨花的审美发生了明显的变化。我们且看一组诗词句子：

艾可翁《春夜》:“雨浥梨花粉泪香，一痕淡月照修廊。”[①]

苏轼《寒食夜》:“沉麝不烧金鸭冷，淡云笼月照梨花。”[②]

危昭德《春晚》:“晴天杨柳丝千绪，淡月梨花玉一庭。”[③]

真山民《江头春日》:“无聊莫向城南宿，淡月梨花正断肠。”[④]

以上这些宋人的诗句，在与梨花搭配时，不再是明月，而是淡月。由唐人的明月发展到宋人的淡月，有力地推动了梨花的素淡美向前进一步发展。所以，由梨花白衍生出来的梨花淡，由明月梨花衍生出来的淡月梨花，是“梨为淡客”审美观念形成的两条主线，一旦这两条道路打通了，“梨为淡客”呼之欲出。我们再看宋人的诗句：

文同《和梨花》:“素质静相依，清香暖更飞。”[⑤]

晁说之《梨花》:“春到梨花意更长，好将素质殿红芳。”[⑥]

陆游《梨花》:“粉淡香清自一家，未容桃李占年华。”[⑦]

---

① 《全宋诗》第 68 册，第 43184 页。

② 《全宋诗》第 14 册，第 9607 页。

③ 《全宋诗》第 66 册，第 41289 页。

④ 黄希英《石仓历代诗选》卷一九〇。

⑤ 《全宋诗》第 8 册，第 5341 页。

⑥ 《全宋诗》第 8 册，第 13754 页。

⑦ 《全宋诗》第 8 册，第 25436 页。

王十朋《梨花》:“淡客逢寒食，烟村烂漫芳。谪仙天上去，白雪世间香。”[①]

文同、晁说之笔下梨花的素成为其本质内涵了，在陆游、王十朋笔下的梨花则为一淡客。这样梨花就完全代表了一种素淡的美，梨花因为素淡而自成一家，素淡美构成了梨花神韵美最本质的体现。

（四）娴静

笔者所述梨花的四种神韵美，高洁、清雅、素淡、娴静，应该说以娴静最难以理解。娴静不是梨花的自然属性的纯粹反映，更多的是人们一步步衍生出来的审美特征。当然，任何审美主体精神层次的审美感受都不是空穴来风，都应该有审美客体的物质基础，不然就是牵强附会、胶柱鼓瑟之类的滑稽之论了。静是事物运动的一种状态，是与动相对的。关于花木等审美对象的静这个话题，古代文学作品中出现的不多受。不过，静有着独特的美感。比如北宋初期的张先，以“三影”著称，他的词中就透露出一种静美：

“行云去后遥山暝，已放笙歌池院静。中庭月色正清明，无数杨花过无影。”（《木兰花 · 乙卯吴兴寒食》）[②]

“楼头画角风吹醒。入夜重门静。那堪更被明月，隔墙送过秋千影。”（《青门引 · 春思》）[③]

笔者以为“静美”是一种较高层次的美，需要诗人们用心去经营，也需要读者用心去领会。

梨花的高洁、素淡、清雅基本上同是发源于梨花的色彩上，这些

① 陈景沂《全芳备祖》前集卷九。
② 《全宋词》第 8 册，第 75 页。
③ 《全宋词》第 8 册，第 83 页。

词语都是与白色比较接近的。不同的是，梨花的静美，开始于梨花开落的时节上，梨花开在春末，它一经出现在文人的笔下，就染上了一段春逝的伤感，富含了寂寞的成分，这种寂寞的伤感总是在最安静的时候显示得越发强烈。刘方平等人的作品就明确告诉我们这一点：

刘方平《春怨》："纱窗日落渐黄昏，金屋无人见泪痕。寂寞空庭春欲晚，梨花满地不开门。"①

戴叔伦《春怨》："金鸭香消欲断魂，梨花春雨掩重门。欲知别后相思意，回看罗衣积泪痕。"②

温庭筠《鄠杜郊居》："槿篱芳援近樵家，垄麦青青一径斜。寂寞游人寒食后，夜来风雨送梨花。"③

孙光宪《虞美人》："红窗寂寂无人语，暗淡梨花雨。"④

这种寂寞的情感再加上春雨的浇注，愈发强烈起来，此时此刻独自一人，四处愈发安静。唐人的诗词作品里，夜赏梨花、月下梨花也体现出静美的色调。

来鹄《寒食山馆书情》："侵阶草色连朝雨，满地梨花昨夜风。蜀魄啼来春寂寞，楚魂吟后月朦胧。"⑤

郑谷《旅寓洛南村舍》："村落清明近，秋千稚女夸。春阴妨柳絮，月黑见梨花。"⑥

崔道融《寒食夜》："满地梨花白，风吹碎月明。大家寒食夜，

---

① 《全唐诗》卷二五一。
② 《全唐诗》卷二七四。
③ 《全唐诗》卷五七九。
④ 《全唐五代词》正编卷三。
⑤ 《全唐诗》卷六四二。
⑥ 《全唐诗》卷六七四。

独贮望乡情。”①

王周《无题二首》:“梨花如雪已相迷，更被惊乌半夜啼。帘卷玉楼人寂寂，一钩新月未沈西。”②

图 27　马在新《梨花卧墨池》。图片引自网络。

以上这些诗句都是月夜梨花的景致，夜晚相对于白天，静悄悄。月光下的夜晚，更显示出雅静的一面，这时的梨花给我们的感受自然

① 《全唐诗》卷七一四。

② 《全唐诗》卷七六五。

与“春意闹”的枝头红杏截然不同了。“月黑见梨花”“独贮望乡情”这些都是多么静谧的头脑才能抒写的句子啊。所以，唐人钱起就在他的《梨花》诗中直接说梨花“艳静如笼月”，是非常有见地的。

如果说唐人还是从寂寞春愁等角度审视梨花，从而折射出梨花的静美，那么宋人就开始着意审视、欣赏梨花的静美了，“静”字也更多地出现在宋人有关梨花的文学作品中了。

欧阳修《定风波》：“黯淡梨花笼月影。人静。画堂东畔药阑西。”[①]

苏轼《寒食夜》：“漏声透入碧窗纱，人静秋千影半斜。沉麝不烧金鸭冷，淡云笼月照梨花。”[②]

苏轼《东栏梨花》：“梨花淡白柳深青，柳絮飞时花满城。惆怅东栏一株雪，人生看得几清明。”[③]

文同《和梨花》：“素质静相依，清香暖更飞。笑从风外歇，啼向雨中归。江令歌琼树，甄妃梦玉衣。画堂明月地，常此惜芳菲。”[④]

黄庭坚《次韵梨花》：“桃花人面各相红，不及天然作玉容。总向风尘尘莫染，轻轻笼月倚墙东。”[⑤]

李清照《怨王孙·春暮》：“多情自是多沾惹。难拚舍。又是寒食也。秋千巷陌，人静皎月初斜。浸梨花。”[⑥]

---

① 《全宋词》第 8 册，第 157 页。

② 《全宋诗》第 8 册，第 9607 页。

③ 《全宋诗》第 8 册，第 9236 页。

④ 《全宋诗》第 8 册，第 5341 页。

⑤ 《全宋诗》第 17 册，第 11743 页。

⑥ 《全宋词》第 2 册，第 931 页。

洪迈《踏莎行》:“院落深沉，池塘寂静。帘钩卷上梨花影。”[①]

从以上有关梨花的文学作品可以看出，宋人和唐人的梨花诗歌作品的表达的静有着一定区别。唐人笔下梨花的静美多是一份寂寞惆怅的伤感、相思离别的愁怨，多借助于淅淅沥沥的春雨来营造这种气氛。宋人笔下梨花的静美多是一份闲适安逸的情趣、阔达淡泊的心境，多借助于皓魄淡雅的明月来营造这种气氛。笔者以为这种闲适淡泊的心境更能代表梨花所表现出来的神韵之美，所以把梨花传达出来的这种静美概括为娴静美。宋人归纳总结出来的梨花的娴静美被后人认可并继承。金末元初元好问的《梨花》诗第一句就是“梨花如静女”[②]，这也是梨花娴静美的最好诠释。

二、梨花寓含的人格形象

梨花，在今天看来，本不是一种观赏为主的花卉，梨仅仅是一种水果。相对于梅花、荷花、牡丹、桃花等花木，几乎无人吟咏颂赞。但是，梨花在古代文学作品中，确是一种比较重要的观赏花木。《全芳备祖》《广群芳谱》等花木类书中都较为系统地收集了有关梨和梨花的资料特别是吟咏类型的诗文，并排在诸花木较前的位置，宋人所谓的“花客”名单中，梨花也赫然在前。历索古代有关梨与梨花的文献资料，虽然梨花不在名花之行，笔者极少发现对梨花的评价有些许轻视或贬低之语，这比笔者原来想象的还要好得多。梨花以一种普通的花木因何有这样良好的评价？在大兴比德之风的宋代之后，梨花到底寓含了什么样的人格象征？这是我们本小节重点讨论的内容。

① 《全宋词》第3册，第1489页。

② 元好问《遗山集》卷二。

图 28　［清］石涛《梨花图》。图片引自网络。

（一）寂寞少妇

梨花寂寞少妇的形象发轫于南朝诗人的笔下，唐代得到发展，在中唐时期元稹、白居易的推动下完善并定型。这样的少妇有着漂亮的外貌，她们面色苍白冷艳，面颊上常常有泪滴滑落的痕迹，在黄昏的宫墙大院之内，面对在绵密凄厉的春雨中飘落的梨花，她们内心充斥着红颜易老的伤感、寂寞惆怅的哀惋、离别相思的悲婉，等等。

南朝王融、刘孝绰把梨花誉为“流雪”“素蕊”，从颜色上看，这是一种白色的冷色调，后来发展成梨花少妇苍白冷艳的面色。王融、刘绘“池上梨花”的唱和都把梨花的美在夜晚展现，刘绘还明确说“风闺夜入多”[①]，夜晚本就是令人容易产生寂寞感的时间段。刘绘诗中的“风闺”以及其子孝绰诗中的“九重闱”都给人宫墙大院的女性闺房的指示，刘孝绰的诗句“杂雨疑霰落，因风似蝶飞。岂不怜飘零，愿入九重闱”[②]以及沈约的“落叶春徘徊”等句，进一步把梨花置入暮春细雨落花的情景之下。就这样，综合以上南朝时期的梨花诗歌，梨花所代表的寂寞女子已经勾勒出了最初的雏形。

汉魏南北朝时期出现的大量闺怨一类的诗歌影响着唐人，《全唐诗》中闺怨一类的诗歌占了很大比重。梨花也是闺怨诗中较为常见的意象之一。我们举例说明：

薛奇童《相和歌辞怨诗二首》:“杨叶垂金砌，梨花入井阑。君王好长袖，新作舞衣宽。”[③]

崔国辅《舞曲歌辞白辞二首》:“洛阳梨花落如霰，河阳桃叶生复齐。坐恐玉楼春欲尽，红绵粉絮裛妆啼。”[④]

李白《杂曲歌辞·宫中行乐词》:“柳色黄金嫩，梨花白雪香。玉楼巢翡翠，金殿锁鸳鸯。”[⑤]

常建《春词》:“阶下草犹短，墙头梨花白。织女高楼上，

---

① 《先秦汉魏晋南北朝诗》齐诗卷五。

② 《先秦汉魏晋南北朝诗》梁诗卷一六。

③ 《全唐诗》卷二〇。

④ 《全唐诗》卷二二。

⑤ 《全唐诗》卷二八。

停梭顾行客。”[①]

刘长卿《长门怨》:“蕙草生闲地,梨花发旧枝。芳菲自恩幸,看著被风吹。”[②]

刘方平《春怨》:“纱窗日落渐黄昏,金屋无人见泪痕。寂寞空庭春欲晚,梨花满地不开门。”[③]

戴叔伦《春怨》:“金鸭香消欲断魂,梨花春雨掩重门。欲知别后相思意,回看罗衣积泪痕。”[④]

梨花出现在以上闺怨题材的诗歌中,就暗示我们,梨花与那些闺中寂寞、惆怅、伤感的女子有着千丝万缕的联系,梨花已经成为寂寞闺中少年妇的形象了。到了中唐以后的元稹、白居易,梨花的这种形象进一步发展并完成。

元稹《白衣裳》:“雨湿轻尘隔院香,玉人初著白衣裳。半含惆怅闲看绣,一朵梨花压象床。”[⑤]

元稹《离思》:“寻常百种花齐发,偏摘梨花与白人。今日江头两三树,可怜和叶度残春。”[⑥]

白居易《江岸梨花》:“梨花有思缘和叶,一树江头恼杀君。最似孀闺少年妇,白妆素袖碧纱裙。”[⑦]

元稹、白居易还有其他有关梨花的诗歌,我们暂且不论,看以上三首,白衣裳、白人、白妆素裹都是和梨花紧密相关联,白居易干脆

① 《全唐诗》卷一四四。
② 《全唐诗》卷二〇。
③ 《全唐诗》卷二五一。
④ 《全唐诗》卷二七四。
⑤ 《全唐诗》卷四二二。
⑥ 《全唐诗》卷四二二。
⑦ 《全唐诗》卷四三七。

说梨花“最似孀闺少年妇”，至此，梨花“寂寞闺中少年妇”的形象塑造完成了。白衣裳、白妆素裹以后也成为一个典故常常被后人化用在梨花的诗文之中。但是至此为止，白居易关于梨花的塑造还远远没有停止，他在《长恨歌》对死去后杨玉环的刻画，成为有关梨花的诗文上的一个高峰——“梨花一枝春带雨”。他用七个字浓缩了前人歌咏梨花的诗句，梨花、暮春、丝雨，成为唐明皇想象中的离开人世的杨贵妃的真实写照。雨打梨花，杨玉环此时的脸庞苍白无助，虚无缥缈，生命仿佛在这一刻距离唐明皇如此遥远。此时此刻，杨玉环已经由一朵红艳的芙蓉花化为一朵苍白的梨花，那梨花上的春雨就是其眼里流下的泪水，一切的寂寞相思都在这一朵雨中的梨花那里凝固了。这一朵梨花就是那个寂寞、忧伤、哀婉的闺中少年妇。

（二）绰约仙子

梨花绰约仙子的形象一方面由似雪的洁白发展到冰清玉洁而得来，一方面是白居易塑造的太真仙人而化成的。梨花的冰清玉洁使得梨花拥有了雪样精神，太真仙子的形象又使得梨花有一种冷艳的色调延伸。以上两个方面都蕴含在梨花绰约仙子的形象之中。这些在宋人以及以后的文学作品中得到体现。

李洪《以雪梨遗韩子文》：“婺女新梨玉雪如，姑山绰约想肌肤。”①

赵福元《梨花》：“玉作精神雪作肤，雨中娇韵越清癯。”②

周邦彦《水龙吟·越调梨花》：“恨玉容不见，琼英谩好，与何人比。”③

---

①《全宋诗》第43册，第27189页。

② 陈梦雷等《古今图书集成》，第2176页。

③《全宋词》第2册，第610页。

赵文《阮郎归》:“冰肌玉骨淡裳衣，素云生翠枝。”①

丘处机《无俗念·灵虚宫梨花词》:“浑似姑射真人，天姿灵秀，意气舒高洁。”②

吴澄《木兰花慢·和杨司业梨花》:“有白雪精神，春风颜貌，绝世英游。”③

方回《梨花》:“仙姿白雪帔青霞，月淡春浓意不邪。天上嫦娥人未识，料应清雅似梨花。”④

周巽《梨花曲》:“仙妃下瑶圃，靓妆垂素鸾。盈盈含芳思，脉脉倚阑干。冰玉肌肤夐贞洁，多情长得君王看。白云满阶月欲暗，香雪半树春犹寒。莺啭高枝迎淑景，隔花低蹴秋千影。美人微笑步花阴，玉纖自把宫鬟整。东家蝴蝶双飞来，芳魂欲断梨云冷。”⑤

（三）萧然静女

梨花静女的形象是梨花所代表的女性美的另一个方面，既不是杨贵妃那样的寂寞少妇之美，也不是瑶台仙女那样的高不可及的美。这是一种安适娴静的美，拥有一丝淡淡的清雅却又不故作清高，不与桃李争艳闹春，也不像梨花少妇形象那样内心充满忧伤、哀怨，仿佛超脱到人世间以外，却又没有离开凡尘；自有一种超然的风度，且具有一种萧然的风度。梨花静女的形象在唐代就有所反映，宋代得到发展，在金元时期元好问的笔下得以完成。这在梨花神韵美小节中亦有论述，

① 《全宋词》第5册，第3322页。
② 沈辰垣等《历代诗余》卷六九。
③ 《全金元词》元词五。
④ 《全宋诗》第66册，第41724页。
⑤ 周巽《性情集》卷一。

这里不再重复，仅举几例以证实：

唐代钱起《梨花》:“艳静如笼月，香寒未逐风。桃花徒照地，终被笑妖红。”[1]

宋代黄庭坚《次韵梨花》：“桃花人面各相红，不及天然作玉容。总向风尘尘莫染，轻轻笼月倚墙东。”[2]

金代元好问《梨花》：“梨花如静女，寂寞出春暮。春工惜天真，玉颊洗风露。素月淡相映，萧然见风度。恨无尘外人，为续雪香句。孤芳忌太洁，莫遣凡卉妒。”[3]

（四）清明淡客

图 29　江文湛《梨花淡白》。图片引自网络。

---

① 《全唐诗》卷二三九。

② 《全宋诗》第 17 册，第 11743 页。

③ 元好问《遗山集》卷二。

淡，应该是梨花最核心的审美表现，其体现在人格象征上就是淡然人生的那种气质、风度。牡丹、芍药象征着雍容华贵；梅花、荷花象征着高尚君子;桃杏之花,象征着青楼艳客。梨花,就像它的颜色——淡白，淡然人生，恰如苏轼所讲“惆怅东栏一株雪，人生看得几清明”。梨花，它可以没有红艳的色彩，可以没有华贵的体貌，但是因为淡白风清而自成一家，笔者以为却是最可宝贵的品质了。以至于宋人把梨花誉为“淡客”。最后，以苏轼、陆游这两位宋代伟大诗人的诗歌为“梨为淡客”作结：

苏轼《东栏梨花》:“梨花淡白柳深青，柳絮飞时花满城。惆怅东栏一株雪，人生看得几清明。”①

陆游《梨花》:“粉淡香清自一家，未容桃李占年华。常思南郑清明路，醉袖迎风雪一杈。”②

---

①《全宋诗》第 14 册，第 9236 页。

②《全宋诗》第 40 册，第 25436 页。

第三章　梨果的文学表现及其审美特征

今天看来，人们并不把梨作为一种观赏花木，而是作为一种常见的水果。这种情况有一个发展的过程，古代的人们并非不重视梨的食用价值。梨，作为梨花的产物，作为一种水果，一直存在于文学作品中，特别是宋代，以梨果为文学意象和文学题材的文学作品，占有一定的分量。但是到了近现代，人们更趋向于理性思维，经济发展成为社会发展的最强劲力量，关注文学艺术的人们越来越少，特别是投身于文学艺术创作的人们更少。人们欣赏的对象和范围越来局限，经济成为人们审视自然和社会的最重要的方面。另一方面，作为观赏花卉，引进和培育的新品种越来越多，玫瑰、郁金香、君子兰等成为观赏花木的新宠。所以，像桃、李、杏、梨等作为观赏花木的价值退居其次，人们更多地关注它们果实的产量和销售。

据资料显示，先秦两汉时代，梨多以水果的形式出现在各类文献资料中。目前能查到的最早专门以梨为题材的文学作品就是汉代辞赋家司马相如的《梨赋》，可惜只有残句："唰嗽其浆。"[①]很明显，这是描述梨果多汁的特色。魏文帝诏曰："真定郡梨，甘如蜜，脆如菱。"[②]这不仅指出有些梨的产地，并且详细记录了梨果的味道、酥脆等。《西

① 费振刚等校注《全汉赋》，广东教育出版社，2006年版，第102页。
② 欧阳询撰，汪绍楹校《艺文类聚》，上海古籍出版社，1999年版，第1474页。

京杂记》中提到梨有十种，并说明了果实的大小以及产地等等。[1]

此后，梨作为一种水果不断出现在文学作品中。但是，因为各个朝代的文化风尚和意识形态不同，对物体的审美视角也不同，宋代是理学凸显的时代，人们更注重实用价值，所以宋代有关梨果的文学作品占整个梨题材文学作品的分量较多，描写的形式也更加多样化，审美的视角和形式自然也随之多样化。南北朝、唐、元、明、清等朝代，有关梨果的文学作品较少。前文统计，宋代专咏梨花或者以梨为主要意象的文学作品共163篇，其中有关梨果的约40篇，占四分之一，其中仅见于诗歌与文赋，宋词中没有查到以梨果为题材的作品。

先秦时代，生产力水平比较低下，物质匮乏，人们首先满足物质生活的需要,然后才能考虑精神生活。具体地说就是在解决“肚子问题”的时代，人们看到自然界的动植物，首先考虑的应该是能否食用，食用价值有多大等。由物质到精神，由实用到审美，这是人们认识自然的一般规律。如果说先秦时代的文献资料主要记述有关梨的果实，是这一规律的反映。那么秦汉以后，梨果依然作为文学题材被人们描写，则有其审美价值了。下文我们结合古代文学作品中对梨果的描述以及其他资料，从品种、形态、色、香、味、用等几个方面阐述梨果的大致面貌，并着重分析梨果的文学表现与审美特征。

第一节　梨的品种、产地与释名

我国是梨树的原产地之一，全国各地都有梨树分布和栽培，但是

① 刘歆《西京杂记》卷一。

以北方为主。“北地处处有之，南方惟宣城为胜。”[1]我国梨树栽培历史悠久，现在普遍栽培的白梨、砂梨、秋子梨都原产我国。

图 30　砀山酥梨，原产安徽省砀山县，是古老的优良品种。（曹玉芬《中国梨品种》，中国农业出版社，2014 年，第 18 页）

在我国古代文献里，较为详细地记载了梨的具体品种和产地。

《广志郡集》记载：常山真定，山阳巨野，新丰箭谷，皆

① 汪灏等《广群芳谱》卷五五。

多梨也。[1]

《广群芳谱》记载的梨品种有：雪梨（出宣城），绵梨（出河之南北）；其他有紫梨、香水梨、张公夏梨、广都梨、钜鹿豪梨、钜野梨、新丰箭谷梨、关西谷中梨；还有紫花梨、真定御梨、含消梨等。[2]

《洛阳花木记》：雨梨、濁梨、穰梨、丰宝梨、红鹅梨、敷鹅梨、红消梨、秦王掐消梨、蜜指梨。[3]

以上文献资料都有力地说明，我国古代梨的品种繁多，产地较广，梨是我国古代最早栽培食用的水果之一，《庄子》里常把楂梨橘柚等水果并称[4]，《韩非子》也记有："夫树楂梨橘柚者，食之则甘，嗅之则香。"[5]

梨在早期的栽培中就出现了一些优良品种，比如真定梨、哀家梨、张公大谷梨等。魏文帝诏：真定郡梨，大若拳，甘若蜜，脆若菱，可以解烦释罥。[6]《永嘉记》：青田村人家多种梨树，名曰官梨。子大一围五寸，恒以供献，名为御梨。吏司守视，土人有未知味者。实落至地即融释。[7]《广群芳谱》：秣陵有哀家梨，大如升，甚美，入口即消。[8]潘岳《闲居赋》就专门提到"张公大谷之梨"。[9]梁宣帝《咏梨》："大谷常流称，南荒本足珍。绿叶已承露，紫实复含津。"沈约《应诏咏梨》："大谷来

---

① 欧阳询撰，汪绍楹校《艺文类聚》，第1474页。
② 汪灏等《广群芳谱》卷五五。
③ 汪灏等《广群芳谱》卷五五。
④ 曹础基《庄子浅注》，中华书局，2000年版，第64页。
⑤ 韩非《韩非子》卷一二。
⑥ 欧阳询撰，汪绍楹校《艺文类聚》，第1474页。
⑦ 欧阳询撰，汪绍楹校《艺文类聚》，第1474页。
⑧ 汪灏等《广群芳谱》卷五五。
⑨ 李昉《太平御览》卷五四。

既重，岷山道又难。摧折非所吝，但令入玉盘。”

梨是蔷薇科梨属落叶乔木。古代文献里,梨的别名一般有四种。《广群芳谱》记载：“一名果宗，一名快果，一名玉乳，一名蜜父。”[1]

关于果宗，目前能查到的资料出自于南朝宋文帝与张敷的一次戏言。现见于《南史·张敷传》《格致镜原》《海录碎事》等资料,《广群芳谱》亦有转载。南朝宋代张敷小名楂，其父张邵小名梨。一次宋文帝戏言说:“楂何如梨。”敷说:“梨是百果之宗，楂何敢比也。”[2]“梨为百果宗”被后人认可，在文献及文学作品中都有所反映。

李复《梨》:“新梨接亦成，实大何磊落。采摘置中筵，气压百果弱。”[3]

强至《依韵奉和司徒侍中压沙寺梨》:“江橘空甘得奴号，果中清品合称公。”[4]

蓝仁《送梨与刘镇抚》:“自得佳名百果宗，累累几度熟秋风。”[5]

目前资料记载,梨别名快果,多出于《本草纲目》。《本草纲目》记载:“震亨曰：梨者，利也。其性下行，流利也。弘景曰：梨种殊多，并皆冷利。多食损人，故俗人谓之快果。”[6]但是，梨为快果的别称肯定早在明朝李时珍时期就有。宋代朱熹在他的《食梨》诗中已经明示：“珍实浑疑露结成，香葩况是雪储精。乍惊磊落堆盘出，旋剖轻盈照骨明。

① 汪灏等《广群芳谱》卷五五。
② 叶廷珪《海录碎事》卷七上。
③《全宋诗》第 19 册，第 12427 页。
④《全宋诗》第 10 册，第 6926 页。
⑤ 蓝仁《蓝山集》卷三。
⑥ 李时珍《本草纲目》卷三〇，辽宁民族出版社，2001 年版。

卢橘谩劳夸夏熟，柘浆未许析朝酲。啖余更检桐君录，快果知非浪得名。”[①]宋董嗣杲《过林口市》也有句：“快果甘如饴，濁醪淡如水。”[②]梨为快果在宋代黄震撰《黄氏日抄》卷三十五、元代王祯《农书》卷九也有记载。但是目前能查到的最早的出处应该是陶弘景之说。上文《本草纲目》所引也提到“弘景曰”。《广群芳谱》也有记载，陶弘景《别录》：“梨性冷利，多食损人，故俗人谓之快果。”[③]可见梨为快果之得名因其自然物性。

玉乳梨，梨的一个品种。据记载，隋炀帝种植于西苑。《绀珠集》记载：“玉乳梨、金槌枣、牙样枣、半斤李，皆炀帝苑中所植也。”[④]《本草纲目》《广群芳谱》《授时通考》等文献资料都提及玉乳之别名，并且在具体的梨品种中列有乳梨。《本草纲目》说：“乳梨，又名雪梨，出宣城，皮厚肉实味长。”[⑤]因一著名品种而得别称，这是常有之事。

蜜父别名，《广群芳谱》《佩文韵府》《格致镜原》等文献中皆有记载。其中，《广群芳谱》、《格致镜原》的记载来源于《清异录》：“建业野人种梨者，诧其味曰蜜父。”[⑥]《佩文韵府》的记载来源于《贵耳集》：“建业间，园丁种梨曰蜜父。”[⑦]《说郛》《说略》中也有记载，分别与《清异录》《贵耳集》的记载相同。蜜父之意，当为梨的味甘甜如蜜而得，赞美梨的甘甜在众水果中位居前茅。《洛阳花木记》中还记有蜜指梨这一品种。

梨甜如蜜在古代有关梨的诗文中是较为常见的描写。

---

① 朱熹《晦庵集》卷三。
② 董嗣杲《庐山集》卷二。
③ 汪灏等《广群芳谱》卷五五。
④ 朱胜非《绀珠集》卷一一。
⑤ 李时珍《本草纲目》卷三〇。
⑥ 陈元龙《格致镜原》卷七五。
⑦ 毕仲游、张端义《贵耳集》卷中。

图31　雪花梨，原产河北省，以赵县生产的雪花梨最为有名。

（曹玉芬《中国梨品种》，中国农业出版社，2014年，第55页）

刘子翚《食鹅梨》："拂拂鹅黄初借色，涓涓蜜醴为输津。泠然一涤心渊净，热恼无因著莫人。"①

① 《全宋诗》第34册，第21431页。

梅尧臣《王道损赠永兴冰蜜梨四颗》:“名果出西州，霜前竞以收。老嫌冰熨齿,渴爱蜜过喉。色向瑶盘发,甘应蚁酒投。仙桃无此比，不畏小儿偷。”[①]

曾巩《食梨》句曰:“初尝蜜经齿，久嚼泉垂口。”[②]

第二节　梨果的形、色、香、味、用

梨作为一种水果，在文学作品中，人们往往从其形状、色彩、香味、用途等方面描述和赞美它。

一、梨果的形状：恰如龙珠、凤卵

梨果多呈圆形，有的长圆形。《广群芳谱》:“果圆如榴，顶微凹。”[③]李石《三藏梨》有句：“春风千花玉叶碎，秋日万子金圆垂。”[④]一些诗文中把梨形容为“珠”“卵”，皆因其为圆形。钱惟演《咏梨》即说：“紫花青蒂压枝繁,秋实离离出上阑。东海圆珪无奈碧,嵰山甜雪不胜寒。已忧仙佩悬珠重，更恐金刀切玉难。自与相如解消渴，何须琼蕊作朝餐。”[⑤]刘子翚《食鹅梨》其三：“琱盘一卵宁论价，新带中原雨露来。却忆春行梁宋野，雪花琼蕊数程开。”[⑥]程敦厚在他的《梨》诗中更称之为龙珠、凤卵：“凤卵辞丹穴，龙珠出古潭。”[⑦]形象地描述了梨果

① 《全宋诗》第5册，第2908页。
② 《全宋诗》第8册，第5546页。
③ 汪灏等《广群芳谱》卷五五。
④ 《全宋诗》第35册，第22275页。
⑤ 《全宋诗》第2册，第1060页。
⑥ 《全宋诗》第34册，第21451页。
⑦ 《全宋诗》第35册，第22083页。

的形状。

与桃、梅、李、杏等水果相比，梨果的个体大，重量足。产于中原地区的白梨小的半斤,大的在一斤之上。《广志》记载:“广都梨重六斤，数人分食之。”[①]《洽闻记》载:“有梨树,高三十丈,子如斗。”[②]《初学记》记载:“汉武帝御宿园出大梨，如五升瓶。”[③]李复《梨》:“新梨接亦成，实大何磊落。累累如碧罂，器宇极恢廊。”[④]

二、梨果的色彩：色泽金黄

和梨花不同的是，梨果的颜色有多种。小时基本都是青绿色，成熟后有白、黄、紫、红等多种颜色，以金黄色最为常见。《格物丛话》记载:“(梨)有青黄紫三色，肉白于雪。”[⑤]李石《三藏梨》:“春风千花玉叶碎，秋日万子金圆垂。”[⑥]剖开金黄色的果皮，果肉晶莹，如玉似冰，多被诗人赞美。李洪《以雪梨遗韩子文》:“婺女新梨玉雪如，姑山绰约想肌肤。”[⑦]李石《谢王公才惠资阳梨二首》:“满盘冰玉岂虚设，落笔琼琚重提携。”[⑧]苏简《赋雪梨寄二孙》:“肤莹玉在手，剖之醴泉涌。”[⑨]

三、梨果的香气和味道：清香，甜如蜜、爽似冰

梨果具有较为浅淡的香气，似有若无，人们多誉之为清香、馨香。

① 汪灏等《广群芳谱》卷五五。
② 汪灏等《广群芳谱》卷五五。
③ 徐坚等《初学记》第 679 页。
④《全宋诗》第 19 册，第 12427 页。
⑤ 张英等《渊鉴类函》卷四〇〇。
⑥《全宋诗》第 35 册，第 22275 页。
⑦《全宋诗》第 43 册，第 27189 页。
⑧《全宋诗》第 35 册，第 22318 页。
⑨《全宋诗》第 31 册，第 19669 页。

程敦厚《梨》:“清香殊未散，奇品至相参。”[①]杨万里《梨》:“骨里馨香衣不隔，胸中冰雪齿偏知。卖浆碎捣琼为汁，解甲方怜玉作肌。”[②]

梨果的味道甘甜如蜜，爽口似冰。《广群芳谱》里说酸味的多为野梨，人们嫁接种植的甘甜为主，有的品种略带酸味，也是为了使口味多样化而特意为之。梨果的甘甜、冰爽应该是其最大的特色，古往今来，多为人们所称颂不衰。有的梨品种就被称为“冰蜜梨”，如梅尧臣《王道损赠永兴冰蜜梨四颗》:“老嫌冰熨齿，渴爱蜜过喉。”[③]其另一首《玉汝赠永兴冰蜜梨十颗》:“梨传真定间，其甘曰如蜜。君得咸阳中，味兼冰作质。”[④]曾巩《食梨》:“初尝蜜经齿，久嚼泉垂口。”[⑤]

四、梨果的口感：酥脆多汁，落地即消

梨的口感以酥脆多汁著称。砀山酥梨即是著名的白梨品种之一，相传落地即消，当地有俗语说某物酥脆，常以“脆得像梨一样”形容。宋代曾几吃梨就说是食酥，他有《食酥二首》。张耒在诗中也提到酥梨，他的诗名《寄蔡彦规兼谢惠酥梨二首》。《永嘉记》:“青田村人家多种梨树，名曰官梨。子大一围五寸，恒以供献，名为御梨。吏司守视，土人有未知味者，实落至地即融。”[⑥]《广群芳谱》:“秣陵有哀家梨，大如升。甚美，入口即消。”[⑦]《洽闻记》:“有梨树，高三十丈，子如斗。至摇落时，但见其汁核，无得味者。”[⑧]司马相如《梨赋》残句：“唰

---

① 《全宋诗》第 35 册，第 22083 页。

② 杨万里《诚斋集》卷一一。

③ 《全宋诗》第 5 册，第 2908 页。

④ 《全宋诗》第 5 册，第 2908 页。

⑤ 《全宋诗》第 8 册，第 5546 页。

⑥ 欧阳询撰，汪绍楹校《艺文类聚》，第 1474 页。

⑦ 汪灏等《广群芳谱》卷五五。

⑧ 汪灏等《广群芳谱》卷五五。

嗽其浆。”[①]以上都是说的梨果酥脆多汁。

图32 梨膏。图片引自网络。

五、梨果的药用：润肺、消痰、降火、解毒

据《本草纲目》记载：梨的花、叶、果实、木皮等皆可入药，尤以梨果药用价值大。果实主治热嗽止渴，亦治热中风不语、伤寒热发、丹石热气，除贼风、止心烦，润肺、凉心、消痰、降火、解疮毒、酒毒等。花主治去面黑粉滓。叶主治霍乱、吐利不止、小儿寒疝。木皮主治解伤寒时气。[②]《农政全书》、授时通考》等亦多有记载，《本草纲目》《普济方》等附有有关梨的数十种药方。安徽砀山酥梨、天津雪梨，常用来煮梨汁、梨茶，加冰糖解渴止咳润肺；熬梨膏、梨胶，用温水调和饮服，

① 费振刚等校注《全汉赋》，第102页。

② 李时珍《本草纲目》卷三〇。

实为良药。

六、梨果的总体评价：梨为百果宗

综合以上我们看梨的果实，色泽金黄，圆形大而磊落，清香，甘甜如蜜，爽口似冰，酥脆多汁，落地即融。深秋季节，这种金黄色、圆圆的硕果挂在枝头，煞是好看，被誉为龙珠、凤卵。我们再看以下诗文：

徐铉《赠陶使君求梨》："昨宵宴罢醉如泥，惟忆张公大谷梨。白玉花繁曾缀处，黄金色嫩乍成时。冷侵肺腑醒偏蚤，香惹衣襟歇倍迟。今旦中山方酒渴，唯应此物最相宜。"①

韩维《王詹叔惠酥》："兴平产良酥，厥品为第一。"②

冯时行《卢秀才家食梨》："好同火枣供嘉品，端比蟠桃味更长。"③

刘筠《梨》："玄光仙树阻丹梯，御宿嘉名近可奇。"④

刘子翚《梨》："旧有佳名留大谷，谁分灵种下仙都。"⑤

韩琦《压沙寺梨》："压沙千亩敌封侯，珍果诚非众品同……四海举皆推美味，任徒潘赋纪张公。"⑥

孔平仲《食梨》："削成黄蜡圆且长，味甘骨冷体有香。芳尊命友先众果，百十磊落升君堂。"⑦

---

① 《全宋诗》第 1 册，第 80 页。

② 韩维《南阳集》卷一。

③ 冯时行《缙云文集》卷三。

④ 《全宋诗》第 2 册，第 1271 页。

⑤ 《全宋诗》第 34 册，第 21431 页。

⑥ 《全宋诗》第 6 册，第 4080 页。

⑦ 《全宋诗》第 16 册，第 10844 页。

蓝仁《送梨与云松》:“百果称宗品最奇,餐冰嚥雪食如饴。”[1]

从以上诗文以及各类资料可知，梨被誉为“百果宗”，不仅仅是南朝宋文帝与张敷君臣之间的戏言，梨果无论从色、香、味，还是形状、大小、功用等各个方面来说，都无愧于“百果宗”之称号。

第三节　梨果的审美特征

一、“秋日万子金圆垂”——梨果的形色美

梨树春四月开花，到了秋天，果实陆续成熟，金黄色的圆形果实挂满枝头，掩映在心形的碧叶之间。倘若霜降以后，树叶、梨果经过了霜染，透露出一层朱砂的红色，丹珠明黄，伴着碧枝翠叶，百里梨海，但见一片光明，耀人眼目。这种美的感受，与春日雪白的梨花相比，又是一番情趣。这种美，在古人的眼光里，已经折射出一段段华彩。

在南朝早期有关梨题材的文学作品中，已经涉及对梨果的欣赏。梁宣帝《梨》:“绿叶已承露，紫实复生津。”[2]沈约《西地梨》:“翻黄秋沃若，落叶春徘徊。”明确写出了梨果的颜色：黄、紫，与即将飘落的树叶一起，增添了诗人时光即逝的惆怅情绪。到了宋代，对梨果的描述基本上归结到一种带有欣赏眼光的赞美歌颂，就形色来说，形成了“金圆”之说，比喻为“龙珠”“凤卵”。

与秋天同时成熟的枣、柿、苹果相比，梨果大而重量足，给人以饱满、磊落之感。这一点，宋代李复在他的诗《梨》中说：“柿垂黄尚微，枣熟赤可剥。新梨接宜成，实大何磊落。累累如碧罂，器宇极恢廓。悬

---

① 蓝仁《蓝山集》卷三。

② 汪灏等《广群芳谱》卷五五。

枝细恐折，植竹仰撑托。露下色渐变，逼霜味不酢。采摘置中筵，气压百果弱。”[①]我们看看梨果到底有多大呢？除了上文所说梨果大如斗、重六斤等记载，李复诗中给出了形象的描写。“实大何磊落”一句充满了一种赞叹与歌颂，他说梨饱满的果实气势是恢宏的，下句又用竹竿托住梨枝以防折断这一细节展现出梨子挂满枝头的果实累累景象。

根据上节所述，梨果的形状多为圆形，颜色以金黄为主，因梨果硕大磊落，所以诗人李石在其《三藏梨》中把梨果凝炼成“金圆垂”，是非常形象而生动的，“春风千花玉叶碎，秋日万子金圆垂”。[②]他联想起春天梨花繁茂盛开，看如今春华秋实，金黄色的累累硕果挂满枝头，一派丰收景象，这是一种通俗的自然属性美，是贴近人心的实实在在的美景。程敦厚的《梨》诗，则把梨果的这种自然美感上升到精神层次的审美感受，“远意来佳惠，秋�启翠篮。清香殊未散，奇品至相参。凤卵辞丹穴，龙珠出古潭。剖轻刀匕快，嚼易齿牙甘”[③]。诗中比喻修辞的运用，不再用“金圆”这一物理性状的描述，想象成“凤卵”“龙珠”等具有浪漫主义色彩的比拟，卵、珠以形容梨果的形状，而“凤卵”、“龙珠”一贯是中国传统观念中珍宝，除了形象地揭示出了梨果的形状以外，又把梨果耀眼的光彩、磊落的气魄等美好的性质展现给世人面前。我们无法描摹凤卵、龙珠的色彩与光辉，其美恐怕只有想象而已，而梨果的美同样只有靠想象的空间来展现。笔者认为，这正是金圆、龙珠、凤卵等词汇形容梨果的最成功之处。

---

① 《全宋诗》第19册，第12427页。
② 《全宋诗》第36册，第22275页。
③ 《全宋诗》第35册，第22083页。

二、“味甘骨冷体有香”——梨果的味香美

如果说金圆、龙珠、凤卵等用以赞美梨果，还都是梨果的外在美，那么从梨果的味道与香气等方面，可以从外到内更进一步揭示梨果带给人们的感受。香气、味道、营养应该是衡量一种水果优劣的三大标准。所以，品评一种水果，我们不可能绕开它的香气与味道，具体说来，香气是嗅觉的，味道是味觉的。

梨果的香气，我们上文已经提到——清香。耐人寻味的是，这与梨花的香气是一致的。梨果的清香，不同于玫瑰的浓香，桂花的甜香，更有别于榴莲的气味。梨果的香气与梨花一样，是那样的淡，淡到似无还有，仿佛在有无之间。我们只能说，这是梨的香，不同于苹果、枣子、菠萝、香蕉等，是梨果特有的香气。水果的香气也是区分水果的一个重要指标。程敦厚《梨》诗说“清香殊未散”，刘子翚《梨》诗说“丹腮晓露香犹薄”[①]，杨万里《梨》诗说“骨里馨香衣不隔”[②]。梨果的香气给人们留下特有的感觉，也许这种感觉用语言表达出来的效果是苍白的、陈旧的、老套的，目前我们能看到的诗文资料记载也只是香、清香、馨香等词语，我想这些词语根本无法准确表达出梨果的香气，如果我们需要较为恰当地表达梨果的香气，也只有用“梨香”二字了。文字表白的永远是类化的概念，想象才是真正的审美，让我们用各自的大脑想象“梨香”给你我的感受吧。

水果的味道不仅仅是酸、甜、苦、辣能说清楚的，所以，我们谈梨的味道之前，先了解味道和味觉的概念。《辞海》解释味道的本义是“滋味”，滋味的本义是“美味”。辞海关于味觉的解释是“辨别外界物

① 《全宋诗》第 34 册，第 21431 页。

② 杨万里《诚斋集》卷一一。

图 33　库尔勒香梨，原产新疆，以库尔勒生产的最为有名。（曹玉芬《中国梨品种》，中国农业出版社，2014 年，第 92 页）

体味道的感觉。基本味觉有甜、酸、苦、咸四种，其余都是混合味觉。味觉同其他感觉，特别同嗅觉、肤觉相联系。辣觉是热觉、痛觉和基本味觉的混合。”[1]解释中还特别指出味觉是通过舌面和口腔内的味觉

① 《辞海》，上海辞书出版社，1979 年。“味道”、“味觉”见第 1686 页，“滋味”见第 2242 页。

细胞（味蕾）的传导而引起的。笔者认为辞海关于味觉的解释是令人比较容易接受和理解的，关于味觉与嗅觉、肤觉等其他感觉相联系的观点给我们感受水果的味道指明了办法。因为当水果入口以后，除了基本的酸、甜、苦等味道以外，还有酥、脆、软、绵、硬、多汁、冰凉、温热等多种感受，这些感受都不是简单的味道能说明的。

图34　砀山酥梨丰收景象。图片引自网络。

梨果最基本的味道应该是甜的，也有酸味的，大多是较差的品种，不过近年来为了改善水果的口味，有的品种也专门改善得含有一些酸味。梨果的甜是其一大特点、亮点，应该说是特别的甜，这在文献资料中能得到有力的证实。我们知道梨果的一个别名是蜜父，即说明梨果甜似蜜。《艺文类聚》卷八十六记载："魏文诏曰：真定郡梨，大若拳，甘若蜜，脆若菱。"宋韩维《王詹叔惠酥》说梨似"冰蜜"，刘子翚《梨》说梨如“蔗浆”，曾巩《食梨》的感受是“蜜经齿”，梅尧臣《王道损赠永兴冰蜜梨四颗》诗中干脆把梨称为冰蜜梨，似有这个品种，并述说吃梨的感受是“蜜过喉”，强至也在《依韵奉和司徒侍中压沙寺梨》中称梨为冰蜜，韩琦亦是(《压沙寺梨》)。人们常说世间甜者蜜为最，诗文中把梨比作蜜，有的直接称之为蜜，可见梨的甜味是非同一般的。

酥、脆是梨果的另外两种口味，或者说口感。笔者查阅《应用汉语词典》中对“酥”与“脆”的解释，竟然一致的是两个字都用梨举例子，表达梨酥、脆等等，[①]可见梨果的酥、脆给人印象之深。笔者家乡安徽砀山盛产梨，号称中国梨都，梨的品种即砀山酥梨。古代诗文中也常把梨称为“酥”，把吃梨直接说成“食酥”。韩维有《王詹叔惠酥》诗，第一句就说“兴平产良酥，厥品为第一”[②]。梅尧臣有《江邻几学士寄酥梨》，曾几有《食酥二首》，杨长儒的《梨》诗说成是“脆香诗”，等等。那么梨果酥、脆到什么程度呢？《广群芳谱》记载：“汉武帝御宿园出大梨，如五升瓶，落地则破。”“魏文诏曰：真定郡梨，大若拳，甘若蜜，脆若菱。”[③]《永嘉记》：“青田村人家多种梨树，名曰官梨……实落至地即融释。”[④]“秣陵有哀仲家梨，甚美，大如升，入口即消。”[⑤]

综合上节所述，梨果的味道是甘甜如蜜、爽口似冰、酥脆多汁。那么梨果的这种口味带给人的感受是什么呢？以下结合文学作品试分析。

冯时行《卢秀才家食梨》：“屡款卢仙贡玉堂，谷梨霜饱

① 《应用汉语词典》，商务印书馆，2000年。“酥”见第1197页，“脆”见第208页。
② 韩维《南阳集》卷一。
③ 欧阳询撰，汪绍楹校《艺文类聚》，第1474页。
④ 徐坚等《初学记》，第679页。
⑤ 陈景沂《全芳备祖》后集卷六。

每分香。冰圆咀液凉疏齿，金醴吞甘浣热肠。误诮斧斤讹鲁简，骇听名字笑吴娘。好同火枣供嘉品，端比蟠桃味更长。”[①]

李石《谢王公才惠资阳梨》：“满盘冰玉岂虚投，落笔琼琚未易酬。欲写霜柑三百颗，更寻火枣八千秋。”[②]

刘筠《梨》：“玄光仙树阻丹梯，御宿嘉名近可齐。真定早寒霜叶薄，樊川初晓露枝低。先时樱熟烦羊酪，远信梅酸损瓠犀。宋玉有情终未识，蔗浆无柰楚魂迷。”[③]

梅尧臣《王道损赠永兴冰蜜梨四颗》：“名果出西州，霜前竞以收。老嫌冰熨齿，渴爱蜜过喉。色向瑶盘发，甘应蚁酒投。仙桃无此比，不畏小儿偷。”[④]

甘甜、酥脆、多汁应该是人们对水果的普遍期待，这些方面，梨果完全具备了。另外，冰爽应该是梨与其他水果相区别的一大特色，这种冰凉的感觉自然给人们留下深刻的印象，诗中由冰联想到玉，冰、玉都是人间至纯至洁至美之物，梨果的美感仿佛一下子就凸现出来，这种美的感受是被誉为仙品的蟠桃也无法比拟的，梨果也就顺理成章地被作为仙果供奉在白玉堂上。

三、“采摘置中筵，气压百果弱”——梨果的整体审美特征

以上通过对古代关于梨果的文献资料的解读，我们基本了解了梨果的属性及人们对它的认识。就各色常见水果来说，梨果占有什么样的地位呢？梨果个大磊落，通体浑圆，色彩金黄，清香淡然，甘甜如蜜，爽口似冰，酥脆多汁，清凉润肺。任何东西皆不可暴饮暴食，梨清凉

① 冯时行《缙云文集》卷三。

② 《全宋诗》第35册，第22318页。

③ 《全宋诗》第2册，第1271页。

④ 《全宋诗》第5册，第2908页。

之特性，也决定了一次不可过量吃用。综合以上特性，梨被誉为百果之宗是其本质使然。古代文献资料对梨果有多种赞誉，常见的有凤卵、龙珠、奇品、嘉品、第一、器宇恢廊、仙品、冰玉、琼琚、灵种、清品。

对比与比较是人们常用的咏物诗文的手法，诗人们在赞颂梨果的时候，亦是如此。我们看看梨与桃、橘、梅等常见水果的比较。

刘筠《梨》："先时樱熟烦羊酪，远信梅酸损瓠犀。"①

冯时行《卢秀才家食梨》："好同火枣供嘉品，端比蟠桃味更长。"②

韩琦《压沙寺梨》："压沙千亩敌侯封，珍果诚非众品同。"③

强至《依韵奉和司徒侍中压沙寺梨》："江橘空甘得奴号，果中清品合称公。"④

与梅子相比，梅酸梨甜；与桃子相比，梨甘脆酥爽；与橘子相比，梨清香可口，如此等等。

梨果的这些特性，备受人们的推崇，从而把梨子推上了百果宗的地位。李洪在其诗中把梨子想象成姑山之仙女，有着玉雪一样的肌肤。⑤韩琦在其诗《压沙寺梨》中直率地赞美梨果"四海举皆推美味"⑥，他认为梨是珍果，非其他水果可比。强至在与韩琦唱和中说，仅仅甘甜的橘子只能充当奴才的脚色，梨子才是水果中的清品，称得上"公"

① 《全宋诗》第 2 册，第 1271 页。

② 冯时行《缙云文集》卷三。

③ 《全宋诗》第 6 册，第 4080 页。

④ 《全宋诗》第 10 册，第 6926 页。

⑤ 李洪《以雪梨遗韩子文》句："婺女新梨玉雪如，姑山绰约想肌肤。"《全宋诗》第 43 册，第 27189 页。

⑥ 《全宋诗》第 6 册，第 4080 页。

的尊号。徐铉吃过酒后，就觉得只有梨子才合口味[1]。李复给出了概括性的总结：梨子硕果磊落，采摘了放置在中堂，百果与之相比，都悄然失色。[2]

① 徐铉《赠陶使君求梨》句："今旦中山方酒渴，唯应此物最相宜。"《全宋诗》第1册，第80页。

② 李复《梨》句："新梨接亦成，实大何磊落。采摘置中筵，气压百果弱。"《全宋诗》第19册，第12427页。

征引书目

说明：

1. 凡本文征引书籍均在其列。

2. 以书名拼音字母顺序排列。

3. 单篇论文信息详见引处脚注，此处从省。

1.《本草纲目》，[明]李时珍著，沈阳：辽宁民族出版社，2001。

2.《白居易诗歌创作考论》，肖伟韬著，南昌：江西人民出版社，2014。

3.《初学记》，[唐]徐坚等著，北京：中华书局，2004。

4.《春秋臣传》，[宋]黄中炎．王当撰，《影印文渊阁四库全书》本。

5.《诚斋集》，[宋]杨万里撰，《影印文渊阁四库全书》本。

6.《楚辞集注》，[宋]朱熹撰，蒋立甫校点，上海:上海古籍出版社，2001。

7.《草堂雅集》，[元]顾瑛编，《影印文渊阁四库全书》本。

8.《重阳分梨十化集》，[元]马钰著，《道藏》第25册。

9.《辞海》，上海：上海辞书出版社，1979。

10.《大全集》，[明]高启著，《影印文渊阁四库全书》本。

11.《大清一统志》，[清]穆彰阿 . 潘锡恩等纂修，《影印文渊阁四库全书》本。

12.《贵耳集》，[宋]毕仲游 . 张端义撰，《影印文渊阁四库全书》本。

13.《绀珠集》，[宋]朱胜非撰，《影印文渊阁四库全书》本。

14.《姑苏志》，[明]王鏊撰，《影印文渊阁四库全书》本。

15.《古今图书集成》，[清]陈梦雷等编辑，北京：中华书局，1985。

16.《格致镜原》，[清]陈元龙编，《影印文渊阁四库全书》本。

17.《广群芳谱》，[清]汪灏著，上海：上海书店，1985。

18.《韩非子》，[战国]韩非著，《影印文渊阁四库全书》本。

19.《海录碎事》，[宋]叶廷珪编撰，《影印文渊阁四库全书》本。

20.《晦庵集》，[宋]朱熹撰，《影印文渊阁四库全书》本。

21.《皇清文颖》，[清]陈廷敬编，《影印文渊阁四库全书》本。

22.《缙云文集》，[宋]冯时行撰，《影印文渊阁四库全书》本。

23.《鸡肋集》，[宋]晁补之撰，《影印文渊阁四库全书》本。

24.《金莲正宗记》，[元]秦志安编撰，《影印文渊阁四库全书》本。

25.《畿辅通志》，[清]李卫等监修，《影印文渊阁四库全书》本。

26.《可闲老人集》，[元]张昱撰，《影印文渊阁四库全书》本。

27.《两宋名贤小集》，[宋]陈思撰，《影印文渊阁四库全书》本。

28.《庐山集》，[宋]董嗣杲撰，《影印文渊阁四库全书》本。

29.《陵川集》，[元]郝经著，《影印文渊阁四库全书》本。

30.《兰轩集》，[元]王旭撰，《影印文渊阁四库全书》本。

31.《蓝山集》，[明]蓝仁撰，《影印文渊阁四库全书》本。

32.《历代诗余》，[清]沈辰垣等编，《影印文渊阁四库全书》本。

33. 《林蕙堂全集》，[清] 吴绮著，《影印文渊阁四库全书》本。

34. 《陆游传》，朱东润著，北京：东方出版社，2010。

35. 《梨树生物学》，许方主编，北京：科学出版社，1992。

36. 《明文海》，[明] 黄宗羲编，《影印文渊阁四库全书》本。

37. 《明一统志》，[明] 李贤等撰，《影印文渊阁四库全书》本。

38. 《眉庵集》，[明] 杨基著，《影印文渊阁四库全书》本。

39. 《南阳集》，[宋] 韩维撰，《影印文渊阁四库全书》本。

40. 《南湖集》，[宋] 张镃撰，《影印文渊阁四库全书》本。

41. 《齐民要术》，[北魏] 贾思勰，《影印文渊阁四库全书》本。。

42. 《全芳备祖》，[宋] 陈景沂辑，《影印文渊阁四库全书》本。

43. 《秋涧集》，[元] 王恽著，《影印文渊阁四库全书》本。

44. 《钦定热河志》，[清] 和珅编，《影印文渊阁四库全书》本。

45. 《全唐诗》，[清] 彭定求等编，北京：中华书局，1999。

46. 《全上古三代秦汉三国六朝文》，[清] 严可均辑，中华书局，1958。

47. 《全汉赋》，费振刚等校注，广州：广东教育出版社，2006。

48. 《全金元词》，唐圭璋辑，北京：中华书局，1979 。

49. 《全宋词》，唐圭璋辑，北京：中华书局，1965。

50. 《全宋诗》，北京大学古文献研究所编，北京:北京大学出版社，1999。

51. 《全唐五代词》，曾绍岷等编著，北京：中华书局，1999。

52. 《诗人玉屑》，[宋] 魏庆之著，《影印文渊阁四库全书》本。

53. 《石仓历代诗选》，[明] 黄希英编，《影印文渊阁四库全书》本。

54. 《石田诗选》，[明] 沈周撰，《影印文渊阁四库全书》本。

55.《升庵集》,[明] 杨慎撰,《影印文渊阁影印文渊阁四库全书》本。

56.《圣祖仁皇帝御制文集》,[清] 爱新觉罗 · 玄烨撰,《影印文渊阁四库全书》本。

57.《宋诗钞》,[清] 吴之振编,《影印文渊阁四库全书》本。

58.《宋代咏梅文学研究》,程杰著,合肥:安徽文艺出版社,2002。

59.《诗经》,北京:长城出版社,1999。

60.《太平广记》,[宋] 李昉等编,北京:中华书局,1961。

61.《太平御览》,[宋] 李昉等撰,《影印文渊阁四库全书》本。

62.《桐江续集》,[元] 方回著,《影印文渊阁四库全书》本。

63.《吴文正集》,[元] 吴澄著,《影印文渊阁四库全书》本。

64.《物种起源》,[英] 达尔文著,北京:商务印书馆,1981。

65.《西京杂记》,[汉] 刘歆著,《影印文渊阁四库全书》本。

66.《西溪丛语》,[宋] 姚宽著,北京:中华书局,1993。

67.《省斋集钞》,[宋] 周必大著,《影印文渊阁四库全书》本。

68.《性情集》,[元] 周巽著,《影印文渊阁四库全书》本。

69.《雪楼集》,[元] 程钜夫著,《影印文渊阁四库全书》本。

70.《小鸣稿》,[明] 朱诚泳撰《影印文渊阁四库全书》本。

71.《西河集》,[清] 毛奇龄著,《影印文渊阁四库全书》本。

72.《先秦汉魏晋南北朝诗》,逯钦立辑校,北京:中华书局,1983。

73.《艺文类聚》,[唐] 欧阳询撰,汪绍楹校,上海:上海古籍出版社,1999。

74.《遗山集》,[金] 元好问著,《影印文渊阁四库全书》本。

75.《御选金诗》，［清］爱新觉罗·玄烨撰，《影印文渊阁四库全书》本。

76.《御制乐善堂全集定本》，［清］爱新觉罗·弘历撰，蒋溥等编《影印文渊阁四库全书》本。

77.《御制诗集》，［清］爱新觉罗·弘历撰，《影印文渊阁四库全书》本。

78.《元诗选》，［清］顾嗣立编，《影印文渊阁四库全书》本。

79.《渊鉴类函》，［清］张英等纂修，《影印文渊阁四库全书》本。

80.《阅读李白》，阎琦著，南京：南京大学出版社，2012。

81.《应用汉语词典》，北京：商务印书馆，2000。

82.《元稹评传》，吴伟斌著，郑州：河南人民出版社，2008。

83.《止斋集》，［宋］陈傅良撰，《影印文渊阁四库全书》本。

84.《中州集》，［金］元好问编，《影印文渊阁四库全书》本。

85.《竹素山房诗集》，［元］吾丘衍著，《影印文渊阁四库全书》本。

86.《庄靖集》，［元］李俊民著，《影印文渊阁四库全书》本。

87.《竹涧集》，［明］潘希曾著，《影印文渊阁四库全书》本。

88.《竹斋集》，［明］王冕撰，《影印文渊阁四库全书》本。

89.《震泽集》，［明］王鏊著，《影印文渊阁四库全书》本。

90.《脂本汇校石头记》，［清］曹雪芹著，郑庆山校，北京：作家出版社，2003。

91.《植物名实图考长编》，［清］吴其濬著，北京：商务印书馆，1959。

92.《张文贞集》，［清］张玉书撰，《影印文渊阁四库全书》本。

93.《庄子浅注》，曹础基著，北京：中华书局，2000。

94.《中国梨品种》，曹玉芬主编，北京：中国农业出版社，2014。

95.《中国古代文人》，陈娇编著，北京：中国商业出版社，2015。

96.《中国文学发展史》，刘大杰著，上海：上海古籍出版社，1997。

97.《中国文学史》，游国恩等主编，北京：人民文学出版社，1964。

98.《中国荷花审美文化研究》，俞香顺著，成都：巴蜀书社，2005。

99.《中国花卉文化》，周武忠著，广州：花城出版社，1992。

100.《中国历代文学作品选》，朱东润主编，上海:上海古籍出版社，2002。

水仙、茉莉文学与文化论丛

程　杰　程宇静　任　群　著

目　录

中国水仙起源考

程　杰

关于中国水仙的起源问题迄今尚无定论。科技界主要有两种观点。一种认为中国水仙为我国原产，以民国二十五年（1936）漳州学者翁国梁的《水仙花考》一书为代表[①]，其主要理由是东亚地区地大物博，气候多样，植物资源极为丰富。宋人即有水仙"本生武当山谷中，土人谓之天葱"的说法，宋人咏水仙诗多提到湖南、湖北等地，这些地方应该是水仙的原产地。古人甚至有"六朝人乃呼为雅蒜"的说法，如今也在舟山群岛等地发现成片的野生水仙花。另一种意见则认为水仙是外来归化植物，以中科院植物所陈心启、吴应祥《中国水仙考》《中国水仙续考》为代表[②]。主要观点是水仙属植物的分布中心是地中海沿岸，我国水仙只是一个变种，孤零零分布在中国、日本等东亚国家，这种情况不符合生物分布的一般规律。水仙在我国各地都很难有性繁殖，也就是说不能结子播种，品种资源较少，作为原产地难以成立。我国唐以前未见有水仙的迹象，唐代有关水仙的最早记载是拂林国（东罗马）的㮏祇（naìqí），宋以来才逐步传播开来。古代盛产水仙的上

① 翁国梁《水仙花考》，民国二十五年（1936）《中国民俗学会丛书》铅印本。

② 陈心启、吴应祥《中国水仙考》，《植物分类学报》1982 年第 3 期，第 370—377 页；陈心启、吴应祥《中国水仙续考——与卢履范同志商榷》，《武汉植物学研究》1991 年第 1 期，第 70—74 页。

海嘉定、江苏苏州、福建漳州等地至今都未发现野生原种。今人发现的野生水仙，都在寺庙或村落附近，应为栽培逸为野生，而且也都不能正常繁殖[1]。

比较两种说法，笔者认为后一说法更为合理，这也是目前学术界比较趋同的主流认识。随着当代生物技术的发展和社会全球化的进程，人们的考察视野和研究手段都在不断发展。可以肯定的是，全面、深入的遗传基因研究会带给我们更多新的发现。但物种起源的研究不只是一个技术问题，更是一个历史课题。笔者发现，迄今有关探讨大多出于科技工作者之手，古代历史方面的考证比较薄弱，所见论述无论在文献资料的搜集使用上，还是相关知识的理论判断上，多多少少都存在一些不够充分、严谨的现象，结论大多比较粗疏。为此笔者重拾这一问题，着力就水仙花见诸记载之初期各类文献资料的全面勾稽与梳理，找到了一些我国水仙花起源的可靠信息，发现了水仙花早期传播的地域特征，由此可以基本确定中国水仙这一传统名花传入我国的时间、地点和早期的传播轨迹。

图 01　水仙，选自清吴其濬《植物名实图考》。（吴其濬《植物名实图考》，商务印书馆 1957 年版，第 423 页）

① 金波、东惠茹、王世珍《水仙花》，上海科学技术出版社 1998 年版，第 1—8 页。

一、中国水仙五代时由外国传入

谈及水仙起源，有四条古代文献记载较为重要，广为人们引用：

一是“六朝人呼为雅蒜”的说法。这是将水仙出现时间定位最早的一条文献记载。这一说法最早见于明末文震亨《长物志》，称水仙“性不耐寒，取极佳者移盆盎，置几案间，次者杂植松竹之下，或古梅、奇石间。冯夷服花八石，得为水仙，其名最雅，六朝人乃呼为雅蒜”[①]。如今信息技术发达，遍检六朝及隋唐各类文献，均未见有水仙花和雅蒜的信息。最早记载雅蒜这一名称的是北宋后期的张耒，称水仙“一名雅蒜”（出处见后），类似记载此后频频可见，但整个宋元时期都未见将此与六朝相联系。文震亨，苏州长洲人，画家文征明的曾孙。他并未交代这一说法的出处，后世引用者，也未见有任何新的说明。细味《长物志》的这段记载，意在介绍水仙花的神韵品位和相应的艺事风雅。在古人心目中，六朝以人物风流潇洒著称，借六朝说事，其意也只在凸显水仙花的高雅格调。后来吴昌硕有“黄华带三径雨，雅蒜存六朝风”的诗句[②]，引陶渊明等六朝风范来赞美菊花与水仙，用意相同。这都是文人一时意兴之言，远非对水仙来源的严肃考证，不足为据。

明人学风粗疏，世所共知。文氏这里不仅与六朝挂钩不当，前面的一句“冯夷服花八石，得为水仙”也是信口开河。河伯冯夷服八石，

① 文震亨《长物志》卷二，清《粤雅堂丛书》本。

② 吴昌硕《作画三帧各赞六言一首……》其三，《缶庐别存》，光绪十九年（1893）刻本。

得道成为水仙是一个古老的传说，所谓“八石”本指道家炼丹的八种石料，文氏改作“服花八石”，就成了吃花八石而成仙的意思了。笔者发现，这一说法的始作俑者是元朝的《韵府群玉》，该书（《影印文渊阁四库全书》本）卷五“花木”下即有“冯夷，华阴人，服花八石，得为水仙，名河伯”数语。明慎懋官《华夷花木鸟兽珍玩考》（明万历九年刻本）卷四摘录此条，将“冯夷”误作“汤夷”，稍后陈继儒《岩栖幽事》（明宝颜堂秘笈本）谈到水仙，更进一步说“有汤夷，华阴人，服水仙花八石，得为水仙”。如果把他们说的都信以为真的话，那水仙花的历史就远不是起于六朝，而是早在春秋战国就已经出现了。

图 02　水仙盆栽。水仙的鳞茎形似蒜头，其叶片碧绿而厚，亭亭直立，如葱似蒜，古人谓之“天葱”，又呼为“雅蒜”。图片引自网络。

二是“唐玄宗赐虢国夫人红水仙”事。出于明万历间王路《花史左编》（万历刻本）卷一一，王路罗列古人宠爱鲜花之事，其中一条：“唐玄宗赐虢国夫人红水仙十二盆，盆皆金玉、七宝所造。”同样亦未交代出处。王路之前未见有人谈起过，后人称引此事多想当然地以为出于唐人郑处诲的《明皇杂录》或王仁裕的《开元天宝遗事》，然遍检二书及今人所辑佚文，都未见有此事的蛛丝马迹。因此，这一记载的可靠性也值得怀疑。

三是拂林国所产㮈祇。唐段成式（？—863）《酉阳杂俎》卷一八：“㮈祇出拂林国，苗长三四尺，根大如鸭卵，叶似蒜，叶中心抽条甚长，茎端有花六出，红白色，花心黄赤，不结子。其草冬生夏死，与荞麦相类，取其花压以为油，涂身，除风气，拂林国王及国内贵人皆用之。”（图 03）㮈祇与波斯语 Nargi（水仙）对音[①]，所说形态、花色、习性、功用都显系水仙属植物。拂林，西域地名，指东罗马帝国及西亚地中海沿岸地区，这也正是世界公认的水仙属植物的原产地和主产地。段成式是唐穆宗朝宰相段文昌之子，曾为秘书省校书郎，官至太常少卿，以博学著称。《酉阳杂俎》属于博物类著作，体例有如类书，内容广博，在唐代同类著作中独树一帜，广受人们重视。

四是水仙“本生武当山谷中，土人谓之天葱”的说法。此话出于北宋中期韩维的诗歌自注中，具体出处下文交代。这是古代文献中有关我国水仙产地最早的一条记载，文献出处确凿无疑，味其语意，似指武当山中多野生水仙。但今人对此深表怀疑：“武当山位于湖北省西

① 2016 年 6 月 2 日，扬州大学毕业的苏丹留学研究生穆罕默德·哈桑·穆罕默德先生惠函介绍：“水仙在阿拉伯国家，称为 سجرن’ NARGIS，有好多阿拉伯妇女叫 NARGIS。此花有好多种类在阿拉伯国、地中海国家、埃及、突尼斯、阿尔及利亚和摩洛哥，颜色也多。”

北部的均县与房县之间，但至今尚未闻有在此采得野生水仙者。不仅武当山没有，就是其邻近地区以至整个湖北、湖南亦未闻有发现水仙者。看来，这样的说法的可靠性是有问题的。”[①]为此，笔者披览明天顺《重刊襄阳郡志》、明万历、清乾隆、光绪《襄阳府志》、明人所著的两部武当山志（任自垣《敕建太岳太和山志》、凌云翼《太岳太和山志》），除万历、乾隆府志物产志中列有水仙名称外，余四种未见。更重要的是，诸方志所载各类文人作品中并未见关于水仙野生或人工盛植的任何信息，韩维所在的宋代也未见有文人再提到这一情景，韩维的这一记载可谓是孤音绝响。韩维当时要从友人安焘那里移种水仙，安焘欣然相赠，安焘的水仙则来自襄阳，韩维以诗致谢，诗中这段注语或是得诸传闻。在没有其他资料可以佐证的情况下，很难将其视为水仙原产地的有力证明。

水仙在我国得到广泛记载是宋朝以来的事，韩维生活的年代正在这一时间范围里，在接下来的论述中我们将其与北宋时期的其他信息一并探讨。而其他三条，所说时间都属于宋以前，应该是更早的源头。但这三条材料中，前两条又远非信史，唯有第三条最为可靠。如今科技工作者也正是据此确认，最迟在我国唐代，水仙植物已由拂林（今希腊、土耳其等地中海沿岸地区）传入我国。但这一判断仍有不少值得推敲之处。

首先，《酉阳杂俎》所载㮈祇，段氏并未言明是本人所见。水仙（球茎压油）是西方治疗风痛的要药，有学者研究表明，“《酉阳杂俎》卷一八中由拂菻僧弯提供的十九种西域植物，是按照脱胎于希腊古典药

① 陈心启、吴应祥《中国水仙考》，《植物分类学报》1982 年第 3 期，第 373 页。

品物学的阿拉伯药物学和音义总汇的原则撰写的”[①]，也就是说段氏的记载有可能是得之耳闻或根据外国传教士提供的药典之类书面材料写成的，不能据此就认定当时水仙已经传入我国。

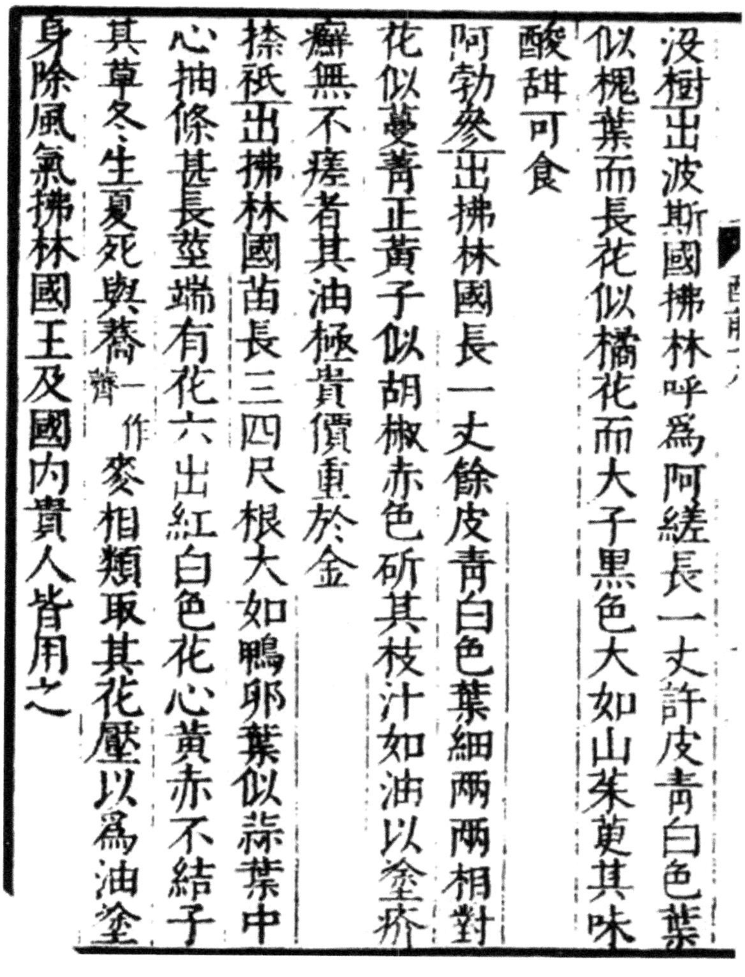

没樹出波斯國拂林呼爲阿縒長一丈許皮青白色葉似槐葉而長花似橘花而大子黑色大如山茱萸其味酸甜可食

阿勃參出拂林國長一丈餘皮青白色葉細兩兩相對花似蔓菁正黃子似胡椒赤色斫其枝汁如油以塗疥癬無不瘥者其油極貴價重於金

捺祇出拂林國苗長三四尺根大如鴨卵葉似蒜葉中心抽條甚長莖端有花六出紅白色花心黃赤不結子其草冬生夏死與蕎（一作齊）麥相類取其花壓以爲油塗身除風氣拂林國王及國内貴人皆用之

图03 ［唐］段成式《酉阳杂俎》书影，《四部丛刊》本。此处卷一八“捺祇”条称，捺祇出拂林国，茎端有花六出，红白色，花心黄赤，今天科技工作者推测，可能是红口水仙之类，与中国水仙不是同一种类。

① 林英《唐代拂菻丛说》，中华书局2006年版，第46页。

其次，宋以来国人所说的水仙，花被（花瓣）纯白色，副冠黄色，有香味，在当代园艺分类中，被称为中国水仙（N.tazetta L.var.chinensis Roem），属于多花水仙一类，主要分布于我国东南沿海、朝鲜半岛和日本。而《酉阳杂俎》所说㮈祇，花作红白二色，今天科技工作者推测，有可能是红口水仙之类[①]，与我国传统的水仙不是同一个种类。历代文献除转抄《酉阳杂俎》这段材料外，再也未见有任何㮈祇栽培的后续报道，也就是说此后漫长的岁月都未见这一物种在我国繁衍传播的任何消息。就笔者所见，只是到明末天启年间（1621—1627）才有重新引进种植红水仙的记载[②]。

更值得注意的是，从晚唐五代至明朝中叶的六个世纪中，人们并没有将《酉阳杂俎》所说"㮈祇"与人们熟悉的水仙花相联系，各类类书在编纂相关知识时都单列"㮈祇"一条，从未与人们所说的水仙花视为一种植物。也就是说，在宋元时期人们的知识体系中，两者是完全无关的东西。最早将㮈祇与水仙联系起来的是明朝李时珍（1518—1593），他在《本草纲目》卷一三水仙"集解"中转述了《酉阳杂俎》这段记载，并引发思考："据此形状与水仙仿佛，岂外国名谓不同耶？"他看出此物与我国水仙的相似，这是李时珍的伟大之处，但他对此也并未完全肯定[③]。从这以后，人们在编述水仙资料时，才开始收录《酉阳杂俎》这条材料，影响至今。

我国古人所说的水仙，也即今植物和园艺学家所说的中国水仙，

① 金波、东惠茹、王世珍《水仙花》，上海科学技术出版社 1998 年版，第 7 页。

② 秦征兰《天启宫词》："异卉传来自粤中，内官宣索种离宫。春风香艳知多少，一树番兰分外红。"注："当时都下种异种花草，相传自两广药材中混至，内臣好事者遍栽于圣驾常幸之处，有蛱蝶菊、红水仙……等名。"陈田《明诗纪事》辛签卷三二，清陈氏听诗斋刻本。

③ 对此李时珍并不完全确定，在《本草纲目》卷一四中，又称㮈祇与山柰相似。

是一特色鲜明、传承明确的物种。而上述这些情况表明，无论是《酉阳杂俎》所载“㮈祇”，还是《花史左编》所说的“红水仙”都不是它的源头。无论它是本土所产，还是归化植物，都应该有自己独立的来源。这是我们应该着力探索的，笔者近日发现，五代至宋初有两条记载值得重视：

一、段公路《北户录》（《影印文渊阁四库全书》本）卷三“睡莲”条下注：“孙光宪续注曰，从事江陵日，寄住蕃客穆思密尝遗水仙花数本如橘，置于水器中，经年不萎。”

二、钱易《南部新书》（《影印文渊阁四库全书》本）卷一〇：“孙光宪从事江陵日，寄住蕃客穆思密尝遗水仙花数本，摘之水器中，经年不萎。”《北户录》《南部新书》都是传本确凿的文人笔记著作。《北户录》撰者段公路不见史传，据《北户录》序言，段公路是段文昌的孙子，也就是说是《酉阳杂俎》作者段成式的儿子或侄子。书中自称唐懿宗咸通（860—873）中至乾符（874—879）初曾在岭南任职，该书记载岭南风土、物产。每条正文多夹有崔龟图的注解，注文较为详赡。崔龟图（《影印文渊阁四库全书》本作龟图，无姓）生平不详。注文中出现的孙光宪（？—968），五代著名文人，字孟文，号葆光子，陵州贵平（今四川仁寿县东北）人，前蜀时为陵州判官[①]。后唐天成初（约926年）前蜀亡国后，他避地江陵（今湖北荆州），入仕五代十国中的南平国——高季兴、高从诲经营的荆南割据政权，任掌书记。历仕高氏祖孙三代五主，前后长达三十七年，累官至检校秘书监、御史大夫。宋乾德元年（963），力劝高氏率土归宋，为宋太祖嘉许，授黄州（今

① 贾二强《〈北梦琐言〉点校说明》，孙光宪《北梦琐言》卷首，中华书局2002年版。

湖北黄冈）刺史，乾德六年卒，《宋史》卷四八三有传。孙光宪博通经史，著述颇丰，有《续通历》《北梦琐言》《荆台集》等百余卷。尤以曲子词著称，是晚唐五代花间派的重要词人[1]。钱易《南部新书》也是一部笔记著作。钱易（968—1026），字希白，宋真宗咸平二年（999）进士，官至翰林学士，《宋史》卷三一七有传，《南部新书》约成于大中祥符（1008—1016）末年。

图 04　水仙鳞茎。水仙鳞茎又名水仙头，状如蒜头，外裹一层淡褐色的膜皮，形状与颜色均似橘。图片引自网络。

上述两条材料所述为同一件事，文字也大同小异。《北户录》注文中所谓“孙光宪续注”引领的文字，显然不属崔龟图原注的内容，而是孙光宪的自述。全书所谓“续注”仅此一处，而且附于全书之末，有可能是孙光宪在阅读此书时的随手批注，被后人抄入注文。所谓“从事江陵日”，指在荆南高氏幕府，可见这段文字写于乾德元年（963）

① 请参考庄学君《孙光宪生平及其著述》，《四川师大学报》1986 年第 4 期，第 66—70 页。

归宋之后。钱易与孙光宪两人生卒年正好相接，时代相去不远，钱易《南部新书》中的记载或得之传闻，更大可能是对孙光宪这段文字的摘录或转述，也许本人对水仙花并不了解，所谓将花折之水中经年不萎很难想象，远不如孙光宪所说合理，这也反过来证明孙光宪记载的可靠性。

解读孙光宪的这段文字，不难发现这样几点可贵的信息：

一、所说水仙花如橘。此条注文附于睡莲注文后，古代莲荷也别称水仙，但花、实形态与橘迥异，很难类比，此处当指水仙花的根部球茎，皮膜黄色，形状与颜色均似橘，是水仙属植物无疑。

二、这个植物是观花植物，叫“水仙花”。这是文献所载最早出现的水仙花名称，此后从北宋中期以来这一名称就流行开来。

三、时间在孙光宪任职江陵高氏幕府即公元926至963年的三十七年中。介于晚唐段成式《酉阳杂俎》记载榛祇这一西方水仙品种之后、北宋中期中国水仙花开始盛传之前，我们有理由相信，至少就文献记载而言，这是中国水仙不二的源头。

四、地点江陵，即当时高氏南平政权的统治区，相当于今湖北荆州、荆门、宜昌三市辖地，治所在江陵，即今湖北荆州市。

五、由寄住当地的蕃客穆思密所赠。所谓蕃客即外国人，但国度不明。唐史学家向达先生曾说过：“凡西域人入中国，以石、曹、米、史、何、康、安、穆为氏者，大率俱昭武九姓之苗裔也。”[①]内迁穆姓胡客为中亚穆国（在今土库曼斯坦）人的后裔，蔡鸿生先生《唐代社会的穆姓胡客》一文则将此穆思密归于移民我国的穆国胡人，但同时也承认，此人“被称为‘寄住蕃客’，当属世代较晚的穆国移民”[②]，

① 向达《唐代长安与西域文明》，三联书店1979年版，第12页。

② 蔡鸿生《中外交流史事考述》，大象出版社2007年版，第80页。

也就是说是来华不久的外国人。“穆思密”这个名字，到底是属于穆国胡人后裔以国为姓的现象，还是这位新移民之洋名字的完整译音，我们已无从追究，但笔者认为像这样“一派胡言”的名字应该更属后者，未必就是穆国后裔。孙光宪的《北梦琐言》记载了另外两个穆姓胡人，一是唐昭宗时宫廷的优伶穆刀绫[①]，另一是与孙光宪、穆思密同时供职于高氏幕府的医者穆昭嗣。穆昭嗣是一个汉化较深的移民后裔，胡姓汉名，孙光宪称其为“波斯穆昭嗣”[②]。或者这位穆思密也有可能来自波斯（今伊朗）一带。宋人温革《分门琐碎录》记载，“水仙收时，用小便浸一宿，取出照干，悬之当火处，候种时取出，无不发花者”，现代科技表明，水仙必须经过盛夏的干燥高温贮存才可以催发花芽，这是水仙种植的核心技术。这一生物习性与波斯湾夏季极其炎热干旱的气候条件较为吻合，中国水仙可能原产于伊朗、阿拉伯半岛至非洲北部夏季较为干旱炎热的地带。而作为远涉重洋的移民，所带水仙球茎是否即其故乡所产，又不可一味拘泥。同时西蜀词人李珣是土生波斯人，家族有一部分仍居岭南，其弟李玹以贩卖香药为业，时人讽其“胡臭薰来也不香”，李珣作有《海药本草》，可见是一个世业香药的家庭[③]。水仙油是西方治疗风痛的常用药，穆思密是否也可能是来华从事这类药物和香药贸易的商人，而将其带至中国。前面所说明末传入的红水仙，也是混在进口药材中运来的。

综合上述五点，我们可以肯定地说，中国水仙是由外来移民传入的，时间在五代，首传地点在今湖北荆州一带。还有一个疑问是，孙光宪这段记载为什么在各类有关水仙的编纂著述中从未见提及？这有个文

---

① 孙光宪《北梦琐言》，第 132 页。

② 孙光宪《北梦琐言》，第 382—383 页。

③ 方豪《中西交通史》，上海人民出版社 2008 年版，上册，第 274 页。

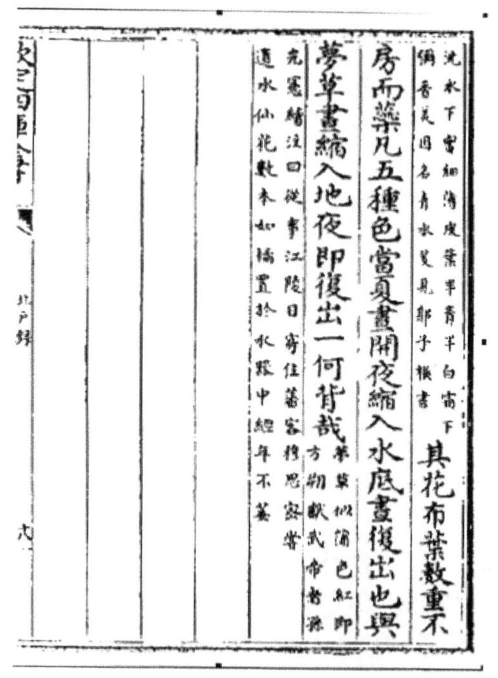

沈水下當細薄皮葉甲青芊白當下彌香美因名青水鬼見鄭子帳書

其花布葉數重不房而蘂凡五種色當夏晝開夜縮入水底晝復出也與夢草晝縮入地夜即復出一何背哉夢草似蒲色紅即方朔獻武帝者孫光憲續注曰從事江陵日寄住蕃客穆思密嘗遺水仙花數本如橘置於水器中經年不萎

睡蓮葉如荇而大沉於水面上有異浮根蓌耳其花布葉數重不房而蘂凡五種色當夏晝開夜縮入水底晝而復出於水面也與夢草晝縮入地遇夜即復出一何背哉夢草似蒲色紅即方朔獻武帝者孫容穆思密嘗遺水仙花數本如摘之於水器中經年不萎也

光緒六年歲在上章執徐吳興陸氏十萬卷樓重雕

北戶錄卷第三終

图 05　《北户录》书影。左图为《影印文渊阁四库全书》本，卷三“睡莲”条下注：“孙光宪续注曰，从事江陵日，寄住蕃客穆思密尝遗水仙花数本如橘，置于水器中，经年不萎。”右图为《十万卷楼丛书》，相同位置没有“孙光宪续注”字样引领。

献学的原因。《北户录》的这段文字属于小字注文，而且又附录在“睡莲”条下的注文之后，不易引人注意。加之这段“孙光宪续注”，各家版本文字也多不相同，如明江乡归氏抄本，直接前一段注文之后，没有“孙光宪续注”字样引领，写作“孙客穆思蜜尝遗水仙花数本，如摘之于水器中，经年不萎也”，文字有些脱漏。《十万卷楼丛书》本与归氏抄本字数相同，又将“孙客”误作“孙容”（图 05），读来更是费解。就笔者所见，清《文渊阁四库全书》所收两淮盐政采进本最为完整，我们这里所引即出于此。至于钱易《南部新书》这条记载，各家类书均未见辑录，据《四库全书总目》提要，“世所行本传写者以意去取多寡不一，别有一本从曾慥《类说》中摘录成帙，半经删削，阙漏尤甚”[①]，该书今本十卷，南宋晁公武《郡斋读书志》作五卷，或即删节之本。南宋著名的植物类书《全芳备祖》即未辑采《南部新书》一条。正是这些历史的遗漏，使这一问题的认识延误至今。

二、北宋水仙花的分布中心在荆襄地区

图06　水仙花。水仙花瓣洁白如平台，中心出黄色副冠，形如酒杯。北宋周师厚《洛阳花木记》称“一名‘金盏银台’”。图片引自网络。

① 永瑢等《四库全书总目》卷一四〇，《影印文渊阁四库全书》本。

如果仅靠上述两条材料，也许说服力并不十分充分。但继续梳理此后北宋的情况，就大大坚定了我们的信心。北宋中期以来，水仙花开始见于文人记载和吟咏，其中透露的信息表明，当时水仙花的分布中心在荆襄地区，即当时的江陵府（治今湖北荆州）和襄州（治今湖北襄樊）一线，而这正是孙光宪所说的江陵所在地，前后适可对接起来。以下是北宋时期记载和题咏水仙的作品，依其时间先后排列如次：

1. 周师厚（？—1087）《洛阳花木记》“草花八十九种”中水仙花凡两见，其中一处有注，称“水仙，一名金盏银台”，这即是我们这里所说的水仙花。所谓金盏银台，是形容水仙花瓣白色如平台，中心出黄色副冠，形如酒杯。另一处无注文，当是同名异花，因紧随“红蓑荷”后，荷花别称水仙，当指一荷花品种。周师厚，鄞（今浙江宁波鄞州区）人，皇祐五年（1053）进士，历任衢州西安（治今浙江衢州）知县、提举湖北常平，湖北、湖南转运判官、河南府通判、保州通判等[①]。《洛阳花木记》自序称元丰四年（1081）始任河南府（治所驻洛阳）通判[②]，该记成于任上。

2. 刘攽《水仙花》诗[③]。刘攽，临江新喻（今属江西）人，庆历六年（1046）进士，官至中书舍人，《宋史》有传。《彭城集》所收作品均按写作时间先后编次，该诗前面是《次韵和望岳亭诗》二首，作于衡州（治今湖南衡阳），后有《题饯送亭》《竹鸡》诗，再后面便是汴京作品。刘攽元丰七年（1084）因执行新法不力贬监衡州盐酒务，元丰八年七月改知襄州（治今湖北襄阳），元祐元年（1086）闰二月入朝

① 邹浩《高平县太君范氏墓志铭》，《道乡集》卷三四，《影印文渊阁四库全书》本。
② 周师厚《洛阳花木记》，陶宗仪《说郛》卷一〇四，《影印文渊阁四库全书》本。
③ 北京大学古文献研究所编《全宋诗》，北京大学出版社1991—1998年版，第11册，第7305页。

为秘书少监[1]。该诗即作于元丰八年（1085）或元祐元年的早春，地点在衡州或襄州。

3. 韩维《从厚卿乞移水仙花》："翠叶亭亭出素房，远分奇艳自襄阳（此花折置水中，月余不悴）。琴高（水仙名）住处元依水，青女冬来不怕霜（冬月方开）。异土花蹊惊独秀，同时梅援失幽香。当年曾效封培力，应许移根近北堂。"《谢到水仙二本》："黄中秀外干虚通（此花外白中黄，茎干虚通如葱，本生武当山谷中，土人谓之天葱），乃喜佳名近帝聪。密叶暗传深夜露，残花犹及早春风。拒霜已失芙蓉艳，出水难留菡萏红。多谢使君怜寂寞，许教绰约伴仙翁。"[2]韩维，颍昌（今河南许昌）人，曾知襄州、开封、邓州（今属河南）、陈州（治今河南淮阳）等，官至门下侍郎。这是他向友人安焘索要水仙移栽的两首诗歌。安焘，字厚卿，开封人，曾任荆湖北路转运判官、提点刑狱（治所驻今湖北荆州），官至知枢密院。写作时间在哲宗元祐七年至八年（1092—1093）的冬春间，这时韩维退休居故乡许州（颍昌府），安焘任颍昌知府[3]。该诗连同句下注文提供了不少信息：一、安焘的水仙原是从襄阳移植来的。二、而襄阳水仙又应来自襄州西境的武当山谷中。三、当地人呼水仙为天葱。四、此花折置水中能养一月不谢。这应是转述钱

① 分别见李焘《续资治通鉴长编》卷三五〇、三五八、三七〇，中华书局1979—1995年版。

② 《全宋诗》，第8册，第5248页。注释中"此花外白中黄"，原作"此花黄白中黄"，此据《宋诗钞》改。"士人"揣其意当为"土人"。

③ 根据韩维、安焘行迹，两人一生同在一城，而安焘又任知州的时间，唯元祐七年至八年间。《续资治通鉴长编》卷四七一：元祐七年三月"知颍昌府、资政殿大学士韩维为太子少傅致仕，从其请也"，同月"知郑州、观文殿学士安焘知颍昌府"。卷四八二：元祐八年三月"知颍昌府安焘知河南府"。韩维《南阳集》中作品多依时代先后为序，此两诗前后均为晚年退居颍昌时作品。

易《南部新书》所说之意，能进一步印证孙光宪所说是水仙花无疑。

4. 张耒《水仙花叶如金灯，而加柔泽，花浅黄，其干如萱草，秋深开，至来春方已，虽霜雪不衰，中州未尝见，一名雅蒜》诗[1]。该诗作于绍圣四年（1097）至元符二年（1099）间，时作者贬监黄州（今湖北黄冈）酒税。诗题对水仙性状的描写较为具体，同时也交代此物在中原（主要应指京城开封一带）未见，水仙别名雅蒜。

图 07　水仙花盆景。水仙的生长不可缺水，因称水仙，诗云“得水成仙天与奇”（黄庭坚《刘邦直送早梅水仙花三首》），美其名曰“凌波仙子”，黄庭坚《王充道送水仙花五十支》：“凌波仙子生尘袜，水上轻盈步微月。”图片引自网络。

5. 黄庭坚《次韵中玉水仙花二首》《王充道送水仙花五十枝欣然会心为之作咏》《吴君送水仙花并二大本》《刘邦直送早梅、水仙花四首》（后

① 《全宋诗》，第 20 册，第 13287 页。

两首咏水仙）诗[①]。黄庭坚，北宋著名诗人与书法家。宋徽宗建中靖国元年（1101）由贬谪地戎州（今四川宜宾）沿江东下，四月抵江陵（荆州），泊舟沙市，等候朝廷新的任命，次年正月二十三日离开。上述水仙诗或唱和或酬谢，均作于这年冬末或次年年头。马中玉，名瑊，字中玉，时任荆州知州。王充道、刘邦直和不知名的吴君，都是江陵当地人。作者同时《与李端叔（二）》的书信中也写道："数日来骤暖，瑞香、水仙、红梅盛开，明窗净室，花气撩人，似少年时都下梦也。"[②]

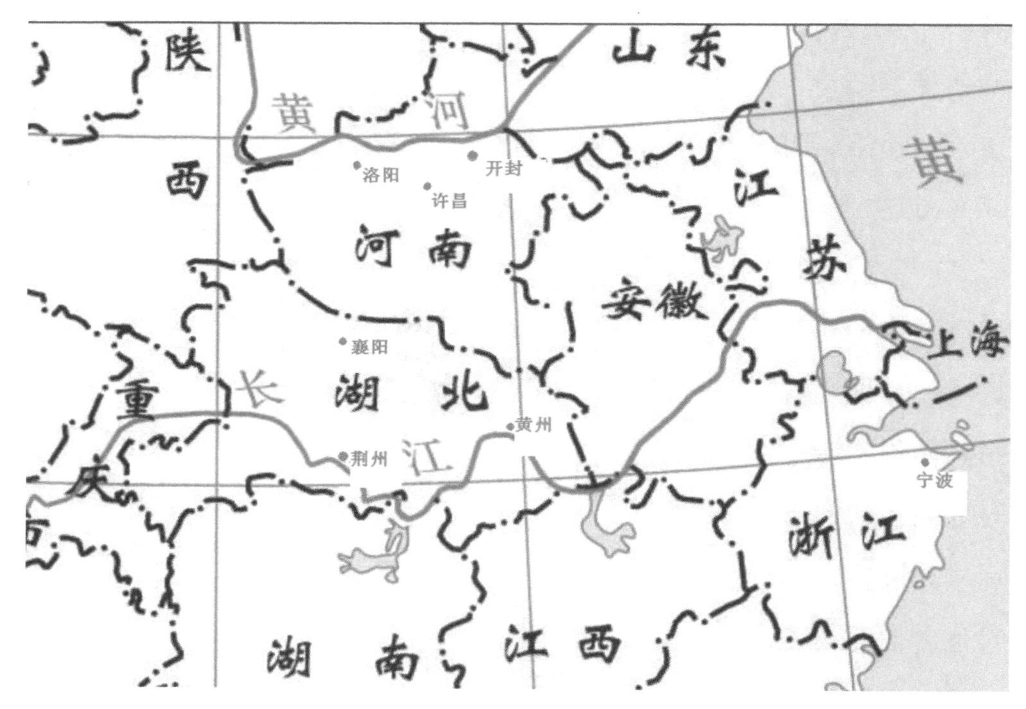

图08　北宋中期水仙分布图。当时京城开封未见有明确报道，图中红色地名湖北荆州、襄阳、黄州（今黄冈）、河南洛阳、许昌等地，为当时有明确水仙生长信息之处，以湖北荆州最盛，是我国水仙最早的分布中心。当时沿海地区唯浙江宁波有类似报道，但时间已近北宋末年。

① 《全宋诗》，第17册，第11415页。

② 黄庭坚《山谷集》别集卷一三，《影印文渊阁四库全书》本。

6. 晁说之（1059—1129），开封人，元丰五年进士，南宋初官至中书舍人。政和三年（1113）冬在监明州（今浙江宁波）船场任上，作《水仙》诗[①]，次年通判鄜州（治今陕西富县），政和五年（1115）岁末作《四明岁晚水仙花盛开，今在鄜州辄思之。此花清香异常，妇人戴之，可留之日为多》："前年海角今天涯，有恨无愁闲叹嗟。枉是凉州女端正，一生不识水仙花。"[②]

还有写作地点、时间未明的作品三首：

7. 韦骧《减字木兰花·水仙花》词。这是北宋时期唯一的水仙词，其中有"玉盘金盏，谁谓花神情有限"句。据陈师锡《韦公墓志铭》（《钱塘韦先生集》附录，《丛书集成续编》本），韦骧（1033—1105），钱塘（今浙江杭州）人，皇祐五年（1053）进士，历兴国军（治今湖北阳新）司理参军，婺州武义（今属浙江）、袁州萍乡（今属江西）、通州海门（今属江苏）知县，滁州（今属安徽）、楚州（治今江苏淮安）通判，利州路（驻陕西汉中）、福建路（驻今福州）转运判官，尚书主客郎中，夔州路（驻今四川奉节）提点刑狱，明州知州等职。该词见于《钱塘韦先生集》卷一八，写作时间和地点不明。

8. 钱勰诗："水仙花本（引者按：原为木）水仙栽，灵种初应物外来。碧玉簪长生洞府，黄金杯重压银台。"[③]钱勰（1034—1097），字穆父，《南部新书》撰者钱易之孙，历尉氏（今属河南）知县、三司盐铁判官，京西（驻今河南洛阳）、河北（驻今河北大名）、京东路（驻今山东兖州）提刑，陕西（驻今陕西西安）转运使、知开封府、知越州（今浙江绍兴）、

---

① 《全宋诗》，第21册，第13736页。

② 《全宋诗》，第21册，第13749页。

③ 潘自牧《记纂渊海》卷九三，《影印文渊阁四库全书》本。味其语势，或为一首绝句，《全宋诗》据《全芳备祖》只收后两句。

知瀛州（治今河北河间）、翰林学士等[1]。此诗全从“水仙”与“金盏银台”两个名称着眼，与周师厚《洛阳花木记》所说最为接近，或者作于熙宁中京西提刑任上，如果这一推测属实，则时间在上述诸诗之前。

9. 陈图南诗：“湘君遗恨付云来，虽堕尘埃不染埃。疑是汉家涵德殿，金芝相伴玉芝开。”此诗出《全芳备祖》前集卷二一水仙花门，作者陈图南，一般引用者多认为是道士陈抟所作，且由此断为自古第一首水仙诗。但宋代至少有三人姓陈，字图南。一、陈抟（？—989），亳州真源（今河南鹿邑）人，与孙光宪大致同时而年寿稍长，后唐长兴（930—933）中举进士不第，先后隐居武当山二十多年、华山四十多年，服气辟谷，炼丹求仙，宋太宗赐号希夷先生。二、陈鹏，南部（今属四川）人，与苏轼大致同时，《宋史》与《（道光）南部县志》均无传。嘉祐（1056—1063）进士[2]，曾任蓬州（治所在今四川蓬安北）、兴州（今四川略阳）、梓州（治今四川三台）知州[3]，元祐元年（1086）任梓州路转运判官[4]，元祐二年改京西路转运判官[5]，四年迁利州路转

① 《全宋诗》，第13册，第8694页。

② 黄廷桂等《（雍正）四川通志》卷三三，《影印文渊阁四库全书》本；王瑞庆、徐畅达等《（道光）南部县志》卷一四，道光二十九年刻本。

③ 冯山《寄陈蓬州图南》，《安岳冯公太师文集》卷一一，清抄本。陈鹏知蓬州，方旭修、张礼杰等《（光绪）蓬州志》卷八职役志中未载。吕陶《陵井监百姓亦乞复贵平县监司未许，乞一并相度施行》贴黄：“臣又闻知兴州陈鹏曾具利害陈奏，乞铸减轻钱，岁可减钱铁四十余万斤，民间深以为便。”《净德集》卷四，《影印文渊阁四库全书》本。范昉《（雍正）略阳县志》卷一“文员”中兼录兴州职官，未载陈鹏。曹学佺《蜀中广记》卷二九梓州下记乾明寺有御书阁，“此知军州事陈鹏所记矣”，《影印文渊阁四库全书》本。

④ 苏辙《李杰梓州提刑、陈鹏运判》，《栾城集》卷三〇，《影印文渊阁四库全书》本。

⑤ 李焘《续资治通鉴长编》卷四〇四。又《长编》卷二八七：京西南北、京东东西等并依未分路以前通管两路，其钱谷并听移用。两路合并后，运使与判官多分按两地，一般运使分管北路，而运判分管南路，南路转运司驻襄州。

运使（治所驻今四川广元）[1]，余不详。三、陈鹏飞，崇仁（今属江西）人，久居乡里，晚年因恩入仕充幕僚，名迹不显，仅同乡陈元晋《节干迪功陈公墓志铭》可窥其生平大概[2]。三人中南宋陈鹏飞为一介偏州乡绅，且生活时代与《全芳备祖》成书时间比较接近，决非该诗作者无疑。陈抟、陈鹏二位均有可能，但笔者以为陈鹏更为可靠。理由有二：一、该诗咏水仙，已从仙人着想，赞美水仙之高雅，又以金玉相形容，如此构思立意，已完全切合"水仙"与"金盏银台"两个名称，当属水仙观赏发展到一定阶段，至少是两个名称都确定之后的作品，放在水仙出现之初未免过早。二、宋人歌咏水仙是从宋神宗元丰年间逐步兴起的，如果此诗为陈抟所作，则远在五代或宋初，此后一个多世纪无人继作，形成一个空白，令人费解。而陈鹏与最早写作水仙诗的刘攽、韩维大致同时，与韦骧有唱和，因此我们可以确认此陈图南是活跃在宋神宗、哲宗朝的陈鹏，而不是五代、宋初的陈抟。

上述是整个北宋时期涉及水仙的全部作品。从时间上说，都出现在元丰四年（1081）之后。从地理上说，地点明确的有这样几个地方：一、洛阳；二、衡州或襄州；三、襄阳（即襄州治所）；四、颍昌（即许州，今河南许昌）；五、黄州（今湖北黄冈）；六、江陵（今湖北荆州）；七、明州（今浙江宁波）。其中除出现较晚的明州孤悬在遥远的东南沿海外，其他都分布在宋荆湖北路、京西南路、京西北路三大行政区域中。黄州虽然属淮南西路，但与荆湖北路仅一江之隔（对岸的武昌县即今湖北鄂城市，即属荆湖北路）。用今天行政区划来说，这些地点分

① 王象之《舆地纪胜》卷一九一利州路"大安军（三泉、金牛）"下《九井滩记》署"元祐五年转运陈鹏记"。广陵古籍刻印社1991年版。

② 陈元晋《渔墅类稿》卷六，《影印文渊阁四库全书》本。

布在湖北省的中部、北部、东部（江北部分）和河南省西南部的洛阳、许昌地区。值得注意的是，这些行政大区紧密相邻，这些地点（州府）相去不远，且相互之间交通都比较方便。物种传入之初，在没有特殊外力作用下，民间种植的自然传播就应该是这样一种就近扩散的状态。从五代以来的一个世纪中，水仙应该主要在这个区域内缓慢地传播开来，从而形成一个相对紧密的分布空间。上述文人作品提供的信息显示，至少在北宋中后期，当时的荆湖北路、京西南路、京西北路，即今湖北北部、河南西南部正是这样一个相对集中的水仙分布区（见图08）。

图09　［宋］黄庭坚像，《宋黄文节公文集》卷首，清乾隆三十年（1765）缉香堂刻本。黄庭坚云：“钱塘昔闻水仙庙，荆州今见水仙花。”其《次韵中玉水仙花二首》等一系列咏水仙诗，反映了水仙与荆州（江陵）的密切关系。

其中江陵与襄州无疑是两个核心。上述数诗中，有一例明确指明水仙来自襄阳，并记载襄州武当山谷中生长水仙，另有一例也可能出于襄阳。与江陵有关的水仙作品虽只出于黄庭坚一人，但有诗六首、文一篇，数量最多。黄庭坚这次在江陵停泊八个多月，经过夏、秋、冬三个季节，与花卉草木有关的诗歌共有八题，水仙占了绝对的优势。黄庭坚一生辗转大江南北，也乐于吟花弄草，味其诗中“钱塘昔闻水仙庙，荆州今见水仙花”之语，这应是他平生第一次见到水仙花，这六首诗也是他一生所有的水仙作品。如此密集的作品从一个侧面反映了水仙与江陵的紧密联系，显示了水仙在江陵花木中的特殊地位。不仅如此，这六首诗歌的创作背景也值得注意。其中两首是与江陵知府的唱和，另四首都是对友人馈赠水仙的答谢。赠送水仙的王充道、刘邦直、吴君三人，名迹不彰，应是江陵当地典型的乡绅处士[①]，所送水仙出于自家园墅所植（其中吴氏称“南园”），并非外方所得。三人不约而同地以水仙相赠，这也充分说明当地水仙种植的普遍性，而且王充道一次就送了五十棵，也多少反映了种植规模的可观。综合这些信息，我们不难感受到当时江陵、襄阳两地，尤其是江陵水仙种植的突出地位。

既然水仙是外来植物，按常理说应该首先在沿海地区或当时的京畿重地如唐朝的长安或北宋的开封首先传播，但从上述地理信息看，分布中心却是我国大陆腹地的荆襄及附近地区。为什么会出现这个现象，无疑应与蕃客穆思密最初是在这里传授有关。由江陵北上不远是襄阳，由襄阳沿汉水西上是武当山，由襄阳向东北经南阳盆地，则通向颍昌（今河南许昌）、西京洛阳，由江陵沿江东下

① 黄庭坚同时有《戏答荆州王充道烹茶四首》诗，《全宋诗》，第17册，第11420页。稍后诗人李彭有《贻王充道隐士》诗，《全宋诗》，第24册，第15937页。

不远即黄州。在五代以来的一百多年中，水仙应该是以江陵为源头，主要沿着上述路线传播、扩散开来的，最终形成了整个分布区高度集中在当时的荆湖北路、京西南路和京西北路的西部，即今天的湖北荆州、襄阳、黄冈到河南的洛阳、许昌之间的分布格局。

耐人寻味的是，写作时间和地点不明的三首作品，细究其作者的仕历行迹，都与上述地区，尤其是江陵和襄州两地关系密切。韦骧元丰以来任职多在长江沿岸州府，其中夔州在长江三峡上游，江陵是其赴任的必经之地。钱勰担任过京西提刑，所辖包括襄州、许州和洛阳，又任职陕西，往来京师必经过洛阳一线。陈图南是南部县人，所见仕历都在川北、陕南的秦岭山南山区，无论是由故里赴京应考，还是赴京述职转官，由汉水东下襄阳，转南阳、许昌至汴京是一条最正常的通道。他们三人接触水仙的地方，有可能正是我们上面说的水仙分布区或者就是江陵、襄阳、洛阳三个地方。如果退一步说，所谓陈图南是五代道士陈抟，他曾在武当隐居二十年，所作水仙诗与襄州的关系就更密切了。至于说晁说之所说的明州（今宁波）水仙，不仅空间上孤处东南沿海，时间上也较为迤后，更加接近南宋。明州从宋初以来就是重要的对外通商口岸[1]，这里的水仙是由荆湖、京西地区长途传来，还是另有蕃客从海上传入，已无从考证。但从诗题反映的情况看，当地妇女已知佩戴作为装饰，应有一定的分布数量和种植年月了。作为水仙花在沿海地区登陆的一个据点，好比围棋盘上一个远飞的棋子，构成了南宋以来水仙分布向东南沿海转移的一个先机。对于南宋以来水仙分布中心集中到闽、越等东南沿海地区的情况，笔者将另文考述。

---

① 方豪《中西交通史》，上册，第184—185页。

三、关于水仙命名的臆测

与水仙起源问题相伴的是，水仙这一名称从何而来？从前面所引五代和北宋文献材料可知，水仙的几个主要名称这时都已出现，其中水仙是正式名称，金盏银台、天葱、雅蒜是别名。不难感到，三个别名或说花或说根，意在描述形状和类属，这样的名称更符合植物命名的基本惯例，唯有水仙这个名称显得比较特别。它用神仙形象作比喻，而喻义也不在“金盏银台”那样的外在形似，而是一种神似，这样的命名方式在植物中是比较罕见的。后人对这一命名的本义也有一些解说，南宋温革《琐碎录》称“其名水仙，不可缺水”①，意在就其名称阐说栽培方法。李时珍《本草纲目》将其反过来，称“不可缺水，故名水仙”②，这可以说是一个经典解释了。

但是这一说法只是解释了一个“水”字，水仙名称的关键却在一个“仙”字。它直接借神灵形象来称谓，一般说来，这样的名称应该有相应的神话故事或民间传说作本事。比如同时蜀中出产虞美人草，就因为当地传说“唱《虞美人》曲，则动摇如舞状，以应拍节，唱他曲则不然”，故有是名③。

然而我们在宋代乃至整个古代都没有发现有关“水仙”这个名称来源的任何本事信息，这颇为令人费解。当然文学作品中围绕这一名

① 温革《分门琐碎录》，《续修四库全书》影明抄本。
② 李时珍《本草纲目》卷一三，《影印文渊阁四库全书》本。
③ 范镇《东斋纪事》卷四，《影印文渊阁四库全书》本。

称有各种比拟和想象之辞，如黄庭坚就称水仙花为“凌波仙子”，这都发生在水仙这个名称出现之后，而且也都是由水仙这个名称引发的，不是得名之由来。这就使我们不得不从水仙的原产地着想，寻求这一名称可能的来源。

图 10　［英］约翰·维廉姆·沃特豪斯《倒影与水仙》（原名 Echo and Narcissus，引者译，引自台湾大学网路艺术之西洋名画欣赏）

众所周知，西方有关水仙花的神话传说较为丰富，其中最流行的说法是，水仙花是希腊神话中自恋少年那喀索斯（Narcissus）的化身。相传他受到恋人的惩罚，特别眷恋自己的水中倒影，整日临水自照，终至抑郁而死，死后化为水仙花。水仙花的拉丁学名即是这个少年神灵的名字[①]。（图 10）试想如果这位外国移民穆思密将水仙传来之初，以音译的方式称呼水仙，则所得应该是与《酉阳杂俎》所载“㮈祇”相近的名称。如果改作意译，则无疑“水仙”二字最为贴切，甚至可

① 吴应祥《水仙史话》，《世界农业》1984 年第 3 期，第 53—55 页。

以说巧妙至极。作为花卉的水仙虽然对此时的中国人来说极为稀罕，作为神灵的“水仙”在我国却并不陌生，可以说是随处都有。古人称“在天曰天仙，在地曰地仙，在水曰水仙”[①]，但凡水中神灵如河伯、江神乃至与水有关的各类土神水妖都可称为水仙。对一些葬身流水的名人，后世无论出于纪念还是敬畏，有不少也称为水仙，如春秋吴国伍子胥即是[②]。

与江陵关系最为密切的就有屈原，屈原忠而见谤，流放日久，行吟泽畔，投水而死，“楚人思慕，谓之水仙”[③]。（图 11）江陵是楚国故地，想必此类传说较盛。不难想象这样一种情景，蕃客穆思密寄居江陵，在此生活多年，对楚地风土人情应有所了解，也许他还从屈原这个东方“水仙”与那喀索斯这个西方神灵的悲剧遭遇中，在他们的“行吟泽畔”与“临流自鉴”的形象中发现了诸多相通之处，于是便萌生了以水仙这一在江陵、在楚地、在我国都可谓家喻户晓的神仙名称来命名这一所传物种的念头。因此我们说，水仙应是一个意译的名称，它是该植物西洋原有名称中的神话因素，通过对应的我国民间传说形象，实现巧妙汉化的结果。当时孙光宪之类文人有可能也参与了这一命名过程。遗憾的是，缺乏这方面的直接记载，我们这里只是一种合理的想象和推测而已。

必须提请注意的是，水仙是我国古代雅俗文化中一个常见意象，除了前面说的屈原、伍子胥外，其他乡土民俗认定的河神水妖而称为水仙的更是不胜枚举。著名的如杭州西湖边有水仙王庙。古代文艺作

① 司马承祯《天隐子 · 神解章》，欧阳询《艺文类聚》卷七八，《影印文渊阁四库全书》本。

② 袁康《越绝书》卷一五，《影印文渊阁四库全书》本。

③ 王嘉等《拾遗记》卷一〇，《影印文渊阁四库全书》本。

图 11　傅抱石《屈原》。屈原忠而见谤，流放日久，行吟泽畔，投水而死，“楚人思慕，谓之水仙”。

品中，琴曲《水仙操》较为著名[1]。因此我们不能一见“水仙”二字就认其必说水仙花。近见有论者举唐诗中反复出现的水仙字样，认为早在汉唐时即有水仙花[2]。类似的错误古人即有，南宋高似孙就认为六朝刘子玄作《水仙花赋》[3]，其实六朝陶弘景、刘休玄等人所作《水仙赋》都是描写水中神灵，而非花卉草木。这成了一个著名笑料，今天我们不能再犯这样的错误。

在后世描写水仙花的诗词歌赋中，像《楚辞》中的湘君、湘夫人（或舜之二妃娥皇、女英），刘向《列仙传》所载江汉之滨解佩与郑交甫的二女，曹植《洛神赋》中所写缥缈于洛水之上的女神，这些美丽的女神传说与水仙花的美妙形象之间特别容易引发联想，诗人作家们多借这些女仙形象来形容和赞美水仙花的幽雅神韵和潇然姿态。我们在阅读古人的水仙花诗词时，见到湘妃、汉女、洛神一类字眼或类似的措辞时，不能就认为所写水仙花一定出产于湖南（湘）、湖北（汉）、河南（洛阳）等地，大多数情况下文人都只是在用屈原、湘妃、洛神、汉女等典故，而不是写实，我们的解读要特别的谨慎。早在翁国梁的《水仙花考》中就犯过这样的错误，他引用大量含有“湘”字的水仙诗句来证明“水仙花在宋时与湘最有关系，更可以断定中国水仙花之最初发见，必在禹贡荆州之域”[4]，虽然结论与我们前面的论述较为接近，但方法

① 有关中国文化中的水仙意象，请参阅高峰《论中国古代的水仙文学》，《南京师大学报》（社科版）2008年第1期，第116—121页。

② 庞骏《品花、花品、花为媒——以中国水仙花节俗游赏为例》，周武忠、邢定康主编《旅游学研究（第三辑）》，东南大学出版社2008年版，第91—95页。

③ 高似孙《纬略》卷八，清《守山阁丛书》本。

④ 翁国梁《水仙花考》，第16—17页。

是极其错误的。类似的错误在当今科技论文中仍频频可见，值得警惕。

（原载《江苏社会科学》2011 年第 6 期，

此处有修订，插图为新增。）

论宋代水仙花事及其文化奠基意义

程　杰

关于我国水仙花在五代的起源，笔者曾有专文进行过考证，对此后水仙分布中心的变化以及水仙欣赏文化的发展，我们也有论文进行过简要勾勒①。纵观五代以来水仙文化的历史发展进程，两宋无疑是十分关键的阶段。各方面发展极为迅速，相关认识不断提高，取得了丰富的成就，奠定了我国水仙文化的基本形态格局和情趣观念。笔者的水仙起源考证对北宋中前期的水仙分布情况曾有所涉及，而北宋后期与南宋的情况有必要继续挖掘梳理，同时两宋时期水仙品种、种植技术、欣赏情趣、审美认识等方面的情况有待细加考察，以期对两宋时期水仙观赏文化有一个较为全面、深入的了解。而在整个宋代水仙花事及其审美认识中，文学、艺术家所起作用较为突出，值得重点关注。我们的论述围绕这些问题展开。

一、南宋水仙花的传播及其主产区

北宋的水仙花主要见于荆州、襄阳、许昌、洛阳和京城开封等地。到了南北宋之交，水仙在长江中下游沿线得到了传播，华东沿海也有

① 程杰《中国水仙起源考》，《江苏社会科学》2011 年第 6 期；程杰、程宇静：《论中国水仙文化》，《盐城师范学院学报（人文社会科学版）》2015 年第 1 期。

一些分布。宋高宗建炎三年(1129)，诗人陈与义流寓岳州(今湖南岳阳)，借居郡圃，圃中植有水仙，自称“欲识道人门径深，水仙多处试来寻”(陈与义《用前韵再赋四首》)[1]，并作有《咏水仙花五韵》诗。岳阳居荆州下游不远，由荆州移种至此极为方便。高宗绍兴初，胡寅在衡州知州向子忞座，见到水仙（《和叔夏水仙，时见于宣卿坐上，叔夏折一枝以归，八绝》)，衡州在今湖南衡阳，沿湘水南上可至。还有周紫芝《九江初识水仙》诗二首：“七十诗翁鬓已华，平生未识水仙花。如今始信黄香错，刚道山矾是一家。”周紫芝是安徽宣城人，曾到过北宋京城开封，南宋绍兴中因追随秦桧，在临安（今浙江杭州）居住十年。诗作于绍兴二十四年（1154)，九江在长江中游南岸，北宋时张耒在黄州（今湖北黄冈）曾报道有水仙，九江由黄州东下不远。这些例子都说明，南宋水仙花的传播最初是沿着长江向江南展开的，这应与北宋时荆州作为水仙花的中心和“靖康之难”后人口大量南渡不无关系。

大致同时，在华东沿海也有一些分布的迹象。晁说之（1059—1129)，开封人，元丰五年进士，南宋初官至中书舍人。宋徽宗政和三年（1113）冬，监明州（今浙江宁波）船场任上作有《水仙》诗：“水仙逾月驻芳馨，人物谁堪眼共青。白傅有诗皆入律，腥咸声里亦须听。”政和五年移任陕西，作《四明岁晚水仙花盛开，今在鄜州辄思之，此花清香异常，妇人戴之，可留之日为多》：“前年海角今天涯，有恨无愁闲叹嗟。枉是凉州女端正，一生不识水仙花。”回忆宁波一带妇女喜簪水仙花的情景，说明此时宁波一带水仙花的分布较多。建炎二年

---

① 本文所引宋人诗、词、文作品，除个别特殊情况另有交代外，均见于《全宋诗》《全宋词》《全宋文》。三种总集今都有电子检索版，查验极为方便，为节省篇幅，恕不一一出具详细出处。

(1128) 即宋室南渡的第二年，金人大举南侵，晁说之出京沿汴南下，抵达海陵（今江苏泰州）[①]，这里是当时的东海之滨。宗室赵蕴文也流离至此，赠以水仙，晁说之作《谢蕴文水仙花》:“飘零尘俗客，再见水仙花。”这两处都在东部海滨地区，时间比上述湖南、江西等地还要略早些。宗室赵氏的水仙显然应从中原带来，而宁波一带妇人已以水仙作佩饰，似乎水仙较荆州为盛。宁波是沿海重要港口，这里的水仙是远离当时分布中心的飞地，与黄庭坚等人所见江陵一带水仙应不同源，有可能直接从海上传入。

水仙是靠球茎无性繁殖的，球茎的长期保存和远途携带都较为方便，这为水仙的广泛传播提供了客观条件。因此高宗绍兴后期以来，南宋各地都有了水仙花的踪影，文人的诗词吟咏也逐步增多。大量文人作品尤其是词作很难一一弄清其写作因缘和具体写作时间、地点，同时主要考虑水仙花无性繁殖、球茎传播的生物特性，如果再就这些作品中的信息来总结其分布状况和流传规律既无必要，也不合理。为此我们转换视角，首先就宋代方志中的记载来进行考察、分析。方志记载的物产是当地相对稳定的情况，也就排除了一些外方过客携带种植的偶然性，信息比较可靠。

兹就中华书局《宋元方志丛刊》所收文献进行考察。该丛书共收29种宋代方志，包括今陕西西安（《长安志》、《雍录》)、湖北鄂城（《寿昌乘》)、安徽黄山市（《新安志》)、江苏南京（《景定建康志》)、镇江（《嘉定镇江志》)、常州（《咸淳毗陵志》)、苏州（《吴郡志》等)、昆山（《玉峰志》、《玉峰续志》)、常熟（《琴川志》)、上海（《云间志》)、浙江湖州（《嘉泰吴兴志》)、杭州（《临安志》三种)、海盐（《澉水志》)、建德与桐庐

① 张剑《(晁说之）年谱》,《晁说之研究》,学苑出版社 2005 年版，第 81—121 页。

一带（《严州图经》、《严州续志》）绍兴（《嘉泰会稽志》《会稽续志》）、嵊州（《剡录》）、宁波（《四明图经》《四明志》《四明续志》）台州（《嘉定赤城志》）、福建福州（《淳熙三山志》）、仙游（《仙溪志》）等地。其中记载到水仙的有这样一些：

1. 临安（今浙江杭州）。乾道、咸淳《临安志》都记载京城春日有水仙花。

2. 绍兴。《（嘉泰）会稽志》卷一七："水仙本名雅蒜，元祐间始盛得名……今山阴此花有两种，一曰水仙，一曰金盏银……金盏银台香既差减，格韵亦稍下。"

3. 嵊县（今属浙江）。高似孙《剡录》卷九："水仙，自鲁直、文潜诗得名者。有单叶者。"

4. 台州（治今浙江临海）。陈耆卿《（嘉定）赤城志》卷三六："水仙，本云雅蒜，黄鲁直谓质可比梅而枝不及，有'只比江梅无好枝'之句，又有一种曰金盏银台。"

5. 海盐澉浦。常棠《（绍定）澉水志》卷上"物产"列有"水仙"。

6. 常州（今属江苏）。史能之《（咸淳）重修毗陵志》卷一三："水仙一名雅蒜，有二种，而多叶者佳，山谷有'山矾是弟梅是兄'之句。"

这些方志繁简悬殊，体例不一，尤其是年代和地区分布极不均衡，29种方志中只两种属于北宋，而南宋版图又仅为秦岭、淮河以南半壁江山。加之南宋行都临安，临近的浙江、江苏成了政治、经济和社会人口的重心地区，南宋方志也多出于此间，其他地方寥寥无几。因此，这些信息不具有多少统计学的意义。但是这些信息中也有两种现象值得注意：一、从空间上说，有水仙记载的地方高度集中在浙、苏沿海地区。这说明在南宋这样偏安江南、行都杭州的社会格局下，水仙的分布中心已由地处长江中游的湖北荆州、襄阳和北宋两京河南开封、洛阳等地移到了东部沿海地区。二是上述有水仙记载的方志，除京城临安外，大都出在宋代后期，时代越近宋末，记载水仙的可能性就越大。这说明南宋中期以来水仙的分布状况仍在不断发展着。

方志之外的正面记载极为罕见，但竭泽而渔，也间有所获。一是刘学箕《水仙说》："此花最难种，多不着花。惟建阳园户植之得宜，若葱若薤，绵亘畴陌，含香艳素，想其风味，恨不醉卧花边。"[1]刘学箕，福建崇安（今福建武夷山市）人，生平未仕，四下游历，嘉定四年（1204）归居故乡。建阳今属福建南平市，刘学箕称派人前往"买百十丛"，可见南宋中期这一带的水仙种植颇为兴盛。二是高似孙《纬略》卷八："杨仲囦自萧山致水仙花一二百本，极盛，乃以两古铜洗艺之。"萧山今属浙江杭州市，与杭州城一江之隔，南宋时属绍兴府。从萧山一次性送出一二百本，可见当地水仙种植也盛。宋末释文珦《萧皋水仙花》诗："江妃楚楚大江湄，玉冷金寒醉不归。待得天风吹梦醒，露香清透绿云衣。"排比时间，味其语意，所说或即萧山水仙。三是宋伯仁《山下》："山下六七里，山前八九家。家家清到骨，只卖水仙花。"宋伯仁，吴兴（今属浙江湖州）人，嘉熙元年（1237）后寓居临安（今杭州），晚年卜居西马塍[2]，地当今浙江大学西溪校区一线。南宋时东、西马塍"土细宜花卉，园人工于种接，都城之花皆取焉"[3]，是临安近郊最大的花卉生产和销售地。宋伯仁的诗提供了这样的信息，这里有不少从事水仙种植、销售的专业户。《梦粱录》等书中记载临安市上冬春销售的水仙应主要

① 刘学箕《方是闲居士小稿》卷下，清文渊阁《四库全书》本。该文当作于宋宁宗嘉定（1174—1189）间，时间不晚于嘉定十年。

② 范成大等著、程杰校注《梅谱》，中州古籍出版社 2016 年版，第 56 页。

③ 潜说友《咸淳临安志》卷三〇，清文渊阁《四库全书》本。

出产于此。这三个水仙产地显然都属于花卉商品生产的性质，而且也都具有一定的规模。南宋中期许开《水仙花》诗："定州红花瓷，块石艺灵苗。方苞茁水仙，厥名为玉霄。适从闽越来，绿绶拥翠条。"所说水仙来自闽、越，玉霄或为一商品品种。上述三地中，建阳属闽，萧山属越，应该从南宋中期开始，福建、浙东及都城临安（杭州）已成商品水仙的著名产地。

综合上述两方面的信息，可以得出这样的结论：由于北宋水仙的分布中心在湖北的荆襄和河南西部的洛许（洛阳与许昌）一带，进入南宋后水仙最初主要就近出现在长江中下游沿岸。南宋中期以来水仙种植传播到南方各地，浙、苏沿海地区分布较为集中，而行都临安和闽北、浙东沿海地区成了商品种植的核心地区。这种分布中心的转换，有着社会学的原因，水仙花的盛产地应与行都临安（今杭州）这样的大规模商品销售市场紧密相联。宋代尤其南宋海外贸易兴盛，大量船舶海上往来，加大了水仙反复传入的可能，南宋的水仙盛产地高度集中在东南沿海尤其是浙、闽、苏（含今上海市）沿海，与宁波、泉州等外贸港口物资与人员大量进出有关。同时也有着生物学的因素，这些东南沿海地区的自然条件与水仙原产地地中海沿岸的环境可能更为接近，据宋人和明人的种植经验，水仙更宜于夏季较高的气温和含有盐分的土壤[①]，后世水仙分布高度集中在东南沿海地区，今人观察到的所谓野生水仙也多见于这一带的海滨或岛屿[②]，应与水仙球茎对这类环境比较适应有关。

---

① 高濂《水仙花二种》："土近卤咸则花茂。"《遵生八笺》卷一六，明万历刻本。

② 许荣义《中国水仙资源考察初报》，《福建农学院学报》1987 年第 2 期，第 160—164 页。东南沿海的野生水仙或由海上外来船舶遗留物经海水冲至海岛、海岸繁殖所致。

值得注意的是，元以来水仙花的知名产地也高度集中在今福建、浙江、江苏三省，尤其是其沿海地区。这一传统分布格局正是从南宋的分布大转换开始的，也就是说，正是南宋中期以来，闽、浙、苏一带水仙种植分布的兴起，奠定了宋以来我国水仙产地高度集中在今华东闽、浙、苏三省沿海的分布格局。

二、水仙的名称、品种与种植技术

水仙是外来物种、新兴花卉，其名称、品种及其种植技术的最初信息值得特别关注。

（一）水仙的名称

1. 水仙

这是水仙花的正式名称，《北户录》孙光宪的注释是最早的出处，北宋中期以来人们即毫不犹疑地一致使用起来。笔者水仙起源考大致回答了“香草何时号水仙”（仇远《题史寿卿二画》）的问题，即我国水仙从何而来问题。但一个更复杂的问题是“香草何以号水仙”，即水仙这一名称缘何而来。随着人们对水仙清雅格调、潇然姿态的深入认识和日益推重，人们深感“水仙”二字的取义之巧、措语之妙。明人文震亨即称水仙“其名最雅”[①]，清李渔更是感叹说：“以‘水仙’二字呼之，可谓摹写殆尽，使吾得见命名者，必颓然下拜。”[②]这样一个绝妙的名称是何人所为，又是缘何而来？古人对此似乎也有一些简单

① 文震亨《长物志》卷二，清《粤雅堂丛书》本。
② 李渔《闲情偶寄》卷五，浙江古籍出版社 1991 年版。

的揣度。南宋温革《琐碎录》“其名水仙，不可缺水”[①]，就其名称阐说栽培方法。李时珍《本草纲目》则反过来，称“不可缺水，故名水仙”，成了水仙命名的一个经典解释。但是这个说法只是解决了一个“水”字，并没有回答何以称“仙”的问题。像“水仙”这样一个比喻性的名称，而且又是直接以神灵形象作喻体，按照常理应该有相应的神话或民间传说为源头。然而我国古代没有任何直接相关的本事信息，来源比较蹊跷，出现颇为突兀。当然古人的文学作品中也有一些比附想象之辞，如黄庭坚称水仙花为“凌波仙子”，但都出现在“水仙”名称之后，是由这一名称引发的想象，不足为凭。

笔者在发表的论文中曾就水仙这个名称作了一些揣测。晚唐人《酉阳杂俎》所载“㮈祇”，后世认为即水仙，这是水仙波斯名称的对音（音译），而“水仙”二字则是巧妙的意译。水仙花相传是希腊神话中自恋少年那喀索斯（Narcissus）的化身，他受到恋人的惩罚，特别眷恋自己的水中倒影，整日临水自照，终至抑郁而死，化为水仙花。水仙花的洋名称即是这个少年神灵的名字。试想如果最初传来水仙的蕃客穆思密以音译的方式称呼水仙，则所得应该是与《酉阳杂俎》所载“㮈祇”相近的名称。而如果改作意译呢，则无疑以“水仙”二字最为贴切，甚至可以说巧妙至极。水仙最早传至江陵（荆州），这里是楚国的核心地区。楚人屈原忠而见谤，流放日久，行吟泽畔，投水而死，“楚人思慕，谓之水仙”[②]。江陵一带想必此类传说较盛，最初传来水仙花的蕃客穆思密寄居于此，或者移民多年，对楚地风土人情有所了解，也许他还从屈原这个东方水仙与那喀索斯这个西方精灵的悲剧遭遇中，在屈原

① 温革《分门琐碎录》，《续修四库全书》影明抄本。

② 王嘉等《拾遗记》卷一〇，清文渊阁《四库全书》本。

的“行吟泽畔”，赴水而死与那喀索斯“临流自鉴”，抑郁而死的形象中感受到了许多“神似”之处，于是便以水仙（即屈原）这一在江陵、在楚地家喻户晓的名称来命名这一新来物种。因此我们说，水仙这个在中土文献中来源不明、颇显异数的名称应是外来名称的意译，它是该植物原有洋名称中的神话因素，运用对应的中国形象，实现巧妙汉化的结果。遗憾的是，缺乏这方面的直接文献记载，我们只能作此推想，谅其情景应相去不远。

2. 金盏银台

这一名称最早见于元丰四年（1081）或稍后的周师厚（？—1087）《洛阳花木记》：“水仙花，一名金盏银台。”银台是形容水仙的白色花被，金盏则形容杯状黄色副冠，极其生动形象。这样的拟形之辞，更符合花卉命名的一般习惯，应是水仙园艺传种与观赏发展到一定阶段的产物，时间就大致应在北宋中叶。与周师厚同时钱勰诗：“水仙花本（引者按：原为木）水仙栽，灵种初应物外来。碧玉簪长生洞府，黄金杯重压银台。”[①]韦骧《减字木兰花·水仙花》：“玉盘金盏，谁谓花神情有限。”写水仙花头均以金盏银盘比喻，可见已得到一定的认同和使用。但同时稍后韩维、黄庭坚、张耒诗中都未见此意，有可能此名出于西京洛阳一带好事者，而当时江陵、襄阳一线尚未闻此名。《全芳备祖》载无名氏诗“琴中此操淡而古，花中此名清且高。金盏银台天下俗，谁以奴仆命离骚”[②]，是说以金银指称水仙，比较俗气，远不如水仙之名高雅得神，这应是水仙观赏进一步发展后的认识。

① 潘自牧《记纂渊海》卷九三，清文渊阁《四库全书》本。味其语势，或为一首绝句，《全宋诗》据《全芳备祖》只收后两句，待补。

② 陈景沂编辑，程杰、王三毛校点《全芳备祖》前集卷二一，浙江古籍出版社 2014 年版。此诗《全宋诗》失收。

3. 天葱

始见于宋哲宗元祐间韩维《谢到水仙二本》诗注："此花外白中黄，茎干虚通如葱，本生武当山谷间，土人谓之天葱。"是说湖北武当山一带有此称呼，两宋时期仅此一见，后世也少有提及。天者有神灵之意，或者当地土人因其名水仙、形似葱而有此称。韩维诗称"乃喜佳名近帝聪"，表明"天葱"一名曾传至京师，上闻皇帝。或者也可推想，当时京城开封的水仙即来自襄州武当山一带。

4. 雅蒜

与天葱一样，都是以通识的物种来归类命名，这是植物命名中常见的现象。最早的记载见于张耒《水仙花叶如金灯，而加柔泽，花浅黄，其干如萱草，秋深开，至来春方已，虽霜雪不衰，中州未尝见，一名雅蒜》诗[25]。该诗作于绍圣四年(1097)至元符二年(1099)间，时贬监黄州(今湖北黄冈)酒税。诗题交代明确，水仙别名雅蒜，北宋未见他人言及，是当时黄州一带有此称。前引《(嘉泰)会稽志》《(嘉定)赤城志》称"水仙本名雅蒜"，似乎水仙反为别称。揣度其原因，应如我们前面所说水仙之名较为突兀，而雅蒜反似本名，遂有此理解。稍后《(咸淳)毗陵志》则称"水仙一名雅蒜"①，视雅蒜为别名，比较合理。尽管说法不一，但它们都没有将这一名称与六朝相联系。宋人文学作品中，多称水仙如葱如薤(野生韭类植物)，少有以蒜形容的，同时也没有视水仙为六朝风物的现象。可见雅蒜这个名称，不仅不出六朝，即在宋代影响也极有限。附带一提的是，后世有六朝人呼水仙为雅蒜的说法，记载最早的应是明人周文华《汝南圃史》、文震亨《长物志》，以《汝南圃史》

① 史能之《(咸淳)重修毗陵志》卷一三，明初刻本。

更早些[①]。《汝南圃史》序称花部内容参考了周允斋《花史》，该书明人《树艺篇》曾大量引用，当成于明中叶前，《汝南圃史》所说或出于周氏《花史》。另，论者还常引《太平清活》称“宝庆人呼水仙为雅蒜”[②]，有些科技著作以为此宝庆是宋理宗的年号[③]，有误。宋理宗宝庆仅三年（1225—1227），不足作为一个独立的时代标志。《太平清话》是晚明陈继儒的笔记，此语见于该书卷一。所说宝庆是地名，指当时的宝庆府，即今湖南邵阳市，明隆庆《宝庆府志》物产志即记载“水仙，叶如蒜，故一名雅蒜”[④]。

水仙是初传名称，也是所有品种的通称，至今未变。金盏银台、天葱、雅蒜为水仙的别名，均始见于北宋中叶。金盏银台之名拟形生动贴切，广为人知。雅蒜之名并非来自六朝，同样始见于北宋中叶，因其更合国人花卉命名的习惯且备得形神，为人们常常提及。

（二）水仙的品种

从有关记载和文学作品看，宋人所说水仙花的生物性状都高度一致，所说如“叶似薤，根似葱，茎首着花，白盘开六尖瓣，上承黄心，宛然盏样”等[⑤]，都正是今日水仙花的基本特征。即如一箭多花这一中

① 《长物志》成书年代有泰昌元年（1620）、天启元年（1621）、崇祯七年（1634）诸说，均无据。文震亨万历十三年（1585）生，书成于天启元年后比较合理。《汝南圃史》序于万历四十八年（1620），时间应在前。

② 陈元龙《格致镜原》卷七三，清文渊阁《四库全书》本。

③ 金波等《水仙花》（上海科学技术出版社1998年版）第8页即称宝庆为宋代，当是以为理宗年号。

④ 陆柬纂修《（隆庆）宝庆府志》卷三下，明隆庆元年刻本。

⑤ 谢维新《古今合璧事类备要》别集卷三九。“六尖瓣”原作“五尖瓣”，当属一时误书或误刻。宋人多言水仙“六出”，如姜特立《水仙》：“六出玉盘金屈卮，青瑶丛里出花枝。”袁说友《江行得水仙花》：“三星细滴黄金盏，六出分成白玉盘。”舒岳祥《赋水仙花》：“谁将六出天花种，移向人间妙夺胎。”

国水仙作为多花水仙品种的特点，在宋人作品中也言之凿凿。如赵蕃《倪先辈送水仙一科数花》，前引许开《水仙花》也有“十花冒其颠，一一振鹭翘”的描写。赵蕃所说也有可能指水仙丛生，一棵有数箭花茎，而许开所说则明确是一茎多花了，属于多花水仙的特征。这些都充分表明，宋人所种水仙与我们今天所说的中国水仙品种完全相同。

宋时流行的水仙花主要有两个品种：

1. 单叶（单瓣）。即单层六瓣，花瓣白色，上有副冠，金黄色。“金盏银台”这一名称所指就是这一品种主、副冠不同的颜色和形状。后世如明人《汝南圃史》之类多强调黄庭坚所咏水仙是单瓣品种即金盏银台。

2. 千叶（重瓣）。花瓣略卷皱重叠，花瓣上部淡白，下部略显轻黄。所谓复瓣，究其实或属单瓣的变异类型。因花瓣较丰，杨万里《千叶水仙花》诗以“小莲花”来形容，明人创“玉玲珑”之名称之[①]。杨万里《千叶水仙花》诗序：“世以水仙为金盏银台，盖单叶者，其中真有一酒盏深黄而金色。至千叶水仙，其中花片卷皱密蹙，一片之中下轻黄而上淡白，如染一截者，与酒杯之状殊不相似，安得以旧日俗名辱之。要之，单叶者当命以旧名，而千叶者乃真水仙。”写作时间为绍熙元年(1190)，此前并未有千叶水仙的报道，时杨万里在朝任秘书监。京城临安（今杭州）经杭州湾东临大海，万方辐凑，物资荟萃，由这里首次报道千叶水仙是很正常的。

杨万里认为，以前人们所说的水仙都是单叶，别称金盏银台，而

① 高濂《遵生八笺》卷一六：“单瓣者名水仙，千瓣者名玉玲珑，又以单瓣者名金盏银台，因花性好水故名水仙。”明万历刻本。玉玲珑之名或源于南宋刘学箕《水仙花分韵得鸿字》：“借水开花体态丰，护畦寒日玉珑璁。”但下文说“素盘黄盏清尊并”，显然所写为单瓣。

新发现的千叶水仙截然不同，因而建议单瓣的叫金盏银台，而千叶应称水仙，带有喜新厌旧的色彩。这一建议不久就为人们所接受，《(嘉泰)会稽志》称“今山阴此花有两种，一曰水仙，一曰金盏银台”，《赤城志》“水仙本云雅蒜……又有一种曰金盏银台”，还有谢维新《事类备要》[①]，都以水仙指千叶水仙，而单叶水仙则称金盏银台。嘉泰《会稽志》成书的时代比杨万里的报道只晚10多年，嘉定《赤城志》也只晚了30多年，绍兴、台州都属浙东，两地相邻，它们所说都先举水仙（千叶），次及单瓣（金盏银台），表明当地所种以千叶为主或为先。这一品种有可能最初是从浙东沿海如晁说之任职的宁波传入，在浙东绍兴、台州等地首先种植，最初也只笼统地称作水仙。杨万里所见或从浙东这一带售来。

除了这两种外，南宋还报道有双心水仙。高观国《菩萨蛮·咏双心水仙》“的皪玉台寒，肯教金盏单”，显然是指中间有两个副冠，实际应仍是单瓣的金盏银台。吴文英有《凄凉犯·重台水仙》，细考所说“层层刻碎冰叶”，显然仍是杨万里所说重瓣品种。后世称重台水仙者，或由此而来，但都与单瓣相对，实际都指重瓣（千叶）水仙[②]。

杨万里显然更看重千叶水仙这个新品种。嘉泰《会稽志》认为“金盏银台香既差减，格韵亦稍下”，咸淳《毗陵志》也说“千叶者佳”，这应是当时流行的观点。有趣的是，明中叶以来，人们的看法则完全颠倒过来，认为单叶者更佳。如王世懋《学圃杂疏》:“凡花重台者为贵，水仙以单瓣者为贵。”稍后陈继儒《岩栖幽事》也说 :“诚斋（引者按 :

① 谢维新《古今合璧事类备要》别集卷三九，清文渊阁《四库全书》本。

② 如明王世懋《学圃杂疏》:“凡花重台者为贵，水仙以单瓣者为贵。”重台与单瓣相对，说的即是重瓣。

杨万里号诚斋）以千叶为真水仙，而余以为不如单叶者多风韵。”主要原因是单瓣叶短花香，尤其是花香，明人认为单叶者更香。明人高濂《遵生八笺》说：“单者叶短而香可爱。”[①]清人邹一桂《小山画谱》也说：“水仙，以单叶者为佳……叶短花高，香气清微；千叶者为玉玲珑，香逊。”陈淏子《花镜》也说：“(水仙）有单叶、双叶二种：单叶者名水仙，其清香经月不散。”杨万里并未提到两者香气有别，《会稽志》说单叶者香不足，与明人所说恰好相反，但未必可靠，当以明清人所说为是。清屈大均《水仙叹》：“往年水仙从吴来，四万余本花尽开。今年只得四千本，十本一花无重台。”[②]可见清初单瓣品种的畅销。清人还因此认定，黄庭坚当时所咏即是他们看重的单瓣品种[③]。尽管对于单瓣、千叶的看法前后变化，也偶有变异之品出现，但宋以来的一千多年间，单瓣（金盏银盘）、千叶（玉玲珑）一直是我国观赏栽培的基本品种，至今并无实质性改变。

（三）栽培技术

水仙于五代、北宋开始见诸记载，文人吟咏兴起，但几乎没有任何种植方面的直接信息。零星的记载有孙光宪所说“置于水器中，经年不萎”、韩维说“此花折置水中，月余不悴”，说法不同，但都应指以球茎置于水中养育。黄庭坚《次韵中玉水仙花》“借水开花自一奇，水沈为骨玉为肌”数语，也透露了开花时球茎浸水的情景。

---

① 高濂《遵生八笺》卷一六，明万历刻本。

② 屈大均《水仙叹》，《翁山诗外》卷四，清康熙刻凌凤翔补修本。清方世举《二儿遣人白下购单瓣水仙至》也是说的类似情景：“吴门百卉尽鲜妍，只有重台斥水仙。此是玉真真面目，黄冠修整出汤泉。”《春及堂集》四集，清乾隆方观承刻本。

③ 何璘修，黄宜中纂《(乾隆）直隶澧州志林》卷八，清乾隆十五年刻本；李约修，皇甫如森纂《(嘉庆）重修慈利县志》卷二，清嘉庆二十二年刻本。

进入南宋，有关的田园种植技术开始明确起来，而且主要目的都在生产球茎。最早的当为温革《琐碎录》，今存明抄本《分门琐碎录》收有水仙种植方法两条：一、“种水仙花，须是沃壤，日以水浇则花盛，地瘦则无花。其名水仙，不可缺水。”二、“水仙收时，用小便浸一宿，取出照干，悬之当火处，候种时取出，无不发花者。”[①]这两条也见于《永乐大典》所载宋末吴欑（一作吴怿）《种艺必用》，该篇今有胡道静校录本[②]。稍后《嘉泰会稽志》卷一七：“园丁以为此花六月并根取出，悬之当风，八月复种之，则多花。或曰多粪之，花自多。又曰但勿移三四年,数灌溉之而已,不必他法也。”较之《琐碎录》增加了收种时间、三四年不移等新内容。这是两处最详细的记载。

诗文作品也有一些可资参证的信息。韩元吉《偶兴四首》其四：“爱水仙成百计栽，三年一笑渐能开。”自注：“世言水仙一移三年乃开。”是说水仙一般要是三四年的鳞茎才会开花。释居简《淡墨水仙梔子》其一:“烁石流金记曝根，古壶疏插煮泉温。”郑清之《督觉际植花》其二：“曝根向暖种宜先。”《全芳备祖》所载豫章来氏《水仙花二首》其二：“花盟平日不曾寒，六月曝根高处安。待得秋残亲手种，万姬围绕雪中看。”是说水仙球茎夏收秋种，要经过曝晒。

显然主要有两项关键技术。首先是水仙生长不能缺水，这不太难理解。第二是水仙球茎要经过特殊处理。上述材料大都说到一种情景，水仙球茎要经过盛夏曝晒或当火处烘熏，这特别值得注意。现代研究表明，水仙鳞茎收获后最初的 30—45 天中，以 30℃左右的温度贮存，可明显提高花芽发育的数量。如果不经过 25℃以上的高温贮藏，水仙

① 温革《分门琐碎录》。“地瘦则无花”本作“地则瘦无花”。

② 见胡道静校录本《种艺必用》，农业出版社 1963 年版，第 149、157 条。

很难形成花芽[1]。推究这一生长习性，可能与这一品种原产地的西亚、中东或地中海沿岸等高原、沙漠地带七八月的气候有关，这里水仙球茎成熟后势必经过一段特别高温干旱的季节。这都是水仙栽培最核心的技术，显然南宋绍兴后期以来，我国即已基本掌握。《琐碎录》的两条成了后世花卉圃艺著作反复转录的内容，影响极为深远。明人《种树书》所载《种水仙诗诀》“六月不在土，七月不在房。栽向东篱下，花开朵朵香。”所谓“六月不在土,七月不在房”说的就是入夏水仙掘出，置于室外曝晒或灶间烘熏。这是水仙种植多花必不可少的技术。

这些技术信息中最值得重视的是《琐碎录》和《会稽志》所说，内容较为具体、明确。从上述南宋水仙的分布情况可知，闽、越两地是南宋水仙花的分布中心，前引刘学箕《水仙说》称福建建阳园丁种植最为得法，而这两书又恰恰与闽、越有着紧密的联系。

《会稽志》自不必论，编者施宿曾通判绍兴，该志即成于任上。《琐碎录》的情况较为复杂，该书的最早著录见于陈振孙《直斋书录解题》卷一一:“《琐碎录》二十卷,《后录》二十卷,温革撰,陈晔增广之。《后录》者，书坊增益也。”可见前二十卷由温、陈二氏相继完成，后录二十卷则为书坊所增。温革、陈晔，均未见有可靠史传，此据散见资料略作勾稽梳理。温革，福建惠安人，本名豫，字彦幾，因不愿与降金的宋将刘豫同名，遂改名温革，字叔皮。徽宗政和五年（1115）进士，绍兴八年（1138）任秘书省正字，九年随方廷实出使金朝察看陵寝，归来向高宗如实汇报陵地惨状，引起秦桧不满。绍兴十年出为洪州（治

① 金波《水仙花》，第64—66页。另李文仪、孙景欣、傅家瑞《中国水仙开花生理研究》也认为：“中国水仙鳞茎从收获后进入贮藏期1 个月到1 个半月内，应给予较高温度（30℃ 左右）处理。”《中山大学学报（自然科学版）》1987年第4期。

今江西南昌）通判[①]，改知南剑州（治今福建南平）[②]，绍兴二十四年（1154）以左朝奉大夫知漳州（今属福建）[③]，擢福建转运使，卒于任上，时间大约在绍兴末年。著有《隐窟杂志》[④]《十友琐说》《续补侍儿小名录》等[⑤]。陈晔，一作陈昱，字日华，正史无传，长乐（今属福州）人[⑥]，古灵先生陈襄曾孙。淳熙六年（1179）任淳安知县[⑦]，绍熙二年（1191）在知连州任[⑧]，庆元二年（1196）知汀州[⑨]，四年提点广东刑狱[⑩]。嘉泰二年（1202）总领四川钱粮，开禧二年（1206）因所籴军粮粗恶误事，追三官放罢，沅州安置[⑪]。从书籍名称和今本内容看，《琐碎录》当是一部类书，由随笔杂记、资料杂抄分类汇集而成。宋人征引《琐碎录》，编者称温氏、陈氏均有见，而《琐碎后录》，不署编者，当为书坊所增。《琐碎录》中有些条目显出温革之手，且写于北宋，但该书肯定初成于

---

① 陈骙《南宋馆阁录》卷八“秘书省正字”条下；李心传《建炎以来系年要录》卷一三八，清文渊阁《四库全书》本。

② 陈能、郑庆云等《（嘉靖）延平府志》官师志卷二，《天一阁藏明代地方志选刊》本。

③ 洪迈《夷坚甲志》甲卷一九；沈定均等《（光绪）漳州府志》卷九，光绪三年刻本。在任绍兴二十五年三月有《漳州府重建学记》，《全宋文》卷三八二八。

④ 方以智《通雅》卷四、卷三三，清文渊阁《四库全书》本。

⑤ 陈振孙《直斋书录解题》著录《续补侍儿小名录》撰者温豫，字彦幾，诸家著录是书均未见称温革者，此温豫或即温革，待考。

⑥ 姚鸣鸾等《（嘉靖）淳安县志》卷九传作福唐人，《天一阁藏明代地方志选刊》本。

⑦ 姚鸣鸾等《（嘉靖）淳安县志》卷九。

⑧ 翁方纲《粤东金石略》卷七“连州金石”收有“知军州事长乐陈晔日华”题名，署“绍兴二年五月”，当为绍熙之误。乾隆三十六年刻本。

⑨ 胡太初、赵与沐等《临汀志》“名宦”，福建人民出版社 1990 年版。

⑩ 翁方纲《粤东金石录》卷六有“庆元四年十月晦提点刑狱”陈晔题名。

⑪ 徐松《宋会要辑稿》职官之七四，中华书局 1957 年版。

南宋。书中将京师（开封）与临安（今浙江杭州）相提并论[1]，杭州之升为临安府在建炎三年，温革所编当成于建炎三年后无疑。陈元靓《岁时广记》中已见引用《琐碎后录》，是《后录》当成于宝庆元年（1225）之前[2]。

《分门琐碎录》的两条水仙材料殊为珍贵，后世关于水仙种植的技术多出于此。这两条究出于何人之手却难以确定，是温革、陈晔、《后录》编者，还是由他们转摘他人著述，都无从稽考。但就《分门琐碎录》中多涉荔枝、柑橘等南方作物，而两位编者同为福建人，且都有福建任职经历看，这两段水仙资料应与福建有着密切的联系，很有可能是闽中水仙种植经验的直接记录。联系我们前面所论闽、越主产水仙的情况，这一推论就不无道理，而且两者之间也正可相互佐证。总之，宋人水仙种植更准确地说是球茎生产的成功经验主要成熟于闽、越两地的商品种植之地，构成了我国传统水仙种植的核心技术，为后世圃艺所传承。

三、宋人水仙花观赏方式与情趣

两宋是我国花卉文化的关键阶段，时尚品种和观赏情趣都发生了明显变化。水仙的出现正逢其时，其别致的形象、气韵深受人们喜爱和推重，被赋予崇高的精神价值和文化意义，迅即进入了高雅花品的前行，奠定了在我国传统名花中的地位。

---

① 温革《分门琐碎录》饮食之烹饪类。

② 关于《岁时广记》的编纂时间，可参阅王珂《〈岁时广记〉新证》，《兰州学刊》2011年第1期。

（一）观赏条件和方式

水仙起源于五代，在我国花卉中是出现较晚的一种。由于是外来物种，宋人深感“此花最难种，多不着花”（刘学箕《水仙说》），田园栽培极为困难，因而种植分布极为有限。但是水仙又有其特有的优势，作为水生球茎植物，生命力较强，极易久贮和携带，茎种也易成活与生长，这就为观赏传播带来了很大的方便。南宋的各类信息表明，虽然没有任何水仙野生分布的记载，以大田规模栽培著称的地方也寥寥无几，但在整个南宋统治区内几乎无处不可蓄养水仙。

宋人在欣赏方式上也积极探索，不断开拓。在宋人文学作品中，我们看到一些地栽水仙的描写，如陈与义《用前韵再赋四首》：“欲识道人门径深，水仙多处试来寻。青裳素面天应惜，乞与西园十日阴。”《咏水仙花五韵》：“寂寂篱落阴，亭亭与予期。”时陈与义借居岳阳郡圃，是说居处篱落边原有不少水仙花。许及之（？—1209）《信笔戒子种花木》：“水仙绣菊麝香萱，久种成畦长养便。”许及之，永嘉（今浙江温州）人，这是说安排自家园林分畦种植。韩元吉《方务德元夕不张灯，留饮赏梅，务观索赋古风》:“使君元夕罢高宴，亭午邀客花间行。危亭直上花几许，水仙夹径梅纵横。”这是乾道元年（1165）镇江知府方滋邀集赏梅，园中水仙与梅同植，一起开放。方岳《水仙初花》：“丛丛低绿玉参差，抱瓮春畦手自治。地暖乍离烟雨气，岁寒不改雪霜姿。”这应是晚年退居故乡祁门（今属安徽）的诗歌，描写的是田中水仙叶茂的景象。这些都是典型的地栽水仙的例子。也有爱尚有加，筑台建池种植的，如学者胡宏有《双井咏水仙有“妃子尘袜盈盈、体素倾城”之文，予作台种此花……》诗。胡宏的水仙或得于其建炎间流寓湖北荆门时，绍兴间带到湖南湘潭碧泉新居，诗称“孤丛嫩碧生”，所种虽不多，但绿叶秀嫩，颇为可爱。

更多的情况下人们说起水仙，都没有任何地栽背景和生长状况的交代，而是一两枝的数量，应属小器盆景或案头水养清供。这种情况自始如此，蕃客穆思密最初传授就是水养之法，宋人从一开始也就多盆栽水养以供观赏。黄庭坚在江陵受友人赠送水仙，数量多者五十，少者一两本。时泊舟沙市，起居多在舟中，决非为了移栽，所受都应是盆栽或水养之物，因而文中称“明窗净室，花气撩人”（《与李端叔》），诗中则有“坐对真成被花恼，出门一笑大江横”（《王充道送水仙花五十枝……》）之语。到了南宋吕本中《水仙》诗“破腊迎春开未迟，十分香是苦寒时。小瓶尚恐无佳对，更乞江梅三四枝”，则是明显的瓶养水仙了。这种盆罐陶洗蓄养水仙的方式是极为常见的。杨万里有《添盆中石菖蒲水仙花水》诗，陈杰《和友人生香四和》“水仙盆间瑞香盆，着一枝梅一干荪”说的都是这种情景。而所养水仙多出于购买或亲友馈赠。《梦粱录》即记载卖花有水仙。杨万里在京城时“见卖花担上有瑞香、水仙、兰花同一瓦斛者，买置舟中”，作《三花斛》诗。项安世《次韵张直阁水仙花二首》诗中也称“买得名花共载归，春风满眼豫章诗”。刘学箕《水仙说》称自已派仆人赴建阳购买水仙，赵孟坚《题水仙》诗中也庆幸自己居处“地近钱塘易买花”。至于说文人间相互赠送水仙的情景就不胜枚举了，黄庭坚所咏水仙都得之友人所赠。南宋中叶许开《水仙花》诗称“定州红花瓷，块石艺灵苗”，显然已知以石块衬护球茎养育水仙，元人张雨《画水仙花》也说“取石为友，得水能仙”，后世养水仙、画水仙多喜以石为衬，即由宋人发端。这是我们追溯水仙欣赏风习时应予注意的。

（二）情趣和认识

水仙花的起源虽晚，但从一开始就甚得人们的喜爱和推重，这是一个很特殊的现象。细究其原因，首先应该归功于水仙这个名称。水仙之名虽然源于西方，但从一开始就决定了人们的欣赏视野、审美态度和赞誉方式。北宋中期出现的水仙题咏之作，对水仙的赞美大多是就水仙、金盏银台的名称着意生发。钱勰的诗句是一个典型代表："水仙花本水仙栽，灵种初应物外来。碧玉簪长生洞府，黄金杯重压银台。"前两句切其"水仙"，后两句主要指其"金盏银台"，当然也附带写其绿叶。这两个名称一个巧言切状，一个遗貌取神，文学作品对水仙花的描写大致也不出这两种套路。这其中"水仙"名称无疑最抢眼，北宋水仙诗歌兴起之初，刘攽、韩维、张耒等即分别以姑射神女、水仙琴高、潇湘二妃来作比。水仙花既然其格如仙，那么其地位也就可想而知，人们的感受和评价也就这样被历史地决定了。

历史的偶然中都包含着某种必然，人们对水仙的审美情趣最终还取决于水仙的花色形象、生物习性与人们的精神需求之间的客观契应。宋代社会的平民化，精英阶层的士大夫化和意识形态的道德理性化，使宋代文化迥异于汉唐之世的气势凌越、色彩艳丽，展现出一种气质平静、格调淡雅的时代风格。集中在人格理想上，宋人普遍推举"清"和"贞"二义。所谓"清"，强调的是人格的独立、精神的超越，体现的是传统老庄、释道为代表的自由意志；所谓"贞"，强调的是道德的自律、气节的坚守，体现的是传统儒家威武不屈、贫穷不移、富贵不淫的道义精神。两者一阴一阳、一柔一刚，互补融通，相辅相成，构成了封建社会后期士大夫道德意志和人格理想的普遍法式[①]。

① 请参阅程杰《梅文化论丛》，中华书局 2007 年版，第 55—60 页。

落实在花卉欣赏上,宋人着意弃“色”重“德”、轻“象”尚“意”。而在比德、尚意的追求中，又着意演绎和发挥“清”“贞”二义为核心的精神品格。反映在具体的花卉品种选择上，宋人更为欣赏那些村居平常、色彩素雅、气味清香、习性特别的花卉。宋人对梅花的推崇广为人知，而像蜡梅、山矾、荼蘼、木犀（桂花)、瑞香、素馨，这些花卉在宋以前名不见经传，或吟咏极少，而入宋以来陆续引起关注，并大受欢迎，深得推赏。这其中固然存在社会人口、经济、文化重心南移所带来的植物资源地域转变的客观因素，这些花卉主要分布甚至只见于南方，只有在社会重心南移，江南、岭南地区深入开发之后才会逐步进入人们的视野。但更重要的是这些花卉形象有着素雅、芬芳而习性别致的共性，满足了人们品格意趣和文化心理上的期求。“牡丹芍药，花中之富者，桃李艳而繁，凡红艳之属，俱非林下客也，皆不取”，这是王十朋《林下十二子诗》序言中的话。所谓“十二子”是他私圃所植十二种花木，有竹、梅、兰、菊、柳、槐、丁香、黄杨等，这些都是平常素淡之物，他视为闲居野逸的挚友。而蜡梅、山矾、荼蘼、木犀（桂花)、瑞香、素馨这类新兴的花卉，更以山野原生的姿态、素淡芬芳的气韵、凌寒开放的斗志、独立萧然的品格适应了宋人清贞雅逸的情趣需求。水仙也正是这些批清香素雅、新兴另类花卉中的一种，其绿叶条秀，出茎开花，花瓣白色，花之副冠黄色，色调不在艳丽之列。加之花香浓郁，而又球茎水生，花期在冬春之间。这样的形象、习性与梅花、蜡梅、山矾、荼蘼、瑞香等都比较接近，且不少元素有着十分典型的意义，符合宋人清逸幽雅的审美情趣，这是水仙在宋代一经发现就迅速窜红，备受推崇的主要原因。

宋人对水仙的欣赏也正是由其清贞雅逸的审美标准、人格理想展开的。

首先是色调，水仙别称金盏银台，说的就是花色。这种金质玉相虽然也能称作高贵华美，但宋人更看重的是花色洁白柔黄和叶色青翠，即所谓“素颊黄心”（王之道《和张元礼水仙花二首》）、“青裳素面”（陈与义《用前韵再赋四首》）。另如“正白深黄态自浓，不将红粉作艳容”（曾协《和翁士秀瑞香水仙二首》）、“世上铅华无一点，分明真是水中仙”（周紫芝《九江初识水仙二首》），都是赞美其素淡清雅的色调。

其次是香味。水仙花清香浓郁，是一大特色。色和香是花卉观赏价值的两大要素，而香较之于色有着更特殊的形式意味。宋刘辰翁《芗林记》说“香者，天之轻清气也，故其美也，常彻于视听之表”，西方人说“香料的微妙之处，在于它难以觉察，却又确实存在，使其在象征上跟精神存在和灵魂本质相像”[①]，也就是说清香鼻观，有着某种玄妙的色彩，更倾向于作为人类精神品格和心灵世界的象征，这是花卉观赏中古今中外共通的现象。宋人追求精神上的幽雅超逸，因而更重视花的香气。宋人韩琦《夜合》诗称“俗人之爱花，重色不重香。吾今得真赏，似矫时之常”，林逋《梅花》诗说“人怜红艳多应俗，天与清香似有私”，表达的都是轻色重香的文化偏好。宋人盛赞水仙“韵绝香仍绝”（杨万里《水仙花四首》），“寒香自压酴醾倒”（黄庭坚《次韵中玉水仙花二首》），“自信清香高群品”（姜特立《水仙》）。水仙的清香是赋予其高雅气质、确立其崇高地位的一个关键因素。

再次是水生。国人赏花从来不只关注花朵的色香，而是兼顾植物

① 《世界文化象征辞典》编写（译）组编译《世界文化象征辞典》，湖南文艺出版社 1992 年版，第 1076 页。

整体形象、生长习性等生命整体特质来感受植物[1]。水仙是喜水植物，黄庭坚赞叹其“借水开花自一奇”(《次韵中玉水仙花二首》)、“得水能仙天与奇”(《刘邦直送早梅水仙花三首》)。这一习性也进一步强化了水仙的高雅品格，王千秋《念奴娇 · 水仙》“开花借水，信天姿高胜，都无俗格”，说的就是此意。

最后是季相。水仙花期与梅花、瑞香等同时且稍早，“奇姿擅水仙，长向雪中看”(史浩《水仙花得看字》)，这是水仙花的又一大习性特色，也是令人另眼相看的基础。南宋人特别看重这一点，称其可与“岁寒三友”相媲美。

在把握上述形色、习性等美好特性的基础上，宋人对水仙花整体品格就形成了明确、统一的认识，集中起来可以借用明代徐有贞《水仙花赋》的说法来概括[2]：

首先是“仙人之姿”。从北宋黄庭坚等人开始，首先肯定的是水仙清婉雅逸，萧然出尘，“仙风道骨”般的姿态、气质和神韵，黄庭坚则直接形容为“凌波仙子”。

进而是“君子之德”。“仙人之姿”应该说已是很崇高的评价了，但是到了南宋开始有人表示不满。早在绍兴年间胡宏即有《双井（引者按:黄庭坚家分宁双井村，此代指黄庭坚）咏水仙，有妃子尘袜盈盈，体素倾城之文，予作台种此花，当天寒风冽，草木萎尽，而孤根独秀，不畏霜雪，时有异香来袭襟袖，超然意适，若与善人君子处，而与之俱化。乃知双井未尝得水仙真趣也，辄成四十字，为之刷耻，所病词不能达，

---

① 请参阅笔者《论花文化及其中国传统》，《阅江学刊》2017 年第 4 期。

② 明徐有贞《水仙花赋》:“清兮直兮，贞以白兮。发采扬馨，含芳泽兮。仙人之姿，君子之德兮。”《武功集》卷一，清文渊阁《四库全书》本。

诸君一笑》诗："万木凋伤后，孤丛嫩碧生。花开飞雪底，香袭冷风行。高并青松操，坚逾翠竹真。挺然凝大节，谁说貌盈盈。"是说黄庭坚凌波仙子那类美貌女仙来形容，只是着眼于水仙轻盈缥缈的优美姿态，而忽略了水仙当岁寒凛冽、万物凋零之际傲然开放的坚贞气节。朱熹《赋水仙花》、陈傅良与刘克庄的《水仙花》诗都表示了同样的意思，他们认为以湘君、汉女之类女色比拟水仙花，乃至于水仙这个名称，都"刻画近脂粉"（陈傅良《水仙花》），带着明显的脂粉气，未得水仙花的精神真髓，"徒知慕佳冶，讵识怀贞刚"（朱熹《赋水仙花》）。水仙花的可贵之处在其"独立万槁中"（陈傅良《水仙花》）、"高操摧冰霜"（朱熹《赋水仙花》）的贞刚之气、凛然大节。

这样的气节情操远非酴醾、山矾之类可比，而是与"岁寒三友"松竹梅丝毫不让。不仅如此，松竹梅气节见于苍干劲枝，而水仙出了弱质柔枝，"胡然此柔嘉，支本仅自持。乃以平地尺，气与松篁夷"（陈傅良《水仙花》），以水仙这样草本娇弱之质而有此贞刚英烈之性，而就更为难能可贵了。这样的气节情操就远远超越了那些水仙佳丽的盈盈姿态，属于典型而崇高的"君子之德"了。如果说黄庭坚等人说的凌波盈盈、仙人之姿还只是"清逸"的意趣，而胡宏、朱熹等人着意的松竹意志、凌寒不屈就主要是"贞刚"气节了。南宋后期林洪《水仙花》所说"清真处子面，刚烈丈夫心"，则进一步揭示了"清""贞"兼备的理想境界。反映在形象感受和人格拟喻上，也完成了从拟为"美人"向拟为"高士"或"君子"的转换和提升[①]。这样水仙的形象品格及其象征意义都达到了宋人花卉"比德""写意"的最高境界，获得了

① 请参阅程杰《宋代咏梅文学研究》，安徽文艺出版社 2002 年版，第 56—63 页、第 297—317 页。

与“岁寒三友”完全相提并论的崇高水平、顶级标准，奠定了在“君子比德”诸花中的高超地位。

四、文学、艺术家的贡献

我国花卉文化发展中，士大夫文人有着鲜明的主体地位，他们的文学、艺术创作经常发挥骨干乃至主导性作用①。同样，在宋代水仙的审美认识和欣赏传统中，士大夫文人也发挥了决定性的作用，有关文学、绘画的创作较为丰富，构成了相关文化的核心和主体内容，产生了积极的影响。

首先看文学方面的情况。宋代文学中的水仙创作是从北宋中期开始的，众多诗人积极参与，南宋以来尤其如此，作品数量迅速增加。《全宋诗》载有75位诗人147首题咏之作，其中黄庭坚、李之仪、晁说之、周紫芝、吕本中、胡寅、杨万里、喻良能、项安世、朱熹、张孝祥、徐似道、赵蕃、张镃、释居简、洪咨夔等都有2首以上。据许伯卿先生统计，《全宋词》收有咏水仙花词35首。专题散文为数不多，有释居简《水仙十客赋》、高似孙《水仙花》前后赋、刘学箕《水仙说》、陈著《跋僧德恩所藏钟子固所画山谷水仙诗图后》等5篇。以上三项合计187篇，在两个多世纪里，作为一个新兴的花色品种，出现这么多正面歌咏描写的作品，数量是比较可观的。

也许这样孤立地看，数量优势尚不明显。我们不妨换个角度横向比较一下。许伯卿氏详细统计了《全宋词》所收2189首咏花词中不同

① 程杰《论花文化及其中国传统》，《阅江学刊》2017年第4期。

花品的数量，水仙词35首居第11位，数量排在前面的依次是梅、桂、荷、海棠、牡丹、菊、荼蘼、蜡梅、桃、芍药。其中除蜡梅外，均是我国历史悠久的花卉，荷、桃、菊、桃、芍药等更是早在《诗经》《楚辞》时代就已经引起关注,水仙的数量就紧接这10种之后。《全芳备祖》花部“赋咏祖”所收咏花诗歌作品与散句，按所收条数多少，排在前14位的依次是梅、海棠、牡丹、荷、桃、菊、荼蘼、桂、兰（含蕙）、芍药、杏、柳花、木芙蓉、梨，蜡梅、水仙紧接其后，排第15、16位。再换个角度,就《全芳备祖》所收仅有宋人作品的花品来看,蜡梅(49条)、水仙(48条)则位居前两名,数量是同居第3位的山茶(20条)、牵牛(20条）的近2.5倍[①]。水仙与蜡梅同属北宋中期兴起的观赏花卉品种，同在短短的两个多世纪中获得这么多的创作数量，成了宋人花卉题材创作中的重要题材，这对增进人们的了解无疑有着直接的推动作用。

不仅是创作数量，关键还在于审美认识和观赏情趣。事实上，上节我们所说的情趣和认识都出于这些诗词歌赋。其中影响最大的无疑是黄庭坚、杨万里两位诗坛大家。黄庭坚水仙诗共有5题6首，均作于荆州江陵。称水仙“暗香靓色”“仙风道骨”“得水能仙”，都紧扣水仙的形象和习性，写出其特征。同时还与梅花、酴醿等同类进行比较，因西湖水仙庙而想到此花“宜在林逋处士家”，是将水仙与梅花相媲美，表达尊赏之意。这其中《王充道送水仙花五十枝欣然会心为之作咏》一首无疑影响最大：“凌波仙子生尘袜，水上盈盈步微月。是谁招此断肠魂，种作寒花寄愁绝。含香体素欲倾城，山矾是弟梅是兄。坐对真成被花恼，出门一笑大江横。”此诗可能作于诸诗之前，包含着黄庭坚贬谪初返的复杂心情，如“断肠魂”“寄愁绝”“被花恼”“大江横”云云，

① 此据程杰、王三毛点校本《全芳备祖》，浙江古籍出版社2014年版。

都不难让人感受到潜在的人生感慨。也许正是这份深沉复杂的心情和曲折跳跃的表达方式，增强了这首诗的意趣和韵味，加之作为江西诗派宗主的巨大吸引力，后世颇多好评。但这首诗对水仙花的描写更具影响。

首先是开篇“凌波仙子生尘袜”的拟喻，构思当从“水仙”之名来，语本曹植《洛神赋》“凌波微步，罗袜生尘”，晚唐皮日休《咏白莲》“通宵带露妆难洗，尽日凌波步不移”，已用之咏花在先，都不足奇。但这一比拟紧扣水仙的习性和形象，尤其是与水仙名称直接贴合，形象生动，而自然警策，千百年来脍炙人口。受其影响，后世咏水仙以洛神、汉女、湘妃等水上女仙比喻形容已成套式，水仙也因此有了“凌波仙子”的别称，足见影响之大。

其次是“山矾是弟梅是兄”的类比。在咏花作品中，以同类媲美并称、比较衬托都是常见的手法。黄庭坚将水仙与梅花、酴醾、山矾称作同类，并进一步定位，“含香体素欲倾城，山矾是弟梅是兄”，“暗香已压酴醾倒，只比寒梅无好枝”，“暗香静色撩诗句，宜在林逋处士家”，是说水仙胜过酴醾、山矾，与梅花差胜无几。黄庭坚这一说法的创意在兄弟之行的人伦比喻，一是简单地交代了三者花期的先后关系，二是赞美了水仙与梅、山矾气韵同伦，属于幽雅之品，三是潜含了三种花卉格韵高低的微妙品第，可谓一箭三雕。

对后世影响较大的自然是后两层意思，这种人伦关系的类比和品鉴是宋代花色欣赏和描写中新起的现象。细究起来，有着花色品种变化和思想情趣追求两大起因：一是新品种的出现[1]。随着花卉品种的不断增加，品类风格及思想价值上的定位就成了花卉品评中新的任务和

① 程杰《论花文化及其中国传统》，《阅江学刊》2017 年第 4 期。

话题。二是花卉观赏中“比德”“尚意”的追求，既期待也促进了一些新的思维方式的出现和话语资源的开发。因而我们看到，宋人花卉欣赏中就出现了君臣、父子、主仆、夫妻、兄弟、亲友等一系列人伦比拟、分类品鉴的话语方式，以此区分雅俗，品第高低，将众多花卉纳入到统一的品格神韵品鉴认识及其话语体系中。宋人评花陆续出现的张景修（敏叔）名花“十二客”[①]、南宋曾慥（端伯）花中“十友”[②]、姚伯声花品“三十客”[③]之类说法就是最典型的名目体系，凝集了士大夫主流的观赏经验，广为人们传诵，奠定了此后花卉雅俗尊卑、品类分殊、气格神韵各各不同的系统评价和共同认识，构成了我国文化不断丰富的“物色话语”或“文化博古”的重要组成部分，影响极其深远。

黄庭坚诗歌这一兄弟之义的比拟正是宋人一系列人伦比拟、分类品鉴话语中出现最早的例证，有一定的开创性。兄弟之义的比拟对于大量品类、气韵相近花色之间的类比联想和比较形容也更为适宜，因而更具范式意义。它不仅直接决定当时人们对水仙花色气质、品格的定位，而且也影响到水仙与梅、矾等清雅花品连类标举的感觉和认识，由此形成简洁而流行的描写与话语方式。我们在古籍中简单搜索一下，就能发现宋人杨补之咏桂花“友梅兄蕙”(《水龙吟·木犀》)、许纶咏梅竹“竹弟梅兄”(《题潘德久所藏补之竹梅》)、元人刘因咏玉簪花“莲兄菊弟”(《玉簪》)、明人朱让栩“兰兄蕙弟”(《兰兄蕙弟图》）等说法，都属于黄庭坚“梅兄矾弟”之说的直接效法，至于同类随机变化的说法就难计其数了，可见这一构思和说法的影响何其切实、普遍和深远。

---

① 龚明之《中吴纪闻》卷四，清《知不足斋丛书》本。

② 佚名《锦绣万花谷》后集卷三七，清文渊阁《四库全书》本。

③ 姚宽《西溪丛语》卷上，明嘉靖俞宪昆鸣馆刻本。

杨万里咏水仙诗有9首，数量之多比较突出，可以说是宋人中首屈一指。其中最重要的无疑是对千叶水仙的记录，经赵彦卫《云麓漫钞》、陈景沂《全芳备祖》、谢维新《事类备要》、祝穆《事文类聚》等转载，广为人知，奠定了人们关于水仙单瓣、重瓣二类的基本知识。

值得特别一提的是，黄庭坚、杨万里等人对水仙的看法还带着地道的文士口味，而进一步推高水仙品格的却是胡宏、朱熹、陈傅良等理学家或学者型文人的作品。胡宏不满黄庭坚所说，盛赞水仙“高并青松操，坚逾翠竹真”。朱熹称赞水仙“高操摧冰霜”，陈傅良则说“气与松篁夷”，他们都高度强调水仙的花期与松竹梅一样，是岁寒之友，反对以女色形容水仙。这应与他们道德意志的严格要求有关，正是他们的主张进一步推高水仙精神象征的境界和格调。

最后，我们再看绘画中的情况。《宣和画谱》记载的水仙像都是人物画，邓椿《画继》成书于宋孝宗年间，尚无水仙花的信息。世传北宋赵昌《岁朝图》（今藏故宫博物院）绘梅、杏、山茶、水仙、月季等，以表迎春贺岁之意，但作者和时代都不可靠。故宫博物院藏宋无款《水仙图页》，绢本设色，是现存最早的水仙作品[①]，当属南宋中叶宫廷画家的作品，诗人薛季宣《折枝水仙》诗所题或即此类画作。大量画史资料表明，水仙入画至迟从高宗朝画家开始。元人汤垕《画鉴》记载：“扬补之墨梅甚清绝，水仙亦奇。”“汤叔雅，江右人，墨梅甚佳，大抵宗补之，别出新意，水仙、兰亦佳。”可见画水仙以扬补之最早。扬补之（1097—1169）名无咎，号逃禅，主要生活于南宋高宗、孝宗朝，以水墨写梅

① 中国古代书画鉴定组《中国绘画全集》第5卷，文物出版社1997年版，第160页。

著称，出以劲利笔法圈写花头，写干发枝，世称“逃禅宗派”[①]，奠定了墨梅画法的基础。而画水仙也以水墨写之，笔法应相近，门人也有传效。因此可以说，水仙入画之初就以文人水墨写意为主，这是值得特别重视的。据周密《蘋洲渔笛谱》所咏，扬补之即绘有梅花、山矾、水仙《三香图》[②]。到了南宋末年，赵孟坚（1199—1267？）始以画水仙著称。周密《癸辛杂识》记载：“诸王孙赵孟坚字子固，善墨戏，于水仙尤得意。”[③]汤垕《画鉴》也说：“赵孟坚……画梅竹、水仙、松枝，墨戏皆入妙品，水仙为尤高。”赵孟坚今存《水仙花卷》（美国大都会博物馆藏），长 33 厘米，是水仙题材的著名巨制。与汤叔雅同时的天台徐逸（字无竞）作有水仙画（释居简《题徐无竞作水仙》）。宋末绍兴王迪简也以善画水仙名[④]，且也如赵孟坚擅画大幅，花叶纷披[⑤]，表明此时水仙绘画艺术已十分成熟。《全宋诗》所载南宋以来水仙题画诗即有 29 首之多，几乎占了两宋全部水仙诗的五分之一，从一个侧面反映

① 有关“逃禅宗派”的情况，请参阅程杰校点《梅谱》，中州古籍出版社 2016 年版，第 134—141 页。

② 周密《声声慢·逃禅作梅、矾、水仙，字之曰三香》：“瑶台月冷，佩渚烟深，相逢共话凄凉。曳雪牵云，一般淡雅梳妆。樊姬岁寒旧约，喜玉儿、不负萧郎。临水镜，看清铅素靥，真态生香。长记湘皋春晓，仙路迥，冰钿翠带交相。满引台杯，休待怨笛吟商。凌波又归甚处，问兰昌、何似唐昌。春梦好，倩东风、留驻琐窗。”见清江昱《蘋洲渔笛谱疏证》卷二，清乾隆刻本。题中“矾”字原缺，此据词意补。关于此词序“三香”所说花卉名称，请见笔者《周密〈声声慢〉所咏扬补之“三香”有山矾无瑞香考》，《阅江学刊》2017 年第 5 期。

③ 周密《癸辛杂识》前集《赵子固梅谱》，清文渊阁《四库全书》本。

④ 陈著《赋贾养晦所藏王庭吉墨水仙图》，《本堂集》卷三六，清文渊阁《四库全书》本。夏文彦《图绘宝鉴》卷五：“王迪简字庭吉，号蕺隐，越人，善画水仙。”元至正刻本。

⑤ 清张照《石渠宝笈》卷三三载王庭吉《凌波图》，韩性跋称：“庭吉所作《凌波图》，疏密不同，各有思致，纷披侧塞，多至百株，命曰百仙图。”可见所绘尺幅较大。

从扬补之到赵孟坚，短短一个多世纪，经过三代画家的努力，水仙已成了文人画“比德”写意的重要题材，形成了一定的创作热潮，产生了不小的社会影响。

水仙是外来物种，真正引起人们关注是北宋熙宁、元丰年间的事。短短两个多世纪中，相应的文化活动充分展开，无论其分布范围、种植技术、欣赏方式还是人们的审美情趣和认识，包括文学、艺术创作都得到迅速的发展。水仙独特的风韵、气格备受人们推赏，崇高的精神价值得到了充分的挖掘和推举，最终达到了与梅花等“岁寒之友”齐名并誉的地位。短短的两个多世纪，水仙几乎走完了其他花卉数百乃至上千年的历程。前所说宋人评花“十友”“十二客”“三十客”，出现在南宋中期以前，水仙都不与其列。而到了宋末元初的程棨《三柳轩杂识》，增“水仙为雅客”[1]，可见此时人们对水仙已经形成较为稳定的认识。同时赵文《三香图》诗：“梅也似伯夷，矾也似叔齐。水仙大似孤竹之中子,不瘦不野含仙姿。人生但愿水仙福,梅兄矾弟真难为。”在这样的高度赞颂中，所谓“水仙福”即后世兴起的吉祥寓意也有所涉及。我们不难感受到，宋人对于水仙的推重和阐扬几乎是了无剩义，水仙已完全进入了我国传统名花的行列，获得了崇高的道德品格象征意义和精神文化的符号意义，奠定了我国水仙观赏文化的基本格局和作为崇高品德象征的文化地位。

（原载《南京师大文学院学报》2017 年第 4 期。该文内容曾于 2011 年 9 月河南大学举办的宋代文学年会上与《中国水仙起源考》一文内容合题发表过，载会议所编论文集。）

① 陶宗仪《说郛》（涵芬楼百卷本）卷二一，上海古籍出版社《说郛三种》本，第 383 页。

论中国水仙文化

程　杰　程宇静

水仙为石蒜科水仙属（Narcissus L.）植物的总称，主产于地中海沿岸。其品种很多，按照国际通用的分类标准，有红口水仙 (N.Poeticus L.)、黄水仙 (Jonquilla)、喇叭水仙（Narcissus pseudo—narcissus L.)、多花水仙 (N.Tazetta L.) 等 11 种[①]。我国分布的主要是多花水仙类，称为中国水仙 (N.tazetta L.var.chinensis Roem)（以下简称“水仙”),别名雅蒜、金盏银台等。水仙自五代传入我国，以其清新淡雅的形象、超尘绝俗的风韵、浓郁清雅的芬香赢得了传统文人骚客的青睐，赋予了高洁坚贞的品格象征意义，具有很高的观赏价值和丰富的文化积淀。如今水仙被誉为传统十大名花之一，与梅、兰、荷、菊等一起备受国人喜爱和推重。

近代以来，随着水仙欣赏、种植、传播的社会化，尤其是规模生产和相应的市场经济的发展，生物、农学、园艺界对于水仙的研究逐

① 金波、东惠如、王世珍《水仙花》，上海科学技术出版社 1998 年版，第 15—16 页。

图 12　大田种植的水仙。水仙的商品生产早在南宋就已经兴盛起来，南宋刘学箕《水仙说》记载建阳（今属福建省南平市）园户所植水仙“若葱若薤，绵亘畴陌”。图片引自网络。

步兴起，发表了不少论著。[1]但对于我国古代水仙种植、传播的历史

① 详参陈时璋、刘熙隆编著《水仙花》（中国林业出版社，1980）、许荣义、叶季波编著《水仙花》（中国农业科技出版社，1992）、金波、东惠如、王世珍编著《水仙花》（上海科学技术出版社，1998）等论著，以及翁国梁《水仙花考》（民国二十五年《中国民俗学会丛书》铅印本）、陈心启、吴应祥《中国水仙考》（《植物分类学报》1982 年第 3 期）、陈心启、吴应祥《中国水仙续考——与卢履范同志商榷》（《武汉植物学研究》1991 年第 1 期）等学术论文。

发展及其相应的文学、艺术等人文方面的考察和论述尚比较薄弱。[①] 本文拟就宋代以来水仙栽培分布和发展的历史情况进行较为全面的梳理，就园艺、文学、艺术、民俗等方面的基本情况进行较为简要的介绍，对水仙的审美价值和文化意义进行较为系统的阐发，以期对中国水仙文化的历史发展、基本面貌有一个较为全面和系统的认识。

一、中国水仙的起源、栽培分布与传播

（一）起源

关于中国水仙的起源，近代以来主要有两种观点。一种认为中国水仙为我国原产，至迟六朝时期就有了，“六朝人乃呼为雅蒜”[②]。另一种意见则认为水仙是外来归化植物。水仙在我国各地都很难有性繁殖，也就是说不能结子播种，品种资源较少，作为原产地很难成立。我国迄今未能发现明确的水仙原产地和野生分布区。我国唐以前未见有明确的水仙记载。唐代有关水仙的最早记载是晚唐段成式（？—863）《酉阳杂俎》记载的拂林国（东罗马）所出㮏祇[③]，揣其读音，应即波斯语

① 程杰《中国水仙起源考》（《江苏社会科学》2011 年第 6 期）一文对中国水仙的起源及北宋时期的栽培分布等问题作了详谨的历史考证，得出了明确而有说服力的结论，特别值得重视。朱明明硕士论文《中国古代文学水仙意象与题材研究》（南京师范大学，2008）和高峰《论中国古代的水仙文学》（《南京师大学报》（社会科学版，2008 年第 1 期）等主要从水仙文学着眼加以探讨。林玉华硕士论文《中国水仙花文化研究》（福建农林大学，2013）兼及农技、历史与文化，较为全面。

② 详见翁国梁《水仙花考》，民国二十五年《中国民俗学会丛书》铅印本。

③ 详见陈心启、吴应祥《中国水仙考》，《植物分类学报》1982 年第 3 期，第 370—377 页；陈心启、吴应祥《中国水仙续考——与卢履范同志商榷》，《武汉植物学研究》1991 年第 1 期，第 70—74 页。

Nargi（水仙）的音译。根据我们的考证，段成式《酉阳杂俎》所说㮈祇还不是今天我们所说的中国水仙，该书记载㮈祇“花六出，红白色，花心黄赤，不结子。其草冬生夏死，与荠麦相类，取其花压以为油，涂身，除风气，拂林国王及国内贵人皆用之”[①]。这是一种开红、白二色花的品种，而且段氏也没有明确说已传入我国，他同时记载了一组外国植物，叙述方式都像西方或中东《药典》一类书籍中的语气，可能是段氏得之耳闻或根据外国传教士提供的间接材料写成的，实际当时此物并未传入我国[②]。在我国宋代以后的文献中，除抄缀《酉阳杂俎》外，也没有出现㮈祇这一物种的后续报道。而其他关于水仙出于唐代或更早时代的说法都出于元明以后，实际都不可靠。

根据我们考证，最早记载水仙传入我国的可靠文献是段公路《北户录》中的一段文字："孙光宪续注曰，从事江陵日，寄住蕃客穆思密尝遗水仙花数本，摘之水器中，经年不萎。"[③]是说寄住在江陵的波斯人穆思密赠送给孙光宪几棵水仙花。孙光宪是晚唐五代花间派的重要词人，当时在高季兴南平国所辖的江陵任职，江陵相当于今湖北荆州。因此我们可以肯定地说，中国水仙的确是由国外传入的，时间在五代，首传地点有可能就在湖北荆州一带。水仙的名称，与一般植物命名多拟形或归类不同，而是直接以神仙之名相称，我国古籍中又未见有直接相关的神话、传说。众所周知，希腊传说中，水仙花是自恋少年那喀索斯（Narcissus）的化身。相传他受到恋人的惩罚，特别眷恋自已的水中倒影，整日临水自照，终至抑郁而死，死后化为水仙花。水仙花

① 段成式《酉阳杂俎》，中华书局 1981 年版，第 180 页。

② 林英《唐代拂菻丛说》，中华书局 2006 年版，第 46 页。

③ 段公路《北户录》卷三“睡莲”条下，《影印文渊阁四库全书》本。

的拉丁学名即是这个少年神灵的名字[①]，《酉阳杂俎》中所说榇袛正是这一学名系统的音译。而汉语水仙这一名称很有可能是这一神名即水仙洋名的意译，其灵感则来自湖北当地称屈原为水仙。屈原行吟泽畔的形象与希腊传说中那喀索斯（Narcissus）这一水边自恋的神灵颇有几分神似，当时传来水仙的蕃客移民入乡随俗，遂以水仙这一楚国故里对屈原的乡土称呼来替代这一西洋的神异命名。这应该就是水仙这一中文名称的来源。[②]

（二）宋元时的水仙分布

水仙传入荆州后，就首先在这一地区种植传播开来，此后北宋时期歌咏水仙的文学作品也高度集中在以湖北荆州、襄阳为中心的鄂北和豫西地区。北宋诗人黄庭坚经过荆州，当地王充道、刘邦直等人就赠与他不少水仙。文人士大夫对这种素姿芳洁的新异花卉，既好奇又喜爱，给予了热情的赞美，出现了金盏银台、雅蒜等别名。黄庭坚称赞水仙"含香体素欲倾城，山矾是弟梅是兄"[③]，将其与梅、山矾相提并论。

到了南宋，水仙的传播就更为广泛，整个江南地区都有了水仙的踪迹。栽培中心移到了都城临安（今浙江杭州）和闽、浙沿海地区，这在南宋的诸种方志中都有记载。[④]水仙的商品生产也在这一带兴盛起来，如南宋刘学箕《水仙说》记载建阳（今属福建省南平市）园户

① 吴应祥《水仙史话》，《世界农业》1984年第3期，第53—55页。

② 程杰《中国水仙起源考》，《江苏社会科学》2011年第6期，第238—245页。

③ 黄庭坚《王充道送水仙花五十枝，欣然会心，为之作咏》，北京大学古文献研究所编《全宋诗》，北京大学出版社1991—1998年版，第17册，第11415页。

④ 据《宋元方志丛刊》，有七种南宋方志著录有水仙：《（乾道）临安志》《（咸淳）临安志》《（嘉泰）会稽志》《剡录》《赤城志》《（绍定）澉水志》《（咸淳）重修毗陵志》。

所植水仙“若葱若薤，绵亘畴陌”[①]，高似孙《纬略》记载朋友杨某从萧山（今属浙江杭州市）购买水仙动辄“一二百本”[②]，可见已形成了一定的商品种植规模。[③]

南宋闽、浙沿海地区水仙种植的兴起，有着生物学和社会学等多方面的原因。东南沿海是海外贸易的集散地，很容易直接从海外获得外来物种，原产于地中海沿岸的水仙也更适宜在我国东南沿海地区种植，而两浙、闽北邻近当时的京城临安，是当时政治、经济和社会人口的重心地区，又有利于这一观赏消费性物种商品生产的发展。这一生产种植的情景，奠定了此后我国水仙种植分布的基本格局和相应的产业传统。

元代水仙栽培分布基本延续了南宋的状况，查阅《宋元方志丛刊》中元代方志，《(大德）昌国州图志》（治今浙江舟山市）著录当地的物产,花类中便有水仙。[④]《(至顺）镇江志》物产称“水仙花本自南方来，冬深始芳。倘非培植之勤，则不着花。盖此近淮，气候稍寒故也”[⑤]，(图 13）说明纬度靠北的镇江也有了水仙花的种植。[⑥]文学艺术是对现

---

① 刘学箕《方是闲居士小稿》卷下，《影印文渊阁四库全书》本。

② 高似孙《纬略》卷八，《影印文渊阁四库全书》本。

③ 南宋临安东、西马塍，是当时临安近郊最大的花卉生产和销售地，这里有不少从事水仙种植和销售的专业户，宋伯仁《山下》“山下六七里，山前八九家。家家清到骨，只卖水仙花”（《全宋诗》，第 61 册，第 38185 页），说的就是这一状况，说明水仙花的商品生产性质。宋伯仁，吴兴人，嘉熙元年（1237）后寓居临安，晚年卜居西马塍，地当今浙江大学西溪校区一线。

④ 冯福京等《(大德）昌国州图志》卷四,《宋元方志丛刊》,中华书局 1990 年版，第 6 册，第 6090 页。

⑤ 俞希鲁《(至顺）镇江志》卷四，《宋元方志丛刊》，第 3 册，第 2658 页。

⑥ 单庆修,徐硕纂《(至元）嘉禾志》卷一四虽然载有释僧慧梵于居侧植水仙事，但慧梵为南宋理宗朝人。其事又见于南宋居简《梵蓬居塔铭》。

实生活的反映，在元代，无论是以水仙为题材的文学作品还是绘画作品，其作者生活区域也都高度集中在苏、浙、闽一带，都反映了元代水仙栽培分布的特点。

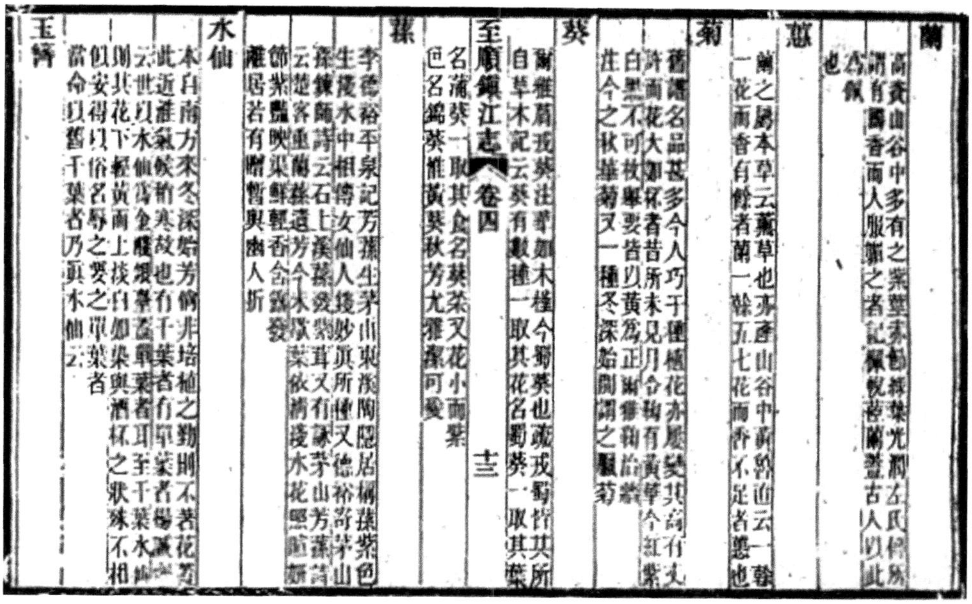

图 13　[元] 俞希鲁《(至顺) 镇江志》卷四书影。水仙条曰:“本自南方来，冬深始芳。倘非培植之勤，则不着花。盖此近淮，气候稍寒故也。”由此可见在元代纬度靠北的镇江也有了水仙花的规模种植，成为当地物产，并积累了一定的种植经验。

（三）明清与民国间的分布

明清时期，水仙的种植范围进一步扩大，除浙、闽、鄂、湘外，皖、赣、黔、川、滇、桂、琼等地志乘中都出现了关于水仙的记载。如《(嘉靖) 广德州志》(今属安徽宣城市) [①]、《(嘉靖) 南安府志》(治今江西省大

① 黄绍文《(嘉靖) 广德州志》卷六，嘉靖十五年 (1536) 刊本。

庾县）[1]、《（嘉靖）普安州志》（治今贵州省盘县）[2]、《（嘉靖）洪雅县志》（今属四川眉山市）[3]、《（万历）雷州府志》[4]《（康熙）云南府志》[5]《（乾隆）广西府志》[6]物产中都著录有水仙。

江苏南部的水仙种植有了明显的发展，出现了不少优良品种，形成了一些著名产地，如嘉定。嘉靖王世懋《学圃杂疏》称“凡花重台者为贵，水仙以单瓣者为贵。出嘉定，短叶高花，最佳种”[7]。万历于若瀛《金陵花品咏》水仙序也说“水仙江南处处有之，惟吴中嘉定种为最，花簇叶上，他种则隐叶内”[8]，（图 14）都是说产于嘉定（即嘉定县，明代属苏州府，今属上海市）的水仙单瓣、短叶、高花，品种优质。万历周文华《汝南圃史》“吴中水仙唯嘉定、上海、江阴诸邑最盛”[9]，也可印证。除以上所说几个盛产水仙的地区外，吴县（今江苏苏州）也出产水仙，该县水仙主要出自“光福（引者按：今吴中区光福镇）沿太湖处”[10]。查阅明代苏州方志，《（正德）姑苏志》[11]《（嘉靖）

① 刘节《（嘉靖）南安府志》卷二〇，《天一阁藏明代方志选刊续编》，上海书店 1990 年版。
② 高廷愉《（嘉靖）普安州志》卷二，《天一阁藏明代方志选刊》，上海古籍书店 1961 年版。
③ 张可述《（嘉靖）洪雅县志》卷三，《天一阁藏明代方志选刊》本。
④ 欧阳保《（万历）雷州府志》卷四，《日本藏中国罕见地方志丛刊》本，书目文献出版社 1991 年版。
⑤ 范承勋、张毓碧修，谢俨纂《（康熙）云南府志》卷二，台北成文出版社《中国方志丛书》本。
⑥ 周埰等修，李绶等纂《（乾隆）广西府志》卷二〇，《中国方志丛书》本。
⑦ 王世懋《学圃杂疏》，《丛书集成初编》，中华书局 1985 年版，第 1355 册，第 7 页。
⑧ 于若瀛《弗告堂集》卷四，《四库禁毁书丛刊》本，北京出版社 1998 年版。
⑨ 周文华《汝南圃史》卷九，《续修四库全书》，第 1119 册。
⑩ 牛若麟、王焕如《（崇祯）吴县志》卷二九，《天一阁藏明代方志选刊续编》本。
⑪ 王鏊《（正德）姑苏志》卷一四，《影印文渊阁四库全书》本。

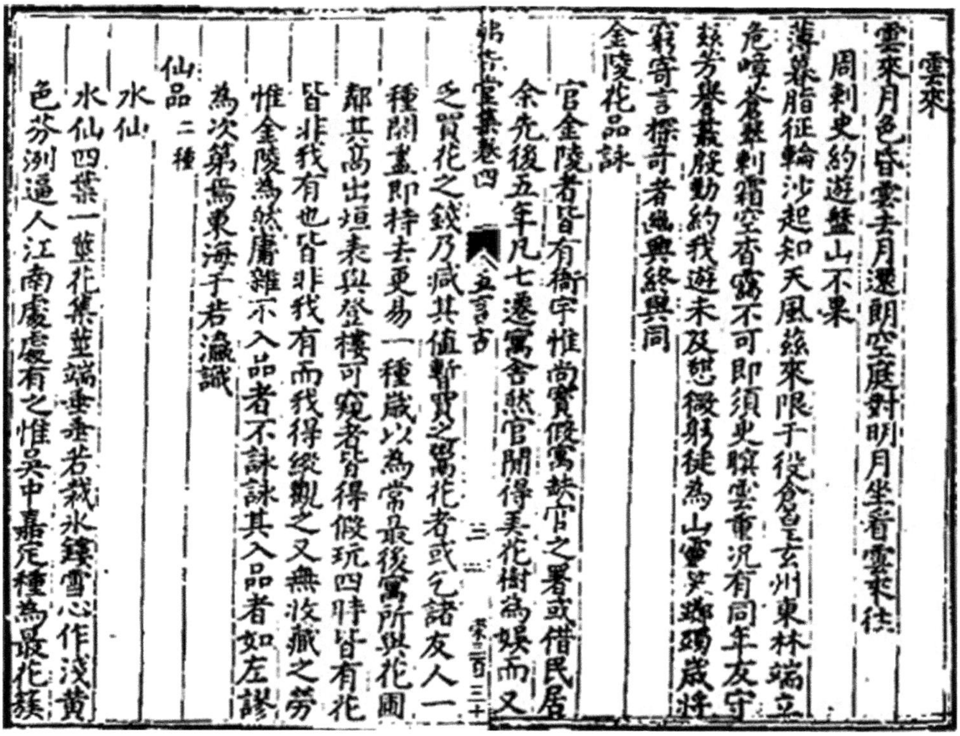

雲來

雲來月色昏雲去月還朗空庭對明月坐看雲來往

周刺史約遊盤山不果

薄暮脂征輪沙起知天風絃來限于役倉皇玄州東林端立
危嶂蒼翠刺霜空杳靄不可即須臾瞑雲重况有同年友守
茲芳巒叢簇動約我遊未及憩微躬徒為山靈笑躑躅歲將
窮寄言探奇者幽興終與同

金陵花品詠

官金陵者皆有衙宇惟尚寶假寓鼓官之署或借民居
余先後五年凡七遷寓舍然官閑得美花樹為娛而又

弗告堂集卷四 〈五言古〉 三二

乏買花之錢乃藏其值暫買之寓花者或乞諸友人一
種開盡即持去更易一種歲以為常最後寓所與花園
鄰其高出垣表與登樓可窺者皆得假玩四時皆有花
皆非我有也皆非我有而我得縱觀之又無收藏之勞
惟金陵為然膚雖不入品者不詠詠其入品者如左譜
為次第焉東海于若瀛識

仙品二種

水仙

水仙四葉一莖花集莖端垂垂若栽冰鏤雪心作淺黃
色芬冽逼人江南處處有之惟吳中嘉定種為最花簇

图 14　［明］于若瀛《弗告堂集》卷四《金陵花品咏》书影。明代中晚期，江苏南部的水仙种植有了明显的发展，出现了不少优良品种和著名产地，如嘉定（今属上海市）。于若瀛《金陵花品咏》水仙序说“（水仙）江南处处有之，惟吴中嘉定种为最，花簇叶上，他种则隐叶内”。

吴江县志》[①]《（嘉靖）太仓州志》[②]物产中都著录有水仙。种种迹象表明，明代嘉靖以来，苏州嘉定、吴县一带成了水仙种植的中心地区，影响很大。此外，杭州海宁县钱山也以出产水仙著称，曹学佺《杭州府志

① 曹一麟《（嘉靖）吴江县志》卷九，《上海图书馆藏稀见方志丛刊》本，国家图书馆出版社 2011 年版。

② 张寅《（嘉靖）太仓州志》卷五，《天一阁藏明代方志选刊续编》本。

胜》载“钱山，产水仙花”[1]。明末北京还出现了水仙的繁殖基地和贸易，崇祯刘侗等《帝京景物略》“右安门外南十里草桥”，“居人遂花为业。入春而梅，而山茶，而水仙”[2]，都说明了明代水仙传播范围的扩大和市场化的发展。

苏州水仙种植兴盛，声名远播，在清代进一步市场化，销往广东，这一状况一直延续到了乾隆年间。清朝初期毕沅《水仙》诗注：“邓尉山（引者按：位于今苏州市吴中区光福镇）西村名熨斗柄，土人多种水仙为业。”[3]屈大均《广东新语》载“水仙头，（引者按：鳞茎）秋尽从吴门而至……隔岁则不再花，必岁岁买之”[4]。乾隆张九钺《沁园春·耿湘门以水仙见贻》注：“水仙自吴门或飘海或度岭来羊城。”[5]说的都是清朝初期苏州水仙种植兴盛，并贸易到广东的情形。而此时金陵（今江苏南京）的水仙也开始兴盛。清初李渔《闲情偶寄》：“金陵水仙为天下第一，其植此花而售于人者亦能司造物之权，欲其早则早，命之迟则迟……买就之时给盆与石而使之种。”[6]说的就是金陵水仙的生产和贸易情况。

康熙中后期，水仙种植的重心再次转移到了福建，漳州水仙异军突起。福建是我国水仙的传统产地，南宋时建阳一线即以盛产水仙著称。至明代，《（弘治）八闽通志》中福宁府、福州府、泉州府物产志

---

① 曹学佺《大明一统名胜志》卷一，《四库全书存目丛书》本。

② 刘侗、于奕正著，孙小力校注《帝京景物略》，上海古籍出版社 2001 年版，第 175 页。

③ 毕沅《灵岩山人诗集》卷二四，清嘉庆四年（1799）经训堂刻本。

④ 屈大均《广东新语》卷二七，《清代史料笔记丛刊》，中华书局 1985 年版，第 700 页。

⑤ 张九钺《紫岘山人全集》卷上，咸丰元年（1851）张氏赐锦楼刻本。

⑥ 李渔《闲情偶寄》卷一四，《续修四库全书》本。

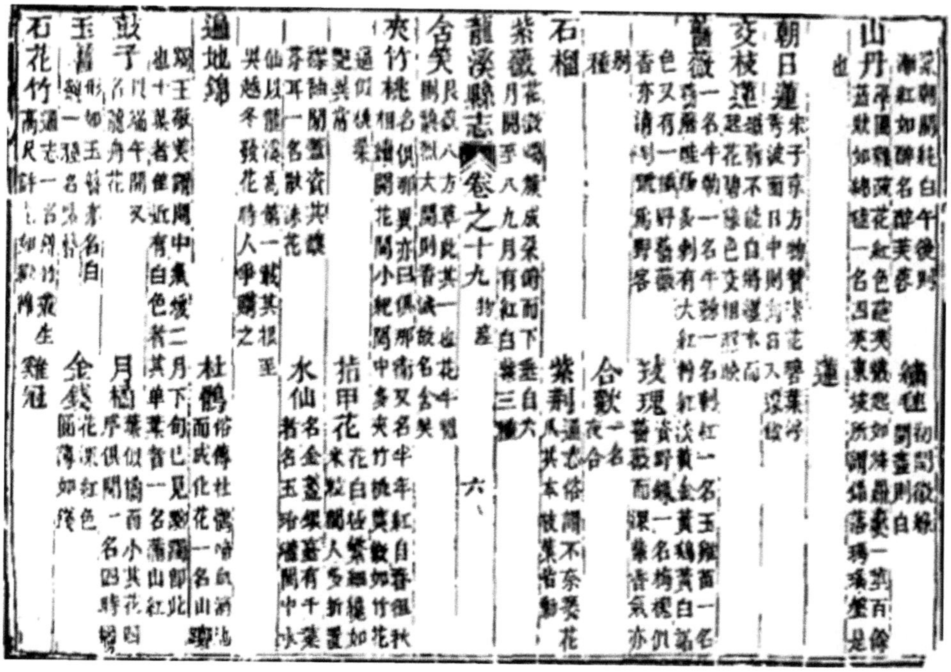

图 15　［清］汪国栋、陈元麟《(乾隆）龙溪县志》卷一九物产书影，中有“水仙”条。清代康熙中后期，漳州府龙溪县水仙异军突起，《(乾隆）龙溪县志》载：“岁暮家家互种，土产不给，鬻于苏州。”

中都有水仙的著录。但需要指出的是漳州府物产志中并没有著录水仙，我们又查阅现存其他明代漳州府及其所辖县志，如《(正德）大明漳州府志》《(嘉靖）龙溪县志》(1535 年刊本)、《(万历）漳州府志》(1573 年刊本和 1613 年刊本)、《(崇祯）海澄县志》(1633 年刊本)，物产志中都未著录水仙，这至少说明明代漳州府水仙种植并不突出。明末漳州府龙溪县学士陈正学在《灌园草木识》中说“漳南冬暖，(水仙花)多不作花”[1]，或许正道出了其中的原因。康熙前期，漳州各地的水仙

① 陈正学《灌园草木识》卷二，《续修四库全书》本。

还主要来自江南，《(康熙) 漳浦县志》(39 年刊本) 称“水仙花，土产者亦能着花，然自江南来者特盛”[①]。

从康熙中后期开始，漳州府龙溪县水仙开始一枝独秀，产生影响。《(康熙) 龙溪县志》(56 年刊本)“水仙，岁暮家家互种，土产不给，鬻于苏州”[②]。(图 15) 是说龙溪县水仙种植销售比较兴旺，供不应求。康熙末雍正初出使台湾的黄叔璥在《台海使槎录》写道：“广东市上标写台湾水仙花头，其实非台产也，皆海舶自漳州及苏州转售者，苏州种不及漳州肥大。”[③]可见至迟康熙末年，漳州水仙开始外销，与苏州水仙相媲美，并且形成特色品种，以“鳞茎肥大”著称。到乾隆年间，漳州水仙已超过苏州，《(乾隆) 龙溪县志》(27 年刊本)：“闽中水仙以龙溪为第一，载其根至吴越，冬发花时人争购之。”[④]说明龙溪水仙开始返销长期以水仙著称的吴越地区。漳州与苏州一起，成了当时最著名的水仙产地，并且有过之而无不及。乾隆以来，与漳州府相邻的泉州府各县以及台湾、广东等地每年都从漳州贩购水仙花头。如泉州府属的马巷厅，《(乾隆) 马巷厅志》载“水仙花……不留种，花时取诸漳郡”[⑤]，台湾《(光绪) 恒春县志》记载“水仙皆产自闽漳州，他处不能种焉，故只供玩一春”[⑥]。乾隆以后，漳州成了全国水仙种植、贸

---

① 陈汝咸修，林登虎纂《(康熙) 漳浦县志》卷四，《中国方志丛书》本。据清康熙三十九年修民國十七年翻印本影印。

② 汪国栋、陈元麟《(康熙) 龙溪县志》卷一〇，中国国家图书馆藏康熙五十六年（1717）刻本。

③ 黄叔璥《台海使槎录》卷三，《影印文渊阁四库全书》本。

④ 吴宜燮修，黄惠、李畴纂《(乾隆) 龙溪县志》卷一九物产，《中国地方志集成》福建府县志辑第 30 册，上海书店等 2000 年版，第 30 册，第 277 页。

⑤ 万有正《(乾隆) 马巷厅志》卷一二，《中国方志丛书》本。

⑥ 陈文纬、屠继善《(光绪) 恒春县志》卷九，国家图书馆出版社 2012 年版《南京图书馆藏稀见方志丛刊》本。

易和出口的主要地区。从光绪年间开始，漳州水仙不仅经销国内，还自厦门出口远销至美国、加拿大等海外地区，由此漳州成了国内最著名的水仙产地。宣统三年（1912）厦门海关税务司巴尔称：“水仙球茎种植于两山靠近漳州城的南门，当地存在着引人注目的出口到美国、加拿大的水仙球茎贸易。”[①]

图 16　湖海之滨的水仙。（铁血社区网页 http://bbs.tiexue.net/post_2409154_1.html）。今天的水仙栽培多分布在我国东南沿海福建、浙江、上海等省市。野生水仙主要分布在闽、浙沿海诸岛。

民国时期，漳州水仙驰名中外，销售范围进一步扩大，内销京、津、

① 厦门海关《年度贸易报告》，转引自朱振民《漳州水仙花》，复旦大学出版社 1991 年版，第 8 页。

沪、粤等各大都市，外销欧、美、日、东南亚等国。[①]1928年《申报》载："水仙花之产地散在于漳州府之南门外、日桥附近五里之地黄山诸乡社，一年平均可产三百五十万个，达十万元之谱，其产额最多者为新塘，及蔡均两地方，年各有两万元之产额。次为大梅溪，年约一万元。其他多者六千元，少者一千元。"[②]在国内，远在东北辽阳府海城县（治今辽宁省海城市）的水仙就购自福建[③]。国外欧美地区城市如纽约、伦敦、巴黎等，每到花季人们争先购买漳州水仙，成为当时的时尚。由此漳州水仙出口贸易额也不断增加，民国六年，输出欧美总值最高达735200元[④]。新中国成立后，水仙生产有了大幅度增加，漳州水仙继续出口到欧美、日本及东南亚一些国家和地区，是出口换汇的重要产品。

如今，水仙栽培分布多在东南沿海福建、浙江、上海等省市，另武汉、北京、西安和云南、四川等省也见有栽培报道。野生水仙主要分布在闽、浙沿海诸岛[⑤]。

二、水仙的种植、观赏及其文艺创作

水仙自五代传入我国，历史较兰、菊、梅、牡等国产名花略显短浅，但由于植株可爱，花期独特，色洁香浓，神韵清雅，加之其球茎育花

① 陈尧熙《福建龙溪之水仙花》，《农村合作月报》1936年第2卷第5期，第99页。
② 瞬初《福建漳州府之水仙》，《申报》，1928年12月27日。
③ 廷瑞、孙绍宗、张辅相《（民国）海城县志》卷五"水仙"条云："此花产自福建，本境惟冬日植盆中，注水栽之。"《中国地方志集成》本。
④ 陈尧熙《福建龙溪之水仙花》，《农村合作月报》1936年第2卷第5期，第99页。
⑤ 许荣义、李义民《中国水仙》，福建美术出版社1992年版，第7页。

和传播极为方便，因此备受人们喜爱和推重。千百年来，广大文人士大夫特别眷顾和推崇，创作了许多诗、词、赋和绘画作品，抒发了丰富的情趣。民间也出现了不少美丽的传说与歌谣，寄托了人们美好的愿望。

图 17　水仙喜欢沃壤，早在南宋末吴怿《种艺必用》就明确指出："种水仙花，须是沃壤，日以水浇，则花盛，地瘦则无花。其名水仙，不可缺水。"图片引自网络。

（一）种植、销售与观赏

由于是外来物种，水仙的繁殖方式比较特殊。其实际的种植和传播主要依靠专业化的商品种植和销售。古人在这方面积累了丰富的生产经验，也形成了一定的产业传统。水仙在栽培方面容易出现的问题是“此花最难种，多不着花”[①]、“种不得法，徒叶无花”[②]，或者发花后花隐叶间，形象欠佳。因此人们在种植栽培方面最注意总结这方面的经验，南宋以来的农书、圃艺、类书方面的书籍都有丰富的记载。最早总结这方面经验的是南宋温革著、陈晔增补的《分门琐碎录》，书中称商品水仙种植多出于土培，“水仙收时，用小便浸一宿，取出照干，悬之当火处，候种时取出，无不发花者”[③]。“悬之当火处”说的是水仙鳞茎的贮存必须模拟盛夏干燥高温的环境才可以催发花芽，这是水仙栽培的核心技术，得到了现代科技的证明，由此我们不得不叹服当时种植技术的迅速提高。南宋末吴怿《种艺必用》又明确指出水仙性喜肥沃和水的特点，“种水仙花，须是沃壤，日以水浇，则花盛，地瘦则无花。其名水仙，不可缺水”[④]。明高濂《遵生八笺》称水仙“惟土近卤咸则花茂”[⑤]。《(嘉泰) 会稽志》又增加了水仙球茎六月收获与八月种植等新内容，“园丁以为此花六月并根取出，悬之当风，八月复种之，则多花”[⑥]。明初俞宗本《种树书》还记载了《种水仙诗诀》：“六月不在土，七月不在房。栽向东篱下，花开朵朵香。”[⑦]“七月不在房”当指七月盛夏将水仙球茎悬于室外暴晒，即《便民图纂》所引“灌园史云，

① 刘学箕《方是闲居士小稿》卷下，《影印文渊阁四库全书》本。
② 陈淏子《花镜》，农业出版社 1962 年版，第 317 页。
③ 温革著，化振红校注《〈分门琐碎录〉校注》，巴蜀书社 2009 年版，第 109 页。
④ 吴怿撰，张福补遗，胡道静校录《种艺必用》，农业出版社 1963 年版，第 42 页。
⑤ 高濂编撰，王大淳点校《遵生八笺》卷一六，巴蜀书社 1992 年版，第 668 页。
⑥ 施宿《(嘉泰）会稽志》卷一七，《宋元方志丛刊》本。
⑦ 俞宗本编著，康成懿校注《种树书》，农业出版社 1962 年版，第 49 页。

和土晒暖（暴晒）半月方种”[1]。这一诗诀影响很大，明代《汝南圃史》《华夷花木鸟兽珍玩考》、清代《花镜》《广群芳谱》等书籍都加以转录。

明清以来，水仙种植更加广泛，更规模化、市场化，栽培技术也更加丰富、细致。万历周文华《汝南圃史》汇集了多种圃艺书籍所载种植经验，这些书籍多已亡佚，资料更显宝贵，如“《水云录》云：‘五月分栽，以竹刀分根，若犯铁器，三年不开花。’……《灌园史》曰：‘和土晒暖，半月方种，种后以糟水浇之。’《冰雪委斋杂录》云：‘霜降后，搭棚遮护霜雪，仍留南向小户，以进日色，则花盛。’”又引宋培桐的话“如种在盆内者，连盆埋入土中，开花取起，频浇水，则精神自旺”[2]。都说出了水仙忌铁器，喜温暖，宜沃壤和微含盐卤的水等特点。如何让花出叶上，明代中后期出现的《格物粗谈》说：“初起叶时，以砖压住，不令即透，则花出叶上。”[3]清代康熙间陈淏子《花镜》又指出，宿根在土，则叶长花短，“若于十一月间，用木盆密排其根，少着沙石实其罅，

① 需要注意的是，明高濂《遵生八笺》卷一六对此诗诀的引用和注解都是有问题的，首先是时间提早了一个月，“五月不在土，六月不在房。栽向东篱下，花开朵朵香。五月取起，以人溺浸一月。六月近灶处置之。七月种则有花。”前引《种树书》的作者俞宗本和本书作者高濂都是吴县人，所引诗诀不应当是流传于当地的两个歌谣，因此很可能是高濂凭记忆书写，时间提早了一个月。就今天水仙种植的经验看，水仙种植多在公历八九月即农历七八月间，六月有点早了，也难怪高濂亲自依歌诀种植后说：“甚不然也，余曾为之，无验。”再一个问题是高濂对“六月不在房”的解释让读者对“房”字易造成误解，误以为“房”即灶房。清初陈淏子《花镜》在抄录并解释此诗诀时就沿袭了这一错误，称“六月不在房”指“悬近灶房暖处”，但“悬近”与“不在”又是矛盾的。因此合理的解释应当是，七月不要把水仙置于普通房屋内堆垒，应当置于室外风干并暴晒或悬近灶房处接受高温。这与水仙球茎夏季高温处理的核心技术才是一致的。

② 周文华《汝南圃史》卷九，《四库全书存目丛书》影印北京图书馆藏万历四十八年书带斋刻本。

③ 苏轼《格物粗谈》，中华书局 1985 年版，第 7 页。

时以微水润之，日晒夜藏，使不见土，则花头高出叶”[①]。对于花期的控制，人们也总结出一些经验，万历于若瀛《金陵花品咏》水仙诗序记载：“蓄种囊以纱，悬于梁间风之，未播先以敝草履寸断，杂溲浡浸透，俟有生意方入土，以入土早晚，为花先后。”[②]这一经验在李渔《闲情偶寄 · 金陵水仙花》也得到了证实，“欲其早则早，命之迟则迟……下种之先后为先后也”[③]。

由于水仙育种有一定困难，文人作品中很少写及自种水仙，如非家圃充裕，所赏水仙多出于购买。如杨万里在京城时“见卖花担上有瑞香、水仙、兰花同一瓦斛者，买至舟中”，作《三花斛》[④]。花农种植的水仙球茎，每年十月间贩往各地。《(光绪）吴川县志》“每岁十月后，市自省城，家家种之”[⑤]。在冬春时节，各地多有迎春花市，期间兜售已经开花的水仙是很常见的。光绪富察郭崇《燕京岁时记》载北京东西庙的花厂“冬日以水仙为胜”[⑥]。光绪张心泰《粤游小识》也载“每届年暮，广州城内双门底卖吊钟花与水仙花成市”[⑦]。人们购买水仙后一般不留种，花谢即丢弃。《(乾隆）永定县志》“水仙，自漳潮买种，花落即弃之，不能留种也”[⑧]。水仙素姿清芬，颇合文人淡泊静默的审美情趣，在春节前后，文人之间相互馈赠水仙花也是一种风尚，这样的情景不胜枚举。如清代龙启瑞《以水仙花赠钱萍矼同年宝青叠

---

① 陈淏子《花镜》，农业出版社 1962 年版，第 317—318 页。

② 汪灏等《广群芳谱》，上海书店 1985 年版，第 1246 页。

③ 李渔《闲情偶寄》卷一四，《续修四库全书》本。

④《全宋诗》，第 42 册，第 26455 页。

⑤ 毛昌善修，陈兰彬纂《(光绪）吴川县志》卷二，《中国方志丛书》本。

⑥ 富察郭崇《燕京岁时记》“东西庙”，北京古籍出版社 1981 年版，第 53 页。

⑦ 张心泰《粤游小识》，南京图书馆藏清光绪二十六年（1900）刻本。

⑧ 赵良生、李基益《(康熙）永定县志》卷一，厦门大学出版社 2012 年版。

韵二首》"水仙本花王，素艳群卉伏。娟然如静女，无言自清淑。惟子与此花，对影称双玉"[①]，就是用水仙馈赠并赞美朋友。

图 18　作为家居观赏植物，水仙的养植非常方便，将鳞茎置于一浅盆清水中，用少许石子固定根须即可。古代文人对盆、水、石则比较讲究，要用精致的瓷器、清泉之水和温润的白石，如此才可衬托水仙高雅的气质，也体现了文人的幽雅的审美情趣。图片引自网络。

与其他花卉植物必须肥土栽培、费地费工不同，家居观赏水仙，只需从市场购得球茎，置于一浅盆清水中，用少许石子固定根须，便可发叶开花，养植观赏极为方便。(图 18) 而且只要室内温度适宜，全国各地皆宜。这是水仙观赏传播的一大优势。《广群芳谱》云："水

① 龙启瑞《浣月山房诗集》卷一，清光绪四年（1878）龙继栋京师本。

仙花以精盆植之，可供书室雅玩。”[1]历代文人对于盆、水、石子的选择十分讲究，他们认为养植水仙可用陶盆瓦罐，但更宜于精致的瓷器，宋人许开《水仙花》“定州红花瓷，块石艺灵苗”[2]、清人樊增祥《水仙花》“香透哥瓷几箭花”[3]，所说即是用名贵的定瓷和哥瓷培植水仙。瓷盆中的水最宜清泉，还要放上几块温润的白石，所谓“白石清泉供养宜”[4]、“清泉白石是生涯”[5]。为什么最宜用清澈的泉水和光洁的白石呢？因为它们最能衬托水仙花凌波临水、绝尘超俗的高雅气质。对此，民国张纶英概括道：“水仙最高洁，泉石雅相称。亭亭绝尘滓，迥迥见情性。”[6]除盆栽水养外，水仙还被用作插花，这始自南宋。范成大《瓶花》：“水仙携腊梅，来作散花雨。但惊醉梦醒，不辨香来处。”[7]有时也见于露天地栽，与松、竹、梅等配植。明代文震亨《长物志》云：“(水仙)性不耐寒，取极佳者移盆盎，置几案间，次者杂植松竹之下，或古梅奇石间，更雅。”[8]水仙与梅花期相近，标格最称，配植最为经典，诗云“水仙夹径梅纵横”[9]、“处处江梅间水仙”[10]。在水边种植水仙，则是偶见的营景方式，由辛弃疾《贺新郎 · 赋水仙》“看萧然、风前月下，

---

① 汪灏等《广群芳谱》，上海书店1985年版，第1246页。

② 《全宋诗》第48册，第30349页。

③ 樊增祥《樊山集》卷一一，《清代诗文集汇编》本。

④ 刘光第《衷圣斋诗集》卷下，《清代诗文集汇编》本。

⑤ 刘墉《刘文清公遗集》卷一二，《清代诗文集汇编》本。

⑥ 徐世昌《晚晴簃诗汇》卷一八七，《续修四库全书》本。

⑦ 《全宋诗》，第42册，第26049页。

⑧ 文震亨《长物志》，中华书局1985年版，第11—12页。

⑨ 韩元吉《方务德元夕不张灯留饮赏梅，务观索赋古风》，《全宋诗》，第38册，第23629页。

⑩ 许有壬《庚辰元日李文远判州琅黎，越三日，同入长沙，值风雪不能进，舟中兀坐，因次文远见赠韵十首》，《至正集》卷一九，《影印文渊阁四库全书》本。

水边幽影”[1]可见一斑。这些都是丰富多样的水仙观赏方式。

图 19　水仙雕刻造型。（http://dp.pconline.com.cn/dphoto/list_1797074.html）水仙球茎雕刻是一门艺术，其造型多结合水仙的天然神韵，塑造为松鹤、孔雀等，寄寓吉祥幸福的祝愿。

清代晚期又兴起了水仙球茎的雕刻技艺，雕刻后的球茎，会长成各种不同的形态。这项技艺据说始创于清代同治年间，广州番禺县城西长寿寺住持智度“癖喜莳植，多以画理参之，于水仙花尤出新意。创为蟹爪，竦螯拥剑，厥状维肖，白石清泉，一灯郭索，如遇之苇萧沙水间”[2]。此后，蟹爪水仙一直是水仙盆景的经典造型，为人们所喜爱。《（光绪）重修天津府志》载“今津人多喜蟹爪形者，叶短狭而屈曲横

① 唐圭璋《全宋词》，中华书局 1965 年版，第 1873 页。

② 李福泰修，史澄、何若谣纂《（同治）番禺县志》卷四九《列传》，《中国方志丛书》本。

图 20　［明］陈洪绶《水仙灵石图》。北京故宫博物院藏。

短，乃人工也”[①]。球茎经过雕刻后长成的水仙造型千姿百态、情态宛然，将水仙的天然仙韵和人工智巧完美结合。而其造型形象多寄托吉祥幸福的寓意，如金鸡贺岁、松鹤延年、孔雀开屏富贵春等。这样的水仙盆景既可以装饰家居，烘托节日气氛，也可以馈赠亲友，寄托新春的祝福。

（二）文学

古代专题吟咏水仙的诗歌数量较多，许多优秀作品维妙维肖地刻画了水仙的色、香、姿、韵，寄托了高雅了品格意趣，丰富和深化了我们对水仙之美的体验与认识。宋代黄庭坚《王充道送水仙花五十枝，欣然会心，为之作咏》“凌波仙子生尘袜，水上轻盈步微月。是谁招此断肠魂，种作寒花寄愁绝。含香体素欲倾城，山矾是弟梅是兄。坐对真成被花恼，出门一笑大江横”[②]，描写其仙姿、仙韵最为传神，用“凌波微步，罗袜生尘”的洛神来形容水仙，写出了一种轻盈婀娜的姿态，

① 徐宗亮等《（光绪）重修天津府志》卷二六，《中国地方志集成》本。

② 《全宋诗》，第 17 册，第 11415 页。

“凌波仙子”、梅兄矾弟则成了描写水仙的经典比喻和说法。南宋陈傅良《水仙花》、朱熹《赋水仙花》、刘克庄《水仙花》赞美水仙的气节情操，“清真处子面，刚烈丈夫心”[1]，“独立万槁中”[2]，“高操摧冰霜”[3]，又进一步将水仙与松竹相提并论，“高并青松操，坚逾翠竹真”[4]，推举其岁寒开放的坚贞气节。这些观点和说法奠定了梅花观赏的基本认识，梅花因此获得了“凌波仙子”“兄梅弟矾”的称呼。

图21 ［清］吴昌硕《牡丹水仙图》。吉林省博物馆藏。清代小说《镜花缘》中牡丹、水仙并处“十二花师”之列。

明清水仙诗歌创作更为兴盛，人们的感受认识也更丰富，明代梁辰鱼《月下水仙花》“绕砌雾浓空见影，隔帘风细但闻香”[5]、清代康熙御题《见案头水仙花偶作二首》“翠帔缃

---

① 《全宋诗》，第64册，第40392页。
② 陈傅良《水仙花》，《全宋诗》，第47册，第29250页。
③ 朱熹《赋水仙花》，《全宋诗》，第44册，第27562页。
④ 胡宏《因双井咏水仙而作》，《全宋诗》，第35册，第22103页。
⑤ 彭孙贻《明诗钞》，《四部丛刊续编》本。

冠白玉珈，清姿终不淤泥沙”[①]、谢章铤《水仙不花有感》“只见纤丛几叶新，恼人花事问频频”[②]都是咏不同情态的水仙诗的佳作。文人士大夫还常借水仙托物言志，清代民族英雄邓廷桢咏《水仙花》“惟有水仙羞自献，不随群卉争葳蕤。冬心坚抱岁云莫，粲齿一笑香迟迟”[③]，寄托了不随流俗、坚贞乐观的品格追求。清末民主革命志士秋瑾出生于福建闽县，赞美水仙“嫩白应欺雪，清香不让香”[④]，水仙的清贞形象正是诗人卓然独立、坚贞不屈品格的绝佳写照。

历代以水仙为题材的词作也很丰富，主要集中在两宋和清朝，名篇佳作不胜枚举。和诗歌言志的庄重典雅不同，咏水仙词作则更加妩媚缥缈、情韵婉转。宋代如王千秋《念奴娇·水仙》、张炎《浪淘沙·余画墨水仙并题其上》、高观国《金人捧玉露·水仙》、王沂孙《庆宫春·水仙》、辛弃疾《贺新郎·赋水仙》、周密《花犯·水仙花》、吴文英《凄凉犯·赋重台水仙》、元代邵亨贞《虞美人·水仙》、明代刘基《尉迟杯·咏水仙花》、清代郭麐《暗香·水仙花》、周之琦《天香·咏水仙花》、陈维崧《玉女摇仙佩·咏水仙花和蘧庵先生原韵》、清末民初王国维的《卜算子·水仙》等都是佳作。其中宋代高观国《金人捧露盘·水仙花》可谓代表：“梦湘云，吟湘月，吊湘灵。有谁见、罗袜尘生。凌波步弱，背人羞整六铢轻。娉娉袅袅，晕娇黄、玉色轻明。香心静，波心冷，琴心怨，客心惊。怕佩解、却返瑶京。”[⑤]以众多水仙神女喻花，亦花亦人，虚实相生，意境朦胧空灵，写出了水仙花幽雅孤洁的品格、

---

① 爱新觉罗·玄烨《圣祖仁皇帝御制文集》卷三七，《影印文渊阁四库全书》本。

② 谢章铤《赌棋山庄集》卷一三，《清代诗文集汇编》本。

③ 邓廷桢《双砚斋诗钞》卷一四，《清代诗文集汇编》本。

④ 秋瑾《秋瑾集》，上海古籍出版社 1991 年版，第 71 页。

⑤《全宋词》，第 4 册，第 2349 页。

凄清朦胧的姿态，展示了幽怨婉转的美感境界。

图 22 ［宋］无款《水仙图页》。绢本设色，纵 24.6、横 26 厘米，北京故宫博物院藏。这是存世最早的水仙绘画作品。

《水仙花赋》历代共有十几篇，作者有北宋高似孙（两篇），元代任士林，明代徐有贞、田艺蘅、姚绶，清代陈作霖、胡承珙、胡敬、孙尔准、龚自珍等人。赋长于铺陈，描写较为全面，能具体地展示色、香、姿、韵的不同方面。徐有贞《水仙花赋》语言清美华茂，赞美水仙“百花之中，此花独仙”，其姿态“极纤秾而不妖，合素华而自妍。骨则清而容腴，外若脆而中坚”，其品质是“冰玉其质，水月其神……操靡摧于霜雪，气超轶乎埃氛……非夫至德之世，上器之人，孰为比拟，而与之伦哉”[①]，对水仙的“仙人之姿，君子之德”做了全面总结。

在人们对水仙的文学吟咏中，形成了许多关于水仙的典故，凝结了水仙审美的一些基本感觉、印象、趣味和理念。除“凌波仙子”“梅兄矾弟”外,还有“雅客”“十二花师”“一命九品”“岁寒友”“三香”“五君子”等。清代小说《镜花缘》中，视水仙与牡丹、梅花、菊花、莲花等同列,称其“态浓意远,骨重香严,每觉肃然起敬,不啻事之如师”,尊为“十二花师”之一。[②]王世懋《花疏》“水仙前接腊梅，后迎江梅，真岁寒友也”[③]，有时也称水仙与松、柏、竹为“岁寒友”。水仙与梅兄矾弟合称“三香”，与松、柏、竹、梅合称“五君子”，乾隆有《题钱维城五君子图》“松柏水仙梅与�，天然结契意相亲”[④]。

（三）绘画

水仙入画始于南宋,今存世南宋作品仅见无款署《水仙图页》[⑤]（图22)。宋末赵孟坚是第一个以画水仙著称的画家，其《水仙花卷》“画长丈余”，将水仙随风招展、带露凝香、凌然欲仙的仙骨清姿刻画得淋漓尽致，后人赞叹“歌水仙者曰凌波仙子，言轻缥盈缈可凌波也，子因此画，庶几为花传神矣”[⑥]（图23、24)。元代以来，水仙成为文人画的常见题材，卢益修、虞瑞岩、钱选、王冕，明代徐渭、仇英、王

① 徐有贞《武功集》卷一，《影印文渊阁四库全书》，第1245册，第19页。

② 李汝珍《镜花缘》，齐鲁书社1995年版，第12—15页。

③ 王世懋《学圃杂疏》，《丛书集成初编》，第7页。

④ 爱新觉罗·弘历撰，蒋溥等编《御制诗集》二集卷五九，《影印文渊阁四库全书》本。

⑤ 中国古代书画鉴定组编《中国古代书画图目》，文物出版社1993年版，第19册，第163页。彩图又见于中国古代书画鉴定组编《中国绘画全集》，文物出版社1997年版，第5卷，第160页。

⑥ 汪砢玉《珊瑚网》卷三〇《名画题跋六》，《影印文渊阁四库全书》本。

穀祥、清代孙杕、郭元宰、汪士慎、吴昌硕等都喜画水仙。清末吴昌硕称水仙“花中之最洁者。凌波仙子不染点尘，香气清幽，与寒梅相伯仲。萧斋清贡，断不可缺”①，今存世作品有《牡丹水仙图》《天竺水仙图》②等。

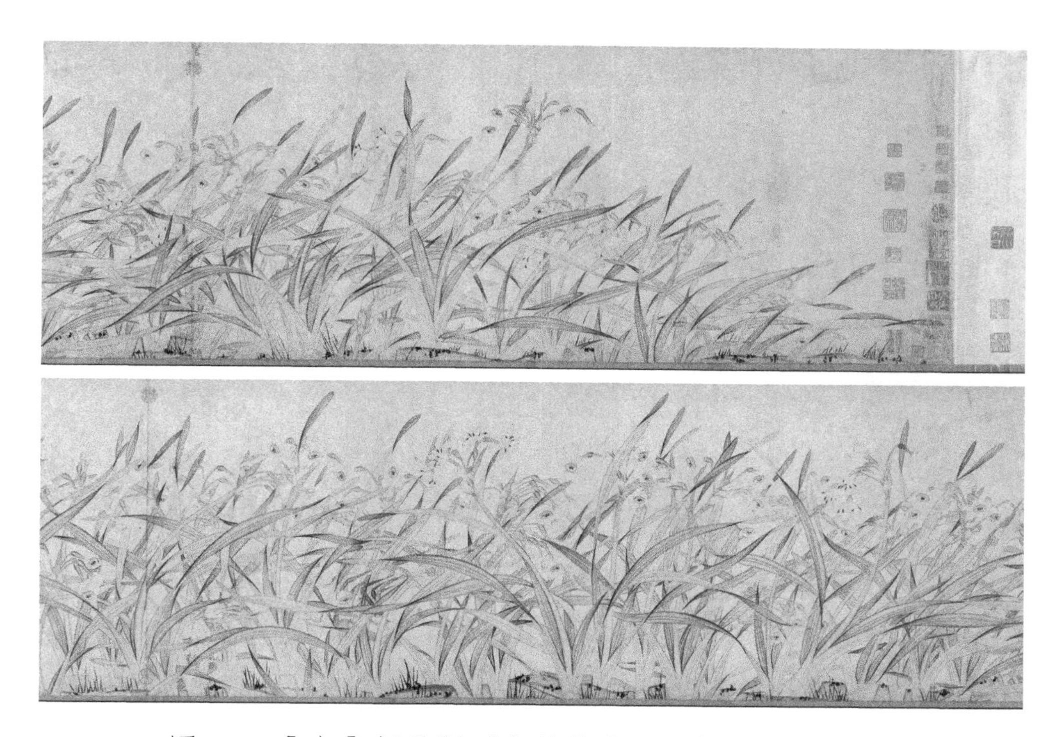

图 23　[宋] 赵孟坚《水仙花卷》。纸本墨笔，纵 33.2、横 372.2 厘米，美国大都会博物馆藏。这里将长卷自右至左分为四截，依次呈现。此为第一、二幅。

画家不仅取水仙独立入画，还常常将水仙与其他花卉草木组合加以表现，最常见的是水仙和梅花“双清”组合，如明代钱谷《梅花水仙图》、文嘉《梅石水仙图》、王穀祥《梅花水仙图》、清代郭元宰《梅花水仙图》

① 吴昌硕著、吴东迈编《吴昌硕谈艺录》，人民美术出版社 1993 年版，第 95 页。
② 《中国十大名画家画集》（吴昌硕），北京工艺美术出版社 2003 年版，第 3 页。

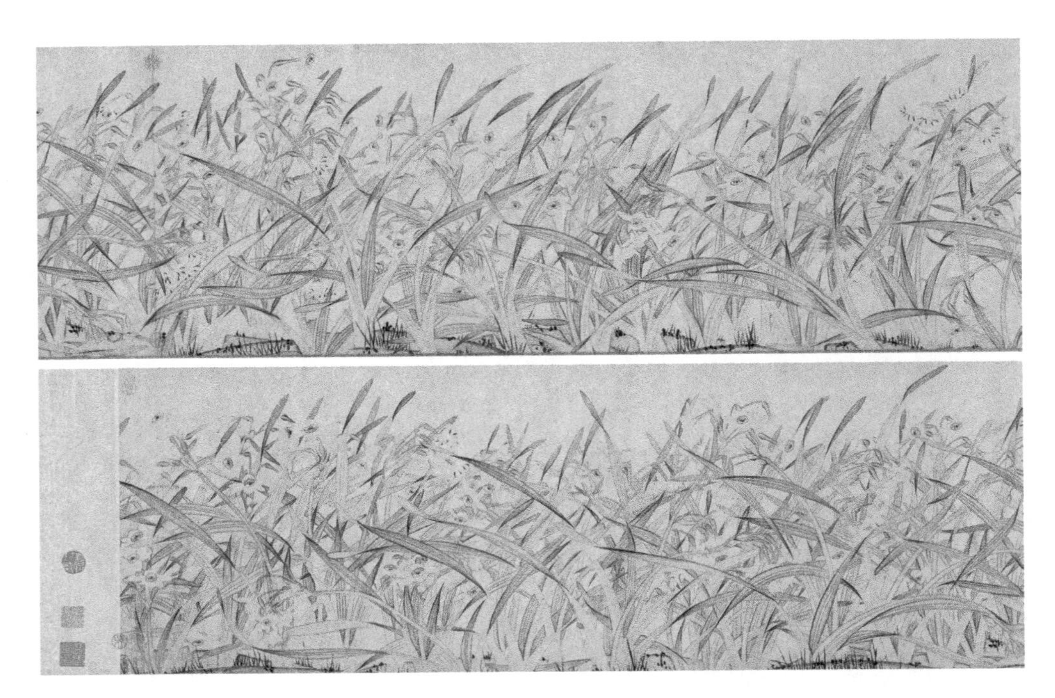

图 24　［宋］赵孟坚《水仙花卷》（右起第三、四幅）。赵孟坚是擅画水仙第一人，刘昉《国香图卷跋》："子固为宋宗室，精于花卉，平生画水仙极得意，自谓飘然欲仙。今观此卷，笔墨飞动，真不虚语。"（徐建融《书画题款·题跋·钤印》，上海书店出版社 2000 年版，第 157 页）

等都属于这一题材。另山茶、瑞香、竹、松、柏、石等都是常见的清物组合，如明代陆治《山茶水仙图》、徐渭《竹枝水仙图》、陈道复《松石水仙图》、王武《水仙柏石图》、清代孙杕《梅茶水仙图》等。另如明代陈洪绶《水仙灵芝图》(图 20)、吴焕《梅鹤水仙图》、清代吴昌硕《牡丹水仙图》(图 21) [1]等则是吉祥寓意的画作。这些花卉绘画中，水仙不一定是主景，但至少说明它在人们心目中已经跻身"岁寒友"及"君

① 以上所引画作名称均引自中国古代书画鉴定组编《中国古代书画图目索引》，文物出版社 1993 年版

子”之列，与梅、竹、松、柏等地位相持，而且还是吉祥美好的象征。

（四）工艺

图 25　青花花卉纹水仙盆。清同治宫廷用，长 21.5 厘米，宽 16.5 厘米，腹部四面各绘一组水仙花。北京故宫博物院藏。

手工艺品中也多水仙图案。水仙纹饰、图案常用于瓷器装饰。如清康熙、雍正年间“十二月花卉纹杯”之青花水仙杯，以山石、水仙为主题纹饰，并有“春风弄玉来清画，夜月凌波上大堤”①题句。故宫博物院藏清代同治器皿“青花花卉纹水仙盆”②，（图 25）盆腹四面各绘有一组水仙花，十分精美。光绪瓷器“青花水仙葡萄纹盒”③、明紫砂壶“水仙六瓣壶”④、乾隆漆雕“剔红花卉诗句图笔筒”（包括水仙花）⑤、清宫

① 郭灿江、张迪《清康熙景德镇窑十二花卉杯赏析》，《中原文物》2006 年第 4 期，第 88—91 页。

② 故宫博物院网页：http://www.dpm.org.cn/shtml/117/@/7977.html。

③ 汪庆正编《中国陶瓷全集》，上海人民美术出版社 2000 年版，第 15 册，第 204 页。

④ 杨群群《浅谈水仙六瓣壶的风骨之美》，《江苏陶瓷》2012 年第 45 期，第 37 页。

⑤ 故宫博物院网页：http://www.dpm.org.cn/shtml/117/@/5083.html。

图 26　雪灰色缎绣水仙金寿字纹袷衣。北京故宫博物院藏。

旧藏玉器“染牙水仙湖石盆景”[①]（图 27）、“清玉菊瓣式盆水仙盆景”[②]等都是不同风格水仙装饰的工艺品。水仙也是清代流行的服饰图样，如故宫博物院馆藏清光绪“绛色绊金水仙纹袷马褂”[③]、清同治“石青色纱绣水仙团寿纹袷坎肩”[④]、清光绪“雪灰色缎绣水仙金寿字纹袷衣”[⑤]（图 26）等都有水仙的图案，为服饰衬托出了几分清雅之气。

（五）民间传说

民间传说故事中也有不少以水仙为题材的内容，反映了劳动人民对水仙的喜爱。据清汪灏等《广群芳谱》引《内观日疏》，有一姚姥住在长离桥，十一月夜半时分，梦见观星（按：星宿名）坠落，化为水仙一丛，十分香美。她于是摘食了一片花瓣。醒后就产下了一个女孩儿，取名“观星”。“观星”又叫“女史”。因此水仙花又有别名“女史花”或“姚女花”[⑥]。漳州盛产水仙，当地关于水仙起源的故事尤多。一说

① 故宫博物院网页：http://www.dpm.org.cn/shtml/117/@/4322.html。
② 故宫博物院网页：http://www.dpm.org.cn/shtml/117/@/6182.html。
③ 故宫博物院网页：http://www.dpm.org.cn/shtml/117/@/7360.html。
④ 故宫博物院网页：http://www.dpm.org.cn/shtml/117/@/7445.html。
⑤ 故宫博物院网页：http://www.dpm.org.cn/shtml/117/@/7407.html。
⑥ 汪灏等《广群芳谱》卷五二，上海书店 1985 年版。

图 27　染牙水仙湖石盆景，清宫旧藏。通高 27.6 厘米，盆高 6 厘米，长 26.6 厘米，宽 17.3 厘米，北京故宫博物馆藏。

龙溪县梅溪村有一寡妇，虽子幼家贫，仍救助了一个冻饿数日的癞丐。癞丐为表谢意，将所食之饭撒在田中，顿时变成了满园的水仙花。从此孤儿寡母靠卖花度日，日子渐渐宽裕。水仙花也从此在漳州龙溪繁衍[①]。一说漳州市龙溪县圆山下有名叫余凤鸣的人，侨商于阿非利加（按：非洲），偶于一外人之花园中见到水仙花，美丽可爱，归国时携数颗移植到村里，遂散布于圆山附近之村落[②]。福州也有一些关于水仙花的歌谣[③]。

---

① 陈英俊《闲话水仙》，《华侨月刊》1949 年第 1 卷第 5—6 期。

② 陈尧熙《福建龙溪之水仙花》，《农村合作月报》1936 年第 2 卷第 5 期，第 111 页。

③ 朱振民《水仙盆景造型》，中国林业出版社 2004 年版，第 13—14 页。

三、水仙的审美价值和人文意义

水仙有着丰富而独特的观赏价值，古往今来深受人们喜爱，融注了深厚的思想情趣，引为高洁坚贞思想人格的象征，寄托了丰富的人文意义。

（一）物色美感

图28　多叶水仙。杨万里《千叶水仙花》诗序称“花片卷皱密蹙，一片之中，下轻黄而上淡白，如染一截者”（《全宋诗》，第42册，第26459页），人们以其精致明洁又名玉玲珑。图片引自网络。

水仙主要有两个品种。一种是单叶（单瓣）。根似蒜头，外有薄赤皮。叶如萱草，色绿而厚。春初于叶中抽一茎，茎头开花数朵，大如簪头，洁白平展，状如圆盘，“上承黄心，宛然盏样”[1]，整体上形似白玉盘上托起一盏金杯，故名“金盏银台”或“金盏银盘”。另一种是千叶（重瓣）。杨万里《千叶水仙花》诗序称“花片卷皱密蹙，一片之中，下轻黄而上淡白，如染一截者”[2]，人们以其精致明洁又名玉玲珑。“凡花重台者为贵，水仙以单瓣者为贵”[3]，“花高叶短，单瓣者佳”[4]。单叶与千叶各具特色，不同的品种和形态展示了水仙花丰富的观赏价值。

水仙根茎乳白，茎叶碧绿，花瓣洁白，花盏鲜黄，古人称作“素颊黄心”[5]、“青裳素面”[6]、金台银盏，其色调素淡清雅，有一种超凡脱俗的气息。和大多数花卉的姹紫嫣红、流霞溢彩相比，水仙的素色有一种洗却铅华、超逸尘俗的仙气，诗人赞美它“神骨清绝”[7]、“冰肌玉骨”[8]、“世上铅华无一点，分明真是水中仙”[9]。

水仙属于草本，姿态十分柔婉。水中白茎袅娜，叶片青翠亭立，数枝花葶上点缀着淡雅的花朵轻轻摇曳，姿态分外柔美，杨万里诗云“水仙头重力纤弱，碧柳腰支黄金萼。娉娉袅袅谁为扶”[10]。柔婉的姿态流露的是一种婀娜的神韵，含羞的情态，“含羞着水傍云轻”[11]、“低

---

① 谢维新《古今合璧事类备要》别集卷三九，《影印文渊阁四库全书》本。
② 《全宋诗》，第 42 册，第 26459 页。
③ 王世懋《学圃杂疏》，《丛书集成初编》，第 7 页。
④ 文震亨《长物志》，中华书局 1985 年版，第 11—12 页。
⑤ 王之道《和张元礼水仙花二首（其一）》，《全宋诗》，第 32 册，第 20252 页。
⑥ 陈与义《用前韵再赋四首（其四）》，《全宋诗》，第 31 册，第 19532 页。
⑦ 袁宏道《瓶史》，中华书局 1985 年版，第 8 页。
⑧ 杨基《眉庵集》卷一，《影印文渊阁四库全书》本。
⑨ 周紫芝《九江初识水仙二首》，《全宋诗》，第 26 册，第 17404 页。
⑩ 杨万里《再併赋瑞香水仙兰三花》，《全宋诗》，第 42 册，第 26456 页。
⑪ 法若真《水仙》，《黄山诗留》卷一一，清康熙刻本。

垂玉珮浑无力,斜捧金卮别有春”[①]。清人戏曲家李渔最爱水仙“善媚”，喜欢的就是它“淡而多姿，不动不摇而能作态”[②]的柔婉幽静韵致。

图 29　水仙根茎乳白,茎叶碧绿,花瓣洁白,花盏鲜黄，古人称作“素颊黄心”。其色调素淡清雅，有一种超凡脱俗的气息。

① 张毛健《水仙》,《鹤汀集》卷二，北京出版社 2000 年版《四库未收书辑刊》本

② 李渔《闲情偶寄》卷一四，《续修四库全书》本。

水仙花诱人之处还在于它的清香。早在北宋诗人晁说之即称赞说："此花清香异常，妇人戴之，可留之日为多。"[①]古人多用"幽香"、"暗香"形容，似于梅花，诗云"暗香低引玉梅魂"[②]、"漏永幽香逐"[③]。但水仙之香明显胜于梅花，甚至胜于酴醾和兰花，"同时梅援失幽香"[④]、"寒香自压酴醾倒"[⑤]、"清香况复赛兰荪"[⑥]。其香"芬洌逼人"[⑦]、"芬芳敛不散"[⑧]，其香引人注意，与生俱来，所谓"幽香生自性根来"[⑨]。水仙香气浓郁而不妖，"怀清芬而弗眩"，它幽雅清远的香味，萦绕于素艳、清绝的花株，更衬托出一种高雅的仙人气质、君子之德。徐有贞《水仙花赋》赞叹："彼之来斯，诚类仙子。馨香芬芳，容光旖旎……怀清芬而弗眩兮，乃独全其天真……发采扬馨含芳泽兮，仙人之姿，君子之德。"[⑩]"清香自信高群品"[⑪]，水仙袭人的清香是确立其崇高地位的一个关键因素。

水仙球茎以清水滋养，也是其独特之处，十分惹人喜爱，给人以

---

① 晁说之《四明岁晚水仙花盛开，今在鄜州辄思之……》，《全宋诗》，第21册，第13749页。

② 沈廷荐《水仙花》，阮元等《两浙輶轩录》卷一九，清嘉庆刻本。

③ 龙启瑞《以水仙花赠钱萍矼同年又叠韵二首》，《浣月山房诗集》卷一，清光绪四年（1878）龙继栋京师本。

④ 韩维《从厚卿乞移水仙花》，《全宋诗》，第5248页。

⑤ 黄庭坚《次韵中玉水仙花二首》，《全宋诗》，第17册，第11415页。

⑥ 杨慎《水仙花四绝》，《升庵集》卷三四，《影印文渊阁四库全书》本。

⑦ 于若瀛《弗告堂集》卷四，《四库禁毁书丛刊》本。

⑧ 祝德麟《深冬蓄水仙一盆，二月中旬始放花》，《悦亲楼诗集》卷一七，清嘉庆二年（1796）姑苏刻本。

⑨ 吴嵩梁《水仙》，《香苏山馆诗集》卷一三，清木犀轩刻本。

⑩ 徐有贞《武功集》卷一，《影印文渊阁四库全书》本，第1245册，第20页。

⑪ 姜特立《水仙》，《全宋诗》，第48册，第24144页。

无限的美好联想。黄庭坚赞叹它“借水开花自一奇”[1]，“得水能仙天与奇”[2]，王千秋《念奴娇·水仙》“开花借水，信天姿高胜，都无俗格”[3]，都显示了人们对它的这一习性的喜爱。这一习性在花国中唯有荷花相近。与荷花出污泥而不染不同，水仙宜于清水养花，“瓷斗寒泉不受尘”[4]，更显得品性芳洁、气质清雅。因而人们称赞水仙如仙子“毫茫凌波微步来”[5]，“水上轻盈步微月”[6]，真是一派清婉雅逸、萧然出尘、仙风道骨般的姿态。这一特性使“水仙”名副其实，人们也多理解为水仙得名的由来。

水仙的花期在冬季，与蜡梅、梅花、山茶大致同时，人们称水仙与梅、山茶为“小寒三信”。宋人史浩《水仙花得看字》“奇姿擅水仙，长向雪中看”[7]，明人费元禄《花信风诗二十四首·小寒三候水仙花》“射鸭池头雪未残，水仙风色正冲寒”[8]，这也是水仙花的一大特色。

水仙起源虽晚，但从一开始就甚得人们的推重。人们对水仙的喜爱与审美情趣取决于水仙的名称、生物条件和人们的文化需求之间的客观契应和历史机遇。水仙的清香素雅符合宋人清逸幽雅的审美标准，所以一经发现，就备受推崇。这对后世影响很大。

---

① 黄庭坚《次韵中玉水仙花二首》，《全宋诗》，第 17 册，第 11415 页。
② 黄庭坚《刘邦直送早梅水仙三首》，《全宋诗》，第 17 册，第 11415 页。
③ 唐圭璋《全宋词》，第 3 册，第 1470 页。
④ 樊增祥《樊山集》卷一一，《清代诗文集汇编》本。
⑤ 刘璟《画水仙花》，《易斋稿》卷六，清抄本。
⑥ 黄庭坚《王充道送水仙花五十枝欣然会心为之作咏》，《全宋诗》，第 17 册，第 11415 页。
⑦《全宋诗》，第 35 册，第 22143 页。
⑧ 费元禄《甲秀园集》卷二〇，《四库禁毁书丛刊》本。

（二）人文意义

上述水仙的诸多形质和习性特色，带给了人们生动而丰富的审美感受，历代文人士大夫特别喜爱和推崇，将其引为思想人格的寄托，赋予了品德情操的象征意义。

1. 清雅气质

水仙花素雅的花色、轻盈的姿态、清郁的芬芳，“借水开花”的习性，体现了一种高雅的气质和超逸的姿态。这份清绝与清逸，在花卉中只有梅花可与之相提并论，被人们称作“双清”[①]，“水仙玉梅亦超俗”[②]、“清峻胜处子”[③]。加之一个“水仙”的美名，“百花之中，此花独仙”[④]，“评量卉谱合称仙，脱俗离尘意洒然”[⑤]，其气质是人们超越流俗、高雅洒脱的人生态度与生活情趣的极佳写照和绝妙象征。人们并不满足于以“凌波仙子”视之，认为这难免有女性“脂粉”气息，于是进一步将其比作屈原和李太白，刘克庄《水仙花》“岁华摇落物萧然，一种清风绝可怜。不许淤泥侵皓素，全凭风露发幽妍。骚魂洒落沉湘客，玉色依稀捉月仙”[⑥]，又称赞它如“高人逸士，怀抱道德，遁世绝俗，而高风雅志自有不可及者”[⑦]，都寄托了更为高雅的精神品格。

---

① 吕诚《双清诗》，《来鹤亭诗》卷四，《影印文渊阁四库全书》本。

② 姚莹《后湘诗集》卷三，《清中复堂全集》本。

③ 姚莹《后湘诗集》卷三，《清中复堂全集》本。

④ 徐有贞《水仙花赋》，《武功集》卷一，《影印文渊阁四库全书》本，第1245册，第19页。

⑤ 爱新觉罗·弘历撰，蒋溥编《御制诗集》二集卷七三，《影印文渊阁四库全书》本。

⑥《全宋诗》，第58册，第36274页。

⑦ 吕诚《双清诗》，《来鹤亭诗》卷四。

2. 坚贞品格

水仙花期在冬季，此时天寒风冽，草木萎尽，古人认为水仙具有孤根独秀、不畏霜雪的坚贞品格，与“岁寒三友”松竹梅丝毫不让，常将它与梅、竹、松、柏等联类赞誉，以寄托人们高尚的品德。人们称赞水仙具有“高并青松操,坚逾翠竹真”,“独立万槁中”[①]的凛然大节，水仙因此也成了岁寒三友那样的君子之象。

3. 吉祥寓意

图 30　单瓣水仙。水仙素姿芳洁，气质高雅。图片引自网络。

水仙是“小寒三信”之一，如恰在中国阴历春节前后开放，则被认为是吉祥如意的预兆，人们常用来表达迎新纳福的美好愿望。前引

① 陈傅良《水仙花》，《全宋诗》，第 47 册，第 29250 页。

《(光绪) 吴川县志》载 :“(水仙花) 市自省城，家家种之，元旦花开，人争以花验休咎云。”[①]水仙的别名也有吉祥寓意，单瓣水仙名“金盏银台”，千瓣水仙称“玉玲珑”，正好符合金玉满堂的吉利兆头，是富贵和瑞吉的象征。因此人们常常在新春时节，将水仙作为馈赠佳品，赠送亲朋，以寄托美好的祝愿。

图 31　水仙球茎雕刻造型。古代为岁朝清供，今天作为家居摆设，可为居室增添诗情画意。图片引自网络。

四、现代的水仙文化

现代以来，水仙一直备受人们喜爱。许多文人对水仙花都十分衷爱。如鲁迅 1935 年 2 月在郑振铎家作客，就兴致勃勃地向大家谈论水

① 毛昌善修，陈兰彬纂《(光绪) 吴川县志》卷二，《中国方志丛书》本。

仙的观赏和药用价值[①]。园艺园林专家周瘦鹃也偏爱水仙，《得水能仙天与奇》一文深情写道，母亲生前很爱水仙，母亲去世恰在冬天，他买了三株崇明水仙，养在一只宣德紫瓷的椭园盆里，伴以英石，供在灵几上，赋诗云："翠带玉盘盛古盎，凌波仙子自娟妍。移将阿母灵前供，要把清芬送九泉。"[②]林语堂对水仙花有一种特殊的亲近感，《论花与花的布置》一文写道："我觉得只有两种花的香味比兰花好，就是木樨和水仙。水仙花也是我的故乡漳州的特产……白水仙花头跟仙女一样地纯洁。"[③]郭沫若有一本诗集《百花齐放》，用 101 首诗赞美 101 种花，其中水仙花诗写道："碧玉琢成的叶子，银白色的花。简简单单，清清楚楚，到处为家……人家叫我们是水仙，倒也不错。只凭一勺水，几粒小石子过活……年年春节，为大家合唱迎春歌。"[④]

1987 年 5 月由上海文化出版社和上海园林学会等五家单位联合主办"中国传统十大名花评选"活动，水仙荣居其一。春节前后，时令花卉相对较少，摆一盆水仙点缀几案、窗台，可以将居室点缀得更加幽雅多姿，为迎接新年增添无尽的诗情画意。水仙雕刻造型也成了一门艺术，孔雀开屏、金鸡报晓、松鹤延年、螃蟹戏水等水仙造型盆景，符合年节气氛，深受大众喜爱。水仙还被用作切花插瓶使用，人们将山茶、腊梅、梅花等组合搭配。水仙喜暖畏寒，花期在冬季，因此大面积露地栽植、花坛造景并不普遍。只是在江南暖湿且盛产水仙的地区，如上海、漳州等地，在冬季常将水仙散植在公园的草坪上或者与其他时令花卉组成花丛、花坛，形成园景。在北方春节前后，则多将水仙

① 高君箴《鲁迅与郑振铎》，《新文学史料》，1980 年第 1 期，第 242 页。
② 周瘦鹃《周瘦鹃文集》，文汇出版社 2010 年版，第 275—278 页。
③ 林语堂《人生不过如此》，群言出版社 2010 年版，第 106 页。
④ 郭沫若《百花齐放》，人民日报出版社 1958 年版，第 2 页。

培植在温室花房中供游人观赏。新世纪以来，随着花卉文化及贸易与旅游的发展，各地开始举办形式多样的水仙花节和水仙花展。2007 年漳州龙海市举办了水仙花雕刻节，同年河北石家庄植物园也举办了首届水仙花展，北京顺义区卧龙公园迄今已连续举办了六届水仙花展，2011 年厦门举办了首届水仙花雕刻艺术展，2013 年 2 月杭州高丽寺举办了迎春水仙花展，2013 年福州马尾区园林局举办了水仙花展。

图 32　奥地利水仙节。图片引自网络。

福建漳州水仙、浙江普陀水仙和上海崇明水仙并为我国当代三大水仙产地。1984 年 10 月 26 日，漳州市人大常委会决议，将水仙定为漳州市花。1997 年八月福建省人大常委会又通过决议，确定水仙为福建省的省花。普陀水仙又称“观音水仙”，原为野生水仙，《(康熙) 定海厅志》便有记载，如今被定为舟山市的市花。崇明水仙的种植历史可以追溯到明代中期，但大规模种植始于本世纪 20 年代。2011 年，崇明水仙花被选作“上海最有地方特色的花卉和最能体现上海园林园艺水平的产品”参加了台湾国际花博会。在以上地区，水仙成了当地的特色物产和传统产业，在当地园林、贸易、旅游等经济社会生活中发挥了重要作用。

民国以来，水仙远销南洋、欧美，那里的华侨多是闽粤人，十分珍爱水仙，每逢春节都将水仙供在几案，寄托思乡之情。1950 年 1 月 7 日，夏威夷檀香山中华总商会举办了首届水仙花节，从那时起，每年一次从未间断。作为节庆重要项目，每年都要选出水仙花皇后和公主,代表檀香山华人到世界华人聚集地进行友好访问。[①]在某种意义上，在许多华侨心目中，水仙花具有了“国花”的象征意义。在民国水仙大量销往欧美的背景下,西方人也视水仙为中国国花。1920 年冰岩《国花水仙》一文中写道 :“菊傲风霜，开花适在双十时节，定为国花至宜也。顾有主牡丹者，有主嘉禾者，莫衷一是。而考之西籍，则认水仙为吾国国花。水仙，水仙，其为吾国外交的国花乎？”[②]中国水仙作为我国传统的花卉资源，成了中华民族一个重要的文化标志和象征符号。

（原载《盐城师范学院学报》人文社会科学版

2015 年第 1 期，此处有修订，插图均为新增。）

① 金波、东惠如、王世珍《水仙花》，上海科学技术出版社 1998 年版，第 131 页。

② 《妇女杂志（上海）》1920 年第 6 卷第 10 期，第 11 页。

论宋代的茉莉诗

任　群

宋代岭南地区的热带动植物，比如孔雀、茉莉花、槟榔等大量地出现在诗人笔下，成为吟咏的对象，诗歌创作的题材再一次得到扩展。那么，这些具有新鲜感的动植物是怎样一步步进入诗人的视野的呢？下面试以茉莉花诗为例论述这一问题。

一

茉莉花或作“抹厉”“末丽”“抹利”“没利”，又名奈花[①]。属于木犀科，茉莉属，是著名的芳香植物和重要的经济作物。花期在夏季，多为白色，但是也有红色的。据今人研究表明，茉莉花并不是产于中国本土的一种植物，学者多认为它来自印度半岛和印度支那半岛及波斯湾、巴基斯坦等地。传入中国的时间可能在南北朝时期，距今已有一千四百多年的历史[②]。

由于茉莉花惧寒喜暖，所以，最初都在岭南和福建等热带地区种植。据陶谷《清异录》记载，五代周世宗时期，“南汉地狭力贫，不自揣度，有欺四方、傲中国之志。每见北人，盛夸岭海之强。世宗遣使

① 方以智《通雅》卷四二。

② 舒迎澜《茉莉古今谈》，《中国农史》，1985 年第 1 期。

入岭，馆接者遗茉莉，文其名曰‘小南强’”[①]。南汉的统治领域基本在今天的两广地区，“小南强”的称呼典型反映了茉莉作为南方作物的特性。宋仁宗庆历年间，蔡襄在担任福州知州时（约于1047年前后），曾经手植茉莉花，并赋诗云：“团团末利丛，繁香暑中拆。”[②]可见，北宋中期以前茉莉的种植范围依然还局限于我国南方地区[③]。

图33　茉莉花。图片引自网络。

北宋后期茉莉花开始在黄河流域的洛阳、开封一带种植，且多为权贵所喜，李格非《洛阳名园记》云：“远方奇卉如紫兰、茉莉、

① 陶谷《清异录》卷上。

② 蒋维锬《蔡襄年谱》，厦门大学出版社2000年版，第77页。

③ 按：宋人栽培茉莉花也可见于余靖的《酬萧阁副惠末利花栽》。余靖长蔡襄十二岁，但是这首诗的创作时间、地点莫考，故以蔡襄作品为代表。

琼花、山茶之俦，号为难植，独植之洛阳，辄与其土产无异。”（《李氏仁丰园》）[①]宣和四年正月，宋徽宗在《艮岳记》也提到：“茉莉、含笑之草，不以土地之殊，风气之异，悉生成长养于雕阑曲槛。”[②]虽然徽宗如何赏玩茉莉已经无考，但是南宋宫廷的消夏方式也足以见皇室对茉莉的垂爱。据《武林旧事》卷三《禁中纳凉》记载，临安皇宫内到了夏天避暑，就将茉莉花等南方花卉数百盆“置于广庭，鼓以风轮，清芬满殿”，就会产生一种“不知人间有尘暑”的感觉[③]。显然，其时茉莉还只是权贵们玩赏的对象，所以，它在北方的种植范围还相当有限，而且宋徽宗宫廷里的茉莉很可能也是南方运来的“花石纲”。吕本中曾经在邵伯（今江苏江都一带）路上遇到“前纲载茉莉花甚众，舟行甚急”，以致不能细细观看，感到非常遗憾，有诗云：“心知合伴灵和柳，不许行人仔细看”。[④]物以稀为贵，连吕本中这样出身于世家的诗人都无缘欣赏，遑论普通民众了。

南渡时期，随着南宋政治经济文化重心的南移，茉莉花逐渐被人们熟知，特别是被贬到岭南、福建一带的诗人更有机会接触他们，这一点下文将有论述。与此同时，茉莉的栽培技术也日益向江南推广，正如张邦基所云：“今闽人以陶盎种之，转海而来，浙中人家以为嘉玩。”[⑤]南宋中后期，江南一带的茉莉花种植范围更加广泛，而且在临安（杭州）夜市上茉莉花还成了商品，有茉莉盛盆儿、茉莉带朵花朵

① 李格非《洛阳名园记》。

② 曾枣庄、刘琳等《全宋文》第166册，上海辞书出版社2006年版，第384页。

③ 周密《武林旧事》，西湖书社1981年版，第42页。

④《全宋诗》第28册，第18087页。按：据《吕本中年谱》，此诗约作于政和四年（1114），第345页。

⑤ 张邦基《墨庄漫录》卷七《末利花》，中华书局2002年版，第198页。

等花样[1]。栽培技术也日益成熟。绍熙元年，袁说友曾送给范成大茉莉两槛[2]。当时范氏隐居于苏州石湖范村，他不仅赋诗赞美茉莉，还总结了栽培茉莉的方法是“腥水灌茉莉”，并且加以说明：“末利用治鱼腥水浇，方多花。”[3]需要指出的是，范成大的经验来自于在广西桂林作官的经历。乾道八年，他受命知静江府（广西桂林）。在此地为宦的两年期间，他写了《桂海虞衡志》一书，记录了许多有别于江南的动植物，比如茉莉花一条，即云：“以淅米浆日溉之，则作花不绝，可耐一夏。花亦大，且多叶，倍常花。六月六日，又以治鱼腥水一溉，益佳。”[4]范成大无意中扮演了茉莉在江南传播的使者角色。由此可见，茉莉花作为一种热带花卉，在中国本土的传播经历了一个由稀罕到普及、由南向北的过程。在这一进程中，它的实用价值先后被人发现，以下试举数例：

第一，药用价值，即将茉莉花捣为碎末，“以和面药”[5]，药效如《文殊师利问经》第十七就说：“若人常患气嗽、身体消减……以末利花汁和花散为丸，涂其额上，一切怨家见生爱念。”虽不无夸张，但茉莉花的药用价值已经被确认，根据今天的科学研究表明，茉莉鲜花含油率一般为0.2%～0.3%。主要成分为苯甲醇及其酯类、茉莉花素、芳樟醇。又含毕澄茄烯、乙酸苄酯、苯甲酸己—2—烯醇酯、石竹烯、邻氨基苯甲酸甲酯。根含生物碱、甾醇，茉莉根醇提取物对中枢神经系统有抑制作用。所以，茉莉花确实具有医学上的用途。

---

① 吴自牧《梦粱录》卷三《夜市》，浙江人民出版社1980年版，第119页。

② 于北山《范成大年谱》，上海古籍出版社2006年版，第380页。

③ 范成大《霜后纪园中草木十二绝》，《全宋诗》第41册，第25977页。

④ 孔凡礼点校《范成大笔记六种》，中华书局2002年版，第114页。

⑤ 谢维新《古今合璧事类备要别集》卷三六《花卉门》。

第二，经济价值。因为茉莉花清香洁白的特点，“今人多采之以薰茶，或蒸取其液以代蔷薇……其香可宝有如此者。”[①]即做茉莉花茶和香水。“薰茶”，即众所周知的“茉莉花茶”。根据《中国茶学大辞典》，茉莉花多被用来窨制绿茶，茉莉通常在晚间开放，花期自初夏至晚秋。小满到夏至所开的花称“春花”或“梅花”，花轻、香弱；小暑至处暑所开的花称“伏花”，花质最好，香高而持久；白露至秋分所开的花称“秋花”，花质与春花差不多。要求花朵大、成熟、饱满、洁白，香高芬芳持久，带爪（花萼）不带梗，当天采收当晚能开放的花苞。雨水花、已开花、红斑花和虫蛀花均属次品。今天，茉莉花茶随处都可以买到，已经不再是达官贵人的专利了。用茉莉花制成香水，也是宋人的一大发明。五代时期有大食（波斯）曾经以蔷薇水十五瓶入贡，后来罕有至者。于是宋人“采茉莉为之，然其水多伪。试之当用琉璃瓶盛之，翻摇数四，其泡周上下为真”[②]。然而效果不及蔷薇水，“虽足袭人鼻观，但视大食国真蔷薇水，犹奴尔”[③]。

此外，作为女性外饰也是茉莉花的用途之一。苏轼被贬海南，看到黎族女子头簪茉莉，口嚼槟榔，于是有诗：“暗麝著人簪茉莉，红潮登颊醉槟榔。”[④]用“暗麝”二字来比喻茉莉花的香。南宋时，戴茉莉花似乎已经成为女子常见的佩饰，张孝祥词云“翠叶银丝簪茉莉”，塑造的就是一个头戴茉莉花的多情女子。

我们认为，实用价值是茉莉花被推广的重要原因。正是如此，茉莉花才逐渐从炎热的两广、福建等地走向温和的江南地区。

---

① 谢维新《古今合璧事类备要别集》卷三六《花卉门》。

② 陈景沂《全芳备祖》前集卷七。

③ 蔡絛《铁围山丛谈》卷五，中华书局1983年版，第97页。

④ 惠洪《冷斋夜话》卷一，中华书局1988年版，第15页。

二

作为一种外来的植物，茉莉花一开始为人所知甚少，成为文学创作的素材被诗人吟咏更是迟于梅花、牡丹等花卉。据笔者统计，《全唐诗》中提到茉莉花的诗歌只有李群玉《法性寺六祖戒坛》、皮日休《吴中言怀寄南海二同年》、赵鸾鸾《檀口》等少数作品。就时间而言，这几位诗人已经步入晚唐；就内容而言，茉莉花并不是作为独立的审美对象存在。所以，唐五代时期歌咏茉莉的作品少之又少，以致罗大经迷惑不解："茉莉其香之清婉，皆不出兰芷下，而自唐以前，墨客椠人，曾未有一话及之者，何也？"[①]

"末利先看近世花"[②]，到了宋代以后，随着对岭南地区的开发，茉莉花逐渐在诗歌中频繁出现。需要说明的是，宋人笔下的茉莉多为白色。余靖的《酬萧阁副惠末利花栽》应该是现存最早最完整的咏茉莉花的作品，如下：

素艳南方独出群，只应琼树是前身。自缘香极宜晨露，勿谓开迟怨晚春。栏槛故将宾榻近，丹青重整画图新。移根得地无华裔，从此飞觞不厌频。[③]

余靖为今广东韶关人，生活在宋仁宗朝，还有被贬英州（广东英德）、

① 王瑞来点校，罗大经《鹤林玉露》卷四《物产不常》，中华书局1983年版，第300页。

② 周紫芝《食生荔枝五首》其四，《全宋诗》第26册，第17362页。

③ 《全宋诗》第4册，第2673页。

知广州的经历。所以，这首诗的创作地点值得探讨，或许就作于他在岭南的时候。首联“素艳”二字言花色之白，次联写茉莉花的香和夏季开花的特点。诗中“南方”“无华裔”等词表明这是一种外来的物种。这四点构成了歌咏茉莉花的基本要素。

图 34 ［宋］赵昌《茉莉花图》。上海博物馆藏。

北宋中后期，茉莉花在诗人们的印象中逐渐加深，但是相对于传统的中原花卉来说,还是不太受重视。据《中吴纪闻》卷四《花客诗》云:“张敏叔，尝以牡丹为贵客，梅为清客，菊为寿客，瑞香为佳客，丁香为素客，兰为幽客，莲为净客，酴醾为雅客，桂为仙客，蔷薇为野客，茉莉为远客，芍药为近客，各赋一诗。吴中至今传播。”[①]张敏叔即张景修，常州人，英宗治平四年进士，历仕神宗、哲宗、徽宗三朝，为一时名士。在这十二种花中，茉莉排行倒数第二，并且身份上还是远方来客。

到了南渡时期，一部分诗人对茉莉的认识依然还停留在前一阶段。比如曾慥有“花中十友”，并且撰有《十友调笑令》，云：“取友于十花。芳友者，兰也。清友者，梅也。奇友者，腊梅也。殊友者，瑞香也。净友者，莲也。禅友者，薝卜也。佳友者，菊也。仙友者，岩桂也。名友者，海棠也。韵友者，荼蘼也。”[②]十友之中，不及茉莉，所以孝宗朝诗人蔡戡在游茉莉产地广州花田时赋诗道：“名字不须联十友。”自注：“曾端伯（曾慥字）十友，不及素馨、茉莉。”[③]对曾慥的排斥茉莉深表疑问。

同时，另一部分到过岭南、福建地区或者在此居住过的人们却把它视为知己，特别是被贬到这一带的诗人。据统计，这一时期咏茉莉的诗篇有王庭珪三首、李纲四首、吕本中两首、严博文一首、叶庭珪一首、郑刚中四首、胡寅二首、刘子翚二首，总计十九首，远远多于北宋时期同类作品。这与南渡时期的政治形势不无相关，这些诗人或被流放到岭南，或因为避乱而流落到闽粤地区，而“闽广多异花，悉清芬郁烈，而末利花为众花之冠。岭外人或云抹丽，谓能掩众花也”[④]。身处异地他乡，中原少见的事物总是能引起人们的兴趣，而生在蛮荒，皎洁清香的茉莉往往会令诗人们联想到自己惨遭不幸的遭遇。如宣和二年

① 龚明之《中吴纪闻》卷四，丛书集成初编本，1985年，第55页。

② 《锦绣万花谷后集》卷三七。

③ 蔡戡《重九日陪诸公游花田》，《全宋诗》第48册，第30061页。

④ 张邦基《墨庄漫录》卷七，中华书局2002年版，第198页。

(1120)，李纲因为论水灾一事被贬在沙阳（福建沙县）。当地友人送茉莉花给他，于是他慨然赋诗："羞把天姿争媚景，故将清格占炎天。"[①]茉莉天姿秀丽但是不以媚人，而是在炎热的季节保持清高的气节。这与李纲不阿附权贵，敢于在蔡京等权奸气焰嚣张的时候上书言事的精神是一致的。因此，茉莉花在李纲的眼里俨然就是正义和不惧权贵的化身。建炎三年（1129），李纲又以主张抗金，遭到黄潜善等人的排斥，被贬海南，他又创作了《茉莉二首》。[②]前后两次遭贬，时间相差近十年，再次见到茉莉花后，在孤寂无聊里，李纲觉得茉莉成了自己的朋友："清香夜久偏闻处，寂寞书生对一灯。"清新的花香，给贬谪之人带来一丝安慰，使他们在蛮乡瘴野得以生存。李光因为反对秦桧被贬海南，他对自己的遭遇就全不介意，因为那里有"影翻凤尾槟榔叶，香散龙涎茉莉花"，竟然产生了到此一游的感觉："绝景胜游仍有伴，不妨流落在天涯。"[③]对自己的被贬一点都不在意，真是超脱。郑刚中是贬谪诗人当中创作茉莉花诗最多的一个。他本是秦桧党人，绍兴十七年（1147）被秦桧贬到岭南，正所谓成也秦桧，败也秦桧。被贬后，他一方面以向秦桧祈求式的自谴以表白心迹，一方面又力求从贬谪之苦中解脱出来。诗人在这个网中拼命挣扎，却始终没能走出来。虽然他也写出了"荔枝受暑色方好，茉莉背风香更幽"的句子[④]，但还是客死封州，全不及李纲、李光能够安然返回内地。

总之，南渡时期尽管有曾慥那样排斥茉莉的诗人，但是从整体上

---

① 李纲《陈兴宗供茉莉》，《全宋诗》第27册，第17571页。编年根据赵效宣《李纲年谱长编》，第35页。

② 赵效宣《李纲年谱长编》，新亚书院1968年版，第131页。

③ 李光《四月十四日晚》，《全宋诗》第25册，第16429页。

④ 郑刚中《封州》，《全宋诗》第30册，第19137页。

来说人们对茉莉的认识却在深化。他们喜欢将“岁寒三友”之一的梅花和茉莉作比较，如张元干在评价素馨、梅花和玫瑰的时候说“清馥浑同雪里梅”(《病起枕上口占三绝》),认为茉莉的清香如同雪里的梅花。郑刚中则更进一步，他不但认为茉莉花“清思牵人全似梅”(《茉莉》)，把茉莉这位外来客拉到了和梅花同等的高度，而且在另外一首《茉莉》中他写道“岭上老梅树，岁晚等凡木”，茉莉却“有如高世士，含情不需辱”，这就是明显的尊茉莉而贬梅花了[①]。

正是在比较的过程中，人们才逐渐熟悉这个远客。比张元干、郑刚中稍后的一些诗人就把茉莉的地位彻底确定了下来，他们认为梅花与茉莉的关系是兄弟关系，梅花为兄，而茉莉为弟，比如楼钥《次韵胡元用末利花》:“弟畜素馨兄事梅。”陈傅良《和宗易赋素馨茉莉白莲韵》:“色香殊不让梅兄。”有意思的是素馨，也是来自南方的花卉，它和茉莉的关系最为密切。诗人把两物放在一起吟咏也很常见，比如范成大《四花》:“素馨间末利。”《初秋闲记园池草木五首》“腥水留灌末利，结香旋熏素馨。”刘克庄《念奴娇》:“素馨、茉莉，向炎天、别有一般标致。”赵师侠《酹江月》(信丰赋茉莉):“素馨为伴。”陈宓《素馨茉莉》:“骨细肌丰一样香。”有趣的是，郑刚中还对素馨和茉莉进行了仔细比较，区分出孰先孰后，如他的《或问茉莉、素馨孰优？予曰:“素馨与茉莉香比肩,但素馨叶似蔷薇而碎,枝似酴醾而短,大率类草花。比茉莉，其体质闲雅不及也”》一诗，认为素馨尽管与茉莉清香不相上下,但是素馨类似草花,不如茉莉闲雅,这与前文楼钥所云“弟畜素馨”的观点一致[②]。陈宓《素馨茉莉》却说“姊娣双承雨露恩”，把素馨与

---

① 《全宋诗》第 30 册，第 19136 页，第 19119 页。

② 《全宋诗》第 30 册，第 19120 页。

茉莉的关系看成是姊与娣的关系，也算是一家之言了。

三

在描绘一种新事物的时候，诗人们习惯首先注意到的总是其外在形态，茉莉花也不例外。它洁白无暇的花瓣，加上翠绿的枝叶，特别引人注目，所以郑刚中笔下的茉莉花“琢玉再为花，承以敷腴绿”（《茉莉》），花似乎是玉琢成的，这是状花之色。而“敷腴”二字本义是喜悦的样子，但是现在却与绿字相搭配，俨然刻画出绿叶欣然衬托白花的神态。又如刘子翚和胡寅曾经唱和咏茉莉花，前者“华云油泼碧，花雪麝开香”，后者“翠叶光如沃，冰葩淡不妆”，青枝、绿叶、白花构成了一副茉莉花的完整形象[①]因为它的白，所以诗人们习惯用霜雪、冰凌等寒意十足的词汇来形容，如李纲的茉莉花“冷艳幽芳雪不如”，朱熹“冰蕤乱玉英”（《末利》），吴儆“着人茉莉花如雪”（《宴邕守乐语》），徐开“濯濯冰雪花”（《茉莉花》）等。看到这似雪的白花，诗人的诗思开始发生变化，由视觉转移到触觉，白花似乎化作可以消暑的冰雪，璨璨白花为炎炎夏日带来了一丝清凉，如胡寅“冰肌六月凉”（《和彦冲茉莉三首》）、许棐“荔枝乡里玲珑雪，来助长安一夏凉”（《茉莉》）、王镃“炎州分得冰花脑，来伴湘波六月凉”（《茉莉》）、刘克庄“相对炎官火伞中，便有清凉意”（《卜算子 · 茉莉》）。

其次是关注茉莉花的香。香是宋人生活中不可缺少之物，有些人特别喜爱茉莉花香，比如江奎就说：“他年我若修花史，列作人间第一

---

① 胡寅《和彦冲茉莉二首》、刘子翚《次韵茂元茉莉花二首》,《全宋诗》第 33 册，20996 页；第 34 册，第 21448 页。

香。”(《茉莉花》)至于江奎是否重修了花史不得而知，但是士大夫普遍爱香却是事实。他们喜欢的是清香，比如邹浩就非常欣赏夜凉雨初过之后，那种“清香习习向人来”(《闻茉莉香》)的不绝如缕，清新而又淡淡的香气，有一种“露寒清透骨，风定含远芬”的效果[①]。对于诗人而言，这种极易消散而又无形的嗅觉很难用文字表达出来，所以使用比较的方式来形容茉莉花之香成了一种比较普遍的方式。用梅花之香来比拟比较常见，如王庭珪“岭头未负春消息，恐是梅花返魂香”[②]，本来不是梅花开放的季节，但是诗人却嗅到了宛如梅花一样的清香，刹那间他还以为是梅花返魂。范成大在描写花香的时候，却借无形来表现无形，如“花香如梦鬓如丝”(《再赋茉莉二绝》其二)，以摸不着、看不见的梦来形容无法捉摸的花香，真可谓得体。

图35　茉莉花。图片引自网络。

① 朱熹《奉酬圭父末利之作》，《全宋诗》第44册，第27579页。

② 王庭珪《茉莉花三绝句》，《全宋诗》第25册，第16862页。

第三，我们注意到宋人在咏茉莉的时候，基本上都是围绕香和白展开，或抓住香的特点，或抓住白的特点，或者香和白兼而有之。针对其白，比拟则有琼树、白玫瑰、琼魄、雪花等；针对其香，则有梅花、幽兰、龙涎香、蔷薇等。而且南方作物如荔枝、椰子等也是诗人们进行比照的对象，它们常与茉莉构成对偶，如：

桄榔叶暗临江圃，茉莉香来酿酒家。

——章岘《和李升之夜游漓江上》

茉莉晓迷琼槛白，荔枝秋映绮筵红。

——湛俞残句

暗麝着人簪茉莉，红潮登颊醉槟榔。

——苏轼残句

影翻凤尾槟榔叶，香散龙涎茉莉花。

——李光《四月十四日晚》

荔枝受暑色方好，茉莉背风香更幽。

——郑刚中《封州》

茉莉花边把酒卮，桄榔树下共谈诗。

——戴复古《林伯仁话别二绝》

诗中提到的都是典型的热带物种，突出了茉莉花香和白的特色。这种对仗不仅体现了诗句的工稳，也体现出诗人对物种认识的水平。当然，更多的时候，茉莉会作为一个整体出现，诗人们不仅咏它的外在特征，而且还咏它清香的特点，如郑域的《茉莉花》：

风韵传天竺，随经入汉京。香飘山麝馥，露染雪衣轻。[①]

仅仅只有二十个字，就写出了茉莉花的来源地，以及香和白的特色。

① 《全宋诗》第51册，第32027页。

吕本中和叶庭珪的诗更能说明问题，如下：

香如含笑全然胜，韵比荼蘼更似高。所恨海滨出太远，初无名字入风骚。

——吕本中《末利》[①]

露花洗出通身白，沈水熏成换骨香。近说根苗移上苑，休惭系本出南荒。

——叶庭珪《茉莉花》[②]

前者在言及香的特点时，拿含笑花作比较，更重要的是拈出一个“韵”字，压倒了荼蘼；后者先言其白，再拿它和沉香比较。两者都在篇末交代了茉莉花来自于南方。

第四，将茉莉花拟人化，完成了从植物到人的“进化”，这是其形象的一个升华。把花比作女性，这是文学中常见的现象。茉莉花自从为文学家接受以后,也多以女性的面目出现。比如郑刚中笔下的茉莉花:“茉莉天资如丽人，肌理细腻骨肉匀。”(《或问茉莉素馨》) 这是借老杜《丽人行》诗句把茉莉比作一位美女,但是并没有赋予她情感。胡寅“谪堕天仙子，生憎袨服妆”(《和彦冲茉莉二首》) 就把茉莉从凡人提高到了仙人的高度，只是可惜被贬入了凡尘，然而“生憎”二字已经表明茉莉不仅有超尘脱俗的外表，还有丰富的感情。这样一来，茉莉就由一幅静态的画像变成了具有灵性的活人。宋词里面表现的茉莉花更加生动，如尹焕的《霓裳中序第一》(茉莉咏)：

青颦粲素靥。海国仙人偏耐热。餐尽香风露屑。便万里

① 《全宋诗》第 28 册，第 18171 页。
② 《全宋诗》第 29 册，第 18613 页。

凌空，肯凭莲叶。盈盈步月。悄似怜、轻去瑶阙。[1]

她青眉净面，一个“粲”字刻画出“巧笑倩兮，美目盼兮”的神态。“万里凌空”“盈盈步月”是词人展开了想象的翅膀，在他的大脑空间里，这位海国仙人是那么轻盈，那么动人。周密咏茉莉要技高一筹，如《夜合花》（茉莉）下片：

虚庭夜气偏凉。曾记幽丛采玉，素手相将。青蕤嫩萼，指痕犹映瑶房。风透幕，月侵床。记梦回、粉艳争香。枕屏金络，钗梁绛楼，都是思量。[2]

上片还是沿着前人的老路，把茉莉花比作误入唐昌观的花仙，依然抓住了她清香和夏季开放的特点。下片则由花及人，重点写“幽丛采玉，素手相将”的情人，当年两人一同摘取茉莉花，指痕犹在，但是人已分别。所以，整首词表面上是在赋茉莉花，实际上是借茉莉花咏情人，歌咏昔日情人相会的幽情，抒发分别的怅惘。因此与尹焕相比，周密的词明显要出彩。

正是因为茉莉香且白的特点，加上清新淡雅的面貌，非常符合宋代士大夫追求高雅的审美观。他们喜欢趁着朦胧的月色，来品味茉莉沁人心脾的幽香，最终逐渐形成“月夜——花香”的审美模式，如下：

怜渠一种香，遍历寒与燠。空庭三更月，酒醒人幽独。

——郑刚中《茉莉》

向月资清润，承风发素凉。

——刘子翚《次韵茂元茉莉花诗二首》其二

炎洲绿女雪为肌，十二朱阑月未移。

---

① 唐圭璋《全宋词》，中华书局1999年版，第3446页。

② 唐圭璋《全宋词》，中华书局1999年版，第4158页。

——徐千里《茉莉花》

正簟纹如水帐如烟，更奈向，月明露浓时候。

——卢祖皋《洞仙歌》（赋茉莉）

玉宇薰风，宝阶明月，翠丛万点晴雪。

——施岳《步月》（茉莉）

史达祖的《风入松》（茉莉花）就描写了在“夜深绿雾侵凉月，照晶晶、花叶分明”的时候，人卧碧纱厨，来体验“香吹雪练衣轻”的雅致。而对茉莉弹琴，更是一桩美事，因为对花弹琴惟“香清而色不艳方妙”，至于“若妖红艳紫，非所宜也”[①]。那么，宫廷之中那种“不知人间有尘暑”的消夏方式已经成为士大夫阶层雅致生活的一部分了。

四

通过以上论述我们不难看出，茉莉花作为一种外来生物，进入国人的视野时间相对较晚，成为诗歌创作的题材则迟到了宋代，而南渡时期则是咏茉莉诗文学作品创作的一个高峰，其时遭受贬谪的诗人对茉莉花文学价值的发现贡献尤大。那么，对我们有什么启示呢？

第一，认知水平是跟客观条件关系密切。南渡时期是宋代政治、经济、文化重心逐渐南移的过渡期，特别是绍兴十一年（1141）宋金签订和议之后，赵构政权正式从大一统变成江南地方政权。因为淮河“中流以北即天涯”的现实，迫使南宋朝廷向南方，即传统认识上的炎荒之地开发，茉莉花包括大量南方作物正是在这一过程中被发现的。无

① 赵希鹄《洞天清录》。

论是贬谪诗人，还是在福建、两广生活的诗人们无意有意地都充当了开发这些地区的先锋，发挥着文化交流的功能。

第二，文学题材离不开认识的拓展。随着中国政治经济文化中心的南移，诗人们对动植物的认知也是先北后南，符合这一规律的。先秦两汉时期，黄河流域一直都是中国的文化中心，所以《诗经》里的各种动植物多是这一带的产物。虽然《楚辞》作为长江流域的杰作，描绘了不少南方的花花草草，但是并不是主流。六朝到北宋时期，江南地区得到大幅度的开发，诗人的笔下出现了许多描绘江南风物的文艺作品。宋南渡之后，岭南和福建地区得到重视，而且福建地区还成了理学的中心。经济文化的繁荣必然为文学的产生创造了良好的条件，认识的扩展必定会扩大文学创作的视野，所以诗人把这些传统意义上蛮荒地带的产物一旦写进文学作品，文学题材就自然而然拓展了。

第三，只有本土化以后，才更有吸引力。虽然茉莉花作为“舶来品”，但是在文学作品中，它并不具有明显外国的风情，而是很快被本土化。诗人们总是按照自己的想象，结合其特征，将之描绘成具有中华文化特征的事物。比如前文中讨论的诗歌作品中茉莉花女性化的问题，这些女性都符合中国文人的审美标准，而不是外来的蛮女。也正是通过这样一种方式，茉莉花才更加贴近中国人的生活，散发着中国味道。我们试想，今天江苏民歌《好一朵茉莉花》能够唱遍全球，不正是本土化的成功表现吗？

（原载《阅江学刊》2011 年第 4 期，
此处有修订，插图均为新增。）

茉莉的文学与文化研究

王　珏著

目 录

第一章　茉莉入华及其名实考

“好一朵茉莉花，好一朵茉莉花，满园花草香也香不过它……”这首悠扬婉转的江苏民歌《茉莉花》不仅是江南文化的代表，更是中国民歌在国际舞台上的最佳代言,成为外国友人最熟悉的中国民歌。然而，茉莉这种花卉虽然在我国古代典籍中有大量记载，但它最早却不是中国本土出产的，是由境外传来的花卉。本章的主要任务是考证茉莉名称的由来和它的种类，明晰茉莉与古代文学中的“柰花”的关系，并对茉莉最早传入中国的路线和途径进行考证。进行本章的研究和书写，能够对茉莉这种花卉的源头有一个清晰完整的了解，洞察了茉莉花的源头，才能进一步对其进行文学、文化上的研究。

第一节　茉莉名称的由来及其种类

茉莉又称茉莉花，是由境外传来的花卉，其名称为音译，是梵语 MalliKa 的对音。根据清代厉荃的《事物异名录》，其中提到的茉莉的名称大约就有以下几种：“鬘华”“奈花”“抹厉”“没利”“抹利”“末利”“末丽”[①]，其中应多属音译的不同写法。明代李时珍《本草纲目》中“茉莉纲目”也指出：“盖末利本胡语，无正字，随人会意而已。”[②]

① 厉荃著《事物异名录》，第 464 页。

② 李时珍著，张守康校《本草纲目》，第 388—389 页。

而通过分析可以发现，茉莉这些名称的书写并不是随意附会，都有一定的命名渊源。

首先看“鬘华”之称。佛教经典中有一部《胜鬘经》，全称《胜鬘狮子吼一乘大方便方广经》，是如来藏系经典中的代表作品之一。它记述了胜鬘夫人劝信佛法的说教，经典的内容不在我们的研究范围，关于“胜鬘”的名称却可以作一番探讨。“胜鬘夫人”是古印度憍萨罗国波斯匿王与末利夫人之女，由于是波斯匿王向佛祈福而得此女，国人纷纷献出最好的花和最华丽的饰品，因此为之取名“胜鬘”[①]。一方面形容女儿貌美绝伦,另一方面形容她的慧敏超越了世间其他。但事实上，根据《根本说一切有部毗柰耶杂事》所载,末利夫人也被称为“胜鬘”。末利夫人幼年名明月,“每于日日常采多花。结作胜鬘持来与我。因号此女名曰胜鬘”。她是由于采花结成华鬘而受主人赏识，故人皆称之为“胜鬘”。“鬘”本指美好的头发，根据华夫主编的《中国古代名物大典》中的“鬘”的解释:“用珠玉或其他东西缀成之饰物。”[②]又列在大典的“香奁类”中的“发饰”条中。此外，“胜”字也有妇人首饰的意思。大典中解释为 :“编织或剪裁之首饰。其用料不一，形状各异，其名据其特点,历代有别。南北朝之后作为风俗物,多剪綵而成。”[③]又《广群芳谱》“茉莉”条称 :“佛书名鬘华。谓堪以饰鬘。”[④]可见茉莉是能作为发饰簪戴在头发上的且与佛教有着密切的联系。

宋代是文学作品中开始出现一定量的茉莉书写的时代，而这时候的“茉莉”之称还未定型,文人作品中提到茉莉多用“末利”“没利”“抹

① 《碛砂大藏经》第六十八册，第 47 页。
② 华夫编《中国古代名物大典》下册，第 152 页。
③ 华夫编《中国古代名物大典》下册，第 149 页。
④ 汪灏《广群芳谱》卷四三，第 1024 页。

利”等，这些都是梵语对音的不同写法。宋代王十朋有《又觅没利花》诗：

没利名嘉花亦嘉，远从佛国到中华。

老来耻逐蝇头利，故向禅房觅此花。[①]

前两句诗介绍了茉莉的来源，第三句转而说明茉莉的品格，它是一种不追求蝇头微利、与世无争的花卉。王十朋还有一首关于茉莉的诗《二道人以抹利及东山兰为赠再成一章》：

西域名花最孤洁，东山芳友更清幽。

远烦文室维摩诘，分韵小园王子猷。

入鼻顿除浮利尽，同心端与国香侔。

从今日讲通家好，诗往花来卒未休。[②]

这首诗将茉莉与兰花并称，称闻其香味而能使人追名逐利之心驱除尽，所以称此花为“没利”是有道理的。

再说“抹丽”之称，《广群芳谱》云：“一名抹丽，谓能掩众花也。”[③]即茉莉花的魅力极大，其他花卉与之相比就黯然失色了。

茉莉除了音近的几种名称外，还有一些别致的名称。如释惠洪《冷斋夜话》就记载了苏东坡谪居儋耳（今海南省儋州市），见当地蛮女头插茉莉、口嚼槟榔，便戏书姜秀郎几间曰：“暗麝着人簪茉莉，红潮登颊醉槟榔。”[④]从此，“暗麝”也就成了茉莉的一个别称。再根据宋代陶谷《清异录》载：

南汉地狭，力贫不自揣度，有欺四方、傲中国之志，每见北人盛夸岭海之强。世宗遣使入岭馆，接者遗茉莉，文其

① 王十朋著，梅溪集重刊委员会编《王十朋全集》卷七，第106页。

② 王十朋著，梅溪集重刊委员会编《王十朋全集》卷七，第106页。

③ 汪灏《广群芳谱》卷四三，第1024页。

④ 释惠洪著《冷斋夜话》，第13页。

名曰“小南强”及本朝张主面缚伪臣到阙，见洛阳牡丹，大骇叹，有搢绅谓曰：此名“大北胜”。[1]

因为“小南强”也是茉莉的别称，与天姿国色的牡丹抗颉南北。此外，茉莉还在一些地方被称作“萼绿君”，或名“绿萼君”。茉莉花朵为淡雅的白色，而花萼为绿色，故被尊称为“萼绿君”。这主要源自宋代张邦基《墨庄漫录》中所载颜博文诗：

颜博文持约谪官岭表，爱而赋诗，云：“竹梢脱青锦，榕叶随黄云。岭头暑正烦，见此萼绿君。欲言娇不吐，藏意久未分。最怜月初上，浓香梦中闻。萧然六曲屏，西施带微醺。丛深珊瑚帐，枝转翡翠裙。譬如追风骑，一抹万马群。铜瓶汲清泚，聊复为子勤。愿言少须臾，对此髯参军。”[2]

茉莉的品种极其丰富，在我国有六十多种。而古文献中所记载的虽然数量不庞大，但都是具有代表性的，我们可以将茉莉按颜色和形状进行分类。按颜色来分，一般有白茉莉、红茉莉、粉茉莉、绿茉莉、黄茉莉。《广群芳谱》中记载：“弱茎繁枝，叶如茶而大，绿色团尖，夏秋开小白花，花皆暮开。其香清婉柔淑，风味殊胜。”[3]这就是生活中最常见的白茉莉。书中还提到：“一种红色，色甚艳，但无香耳。又有朱茉莉，其色粉红。”“《广东志》：‘雷琼二州有绿茉莉，本如茑萝。有黄茉莉，名黄馨。’”这些都是关于不同颜色茉莉的记载。按形状分，茉莉又有千叶茉莉、单瓣茉莉、宝珠茉莉。清代陈淏子《花镜》“茉莉”条：“弱茎丛生，有长至丈者，叶似茶而微大。花有单瓣、重瓣之异。

① 陶谷著《清异录》，第 34 页。

② 张邦基《墨庄漫录》，《宋元笔记小说大观》第五册，第 4713 页。

③ 汪灏《广群芳谱》卷四三，第 1024 页。

一种宝珠茉莉，似小荷，而品最贵。”[①]至于千叶茉莉，在清代吴绮《岭南风物记》中就有提到：“高州府有千叶茉莉，大而香，形如白莲。”[②]千叶茉莉的形状应该远大于一般的茉莉。

至于现代，一般按外形把茉莉分为三类，即单瓣、双瓣和重瓣。其中单瓣茉莉香气芳香持久，是窨制茉莉花茶的最佳选择，但单瓣茉莉的产量极低。双瓣茉莉香气浓烈，主要用于窨制花茶和提炼精油，它的产量较高。而重瓣茉莉的香气较弱，但它的产量很高，所以一般只用于观赏。

第二节　茉莉与素柰（柰花）关系之考辨

提到茉莉的别称，很多文献中都指出茉莉又名“素柰”“柰花”。如《本草纲目》“茉莉”纲目中就认为“柰花”就是茉莉，并引杨慎《丹铅录》中的所言：“《晋书》‘都人簪柰花’，即今末利花也。”[③]《广群芳谱》中“茉莉”条也引到《丹铅录》中所言：“北土名柰，《晋书》：‘都人簪柰花’是也。”[④]可见，大多数文献都对“茉莉即柰花”这一观点言之凿凿。我们不妨看一下明代杨慎《丹铅总录》中“花木类”对“末利”的详解：

> 末莉花见于嵇含《南方草木状》，称其芳香酷烈。此花岭外海滨物，自宣和中名著，艮岳列芳草八，此居一也。八芳者，金蛾、玉蝉、虎耳、凤毛、素馨、渠那、茉莉、含笑也。《洛

① 陈淏子著《花镜》，第104页。
② 吴绮《岭南风物记》，《清代广东笔记五种》，第20页。
③ 李时珍编，张守康校《本草纲目》，第389页。
④ 汪灏《广群芳谱》卷四三，第1024页。

阳名园记》云："远方奇卉，如紫兰、抹厉。"《王梅溪集》作"没利"，又作"抹利"。《陈止斋集》亦作"没利"。《朱文公集》作"末利"。《洪景卢集》作"末丽"。佛书《翻译名义》云："末利曰鬘华，堪以饰鬘。"北土云柰，《晋书》"都人簪柰花，云为织女带孝"是也。则此花入中国久矣。①

再看房玄龄《晋书》中的相关记载：

后少有姿色，然长犹无齿，有来求婚者，辄中止。及帝纳采之日，一夜齿尽生。改宣城陵阳县为广阳县。七年三月，后崩。年二十一。外官五日一临，内官旦一入，葬讫止。后在位六年，无子。先是，三吴女子相与簪白花，望之如素柰，传言天公织女死，为之着服，至是而后崩。②

对比两则材料不难看出，《丹铅总录》在引用《晋书》时，不自觉地偷换了概念。《晋书》中很明确地表示，三吴女子为织女服丧，从而纷纷簪戴上白花。只凭"望之如素柰"一句，可以推断出两点：其一，三吴女子头上簪戴的白花确实像素柰但绝不是素柰；其二，三吴女子头上所簪戴的花可能是茉莉，也可能是茉莉以外的白色花卉。这里首先有必要考证"素柰"到底是一种什么样的花。

先唐文献中，"素柰"一词极少出现。最早出现"素柰"一词，是在西晋左思的《蜀都赋》中："朱樱春熟，素柰夏成。"③唐李善为之作注："素柰，白柰也。"④又潘尼《东武馆赋》："飞甘瓜于浚水，投素柰于

① 杨慎著，王大亨笺证《丹铅总录笺证》，第153页。

② 房玄龄撰《晋书》第1册，第634页。

③ 萧统编《文选》，第181—182页。

④ 萧统编《文选》，第182页。

清渠。”[①]北朝杨衒之《洛阳伽蓝记》中也出现了“素柰朱李,枝条入檐,伎女楼上，坐而摘食”[②]。此外，《初学记》中也载西晋张载诗：“三巴黄甘，瓜州素柰。”[③]显而易见，“春樱”“甘瓜”“朱李”“黄甘”分别与“素柰”并列，都应该是偏正结构。素，白也，所以很好理解，素柰即白柰。先唐文学作品中出现的为数不多的“素柰”都是白柰。那么《晋书》中为什么会写到三吴女子都上所簪戴的白花像“素柰”呢，可见“望之如素柰”中的“素柰”并不是白柰。

图 01　柰花。图片引自网络。

柰是北方常见的果实，根据李时珍《本草纲目》：“篆文‘柰’字象子缀于木之形。梵言谓之‘频婆’，今北人亦呼之，犹云端好也。”[④]

① 萧统编《文选》，第 194 页。
② 杨衒之著《洛阳伽蓝记》，第 307 页。
③ 徐坚等辑《初学记》下册，第 458 页。
④ 李时珍编，张守康校《本草纲目》，第 752 页。

汉魏六朝文学作品中偶尔会提及柰这种果木，如西汉史游《急救篇》中有“梨柿柰桃待露霜”[①]。指这四种果实得到霜露之气才能成熟。东汉王逸《荔支赋》中有“酒泉白柰”[②]。曹植曾作《谢赐柰表》,其中提到：“柰以夏熟，今则冬生，物以非时为珍。”[③]《西京杂记》中提到上林苑有柰三种，根据花的颜色的不同分为白柰、紫柰、绿柰。这些汉魏六朝文献中的提到的“柰”或“白柰”大多指柰这种果木，偶尔提及柰花的文献有两则：其一，陶弘景《真诰》中载紫薇夫人诗，其中有“俯漱云瓶津，仰掇碧柰花”[④]的句子。其二，《初学记》中所载梁谢瑱《和萧国子咏柰花诗》：

> 俱荣上节初，独秀高秋晚。吐绿变衰园，舒红摇落苑。
>
> 不逐奇幻生，宁从吹律暖。幸同瑶华折，为君聊赠远。[⑤]

不难看出,先唐文献中的“柰”仅仅指的是果木之“柰”。而“柰花”则当指果木之“柰”所生之花。这样，《晋书》中的“素柰”完全可以理解为白色的柰花，跟茉莉没有任何关系。唐以后的文献中时时出现的“素柰”“柰花”往往与祭祀、悼亡有关。将“素柰”附会成茉莉的，就是从明代杨慎的《丹铅总录》开始的。大概是由于柰花与茉莉花色相同、花期相近。杨慎以后的一些文学作品中，茉莉也常常作为悼亡的意象出现。

---

① 史游著《急就篇》，第11页。

② 龚克昌等《全汉赋评注》，第683页。

③ 曹植著《曹植集校注》，第487页。

④ 陶弘景著《真诰》，第10页。

⑤ 徐坚等辑《初学记》下册，第458页。

第三节 茉莉入华的路径及其在中国的传播、分布

关于茉莉从何处、何时传来中国的问题，众说无端。有人认为茉莉从波斯传来。晋代嵇含《南方草木状》中载：

> 耶悉茗花、末利花，皆胡人自西国移植于南海，南人怜其芳香，竞植之。陆贾《南越行纪》曰："南越之境，五穀无味，百花不香，此二花特芳香者，缘自胡国移至，不随水土而变，与夫橘北为枳异矣。彼之女子，以彩丝穿花心以为首饰。"[①]

又唐段公路《北户录》：

> 又耶悉茗花，白末利，花红者不香，皆波斯移植中夏，如毗尸沙、金钱花也，本出国外，大同二年始来中土，今番士女多以彩缕贯花卖之。[②]

这两段材料都是较早关于茉莉的记载，"胡国"即波斯，他们都认为茉莉是由波斯传入中国，在南方大面积种植。而以上两段记载对于茉莉传入中国的时间不一致。陆贾是汉代人，曾经"以客从高祖定天下"，汉朝建立后曾出使南越。由此，嵇含认为茉莉在汉代已经传入了中国。从波斯传入走的就是陆上丝绸之路，即通过河西走廊传入汉京长安。段公路的记载中，"大同"是南朝梁武帝萧衍的年号，大同二年即公元536年。段公路认为茉莉是南朝梁时候传入中国的。

而宋代陈景沂《全芳备祖》中载有宋代郑域五言诗散联和江奎的

---

① 嵇含《南方草木状》卷上。

② 段公路《北户录》卷三。

七言绝句写到茉莉由印度、越南传入中国：

风韵传天竺，随京入汉京。

香飘山麝馥，露染雪衣轻。(宋 · 郑域)

灵种传闻出越裳，何人提挈上航蛮。

他年我若修花史，列作人间第一香。(宋 · 江奎) [1]

天竺是印度，越裳是今越南、老挝一带。但这两首诗中都没有提及茉莉传入中国的时间。若从印度传入，那么有两种可能，一种是由印度先传入波斯，进而通过陆上丝绸之路传入中国。另一种是走海上丝绸之路。因为到了汉代，中国的航海技术和造船水平已经有了很大的提高。丁溪主编的《中国对外贸易》一书中曾提到：“特别是到西汉中期，国富民强，雄才大略的汉武帝锐意拓边，以加强并巩固大一统的封建帝国。他一方面派大军北击匈奴，另一方面派水师出击割据东南的百越。”[2]也提到：“打通沿海航路后，为进一步扩大汉王朝的政治影响，并获取海外奇珍异宝，汉武帝派出远洋船队驶往印度洋，由此开辟了南海——印度洋航线。”[3]汉代远航路线大致是从雷州半岛出发，沿着海岸线驶过南海，再穿过马来半岛进入孟加拉湾，最后到达印度半岛。

这样看来，茉莉通过海上丝绸之路从印度进入中国并在南方大面积种植的可能性，比从印度到波斯再走陆上丝绸之路的可能性大得多。综上我们大约可以得出茉莉传入中国的时间最早应该就在汉代，通过两条路径传入中国。第一种是由波斯经由陆上丝绸之路传入中国北方，

---

① 陈景沂编，祝穆订正，程杰、王三毛点校《全芳备祖》第二册，第524页。

② 丁溪著《中国对外贸易》，第20页。

③ 丁溪著《中国对外贸易》，第20页。

继而移植南方。第二种是由印度或波斯经由海上丝绸之路传入中国南方，并开始了大面积的种植。而第二种可能性更大一些。

茉莉传入中国后，在滇、粤、闽等地种植，继而浙江、江苏、江西都有种植。广西横县是如今茉莉花种植最大最集中的地区，全县种植茉莉十万多亩，年产鲜花八万多吨，占了全国总产量的80%以上，被国家林业局、中国花卉协会命名为“中国茉莉之乡”。

第二章　茉莉意象与题材的发展

花卉植物意象研究是中国古代文学研究中的一个重要方面，要对意象和题材进行深入研究，首先要理清楚它的发展演变过程。在明确了茉莉的由来和入华过程之后，本章主要对中国古代文学中的茉莉意象和题材进行梳理。从茉莉意象产生的先唐时期，到茉莉文学兴盛和发展的宋元时期，再到茉莉文学的繁盛时期，梳理其逐渐繁盛的过程能够从宏观纵向上窥探茉莉这种花卉在不同时代的作用、地位和意义。分析其题材和意象在不同时代变化的过程，能够从横向上深入对茉莉和时代的关系进行研究。

第一节　汉魏六朝和唐代文学中茉莉意象的出现

程杰师在《论中国花卉文化的繁荣状况、发展进程、历史背景和民族特色》一文中，将中国古代花卉文化的繁荣分为“始发期”“渐盛期”“繁盛期”三个阶段[①]。其中把先秦时期划为中国花卉文化的始发期，秦汉魏六朝为渐盛期，宋元明清为中国古代花卉文化的繁盛期。茉莉这种花是外来花卉，而且最早是汉代传入中国的，所以也就没有先秦的始发期。茉莉自汉代传入中国后，并没有立即大量地出现在文献记

① 程杰《论中国花卉文化的繁荣状况、发展进程、历史背景和民族特色》，《阅江学刊》2014年第1期。

载当中。我们现在能看到的关于茉莉的记载就是晋代嵇含的《南方草木状》，其中提到茉莉用的还是“末利”。此外它还引到西汉陆贾的作品关于茉莉在南方被人们使用的情况，即如今已经亡佚的《南越行记》。这些可能是汉魏六朝文献中出现的仅有关于茉莉的内容。此外，值得注意的是，虽然后代很多类书中称茉莉有“素柰”“柰花”等别称，而不少汉魏六朝文学作品中，出现了“柰花”“奈花”“素柰”“素奈”的意象，如梁代陶弘景《真诰》中所载晋时紫薇夫人诗中“俯漱云瓶津，仰掇碧柰花”[1]句，这些都是指果木之柰，而绝非茉莉的别称。这在论文的第一章第二节中已经经过详细讨论,此不赘述。所以我们可以说，先唐文献中，有一些关于茉莉的误解，而没有出现真正关于茉莉的文学作品。

至于唐代,一些诗歌中出现了茉莉的意象。《全唐诗》中收以下三首：

初地无阶级，馀基数尺低。天香开茉莉，梵树落菩提。

惊俗生真性，青莲出淤泥。何人得心法，衣钵在曹溪。[2]

曲水分飞岁已赊，东南为客各天涯。

退公只傍苏劳竹，移宴多随末利花。

铜鼓夜敲溪上月，布帆晴照海边霞。

三年谩被鲈鱼累，不得横经侍绛纱。[3]

衔杯微动樱桃颗，咳唾轻飘茉莉香。

曾见白家樊素口，瓠犀颗颗缀榴芳。[4]

其中，赵鸾鸾的身份经考证实属于元代人。陈尚君先生的《唐女

---

① 陶弘景著《真诰》，第 10 页。

② 李群玉《法性寺六祖戒坛》，《全唐诗》卷五六九，第 6593 页。

③ 皮日休《吴中言寄怀南海二同年》，《全唐诗》卷六一四，第 7082 页。

④ 赵鸾鸾《檀口》，《全唐诗》卷八二〇，第 9032 页。

诗人甄辨》一文对《全唐诗》中的女性诗人进行过一番详细考证[①]。其中一节,通过对比分析《全唐诗》中赵鸾鸾诗和明代李昌祺《剪灯余话》中《鸾鸾传》，得出了赵鸾鸾为元末时人的结论。那么，《全唐诗》中出现茉莉意象的诗歌仅晚唐的李群玉、皮日休两位诗人,而且不难看出,这两处的茉莉意象已经有了特定的情感意蕴。《全唐诗》以外，在宋代陈景沂《全芳备祖》中，还记载了一句杜甫的五言散句："庭中红茉莉，冬月始葳蕤。"[②]此外，初唐人丁儒写过一首《归闲诗二十韵》，写的是他在龙溪（今福建漳州）归闲的生活，觉当地民风淳朴、景色秀美，其中就有关于茉莉的描写：

锦苑来丹荔，清波出素鳞。芭蕉金剖润，龙眼玉生津。

蜜取花间露，柑藏树上珍。醉宜藷蔗沥，睡稳木棉茵。

茉莉香篱落，榕阴浃里闉。雪霜偏避地，风景独推闽。[③]

丁儒,字学道,生于唐贞观二十一年(647),是唐初开辟漳州的将领,归闲后又定居此地，因此与漳州有很深厚的渊源。丁儒墓就位于今天漳州角美镇杨厝村，墓域龟形南向，上镌“唐承事郎丁公暨宜人曾氏族墓”，为嘉靖年间重立，被列为县级文物保护单位。丁儒的这首《归闲二十韵》应该是唐代文学作品中最早提到茉莉的作品。此外，在一些佛经当中也不时出现了茉莉的身影。总而言之，唐代文学作品中开始出现了少量的茉莉意象，还没有出现茉莉题材的文学作品。初唐仅丁儒《归闲诗二十韵》一首中出现茉莉，盛唐杜甫存散句一句，晚唐李群玉、皮日休诗中各出现一次，数量极少，所以可以说，汉魏六朝

① 陈尚君《唐女诗人甄辨》，《文献》2010 年第 2 期。

② 陈景沂编，祝穆订正，程杰、王三毛点校《全芳备祖》第二册，第 523 页。

③ 丁儒《归闲诗二十韵》，《漳州古代诗词选》，第 27 页。

和唐代是茉莉文学的始发期和茉莉意象、题材出现的萌芽期。

第二节 宋元时期茉莉文学的兴起和发展

宋代开始，花卉文学和文化开始兴起并很快进入了繁盛期。茉莉作为一种观赏性、应用性极高的花卉，也开始进入百姓的生活、士大夫的视野、文人的笔下。我们知道，宋代经济、文化极度繁荣，宋代的士大夫文化极盛，“一时人士，相率以成风尚者，章醮也，花鸟也，竹石也，钟鼎也，图画也，清歌妙舞，狭邪冶游，终日疲役而不知倦”，[①]他们有着优裕的物质条件和闲暇时间去享受休闲生活。除了琴、棋、书、画、饮茶、金石收藏等爱好之外，经常有一些集体性的聚会活动，这种聚会活动一般在酒楼茶肆、青楼、园林中。宋代的园林有皇家园林和私家园林，园林中有各种花卉的种植，士大夫欣赏花卉，就在一定程度上反映到文学作品中。百姓生活中，当时的很多花卉也非常受人喜爱。《梦粱录》中“物产”条中就专列了“花之品”，提到当时受人们喜爱的花卉有牡丹、梅花、荷花、瑞香、紫薇、木犀、木芙蓉等。“夜市”条中提到:“夏秋多扑青纱、黄草帐子、挑金纱、异巧香袋儿、木犀香数珠、梧桐数珠、藏香细扇、茉莉盛盆儿、带朵茉莉花朵、挑纱荷花……”[②]可见茉莉在当时社会生活中已经很常见了。

宋代文学的主要体裁有诗、词、文，其中茉莉这种意象主要出现在诗歌和词当中且数量较前代已经有所增长，如《全宋词》当中出现茉莉意象的词就有二十多首。今人许伯卿的《宋词题材研究》中有关

① 王夫之著《宋论》，第200页。

② 吴自牧著《梦粱录》，第262页。

于宋代咏物词研究。书中将2189首宋代咏花词题材列成一表，分别列出花卉类别、咏花词数量、所占百分比和名次：

2189首宋代咏花词题材构成表[①]

序号	类别	数量	百分比	名次
1	梅花	1041	47.56	1
2	桂花	187	8.54	2
3	荷花	147	6.72	3
4	海棠	136	6.21	4
5	牡丹	128	5.85	5
6	菊花	76	3.47	6
7	酴醾	60	2.74	7
8	腊梅	49	2.24	8
9	桃花	48	2.19	9
10	芍药	41	1.87	10
11	水仙	35	1.6	11
12	瑞香	33	1.51	12
13	杏花	27	1.23	13
14	茉莉	23	1.05	14
……				
55	棣棠	1	0.05	24
56	文官花	1	0.05	24
57	樱花	1	0.05	24
58	月季	1	0.05	24

从表中不难看出，咏茉莉的宋词数量虽然不能与梅花等大宗花卉相比，但在宋代咏花词中仍占据着一定的分量。更值得注意的是，观察宋代咏茉莉词，如尹焕有《霓裳中序第·茉莉咏》、周密有《朝中措·茉莉拟梦窗》和《夜合花·茉莉》、史浩有《洞仙歌·茉莉花》、卢祖皋有《洞仙歌·赋茉莉》、史达祖有《风入松·茉莉花》、辛弃疾有《小重山》、姜夔有《好事近·赋茉莉》、赵师侠有《酹江月·信丰赋茉莉》、杨泽民有《浣溪沙·素馨茉莉》、陈允平有《南歌子·茉莉》、韩淲有《浣

① 许伯卿著《宋词题材研究》，第121—122页。

溪沙·为仲如赋茉莉》、施岳有《步月·茉莉》、王十朋有《点绛唇·艳香茉莉》、刘克庄有《卜算子·茉莉》、张孝祥有《鹊桥仙·邢少连送末利》、姚述尧有《行香子·抹利花》……不难发现，他们都是南宋词人，这与茉莉这种花卉生在南方是有直接联系的。中国历史上的经济文化中心经历过几次大的南移，第一次是西晋永嘉之乱后五胡乱华，晋室南渡。第二次是唐中后期的安史之乱后，北方战争频仍，人口又出现了大规模的向南方迁移。第三次即北宋末年靖康之难后，宋室王朝南渡迁都，这又一次促成了经济文化中心的南移。正是由于经济文化中心的南移，茉莉这种南方花卉才更大范围地进入了人们的视野，才使得专题写茉莉的作品数量得到增加。

宋代以茉莉为题材、专咏茉莉的诗词中，一些诗歌还是短的组诗。如王庭珪的《茉莉花三绝句》、李纲的《茉莉花二首》、胡寅的《和彦冲茉莉二首》等。宋代诗词当中写茉莉，主要写以下几个方面：茉莉色白、茉莉花香、茉莉花型美。大致罗列四首诗和两阙词：

> 荔枝香里玲珑雪，来助长安一夏凉。
> 情味于人最浓处，梦回犹觉鬓边香。[①]
> 纤云卷尽日西流，人在瑶池宴未休。
> 王母欲归香满路，晓风吹下玉骚头。（其一）
> 火云烧野叶声干，历眼谁知玉蕊寒。
> 疑是群仙来下降，夜深时听珮珊珊。（其二）
> 逆鼻清香小不分，冰肌一洗瘴江昏。
> 岭头未负春消息，恐是梅花欲返魂。[②]（其三）

① 许棐《茉莉》，《广群芳谱》卷四三，第 1027 页。

② 王庭珪《茉莉花三绝句》，《广群芳谱》卷四三，第 1027 页。

玉肌翠袖，较似酴醿瘦。几度熏醒夜窗酒。问炎洲何事，得许清凉，尘不到，一段冰壶翦就。　　晚来庭户悄，暗数流光，细拾芳英黯回首。念日暮江东，偏为魂销，人易老、幽韵清标似旧。正簟纹如水帐如烟，更奈向，月明露浓时候。[①]

青颦粲素靥。海国仙人偏耐热。餐尽香风露屑。便万里凌空，肯凭莲叶。盈盈步月。悄似怜、轻去瑶阙。人何在，忆渠痴小，点点爱轻撇。　　愁绝。旧游轻别。忍重看、锁香金箧。凄凉清夜簟席。杳杳诗魂，真化风蝶。冷香清到骨。梦十里、梅花霁雪。归来也，恹恹心事，自共素娥说。[②]

从以上几则材料可以看出，诗人或词人专意写茉莉主要集中关注茉莉的外表特征和香气。像“玲珑雪”就形容茉莉的洁白，“逆鼻清香小不分”就写茉莉的幽香,而“玉肌翠袖”等写的就是茉莉的姿态之美。这些都是感官上对茉莉的描写。而尹焕的《霓裳中序第一 · 茉莉》已经不仅仅停留在夸赞茉莉的外在美，而是借赋茉莉来抒情。从“愁绝。旧游轻别。忍重看、锁香金箧。凄凉清夜簟席”中不难看出，作者赋的是茉莉，却带有了自己的情绪在当中，他不再是一味地夸茉莉之美、茉莉之香，而是从茉莉身上感受到了“愁绝”之感，甚至可能由联想到自己的身世，借咏物来抒情。这类抒情之作在宋代的茉莉文学当中还极为少见，是值得我们注意的。

至于元代，诗词中也时常出现茉莉的身影，然而专咏茉莉的诗词作品并不多。但与宋代茉莉诗词不同的是，元代诗词当中，描绘茉莉的花色、花香、形态的作品不多见了，出现了一些关于茉莉特殊功用

① 卢祖皋《洞仙歌 · 赋茉莉》，《全宋词》卷四，第 3506 页。

② 尹焕《霓裳中序第一 · 茉莉咏》，《全宋词》卷六，第 5980 页。

的作品，试看以下几首诗：

早嫁金闺彦，翡翠冠步摇。

缠臂七宝钿，绣袿袭鲛绡。

江南茉莉粉，涂颊发天娇。

专房妬夫婿，奁钱媚神袄。

最恨蚕缫贱，却恐锁香销。[1]

二八女儿双髻丫，黄金条脱银条纱。

清歌一曲放船去，买得新妆茉莉花。[2]

玉钗簪茉莉，罗扇绣芙蓉。[3]

毒雾才开海日黄，午街喧杂闹交厢。

氊丝缠髻西洋客，茉莉簪头上店娼。

五月山田收火米，四时泉水浴温汤。

南州处处虽云乐，自是行人忆故乡。[4]

从以上几首诗歌中可以看出，马祖常的《拟古》中提到的“江南茉莉粉，涂颊发天娇”，是茉莉的美容功能，茉莉粉涂抹在脸颊上可以使女子皮肤更加娇美。《西湖竹枝词》中的“买得新妆茉莉花”讲的是当时年轻女子用茉莉花来化妆打扮。而“玉钗簪茉莉”和“茉莉簪头上店娼”都是描写茉莉的簪戴装饰功能。而不同的是，前者是女子簪戴，后者是男子簪戴，可见元代男女簪花的风俗依然存在。茉莉的美容、簪戴、熏香等功能在宋代的一些子书、类书如《冷斋夜话》当中都已经大量提及，但极少有反映到文学作品当中的，元代诗歌当中出现了

① 马祖常《拟古》，马祖常著《石田先生文集》，第17页。

② 屠性《西湖竹枝词》，陈衍著《元诗纪事》卷二四，第582页。

③ 孙淑句，《元诗纪事》卷三六，第824页。

④ 叶兰《南闽即兴》，《丛书集成续编》第178册，第513页。

这一新变和发展也是值得注意的。

第三节　明清时期茉莉文学的繁盛

明清时期是茉莉文学的繁盛期，“茉莉”一词也开始有了“正字”，即标准的写法。明代以前的茉莉文学作品中，大多无“正字”，如宋诗当中，朱熹的《末利》[1]、王十朋的《末利花》《又觅没利花》[2]等写法都不统一，而到了明清，“茉莉”一词的写法基本固定下来了。明清时期茉莉文学的繁盛主要体现在以下几个方面：

首先，作品中出现茉莉意象的作品和以茉莉为题材的咏茉莉作品数量都较前代大大增加了。明清以前咏茉莉的著名诗人并不算多，而明清时期一些大诗人开始有吟咏茉莉的作品，并且出现了不少篇幅较长的组诗，如明代程嘉燧有《茉莉四首》[3]、沈德符有《茉莉曲四首》[4]、王穉登有《茉莉曲六首》[5]、宋懋澄有《和钱大虎丘茉莉曲十首》[6]、清代曹溶有七言排律《茉莉篇》[7]、樊增祥有《茉莉用渔洋秋柳韵》[8]、彭孙贻有《和钱象先茉莉曲十首》[9]、王芑孙有《茉莉花词十首》[10]。这些组诗的长度

① 朱熹著，郭齐、尹波点校《朱熹集》卷二，第 70 页。
② 王十朋著，梅溪集重编委员会编《王十朋全集》卷七，第 106 页。
③ 程嘉燧著，沈习康点校《程嘉燧全集》上册，第 34 页。
④ 沈德符《清权堂集》卷七。
⑤ 陆时化著《吴越所见书画录》，第 417—418 页。
⑥ 宋懋澄《九籥集》卷四。
⑦ 曹溶著《静惕堂诗集》卷一七。
⑧ 樊增祥著，涂小马、陈宇俊点校《樊樊山诗集》中册，第 634 页。
⑨ 彭孙贻《茗斋集》卷一九，
⑩ 王芑孙《渊雅堂全集》卷一。

较宋代已经有了很大幅度的增长。

其次，关于茉莉的文学体裁得到了最大程度的拓展。这当然与明清时期各种文学体裁成熟和兴盛有密切关系。明清以前，关于茉莉的文学作品仅局限在诗和词当中，而自明代开始，诗、词、曲、小说、赋等诸种文学体裁当中都出现了茉莉的身影。如明代毛晋所辑《六十种曲》中，就有《金雀记》《霞笺记》《琴心记》《飞丸记》《绣襦记》等五种曲中出现了茉莉意象，如：

【清江引】钗横茉莉香飘麝，转雕栏、闲戏耍，满院海棠花，一旦都吹谢，燕儿胡语把东风骂。鸳鸯绣枕芙蓉褥，红日三竿睡方足。[①]

这当中茉莉只是作为意象出现，尚不足为奇。而在一些章回小说中，茉莉成了推动情节发展演进的线索，如《金瓶梅》中多次出现的茉莉花酒和茉莉花，《红楼梦》第六十回章回名就是“茉莉粉替去蔷薇硝,玫瑰露引出茯苓霜”[②],其中有很多值得分析的地方。纪昀的《阅微草堂笔记》中还记载了关于茉莉根致人昏死的离奇情感故事[③]，这些在论文的后面几章都会具体讨论到，此不赘述。小说以外，清代出现了几篇专咏茉莉的赋作，这是前代从未有过的。如明代魏学礼的《茉莉赋》[④]、清代顾景星的《茉莉赋》[⑤]、凌廷堪的《野茉莉花赋》[⑥]等。这些都是明清时期茉莉文学繁盛的证据。

---

① 薛近兖《绣襦记》，毛晋编《六十种曲》，第 18 页。
② 曹雪芹、高鹗著，李全华标点《红楼梦》，第 465 页。
③ 纪昀著《阅微草堂笔记》，第 302 页。
④ 黄宗羲编《明文海》第一册，第 318 页。
⑤ 马积高、叶幼明编《历代词赋总汇》第 10 册，第 8765 页。
⑥ 凌廷堪著，纪健生点校《凌廷堪全集》第三册，第 28—29 页。

最后，明清文学作品对茉莉的吟咏不仅仅局限在对茉莉花的外在的描写，更多地深入到内在，赋予了茉莉更多的情感和文化意蕴。如谢肇淛的《末丽》诗当中，用了“年年随估舶，零落向天涯”[①]一句，写茉莉年年要从原产地被贩运到异乡，表达的是作者的漂泊之感。再如阳羡派领袖陈维崧曾在《金明池·茉莉》词中借茉莉来表达飘零之感、故国之思[②]。此外，除了一些专咏茉莉的诗词，还出现了不少茉莉题画诗，如王酉室有自题茉莉画诗：“一种名花当暑栽，冰葩玉蕊亦奇哉。枝头浥露朝朝滴，帘外霏香夜夜开。已爱芳英点云髻，更怜余馥泛茶杯。寒窗就日深藏护，生怕东风料峭来。”[③]还有一些题扇诗，如明代赵汉的《书扇友人索茉莉花》：“素箑题诗寄远将，为君花底荐新凉。君如问讯看花客，正忆薰风茉莉香。”[④]这些都表明，茉莉在文人的视野中占据了越来越重要的地位。

从以上三个方面可以看出，茉莉文学在明清时期较前代空前繁盛，这种繁盛就体现在明清时期描写茉莉文学作品的数量之庞大、体裁之多样、内容意蕴之丰富。

① 谢肇淛著，江中柱点校《小草斋集》下册，第998页。
② 张宏生编《全清词》（顺康卷）第七册，第4266页。
③ 吴孟复编《中国画论》卷二，第971页。
④ 赵汉《渐斋诗草》下卷。

第三章　中国古代文学中茉莉的形象之美

茉莉的外形小巧，颜色雅洁，香味浓烈。它自从进入文人视野后就受到很多人的喜爱。古人观察事物的角度和审美方式有其独特性，文人笔下的作品中一开始就着重描绘茉莉的形态、花色、香气、习性等。本章旨在阐发中国古代文学中人们对茉莉之美的关注、发现和赞扬，从中可以看出古人观察角度的特点和古今人对美的认识的不同。

第一节　炎州绿女雪为肌——茉莉的花色、花形之美

论文第一章在论述茉莉的品种时就提到茉莉有白色、绿色、红色等品种，但日常最常见的还是白色的茉莉。中国古代文学作品中描绘的茉莉一般也都指白茉莉。我们知道在自然界中，一般的花朵的花瓣细胞液中都含有花青素、类胡萝卜素、叶黄素和黄酮等物质，含花青素多的花卉多呈现出红色、紫色、蓝色，含叶黄素多的花卉多呈现黄色或是淡黄色，含类胡萝卜素多的花瓣则多呈现深黄色和橘红色。而白色的花卉不含以上几种色素，它的白色是由花瓣细胞间藏着的许多由空气组成的微小气泡把光线全部反射出来形成的。自然界中白色的花卉数量最多，而文学作品中关于茉莉花色的描写与其他白色花卉又有许多不同之处。

题咏茉莉的文学作品中，写茉莉的花色主要突出淡雅、白皙。如同题《茉莉》诗中，宋代徐千里的“炎州绿女雪为肌”[①]、赵福元的“刻玉雕琼作小葩”[②]、许棐的“荔枝乡里玲珑雪”[③]、郑刚中的“素英吐处只如玉”[④]等，他们大多将茉莉的花色比作雪和玉，突出的是茉莉花淡雅和白皙的特点。还有不少作品中，作者往往将茉莉和别的颜色、外形相近的花卉作比较，最常见的就是将茉莉与酴醿、水仙作比较，因为这几者的花色或外形都与茉莉有相似之处，这样就有了可比性。

图 02　茉莉花。图片引自网络。

如卢申之的《洞仙歌·茉莉》中有“玉肌翠袖，较似荼酴醾瘦”[⑤]、

---

① 严长明编《千首宋人绝句》，第 156 页。

② 雷寅威、雷日钏编《中国历代百花诗选》，第 657 页。

③ 汪灏《广群芳谱》卷四三，第 1027 页。

④ 郑刚中著《北山文集》卷二二，第 296 页。

⑤ 朱彝尊编《词综》上册，第 377 页。

张嵲的《末利》诗中有“香如含笑全然胜，韵比酴醾似更高”[①]、辛弃疾的《小重山·茉莉》中有“莫将他去比荼蘼。分明是,他更的些儿”[②]，更明显的是郑刚中的一首诗，诗题很长：《或问茉莉、素馨孰优。予曰素馨与茉莉香比肩，但素馨叶似蔷薇而碎，枝似酴醿而短，大率类草花，比茉莉体质闲雅不及也》[③]，就很明确地表达了作者对茉莉的偏爱，认为茉莉有素馨和酴醾不具备的“闲雅”之美。宋代史浩的《洞仙歌·赋茉莉花》中的“若归去长安诧标容，单道胜、酴醾水仙风貌”[④]一句，又将茉莉与酴醾、水仙相比，认为茉莉风貌更胜一筹。

我们首先看酴醾，《广群芳谱》对它的记载是这样的：

> 藤身，灌生，青茎多刺，一颖三叶如品字形，面光绿，背翠色，多缺刻，花青跗红萼，及开时变白带浅碧，大朵千瓣，香微而清，盘作高架，二、三月间烂熳可观，盛开时折置书册中，冬取插鬓犹有馀香，本名荼蘼，一种色黄似酒，故加酉字。[⑤]

再看《广群芳谱》对茉莉外形的记载：

> 弱茎繁枝，叶如茶而大，绿色团尖，夏秋开小白花，花皆暮开，其香清婉柔淑。有草本者，有木本者，有重叶者，惟宝珠小花最贵。[⑥]

在外形上,酴醾虽然和茉莉一样呈现白色,但其外形是不尽相同的。

---

① 吕本中著，沈晖点校《东莱诗词集》，第224页。
② 辛弃疾著，徐汉明点校《辛弃疾全集》，第126页。
③ 汪灏《广群芳谱》卷四三，第1034页。
④ 唐圭璋编《全宋词》，第1648页。
⑤ 汪灏《广群芳谱》卷四二，第992页。
⑥ 汪灏《广群芳谱》卷四三，第1024页。

诗词中也多将酴醿的花色比喻为白雪，如朱熹的“压架年来雪作堆”[①]，但酴醿是一种具有攀援性的花卉，所以诗词当中写酴醿往往出现酴醿架的意象，如“高架攀缘虽得地，长条盘屈总由人”[②]“压架秾香千尺雪，唤回中酒惜花人”[③]等。而且，酴醿的花朵比茉莉大很多，诗词中描写酴醿往往写它的大而白，试看以下诗词：

小院看酴醿，正是盛开时节。莫惜大家沈醉，有春醅初泼。

花前月下细看来，无物比清绝。若问此花何似，似一堆香雪。[④]

天气清和晴复阴，酴醿堆雪笋抽簪。

谁知老去伤春意，自把茶瓯当酒斟。[⑤]

千朵齐开雪面皮，一芽初长紫兰枝。

一芽来岁还千朵，谁见开花似雪时。[⑥]

以上词和诗歌中虽然也用雪形容酴醿之白，却都用一个“堆”字来形容酴醿花之大。像何梦家诗中“更簇酴醿上架芳”的“簇”字也有同样的表达效果。杨万里的诗中写酴醿“千朵齐开雪面皮”也形容酴醿之白、酴醿之大，所以说，堆雪、紧簇的美感与茉莉小朵的雪白，在视觉上给人的感觉就是很不一样的。用雪形容茉莉花往往突出茉莉花色之白，而用雪来形容酴醿往往更注重突出酴醿花的形状，这些与茉莉诗词中的描写都是很不一样的。

---

① 唐圭璋编《全宋词》，第 563 页。

② 雷寅威、雷日钏编《中国历代百花诗选》，第 432 页。

③ 朱松《韦斋集》卷五。

④ 无名氏《好事近》，《全宋词》卷七，第 7018 页。

⑤ 刘应时《春晚二首》其一，赵方任辑注《唐宋茶诗辑注》，第 576 页。

⑥ 杨万里《入上饶界道中野酴醿盛开二首》其一，杨万里著《杨万里诗文集》上册，第 234 页。

此外，文学作品中描绘茉莉往往描绘单株茉莉的姿态，而描写酴醾往往是写一片酴醾整体的美感，如宋代卢祖皋《水龙吟·赋酴醾》中写到“绿雾迷墙，翠虬腾架，雪明香暖”[①]，史浩《次韵冯圆中酴醾》其二中写到“碧云堆里颜如玉”[②]，陈与义《酴醾》中的“雨过无桃李，唯馀雪覆墙”[③]，崔鶠的“独留白雪花，洒此千尺翠”[④]，都突出整个酴醾花架的姿态，花朵与成片的绿叶、院墙相映成趣。

下面再简单看水仙《广群芳谱》中是这样记载的：

> 水仙，丛生下湿地，根似蒜头，外有薄赤皮，冬生，叶如萱草绿而厚，春初于叶中抽一茎，茎头开花数朵，大如簪头，色白，圆如酒杯，上有五尖，中承黄心，宛然盏样，故有金盏银台之名，其花莹韵，其香清幽。一种千叶者，花片卷皱，下轻黄，上淡白，不作杯状，世人重之，指为真水仙。一云单瓣者名水仙，千瓣者名玉玲珑，亦有红花者。[⑤]

由此可看出，同是白花，水仙的花形又大于茉莉，且花中有黄蕊，这样就有了色彩上的层次美，这在很多诗词当中都有表现，如朱熹的《用子服韵谢水仙花》中的“水中仙子来何处，翠袖黄冠白玉英”[⑥]、杨万里《千叶水仙花》中“薄揉肪玉围金钿，浅染鹅黄剩素纱”[⑦]，这些都写水仙的白花与黄蕊相映衬之美，这些与茉莉纯碎的雪白都是很不一样的。

---

① 唐圭璋编《全宋词》，第3093页。

② 史浩著，俞信芳点校《史浩集》上册，第15页。

③ 陈与义著，吴书荫、金德厚点校《陈与义集》上册，第52页。

④ 吕祖谦编《宋文鉴》上册，第291页。

⑤ 汪灏《广群芳谱》卷五二，第1220页。

⑥ 汪灏《广群芳谱》卷五二，第1241页。

⑦ 汪灏《广群芳谱》卷五二，第1239页。

第二节　梅花宜冷君宜热——茉莉的花香、习性之美

明末清初女诗人沈宜修曾作过一首题咏茉莉的七绝《茉莉花》:“如许闲宵似广寒,翠丛倒影浸冰团。梅花宜冷君宜热,一样香魂两样看。”[①] 其中三四句就道出了茉莉与梅花虽然都具有香味，但在生活习性上依然不同。

首先看茉莉的香味。关于花卉的颜色与香味的关系问题，前人就有过总结，张潮的《幽梦影》中就说:“凡花色之娇媚者,多不甚香。”[②] 总之，但凡颜色鲜艳的花卉几乎都不香，牡丹、海棠即是。一般颜色淡雅的花卉都具有浓香，茉莉、橘花即是。梅花的种类甚多，按颜色分就有墨梅、紫梅、白梅等，其中白梅又名“绿萼梅”，颜色与茉莉相同,而茉莉又有“萼绿君”的别称,这样看两者在外形上是比较接近的,这里我们将文学作品中茉莉与梅花的描写做个比较。试看以下几首诗歌：

冰雪林中着此身，不同桃李混芳尘。

忽然一夜清香发，散作乾坤万里春。[③]

谁写江南雪后枝，疏花冷蕊玉参差。

频迦也管西来意，啼到青天月上时。[④]

---

① 雷寅威、雷日钏编《中国历代百花诗选》，第657页。

② 张潮著《幽梦影》，第59页。

③ 王冕《梅花》，董谦生、吴学光编《历代咏梅诗词选》，第128页。

④ 胡奎《题白梅》其一，胡奎著《胡奎诗集》，第400页。

纤云卷尽日西流，人在瑶池宴未休。

王母欲归香满路，晓风吹下玉搔头。（其一）

火云烧野叶声干，历眼谁知玉蕊寒。

疑是群仙来下降，夜深时听佩珊珊。（其二）

逆鼻清香小不分，冰肌一洗瘴江昏。

岭头未负春消息，恐是梅花欲返魂。[①]（其三）

前两首诗题咏白梅，后面三绝句题咏茉莉。从写作时间和背景来看，梅花是开在“冰雪”“雪后”的冬天，茉莉却开在“火云烧野”的夏季，这两种花卉生活的环境和习性可以说是截然不同的，这就与“梅花宜冷君宜热”契合了。梅花的清香散发出来能充塞于天地之间，茉莉也有“逆鼻”的香味，所以茉莉飘香时候，诗人以为这是梅花“返魂”了，这就与“一样香魂”相契合了。至于“两样看”，指的当是茉莉与梅花的意蕴、精神风貌有不同之处。而这里值得注意的是茉莉特殊的习性，《墨庄漫录》中记载：

闽广多异花，悉清芬郁烈，而末利花为众花之冠。岭外人或云“抹丽”，谓能掩众花也。至暮则香，今闽人以陶盎种之，转海而来，浙中人家以为嘉玩。然性不耐寒，极难爱护，霜雪则多死，亦土地之异宜也。[②]

由此可以看出，茉莉对生长环境有特别的要求，它确实只适合生存于气候温热的南方地区，与“二十四番花信”之首、性耐寒的梅花形成了鲜明对照。程杰师在他的论文《梅与雪——咏梅范式之一》当中就提出：“晚唐以来，尤其是北宋中期以来，霜、雪喻梅还经常地与

① 王庭珪《茉莉花三绝句》，汪灏《广群芳谱》卷四三，第1027页。

② 张邦基《墨庄漫录》，《宋元笔记小说大观》第五册，第4713页。

拟人的文化的手法相结合，即把梅花比拟为‘霜美人’‘冷美人’‘雪中美人’‘冰玉美人’，借以突显梅花高洁、幽峭、超逸的品格。”[1]而且宋代文学作品中开始赞美梅花傲雪绽放的精神。而茉莉生在夏季，就没有梅花这么多精神意蕴包含其中，范成大说茉莉是“南花宜夏不禁凉”[2]，它的“性惧冷”却能激发人爱护的欲望，与傲立的梅花相比，就显得楚楚可怜。

下面我们再看玉兰、橘花，这些花卉与茉莉都是白色、同样有香气。先看《广群芳谱》对玉兰的记载：

> 玉兰，花九瓣，色白微碧，香味似兰，故名，丛生，一干一花，皆着木末，绝无柔条，隆冬结蕾，三月盛开，浇以粪水，则花大而香。[3]

由此可知玉兰虽有香味，但似兰花，是清幽的香味，正如吴文英的名作《琐窗寒 · 玉兰》中所写的“占香上国幽心展”[4]。这种清幽的香味远不如茉莉来得浓烈，所以大多数题咏玉兰的诗词都着意写它得外形而少涉及它的香气。而橘花是有浓烈香气的，宋代邓深的《橘花》诗中就称橘花“清比木犀虽未的，烈如茉莉已无疑”[5]。观察题咏橘花的诗词，不难发现，大多数诗词着意于描写橘花浓烈的香气，而很少涉及橘花的颜色和形态，而描绘茉莉的诗词大多兼顾茉莉的颜色与香气，这些都是两者的差异。

---

① 程杰《梅与雪：咏梅范式之一》，《阴山学刊》2000 年第 1 期。
② 范成大著，富寿荪点校《范石湖集》，第 420 页。
③ 汪灏《广群芳谱》卷三八，第 895 页
④ 吴文英著，吴蓓笺校《梦窗词汇校笺释集评》上册，第 1 页。
⑤ 雷寅威、雷日钏编《中国历代百花诗选》，第 682 页。

第四章　中国古代文学中茉莉的情感寓意

茉莉从唐代开始入诗，但仅作为简单的景物意象出现。唐代诗歌作品多提及茉莉所具有的特殊香气，这一时期作品关于茉莉的描写还不具备特定的情感寓意。宋代诗词中大量出现了专题咏茉莉的诗词，但也极力刻画茉莉的形态、花色以及香气。此外，茉莉也常常作为意象出现在少量赠别诗中。唯有南宋郑刚中的几首题咏茉莉的诗歌真正赋予了茉莉清高的气质。宋以后题咏茉莉的作品中，经诗人词人的创作，更进一步赋予茉莉悼亡之情、高士性情和故国之思的深刻情感寓意。

第一节　时光又见柰花开——茉莉与悼亡

论文第一章曾经讨论过茉莉与素柰、柰花的关系问题，结论是从明代杨慎的《丹铅总录》开始，人们往往将文献中的素柰、柰花附会成茉莉。素柰、柰花意象在《晋书》之前就是普通的花卉意象，没有太多情感意蕴。但由于《晋书》中记载到杜皇后去世之前，“三吴女子相与簪白花，望之如素柰”[①]，所以素柰、柰花意象，在《晋书》之后往往与悼亡、祭祀等有关。如唐代窦叔向《贞懿皇后挽歌》就是为独孤皇后所作的挽歌，其中就有“都人插柰花”[②]的句子。《全唐文》中

① 房玄龄等撰《晋书》第1册，第634页。

② 彭定求等编《全唐诗》卷二七一，第3028页。

所收的杜宣猷的《懿宗先太后谥议》中也写到："上仙之日，都人不簪于柰花;追荣之辰,国风空赋于荇菜,"[①]其中"上仙之日"即去世之时，这里簪柰花仍然是袭用了《晋书》当中的典故。到了宋代，一些大型类书中将《晋书》中三吴女子簪白花一事列入不详之类。《锦绣万花谷》中将它列入"凶兆"[②]。《事文类聚》中也称"素柰不祥"[③]。与此同时，宋代的很多挽词、丧葬诗、祭文当中都开始频繁用到素柰的典故，这种现象一直持续到明清两代。

由于明人将素柰与茉莉混为一谈，所以茉莉在明代以后才有了与素柰相同的情感寄托,即表达哀思之情,但也只存在少数文学作品当中。清代高士奇曾在他妻子去世后作了一百首悼亡组诗，诗后多有诗人自注，追忆夫妻生活。其中一首七绝极具代表性：

时光又见柰花开，侧枕回看意可哀。

花落有时还更发，人今杳渺不重来。

自注：亡妻弥留前数日茉莉始开，犹手擎数朵置枕畔，叹曰：此花又开矣。[④]

这首七绝里至少可以看出两点：其一，高士奇诗中把在注中提到的茉莉称为"柰花"，可知这时候的人们已经认为茉莉和柰花是同一种花。第二，在这样一首悼亡诗中，茉莉贯穿始终，诗人借茉莉花谢后能再仍开表达对故人亡去不再的悲哀。茉莉在这里作为表达哀思的意象，已经和《晋书》中的素柰典故完全分离。

① 周绍良编《全唐文新编》第一册，第9103页。
② 佚名著《锦绣万花谷》，第320页。
③ 祝穆编《事文类聚》前集卷二〇，
④ 高士奇《悼亡并序哭亡妻傅恭人作》，《四库未收书辑刊》第七辑第二十六册，第737页。

茉莉或者素柰成为悼亡、祭祀作品中的花卉意象，最主要的原因是它们的花色洁白，而白色往往在中国古代与不详之事相关联。《万历野获编》中就提到：

> 白服之忌：白为凶服，古来已然。汉高三军缟素是矣。晋世妇人，一时俱簪白柰花，相传天女死，为之服孝。俄，太后崩，疑为咎征。[①]

此外，《礼记 · 郊特牲》中也提到："素服，以送终也。"[②]古代丧葬尚白，丧服为白色、出行的丧车要用白色幔帐，"素车白马"也成为古代凶丧舆服的代名词。而茉莉、素柰颜色都是白色，与风尚相契合。此外，同季的白花当中，茉莉花型相对小巧，适宜在头上簪戴。清代黄图珌的《看山阁集》闲笔卷"插花"条中就提到：

> 插戴花枝必宜选择花之半含者，勿得过于红艳，如幽兰、茉莉、梅花、水仙，装饰所最宜者。但幽兰花稍大，仅可一二朵，余则不妨倍之。凡簪花不取秾艳者，盖因女子志乎洁，所以装饰，必宜浅淡也。[③]

总之，中国古代文学中茉莉的悼亡意蕴是依托于人们对它与素柰的误解当中的。

放眼国外，茉莉往往与死亡、爱情相关。菲律宾就有这样的传说，古时有一位青年在新婚之夜，国家有外敌来袭，为了保卫国家，这位青年义无反顾地出战，最后不幸身亡。他的妻子悲痛欲绝，不久也去世了。亲人们将他俩合葬，后来他们地墓地上开出了不少花，香气扑鼻，这就

---

① 沈德符著《万历野获编》，第 34 页。

② 李慧玲、吕友仁注译《礼记》，第 97 页。

③ 黄图珌著《看山阁闲笔》，第 208 页。

是后来被誉为菲律宾国花的茉莉花。此类故事在菲律宾不胜枚举。茉莉花被菲律宾人成为“桑巴吉塔”，意味“我答应永远爱你”。再看19世纪菲律宾人发起的反西班牙统治的民族革命运动中，作为革命领导师的政治家、诗人何塞·黎刹被捕入狱，曾作过绝命诗《我的诀别》[1]。他在刑场上与未婚妻举行婚礼，她戴上了白色的茉莉花环，并将另一个花环戴在了她丈夫的颈上，表达对丈夫至死不渝的爱。

第二节　茉莉的“高士”性情——从金圣叹的绝命诗说起

宋代罗愿的诗《奉简李叔勤觅茉莉花栽》中把茉莉提到了“东南第一花”[2]的位置，其中肯定有诗人个人对茉莉的偏好在其中，但茉莉身上确实被寄托了一些正面的寓意。光是从古人把“茉莉”这一名称训读为“末利”“没利”“抹利”等就能看出来，他们认为茉莉是一种不追逐蝇头微利的花卉。宋代郑刚中曾作过几首《茉莉》诗，其中一首极具代表性：

岭上老梅树，岁晚等风木。
霜风吹枯枝，曾有花如玉。
茉莉抱何性，犯此炎暑酷。
琢玉再为花，承以敷腴绿。
怜渠一种香，偏历寒与燠。
空庭三更月，酒醒人幽独。
有如高世士，含情不虚辱。

① 施颖洲译《世界名诗选译》，第2—6页。
② 雷寅威、雷日钏编《中国历代百花诗选》，第655页。

时於寂默中，至意微相属。

鼻观既得趣，就枕便清熟。

梦中见灵均，九畹皆芬馥。[①]

其中“茉莉抱何性，犯此炎暑酷”“怜渠一种香，偏历寒与燠”盛赞茉莉在经历严寒和酷暑后在炎热的天气中开放。“有如高世士，含情不虚辱”将始将茉莉赋予“高世之士”的性情。这不是作者偶一为之，他在另一首《茉莉》七律中称“观君可与酴醾并，高士宁容俗子陪”[②]，这也在茉莉身上寄予了“高士”的性情。到了清代，题咏茉莉的作品大量出现，茉莉被寄予越来越多的情感内涵，其“高士”性情的寄托，我们就从明末清初的奇才金圣叹所作的《狱中见茉莉花》说起。

金圣叹于顺治十八年在狱中，行将处决前作过三首七绝《绝命词》和一首五律《狱中见茉莉花》：

名花尔无玷，亦入此中来。

误被童蒙拾，真辜雨露开。

托根虽小草，造物自全材。

幼读南容传，苍茫老更哀。[③]

《狱中见茉莉花》显然是一首托物言志之作。首联“名花尔无玷，亦入此中来”写茉莉这种花本来纯洁无暇，却也和自己一样到了狱中。颔联“误被童蒙拾，真辜雨露开”写茉莉是被不懂事的孩童拾进狱中的，所以过错并不在茉莉。但这样却辜负了曾经滋养茉莉的雨露。金圣叹曾在入狱前一年作《春感》八首，诗序云：“顺治庚子正月，邵子兰雪

① 郑刚中《茉莉》，郑刚中《北山集》卷二一。

② 雷寅威、雷日钏编《中国历代百花诗选》，第652页。

③ 金圣叹《狱中见茉莉花》，金圣叹著，冉苒校点《金圣叹文集》，第27页。

从都门归，口述皇上见某批才子书，谕词臣‘此是古文高手，莫以时文眼看他’等语，家兄长文具为某道。某感而泪下，因北向叩首，敬赋。”[①]这件事中可以看出金圣叹的矛盾心态。他出生于明末，作为遗民，入清后对清廷有极不满的情绪，而锋芒毕露的性格又使得它对顺治的夸奖激动不已，诗中颔联写茉莉对雨露的辜负某种程度上也是他认为辜负的顺治帝的赏识，可见诗中句句都有所指。颈联“托根虽小草，造物自全材”又转而写茉莉的身世，虽然托根于小草，但仍和其他花卉一样实现着自己的价值。尾联的“幼读南容传”用了孔子弟子南宫适的典故，《史记·仲尼弟子列传》中记载，南宫括曾反复诵读《诗经·抑》中“白圭之玷，尚可磨也；斯言之玷，不可磨也”的句子[②]。金圣叹认为自己在苍茫将老的年纪里受到玷污、罪名实在是一件悲哀的事情。整首诗都在借茉莉来表达自己无辜却锒铛入狱的悲哀与愤懑。

金圣叹实在是明末清初文学史上的一位怪才，也是当之无愧的“高士”，他的“高士”性情体现在以下几个方面。首先，他精通各种才艺，文学创作上尤以文学批评见长，很大程度上开拓了和充实了文学批评史上的小说和戏曲批评。他把《庄子》《离骚》《史记》《杜工部集》《水浒传》《西厢记》称为“六才子书”，大大提高了白话小说和戏曲的地位，以致于归庄在《诛邪鬼》中对金圣叹进行大力谴责，称他“惑人心，坏风俗，乱学术，其罪不可胜诛矣”[③]。金圣叹在文学批评上的做法是不为当时正统文人容忍的，他这样卓尔不群的“高士”性情可见一斑。第二不得不提的是金圣叹入狱，缘于顺治十八年的“哭庙案”。它是继

① 金圣叹著，冉苒校点《金圣叹文集》，第75页。

② 司马迁著《史记》，第408页。

③ 归庄著《归庄集》卷十，第499—500页。

顺治年间的“奏销案”“科场案”之后的政治风波延伸。“哭庙案”发生于苏州府吴县。时任吴县县长的任维初为了征收欠税而采取了一系列严苛的措施，从而引起了江南文士的不满。他们在二月初五这一天聚集孔庙，假借悼亡刚刚去世的皇帝额名义从而乘机发泄对当局的不满情绪。当时在场的官员抓捕了当时带头闹事的十一人，金圣叹就在其列。《震泽县志》记载金圣叹被行刑之后棺椁置于家中，家人“皆号哭失声：人重其气谊”①。从他死后人都“重其气谊”这一点，就不难看出金圣叹生前做人的气谊是为人称道。

金圣叹在狱中咏茉莉不是一个偶然现象，茉莉具备了一定的优势、与金圣叹相同的特征才会被他寄予情感。首先，金圣叹入狱在七月，时值茉莉花开。《古今图书集成》博物汇编草木典“茉莉”部收录了《百氏集》中的《茉莉》诗②，诗的首句就说茉莉“风流不肯逐春光”，大多数大会在春天开放、争奇斗艳，而茉莉却开在夏天，这样就显得卓尔不群，不屑与其他花卉媲美。这与金圣叹在生活中、文学批评上别具一格的行为很像。其次，茉莉花花瓣是白色的，是纯洁无暇的象征，与金圣叹为人直率、正直有共通之处。最后，茉莉托根于小草与金圣叹不在仕林的低微身份也是相同的。正是由于以上茉莉与金圣叹的“高士”性情共通的几点，他才会在狱中题咏茉莉，借茉莉表达自己的哀伤之情。茉莉在文人笔下的“高士”性情也可见一斑。

① 陈和志《(乾隆)震泽县志》卷二四

② 陈梦雷编，蒋廷锡校补《古今图书集成》，1934 年。

第三节　茉莉的"故国之思"——从《金明池·茉莉》谈起

茉莉由于原产西域、被传入中国，又往往由闽、粤移植江南等地，明清两代的文学作品中，它往往寄托着诗人或词人的身世飘零之感，如明代谢肇淛的《末丽》诗中就称茉莉"年年随估舶，零落向天涯"[①]。清代楼锜的词作《天香·宝珠茉莉》全篇就在咏宝珠茉莉，词中的"瘴海移槎""鬘华贝叶，知总是、离愁别苦"[②]抒发的就是作者的身世飘零之感。写过不少茉莉组诗的清代诗人彭孙贻也曾在一首《茉莉》诗中有过"年年回首闽中路，离别他乡总断肠"[③]的感叹。特别是到了明清易代之际，这种飘零之感、乡关之思更进一步发展为"故国之思"。这种情感在清初陈维崧的词作中得到了最好的体现，下面是他的咏物词《金明池·茉莉》：

海外冰肌，岭南雪块，销尽人间溽暑。曾种在、越王台下，记着水、和露初吐。遍花田、千顷玲珑，惹多少、年小珠娘凝觑。奈贾舶无情，茶船多事，载下江州溢浦。　　姊妹飘流离乡土，怅异域炎天，黯然谁与。燕姬戴、斜拖辫髮，朔客嗅、烂斟驼乳。望夜凉、白月横空，想故国帘栊，旧家儿女。只鹦鹉笼中，乡关情重，相对商量愁苦。[④]

① 谢肇淛著，江中柱点校《小草斋集》下册，第998页。

② 张宏生编《全清词》（雍乾卷）第一册，第535页。

③ 彭孙贻《茗斋集》卷一九。

④ 陈维崧《金明池·茉莉》，《全清词》（雍乾卷）第七册，第4266页。

咏物词多有寄托，清初朱彝尊曾携《乐府补题》进京，引起了极大轰动，时人均有拟作。《乐府补题》是宋元易代之际，十四词人所作的专题咏物词的集合，其词多有感于南宋六陵被挖、崖山覆没等事件，寄托深远。而同作为清初词人、阳羡派领袖的陈维崧，他曾经也进行过“拟补题”的创作，且为《乐府补题》作序，序中称南宋遗老：“飘零孰恤？自放于酒旗歌扇之间；惆怅畴依，相逢于僧寺倡楼之际。”[1]这不仅是对南宋遗民的悲叹，更寄托了自己的身世之感。他的词作大多寄托历史兴亡之感、人生失意之悲。《金明池子·茉莉》虽不在“拟补题”之列，但同样寄托漂泊之感、乡关之思。

《金明池·茉莉》的上阕铺陈叙写茉莉的身世。“海外冰肌，岭南雪块，销尽人间溽暑。”写茉莉生在海外，有冰肌玉骨。“遍花田、千顷玲珑，惹多少、年小珠娘凝觑。”写茉莉在岭南时候大片生长，玲珑可爱，惹人驻足凝视。上阕末句称“奈贾舶无情，茶船多事，载下江州湓浦”。写茉莉命运由不得自己主宰，被一些好事的商贾之人移栽到别处他乡去。词的下阕写茉莉“飘流离乡土”、在异域的辛苦遭遇。“燕姬戴、斜拖辫髪，朔客嗅、烂斟驼乳”一句中，表明茉莉被带到北方，所经历的都不再是故乡风物。“望夜凉、白月横空，想故国帘栊，旧家儿女”一句写茉莉在夜深时候独自怀念故国和家乡。末句“只鹦鹉笼中，乡关情重，相对商量愁苦”一句直接抒写茉莉被困异乡、怀念故国和家乡的愁苦之情。整首词寄托遥深，虽然题为咏茉莉，实则寄托着词人的乡关之思。陈维崧出身显贵，是明末四公子陈贞慧的儿子。其父亲又是明末以气节著称的名士，明亡时陈维崧也才二十岁，一定程度上受到父亲影响，所以他的词多学苏辛，风格豪放，主题多为家国之思。

① 陈维崧《陈检讨四六》卷九。

加之他前半生漂泊潦倒，直到晚年才获得官职，他的词作中也不乏飘零之感。《金明池 · 茉莉》中作者所咏的茉莉与自己有相同的遭际：茉莉被人从原来生长的地方带到了异乡，而陈维崧一生也经历了颠沛流离、明清易代。所以,这首词中茉莉被寄寓着陈维崧的“乡关之思”和“故国之思”。

除了《金明池·茉莉》外,陈维崧还有一首专赋茉莉的词作《爪茉莉》:

暑院追凉，忆炎荒轶事。蛮娘圃、琼天粉地。任他开落，极望与、篱花相似。更带暝、纫雪成团，沿坊叫，喧夜市。赣州船下，到吴天、伴罗绮。想宠爱、夜堂空翠。而今离散，判分携、几千里。料幽花、也怨月明如水。海天冷，那易睡。[1]

“爪茉莉”这一词牌创始于宋代柳永，至明清时期，词人多以此牌写本意。陈维崧这首词即是。词中“而今离散，判分携、几千里”的句子与《金明池 · 茉莉》中的“飘流离乡土”同样表达了飘零之感。但观察陈维崧的两首茉莉词，前者写茉莉被“载下江州湓浦”，江州湓浦即江西。后者写“赣州船下”，也指江西，应该不是偶然。陈维崧曾写过一首《八声甘州 · 客有言西江近事者感而赋此》：

说西江近事最销魂，啼断竹林猿。叹灌婴城下，章江门外，玉碎珠残。争拥红妆北去，何日遂生还。寂寞词人句，南浦西山。谁向长生宫殿，对君王试鼓，别鹄离鸾。恐未歌此曲，先已惨天颜。只小姑端然未去，伴彭郎烟水月明间。终古是，银涛雪浪，雾鬓风鬟。[2]

---

① 陈维崧《爪茉莉 · 茉莉》，钱仲联选编《清八大名家词集》，第 118 页。

② 陈维崧《八声甘州·客有言西江近事者感而赋此》，陈维崧著，马祖熙笺注《迦陵词选》，第 92 页。

据钱仲联先生称，这首词写的是“一六四七年姜曰广、金声桓在南昌抗清失败的悲痛史实”[1]。在这场抗清斗争中，很多抗清义士惨遭杀戮，南明政权又遭到覆灭，陈维崧对此满怀悲愤。他的两首茉莉词既然都提到江西事，与这次江西抗清斗争应该也有不可分割的联系。

① 钱仲联著《梦苕庵清代文学论集》，第70页。

第五章　茉莉的文学个案研究

通过前几章的讨论，我们对茉莉已经大致有了一个纵向和横向的研究，但内容大多局限于对单篇的、篇幅较短的作品的挖掘。明清时期出现了一些以茉莉为主题的组诗和赋作，更出现了像樊增祥这样大量创作茉莉诗的诗人，本章的主要目的是以明清时期的茉莉组诗、赋作等的文本为基础，结合作者的生平和其所处的时代背景，对茉莉文学进行个案的分析和研究。

第一节　论明清时期的茉莉组诗——以宋懋澄、彭孙贻作品为例

明清时期是茉莉文学生发的兴盛期,这个时间段里,关于茉莉的诗、词、赋等文体文学作品的数量较前代都呈现上升趋势。茉莉题材的组诗在明以前还未出现过，明末开始出现了一些以茉莉为题材的、篇幅较长的组诗。本节通过分析明清时期一些诗人具有代表性的茉莉组诗，来看明清时期茉莉文学的发展状况。

明人宋懋澄和清人彭孙贻都曾作组诗《和钱象先茉莉曲十首》，诗题中提到的人名钱象先在中国古代史上有两位，一位是宋人，一位是明末时人。根据《宋史》记载 :“钱象先，字资元，苏州人。进士高第，吕夷简荐为国子监直讲，历权大理少卿、度支判官、河北、江东转运

使，召兼天章阁侍讲。”[1]宋代处于茉莉文学的初步发展期，出现篇幅较长的茉莉组诗的可能性极小。下面我们来看明代的钱象先（1573—1638），他又名钱希言，是钱谦益之父钱世扬的从弟，常熟人。宋懋澄（1570—1622），字幼清，号雅源，一作稚源或自源，松江华亭（今上海松江县）人。根据西南大学的硕士学位论文《钱希言研究》考证，钱希言与宋懋澄自万历二十四年（1614）结识以来，相互间唱和十分频繁[2]。宋懋澄曾在与钱希言唱和的作品《春日杂兴诗序》中说：“两人相赏如长庆之元白。”[3]可见其之间的交谊十分深刻。此外，钱希言曾在万历二十年写下了《虎丘茉莉曲十首》，宋懋澄追赋了十首。由此可知宋懋澄的诗题《和钱大虎丘茉莉曲十首》中的“钱大”就是钱象先。

先看宋懋澄的组诗：

桃李飞飞鸟乱啼，赣船茉莉叶初齐。
女儿才到山门下，青眼看花东复西。（其一）
花市平开斟酌桥，半教船贩半肩挑。
连枝腰弱扶青条，并蒂头垂系紫销。（其二）
讲台东上礼诸天，莺咽红沉最可怜。
无奈晓妆珠翠重，香钱移作买花钱。（其三）
罗衣寂寞倚阑干，叶上明珠晓露溥。
侍女穿花连蒂叠，伤心挑得有情看。（其四）
雨余香发夜何其，鹦鹉醒来念佛时。
帘底美人初浴罢，揽衣花下月参差。（其五）

① 脱脱等著《宋史》第九册，第8519页。
② 袁媛《钱希言研究》，西南大学硕士学位论文，2009年。
③ 宋懋澄著《九籥续集》卷一。

织女闲将金剪开，机前戏取白云裁。

纷纷散作梨花朵，泼上蔷微露一杯。（其六）

绿阴濯濯月深深，花朵金彄隔夜侵。

投却玉盘承露水，明朝彩线结同心。（其七）

楚云一别渺无还，翻羡藤萝不出山。

闻说小姑风浪恶，如何平渡等闲间。（其八）

雪消楚水紫澜生，夹岸千花送客行。

行到金阊花落尽，争教玉草不倾城。（其九）

不学红妆斗丽华，莲芳桂影杂明霞。

有谁倩取阴山雪，乞与江南树树花。[①]（其十）

第一首写花开季节女子外出赏花。“桃李飞飞”是时值春季，“赣船茉莉叶初齐”写茉莉叶刚刚长齐，明清时期就有“赣州茉莉建州兰”的说法。赣州，也就是今天的江西省赣州市，是当时大量种植茉莉的基地。明代周文华《汝南圃史》说：“茉莉花等花树，今江东及吴地所有，皆从江西载来，唯赣州者尤佳。舟行路远，率用磐糠入盆底，取盆轻易。”[②]第二首写苏州的花市贩卖茉莉的盛况。诗中的“斟酌桥”就在苏州，根据《(同治）苏州府志》，此桥“明万历十三年，里人张相秦重建”[③]。花市就在这斟酌桥上，“半教船贩半肩挑”表明茉莉来之不易，由商贩船运或肩挑而来。第三首诗写茉莉的市场极大。其中“讲台”与今天所谓的“讲台”有很大差别，这里当指的是佛家讲经说理的宝台。但女子们因为喜欢茉莉，把本用作香火的钱去买了茉莉花，谁叫梳妆

---

① 宋懋澄《和钱大虎丘茉莉曲十首》，宋懋澄《九籥集》卷四。

② 周文华《汝南圃史》卷三。

③ 冯桂芬《(同治）苏州府志》卷三三。

打扮所用的“珠翠”太重了呢！第四首写女子百无聊赖，将茉莉穿成花串，苏州一带至今仍有卖茉莉花串的老奶奶。第五首“雨余香发夜何其”写茉莉在雨后的夜晚散发着浓烈的香味，这时女子刚沐浴结束，出浴美人和茉莉香相得益彰。第六首的“织女闲将金剪开，机前戏取白云裁”运用了巧妙的想象，把茉莉花瓣想象成是织女用白云剪裁而成的。这样的想象还是源自《晋书》当中的“先是，三吴女子相与簪白花，望之如素柰，传言天公织女死，为之着服”[①]。“泼上蔷微露一杯”写茉莉之香。第八、九首写茉莉的身世飘零。茉莉由于生长环境和条件的特殊经常被从产地运往他处。不像藤萝那样长在哪就是哪，不会被人移植，所以作者发出了“翻羡藤萝不出山”的感概。第十首赞颂茉莉的冰清玉洁和与世无争的态度，不与姹紫嫣红的花朵争俏。

这十首七绝没有太多内容和逻辑上的联系，但写出了茉莉的基本特征。从正面和侧面多角度反映出了明清时期苏州一带茉莉贩卖的盛况以及一系列当时苏州百姓的民风民俗，也渗透着作者的情感在其中。

再看彭孙贻的组诗：

桄榔树暗鹧鸪啼，茉莉花开香满谿。
蛮娘蛋妇髻如雪，笑杀吴侬水木樨。（其一）
瓯外溪山到处开，荔枝红后雪成堆。
仙霞岭下装花担，直过江郎山后来。（其二）
三衢木本大如拳，干老皮皴迸石穿。
吴市雪霜禁未得，避寒莫出禁烟前。（其三）
鄱湖湖口浪拍天，章江三板载花船。
小姑山头神女庙，幡挂红鞋赛去年。（其四）

① 房玄龄等撰《晋书》第1册，第634页。

斑竹屏风屈曲廊，千盆茉莉绕山塘。

买花莫泊阊门下，荡桨半塘花市旁。（其五）

雨过黄梅雪满窠，儿郎不惜费钱多。

翻心扁髻镜面导，个个攒球玉一窝。（其六）

麦柴作串贯成条，卖花双鸦束素腰。

湘竹帘开争斗入，娘正梳头贴翠翘。（其七）

秀州傻角爱簪花，荷叶单裙髻半髽。

瓶空买米且莫顾，只问花郎花肯赊。（其八）

郁孤台畔种花师，茉莉栽秧五月时。

江南冶女千钱买，章贡人家编作篱。（其九）

战争久断海南天，一本闽花价十千。

学得闽天分剪法，衣花食卉彀年年。[①]（其十）

彭孙贻（1615—1673）是明末清初人，字仲谋，一字羿仁，号茗斋，自称管葛山人，浙江海盐武原镇人。钱象先在万历二十年（1592）到万历二十四年（1614）间经历了很多次的离家远游，其足迹多分布于吴、越、赣、皖等地，海盐彭家是当地的望族，彭孙贻是当时的著名学者，与钱象先应有一段交往，才会追和钱象先的这组茉莉诗。

彭孙贻的组诗中，第一首诗中的“桄榔树”多长于两广地区，“蛮娘”也指广东一带的女子，她们盛行簪戴茉莉花。第二首诗中“荔枝红后雪成堆”点明了茉莉花开在盛夏之时。仙霞岭位于今浙江省江山市保安乡境内，这也点明了茉莉的产地。第三、四首诗写茉莉被船舶贩运。“鄱湖”即鄱阳湖，“章江”也在江西省境内。第五首中“千盆茉莉绕山塘”写茉莉在苏州被销售的盛况。下面几首写当地人喜欢茉

① 彭孙贻《和钱象先茉莉曲十首》，彭孙贻《茗斋集》卷一九。

莉花，不惜高价买茉莉花的盛况。他们有的买来“攒球”，有的买来“贯成条”，有的买来簪戴，都饶有情趣。第九、十首中“章贡”也是今江西省内。茉莉在江西一带大量种植，当地人家都用它编篱笆，不是很有价值。而茉莉被贩运到江南一带时，价格却非常昂贵，但当地女子仍不惜重金去买。这样的表述在钱谦益的《茉莉曲》组诗中也出现过：“卖花伧父笑吴儿，一本千钱亦太痴。侬在广州城里住，家家茉莉尽编篱。”[①]茉莉花价之昂贵，在《武林旧事》中就有提及：

而茉莉为最盛，初出之时，其价甚穹，妇人簇戴，多至七插，所直数十券，不过供一饷之娱耳。[②]

其中，“插”常被用来作为花卉的数量单位，相当于今日的“枝”。“券”是南宋时期的纸币。魏华仙的论文《宋代花卉的商品性消费》中曾统计过宋代的茉莉、素馨、牡丹等花价，得出结论：“(茉莉）被海商运至临安，其特有的馨香赢得了临安居民的喜爱，七枝则需1500余文，平均每枝为214文。而同为进口花且馨香的素馨在番禺一枝才值2文，与运至临安的茉莉价格相差100倍。”[③]茉莉花价之高，可见一斑。

除了以上分析的两首组诗之外，明末的大学者王穉登也写过《茉莉曲六首》，是一组七言绝句：

赣州船子两头尖，茉莉初来价便添。

公子豪华钱不惜，买花只拣树齐檐。（其一）

花船尽泊虎丘山，夜宿娼楼醉不还。

时想簸钱输小妓，朝来隔水唤乌蛮。（其二）

---

① 陆时化著《吴越所见书画录》，第417页。

② 周密著《武林旧事》，第43页。

③ 魏华仙《宋代花卉的商品性消费》，《农业考古》2006年第1期。

满笼如雪叫拦街，唤起青楼十二钗。
绣箧装钱下楼买，隔帘斜露凤头鞋。（其三）
乌银白镪紫磨金，斫出纤纤茉莉簪。
斜插女阿𥜥䙀髻，晚妆朝月拜深深。（其四）
卖花伧父笑吴儿，一本千钱亦太痴。
侬在广州城里住，家家茉莉尽编篱。（其五）
章江茉莉贡江兰，夹竹桃花不耐寒。
三种尽非吴地产，一年一度买来看。[1]（其六）

王穉登（1535—1612），字伯谷，号松坛道士，江阴（今江苏江阴）人，后移居吴门。他是继文征明之后发扬吴中风雅的中坚人物，对钱象先十分欣赏，引为忘年之交。从王穉登的这首组诗来看，大多围绕苏州地区的茉莉花的买卖进行描写，如"茉莉初来价便添"写茉莉从江西运来之后价格高涨，"一本千钱亦太痴"写茉莉价格之高竟都被卖花人笑话，"绣箧装钱下楼买"写妓女争相买鲜花的盛况，"一年一度买来看"表明即使茉莉花价再贵，因为吴地不产，人们每年还是愿意去花大价钱购买。通过分析以上组诗可以发现，以宋懋澄和彭孙贻为代表创作的明清时期的茉莉组诗，不再像宋元时期那样专意写茉莉的外形和香味，而是着用更多的笔墨去写于茉莉相关的当地风俗，其中也寄寓了作者一定身世飘零的情感。而且还可以发现，这为数不多的几组诗都是以钱象先的茉莉组诗为创作中心的，创作者所生活和游历的地区大多以苏州为中心，当时吴地茉莉题咏歌的盛况可见一斑。

① 王穉登《茉莉曲六首》，钱谦益编《列朝诗集》，第 4768 页，

第二节　论明清时期的茉莉赋——以魏学礼、凌廷堪作品为例

在讨论明清茉莉赋之前，有必要简单梳理赋这种文体在中国文学、文体发展史上的变迁。赋在中国古代文学史上最早是一种铺陈直述、体物写志的文学表现手法。至于赋作为一种文体而产生，刘勰在《文心雕龙·诠赋》中做过了详细的论述，他说：

> 然赋也者，受命于诗人，而拓宇于楚辞也。于是荀况《礼》、《智》，宋玉《风》、《钓》，爰锡名号，与诗画境。六义附庸，蔚为大国。遂客主以首引，极声貌以穷文，斯盖别诗之原始。命赋之厥初也。[①]

由此可以知道战国时期已经出现了一定的赋作，而这时期的赋作并不成熟，赋作为一种文体的使命到了汉代才刚刚完成，汉赋往往篇幅很长，洋洋洒洒，充斥着汉代大一统王国的恢弘气势，以至于赋成为了汉代文学的代表。从汉末以至于魏晋时期，由于社会的衰退，士人开始转向关注自己的内心世界，赋这种文体开始摆脱汉代大赋的形制，篇幅逐步减小，抒情性增强。而到了六朝时期，赋开始走上骈丽化的道路，追求声韵的优美和辞藻的华丽。总而言之，赋这种文体从汉代到六朝已经历经了赋的高潮。至于唐宋时期，虽也有一些优秀可观的文赋，但律赋已经基本衰亡了。章太炎的《国故论衡》中已经总结了这种现象：

① 刘勰著，黄霖编《文心雕龙汇评》，第35页。

赋亡盖先于诗。继隋而后，李白赋《明堂》，杜甫赋《三大礼》，诚欲为扬雄台隶，犹几弗及，世无作者，二家亦足以殿。自是赋遂泯绝。[①]

所以到了明清时期，不仅有赋自身的原因，也有诗词、小说、戏曲等其他文体兴盛的原因，赋这种文体已经是衰败后的衰败了，它在明清时期的存在感极低，也鲜有极其出色的作品。但明清时期又是茉莉文学的繁盛时期，这时期出现了一定数量的关于茉莉的赋作，虽然艺术成就上远不如汉魏六朝，但通过分析和解读明清时期的茉莉赋，我们可以从另一个角度窥探明清时期茉莉文学的发展状况和特点。这里选取了明人魏学礼和清人凌廷堪的作品作为例子来分析。

首先是明人魏学礼，根据瞿冕良所编《中国古籍版刻辞典》：

（魏学礼）明万历吴县人，居阊门，字季朗，万历四年以岁贡生除镇江府学训导，迁国子学正，升广平府同知，有《比玉集》。负责校雠国子监刻《十三经注疏》。万历三年（1575）刻印过宋仪望《华阳馆诗集》14《附录》1卷。[②]

他是明代苏州府人这一点,与他创作《茉莉赋》是有一定的关联的。因为明清时期，江西地区由于其独特的地理环境和气候等优势，开始大批量植产茉莉。而江西所产的茉莉大多被贩往江浙地区。尤其是苏州一带，是赣产茉莉交易极大的市场。明代苏州的虎丘、山塘等地区的茉莉交易市场发展十分蓬勃,花茶业的兴盛。正是在这样的背景之下，魏学礼才会想到为茉莉作赋，下面看这篇收录于《明文海》的魏学礼的《茉莉赋》：

① 章太炎著《国故论衡》，第 75 页。

② 瞿冕良编著《中国古籍版刻辞典》，第 962 页。

猗绝域之名草，植方夏之崇冈。结繁柯以披翠，粲芳华以飘香。幽兰婉兮被中谷，杜若发兮吐新绿。千章桧兮蔽丹曜，百寻芬兮丽嘉馥。爰有姣童艳媛，搴萝辟莽，接袂纷跻，挥云直上。睹修条而伫琼佩，折荣蕤而眇遐赏。翔缥霞兮骞思飞，排葱烟而蕙情荡。遂乃和玉轸，锵瑶弦，送姿媚，邀娓妍，振芳裾而舞宛转，擢纤腕而歌便娟。歌曰：时日晏兮凉风生，采莉蘂兮衣罗轻。山阴阴兮杳愁寂，将媚卉兮遗佳人。于是茂苑公子，皇庭大夫，骞雅藻而抗渊标，舒冲怀而激清奏。驰神乎希妙之观，凝想于瑰奇之觏。邈嘉树之来臻，映璇阶而逾秀。弱英皓皙，崇繁霜兮。敷气逸靓，浮朱房兮。帷茵蔼蔼，袭郁芳兮。叶茎蘙荟，冡雕堂兮。九夏氛雪，映檀梁兮。方疏泛绿，错丹光兮。金皞凄清，华未央兮。薄飈逦迤，入犀觞兮。空月徘徊，翡翠翔兮。文石藻井，附制良兮。翩翩蒨婉，玉露瀼兮。瞻雾衣而比绿，对皎颜而合素。绮槛密而丹楼春，荃除漠而绀栏暮。大夫于是抚娟冶之华粼，挟丽美之机纬。鄙秦声而穆弘述，薄燕音而卷蔚旨。才铺肆而矫翰疾，响耀炫而寄神超。烦雄章而照紫宿，裁灿词以卷朱霄。[1]

他的这篇赋作带有明显的神话色彩，有很多地方与借香草美人以譬喻现实的楚辞相似。赋的开头就写茉莉的由来、外形和气味。“猗”字形容茉莉的美好盛大，“绝域之名草”表明茉莉出身之高贵。“方夏”代指华夏，茉莉被种植在中国大地上。“结繁柯以披翠，粲芳华以飘香”中“繁柯”指的是茉莉的枝叶，颜色是翠绿的，“芳华”则是茉莉的花朵，散发着香味。这是对茉莉进行了简单的介绍，后面就开始出现人物，

① 魏学礼《茉莉赋》，《明文海》第一册，第 318 页。

他们是采摘茉莉花的“姣童艳媛”，都是样貌姣好的男童女童，他们“搴萝辟莽”“挥云直上”，还弹琴、歌唱。“时日晏兮凉风生，采莉橤兮衣罗轻。”表明采摘茉莉的时间是傍晚，那正是一天中茉莉散发着浓烈香气的时间。“山阴阴兮杳愁寂，将媚卉兮遗佳人”颇有楚辞当中“折芳馨兮遗所思”的风致。后面从每两个四字排列“弱英皓皙，崇繁霜兮”到“翩翩蒨婉，玉露瀼兮”或形容茉莉的花色白皙，或形容枝叶茂密，或形容外形极具韵致，辞藻十分华丽。赋的末尾转而写“大夫”面对着这美丽的花卉，写下了优美的辞章。

这篇赋作最大的特点就是把茉莉这种花卉放到了一个极高的位置，从它的出身到对茉莉外形等的描写，都极尽铺陈之能事，在同时代或者前代的一些类书中，都把茉莉排在一个冷门的位置，有的甚至认为茉莉具有“小人”的气质，如《本草纲目》中就提到有人把茉莉称呼为“狎客”[①]，即陪伴权贵左右游乐的人。现代作家叶灵凤的《花木虫鱼丛谈》介绍了百余种花草、树木、果蔬、鸟兽和虫鱼，他写茉莉的时候提到说：

> 因为据说茉莉的香气近了人气其香更烈。因此从前的女人总喜欢在夏天傍晚戴茉莉花，或是将茉莉花穿成花篮花球挂在睡房里，内从前的风月女人更喜欢将茉莉放在枕边，因此像苏州扬州那样旧日的“金粉区域”，栽种茉莉花的人特别多。同时也因为如此，茉莉花虽然受人爱好，可是“花品”不高，不登大雅之堂，使得茉莉无辜受了委屈。[②]

叶灵凤以作家的口吻为茉莉叫冤，其实关于这种关于茉莉和女人

① 李时珍编，张守康校《本草纲目》，第389页。
② 叶灵凤著《花木虫鱼丛谈》，第9页。

香味的说法在清代就已经有了。清代的谢堃就认为茉莉“凡近妇人枕席，其香尤甚而易开，淫艳极矣”[1]。从“淫艳”一词也能明显看出作者对茉莉花香味的排斥。而魏学礼的赋，把茉莉的位置大大提高了，而且赋里对茉莉的描写不仅仅停留在对茉莉颜色、香气的描写，更多地表现了茉莉的神态之美，而且是放在这样一个如梦似幻的环境当中，这就更赋予了茉莉仙逸的气质。

下面再看清代凌廷堪的《野茉莉花赋》：

若夫荒圃间旷，疏花乱开；当门夹径，依草荫苔。既裛露而宛转，复向风而徘徊。根虽托于浅土，色不染乎纤埃。届时知发，无籍栽培。于是就石罅而丛生，傍墙阴而成列。杂芜蔓而不羞，蕴芳馨而长洁。盼之子兮未来，遗所思兮谁折。女不以荆钗损容，士不以缊袍屈节。抱朴养恬，葆真守拙。是花也，敛必以晨，开必以晚。较木槿而或殊，与合昏而相反。尔其晡时新浴，藤床茗盌；微飔乍来，凉生香满。又若暮炊方熟，荷锄人返；饷妇插鬓，行歌缓缓。是以江东谓之洗澡，淮南呼为晚饭。至于剥彼蓓蕾，仿佛朱铅。是曰粉花，美人所怜。如探老蚌，既匀且圆。是曰珠花，宜缀翠钿。聊揣摩其近似，遂嘉名之屡膺。盖陆机之所未载，亦嵇含之所未登。嗤折衷之无定，岂简册之有徵？若夫拟诸茉莉，略罄形容。齐楚燕赵，称谓多同。曰野者，取其意之萧远；曰紫者，取其色之鲜秾。观其绚以黄绿，间以白红，非一紫能概，洵野趣之可风。爰有幽人，澹焉而至；采彼群言，别其同异。侍儿小名之录，才士登科之记。许氏月旦之评，刘君人物之志。

① 谢堃《花木小志》。

后有辞家，于焉徵事。或是或非，宁嫌位置。况夫微物无争，应候敷荣。有香有色，乃其性成。毁之不损，誉之不惊。但扶疏而自得，初何羡乎虚声！彼夫梅有腊梅，菊有蓝菊。貌虽类而实非，乃依草而附木。应马应牛，奚荣奚辱。岂必袭间色之称，而避乔野之目哉。①

凌廷堪这篇茉莉赋无论从表现方法还是对茉莉的描写，亦或是对茉莉品质的挖掘，都与明代魏学礼的作品已经全完不同了。首先，他选取了野茉莉作为主题，野茉莉的花色又白有红，比较绚烂，且野茉莉的出身也比较低微,它只开在“荒圃”“夹径”之中,它在“石罅”中、“墙阴”默默生长。“杂芜蔓而不羞，蕴芳馨而长洁”一句表明野茉莉即使是在这样恶劣的环境中长大，却还是不染纤尘，散发着芳香。“盼之子兮未来，遗所思兮谁折”表现野茉莉是这样的低调，以至于没有人来采摘,这与魏学礼《茉莉赋》中的“将媚弃兮遗佳人”形成鲜明的对比。后面用“是花也”起首，接着描绘了野茉莉的习性和特点，继而解释了野茉莉几种别称的由来。最后又写野茉莉的品质，他说“微物无争，应侯敷荣。有香有色，乃其性成”，野茉莉这种花微不足道、与世无争，等它绽放的时候就有沁人的香味和美丽的色彩。“毁之不损，誉之不惊。但扶疏而自得，初何羡乎虚声！”写茉莉自己努力生长，它从不在乎外在或损或誉的评价。这些表面都在写茉莉的品质，实则是作者对自己的勉励。凌廷堪出生寒微，六岁而孤，很晚才开始读书，但一生致力于研究经史、沉心学术。他的出身就和这野茉莉花一样寒微，但仍自勉自强，在学术和文学上都取得了不少成就。

---

① 凌廷堪《野茉莉花赋》，凌廷堪著，纪健生点校《凌廷堪全集》第三册，第28—29页。

综观明清这两篇茉莉赋，明代的茉莉赋极力挖掘表现茉莉高贵的地方，对茉莉的外在的东西描绘较多。而清代的茉莉赋更加注重深入去挖掘茉莉内蕴的品质，并开始和自身情感结合起来，有托物言志的效果。

第三节　清代诗人樊增祥与茉莉

清末诗人樊增祥一生作品甚夥，诗歌有三万余首传世，所著有《樊山全集》。他的诗歌中多次出现了茉莉意象，其中有两组七律专意描写茉莉的七律，其中包含了诗人雪泥鸿爪、怅然哀切的深刻情感。

第一组七律是《茉莉用渔洋秋柳韵》：

同治己巳，夏孝达师以此题试宜昌古学。余与仲彝各拟四首，郡守聂公携呈学使，深蒙赏异，是为登龙之始，迩来二十有八年矣。诗境纤仄，久经删削。顷居渭南，青门花匠以茉莉数本，舁致县庭，触物怅然，因踵前韵寄仲彝徐州，不复敢献师门也。

一种亭亭倩女魂，移从花埭到朱门。
午香半腻鶗鴂影，晚蒂多留鸟爪痕。
金缕衣中常作佩，素馨斜畔自成村。
杨妃但索离支贡，欠与三郎仔细论。（其一）
碧栏销暑一枝霜，香夺风荷十亩塘。
碾玉成尘归粉镜，焙花作腊付茶箱。

兰汤浴后逢宜主，钗燕横时荐楚王。

一种天生闺阁气，含娇总近内人坊。（其二）

青门五换熟罗衣，蜑雨吴霜景又非。

花妪生涯淮左淡，珠娘消息海南稀。

清凉误入梅萼梦，端重羞同柳絮飞。

二十七年前试茗，彭城长与素心违。（其三）

平生香物最相怜，旧曲玲珑玉化烟。

尚记手痕留画扇，羞将面药拭红緜。（其四）

珍珠泪渍填词夜，鹦鹉魂销作赋年。

留得玉壶冰一片，庾公楼上佐筹边。[①]（其五）

从题序来看，“同治己巳”为同治八年，即1869年，这一年樊增祥23岁。而这组诗作于二十八年之后，即1897年，这时候的樊增详51岁，时任渭南知县的第五年。樊增祥诗歌中有很多与名为“仲彝”之人的赠答诗，《樊山集》中有诗《感怀呈陶仲彝四兄》，“仲彝”即陶仲彝。《樊山续集》中《西京酬唱后集》中有一首诗《叠前韵赠弢父》，其中有一句写到：“故扇何心展蝉雀，当年同在缦堂中。谁是王门方子通，孙陶沈鲍散如雨。”[②]这其中的“陶”也是陶仲彝，是樊增祥的故人。根据民国徐世昌《晚晴簃诗汇》可知，陶名在铭，“字仲彝，会稽人。同治庚午举人，官江西候补道”[③]。樊增祥因为收到花匠送来的茉莉花，触物伤怀，回忆起了与故人陶仲彝的过去种种，因赋此诗。

第一首诗中，首联“一种亭亭倩女魂，移从花埭到朱门”，把茉

① 樊增祥《茉莉用渔洋秋柳韵》，樊增祥著，涂小马、陈宇俊点校《樊樊山诗集》中册，第634—635页。

② 樊增祥著《樊山续集》，《清代诗文集汇编》第七六二册，第622页。

③ 徐世昌编，闻石点校《晚晴簃诗汇》，第7148页。

莉比作女子的精魂，写茉莉花从生长的土地被移入廷内的过程。颔联“午香半腻鵶鬟影，晚蒂多留鸟爪痕”写茉莉之香，它被女子用作头饰，而且招引来了一些鸟类。颈联“金缕衣中常作佩，素馨斜畔自成村”写茉莉的品质高洁，古时有佩戴香草的习俗，而茉莉就常常被佩戴。至于“素馨斜”，乃广州城西的花田。《广东新语》中有关于“素馨斜”的记载：

> 素馨斜在广州城西十里三角市，南汉葬美人之所也。有美人喜簪素馨，死后遂多种素馨于冢上。故曰：素馨斜。至今素馨酷烈胜于他处，以弥望悉是此花又名曰：花田。[①]

素馨和茉莉相似，很多人把两者混为一谈。这里写“素馨斜”也是写茉莉的芳香高洁，自屈原以来，文学作品中不乏香草美人的意象，都是品质高洁的象征。至于尾联“杨妃但索离支贡，欠与三郎仔细论”写了杨贵妃只知道喜欢荔枝却不喜欢茉莉，而荔枝却没有茉莉的这些品质，从中透露出了诗人的惋惜之情。

第二首诗，主要写了茉莉的香气和作脂粉、茶叶等功用。第三首诗，首联中的“青门”用了“青门种瓜”的典故，出自《史记·萧相国世家》：“召平者，故秦东陵侯。秦破为布衣，贫，种瓜于长安城东，瓜美，故世俗谓之‘东陵瓜’。”[②]“青门”是常指的是皇城的东门。“五换罗衣”指的是作者在渭南任知县已经是第五个年头了。“蜑雨吴霜”是南方的风物，也都已经发生了很大变化。颈、颔两联写茉莉在扬广二州的盛况和茉莉的“清凉”“端重”的特质。尾联“二十七年前试茗，彭城长与素心违”意在抒情，表达了诗人对二十七年前与陶仲彝交往的怀恋。

---

① 屈大均著《广东新语》，第 507 页。

② 司马迁著《史记》，第 419 页。

二十七年前是1870年，这一年樊增祥开始与张之洞在江苏、浙江一带漫游，应该就是在这段时间里，与徐州的陶仲彝结下了深厚的友谊。第四首也是写想起来的旧扇旧诗赋，怀想过去与师友的交往种种，有雪泥鸿爪的感慨。

再看第二组七律其中一首：

海上名香说返魂，思乡絮别在青门。

来经妃子新汤沐，去认崇徽旧手痕。

良药未携诃子树，小花长忆水香村。

冰壶俊句知多少，重对樊川翦烛论。[①]

这首咏茉莉的七律用典密集而巧妙，樊增祥的乡国之思也浸透其中。从诗题中指明的“灞桥”可知这组诗歌创作的地点就在西安。诗歌开篇的“海上名香说返魂”写的是茉莉，而“思乡絮别在青门”笔锋一转就落到自己的身世。“青门”即长安城门,即长安。1888年的春天，樊增祥在长安任知县，他曾邀约长安的诗友集结了“青门萍”诗社进行唱和，这首诗应作于此时。颔联用了崇徽公主和亲的典故，崇徽公主为唐代名将仆固怀恩之女，大历四年和亲回纥。据说她在途经山西阴地关时，在那里的石头山留下过手痕。宋代董逌的《广川书跋》就记载过崇徽公主手痕碑：“其入回纥道至汾上，此其常也。然托掌石壁，遂以传后。岂怨愤之气盘结于中而不得发，遇金石而开者耶！”[②]唐代李山甫也有诗《阴地关崇徽公主手迹》咏叹此事[③]。崇徽公主远嫁回纥与茉莉由南被迫运往北方的身世相似，其中特透露者作者樊增祥的

① 樊增祥《樵翁灞桥道中阅樊山集见和茉莉四律寄乡国之思哀艳切情读之怊怅仍踵前韵寓物抒情兼祝早归云尔》其一，《樊樊山诗集》中册，第772页。

② 董逌《广川书跋》卷八。

③《全唐诗》卷六四三，第7368页。

身世飘零之感。樊增祥是湖北恩施人,早年一直在恩施、宜昌两地读书，二十多岁的时候曾随张之洞游学江、浙一带。总而言之，他的少年和青年时光都是在南方度过的。1884 年到 1889 年之间，也就是樊增祥 45 到 50 岁之间，他开始在陕西宜川、咸宁县等地出任知县。樊增祥曾与 1889 年辞官南下，离开陕西一段时间，此后又在陕西渭南做了六年知县。总而言之他的壮年时间大多在北方度过。颈联中的“诃子树”“水香村”都是南方的风物、地标，这些都是樊增祥思乡的印证，所以这组诗的最后一首中也有“雁南雁北逢今岁，花落花开祇隔年”的感慨。

第六章　茉莉的古今文化事相

茉莉在进入文人视野后，不仅被写入了文学作品，而且被大量的类书、方志等记载。它除了观赏价值之外，与中国古人的物质生活和民俗生活都有着密切的联系。物质方面，它凭借自身独特的香气常常作为香料的主要成分被广泛使用，此外它还有一些美白、消暑的功效。民俗方面，茉莉常常是爱情忠贞的代表，古人在一些重大节日当中都会用到茉莉。至于现代，茉莉花茶的窨制工艺被完好保存下来，而民歌《茉莉花》也成为中国民歌在国际舞台上的代表。本章集中笔力来讨论茉莉在古代与当今社会的文化意义。

第一节　茉莉与古代的物质生活

茉莉被传入中国之后，在中国古代的到了广泛的应用，与古人的物质生活有着紧密的联系。宋元以来的方志、笔记中有直接记载，而在文学作品中则有一些间接的体现。本文从古代对茉莉的栽培为起点，窥探茉莉在古代的制香、制酒、制茶等实用价值。

宋代开始，一些笔记中开始出现关于茉莉栽培方法的记载，如范成大《桂海虞衡志》中就提到："以淅米浆日溉之，则作花不绝，可耐一夏。花亦大且多叶，倍常花。六月六日又以治鱼腥水一溉，益佳。”[①]这是说栽培茉莉时，需要用“浙米浆”，即淘米水日日灌溉，这样就能在整个夏天都开得很好。到农历六月六日左右，再用“鱼腥水”进行一次灌溉，那就更好了。“鱼腥水”是指洗剖鱼剩下的鱼鳞、鱼鳃、鱼肠、鱼鳍或鱼尾及血液和水等充分发酵后的水，相当于液体肥料，是有利于植物生长的。元代汪汝懋的《山居四要》中曾提及：“以鸡粪拥之则盛。”[②]即用鸡粪浇灌也是有益于茉莉生长的。此外明代陈继儒的《致富奇书》中还提供了更详细的茉莉栽培方法，此不赘述。

茉莉凭借其浓烈香味的优势，往往可以制作香水、香料。宋代沈作喆的《寓简》中称那些草木当中最香的，都产自产于岭南、海南一带。他认为原因在于：“火盛于南方，实能生土，土性味甘而臭香，其在南方，乘火之主，得其所养，英华发外，是以草木皆香。”[③]茉莉就是这种有强烈香气的南方花卉，明代汪广洋有诗句“石鼎微熏茉莉香”，就是写的茉莉的香薰作用。很多香谱中制香的原料里面都不乏茉莉。此外，茉莉还经常代替其他花卉成为制作香料、香水的原料。如宋代陈善的《扪虱新话》中提到制作龙涎香时，如果没有素馨花，就可以用茉莉来代替[④]。宋代宋蔡绦的《铁围山丛谈》中记载了制作蔷薇水的方法：

旧说蔷薇水乃外国采蔷薇花上露水，殆不然，实用白金为甑，采蔷薇花蒸气成水，则屡采屡蒸，积而为香，此所以不败，但异域蔷薇花气馨烈非常，故大食国蔷薇水虽贮琉璃缶中，蜡密封其外，然香犹透彻闻数十步，洒着人衣袂，经十数日不歇

---

① 范成大著，齐治平校补《桂海虞衡志校补》，第23页。

② 汪汝懋著《山居四要》，第64页。

③ 沈作哲编《寓简》，第77页。

④ 陈善著《扪虱新话》，第174页。

也。至五羊效外国造香则不能得蔷薇，第取素馨、茉莉花为之，亦足以袭人鼻观。但视大食国真蔷薇水，犹奴尔。[1]

蔷薇水的制作原料是蔷薇花上的露水，经过一系列的蒸采保留下浓烈的香味。而当没有蔷薇作原料时，也能用茉莉代替蔷薇，虽然效果可能远不及蔷薇，但也能制作香料。除了制作香料，茉莉在古代还大量应用于制茶、制汤、制酒。明代高濂曾编写过一部养生著作《遵生八笺》，其中就记载了茉莉、木犀、蔷薇等花都能制茶。具体做法是："诸花开时，摘其半含半放蕊之香气全者，量其茶叶多少，摘花为拌。"[2]即取适量花与叶相拌，但要注意花的用量，花放入太多就会过于香，从而"脱茶韵"，花放入过少就会没有香味，导致"不尽美"，最好的比例是"三停茶叶，一停花"[3]。《遵生八笺》中还提到了茉莉茶的另一种制作方法：

将蜜调涂在椀中心抹匀，不令洋流。每于凌晨采摘茉莉花二三十朵，将蜜椀盖花，取其香气薰之，午间去花，点汤甚香。[4]

其中"点汤"即加入沸水泡茶，是古时人们泡茶的专称。《遵生八笺》中记载的这种茶是茉莉蜜茶。高濂《野蔌品》当中还提到茉莉叶与豆腐同煮，味道绝佳。关于茉莉酒，在明代小说《金瓶梅》中就时时出现。很多笔记中记载了茉莉花酒的制作方法。清代方以智的《物理小识》就提到："作格悬系茉莉于瓮口，离酒一指许。纸封之旬日，香彻矣。"[5]

---

① 蔡绦著，冯惠民、沈锡麟点校《铁围山丛谈》卷五，第97—98页。
② 高濂著《遵生八牋》，第9页。
③ 高濂著《遵生八牋》，第9页。
④ 高濂著《遵生八牋》，第21页。
⑤ 方以智著《物理小识》，第132页。

即把茉莉悬挂在酒瓮内，用纸封实十天左右，茉莉酒就制作成功了。

除了食用价值外，茉莉在中国古代还被广泛用在美白、消暑、安眠、麻醉等方面。《金瓶梅》第二十七回当中就多次提过茉莉的美白功能：

（潘金莲）问西门庆："我去了这半日你做什么？恰好还没曾梳头洗脸哩。"西门庆道："我等着丫头取那茉莉花肥皂来我洗脸。"金莲道："我不好说的巴巴寻那肥皂洗脸，怪不的你的脸洗的比人家屁股还白。"

原来妇人因前日西门庆在翡翠轩夸奖李瓶儿身上白淨，就暗暗将茉莉花蕊儿搅酥油定粉，把身上都搽遍了。搽的白腻光滑、异香可爱，欲夺其宠。[1]

前一段写潘金莲质问西门庆在她不在的这段时间做了什么事，西门庆隐瞒了他与李瓶儿的交欢之事，借口说在等丫头取茉莉花肥皂来洗脸。这段虽然不是直接写茉莉的功能，但也是侧面反映出当时人们用茉莉花制成肥皂来浣洗的习惯。第二段写潘金莲因为西门庆夸李瓶儿皮肤白心生醋意，便偷偷把茉莉花和酥油搅拌搽满身体，达到美白的效果，从而勾引西门庆。这两段都透出出了茉莉的美白功能。

茉莉的消暑功能在很多笔记中都有记载，无论是宫廷还是民间消暑纳凉都会借助茉莉。《武林旧事》中写到"禁中纳凉"是这样的情况：

禁中避暑，多御复古、选德等殿，及翠寒堂纳凉。长松修竹，浓翠蔽日，层峦奇岫，静窈萦深，寒瀑飞空，下注大池可十亩。池中红白菡萏万柄，盖园丁以瓦盎别种，分列水底，时易新者，庶几美观。又置茉莉、素馨、建兰、麝香藤、朱槿、玉桂、红蕉、

① 兰陵笑笑生著《金瓶梅》，第311页。

阇婆、薝葡等南花数百盆于广庭，鼓以风轮，清芬满殿。[1]

在夏天的宫室内，经常通过鼓动风轮，来给大片像茉莉这样具有香气的花卉散发芳香，使得香气沁人，生清凉之意。

此外，茉莉还有助眠的功效，黄图珌《看山阁集》中就称："宜植盆中，置之榻边，可作冷香清思之梦。"[2]但也有很多古籍中提到茉莉不适合安放在床头，其香易引来蜈蚣。

最后，茉莉花根具有一定的毒性。《致富奇书》中就有相关记载：

取根，酒磨一寸服之，昏迷一日；二寸，两日；三寸，三日。今医生用此接骨，则不知痛。[3]

其中可以看出茉莉根的毒性。简言之，服用和酒磨的茉莉根量越大，昏迷的时间就越长。但是利用这一点，古代大夫可以在一些接骨等手术中借助茉莉根的毒性来麻醉病人，减少患者疼痛感。

总而言之，茉莉在中国古代生活中扮演着一个重要的角色，与中国古代的物质生活息息相关。

第二节　茉莉与古代的民俗生活

茉莉除了与古人的物质生活息息相关以外，还与古人的民俗生活密不可分。乌尔沁在《中华民俗》一书中提出："民俗是一个民族、一个国家或者老百姓在长期的历史生活过程中形成，并不断重复而沿袭

① 周密著《武林旧事》，第 43 页。
② 黄图珌著《看山阁闲笔》，第 190 页。
③ 陈继儒著《致富奇书》，第 62 页。

传承下来的生活文化。”[1]中国古代就有不少在长期历史演变中出现的民俗，不少民俗与茉莉有联系。

首先是簪花习俗。中国自汉代以来就有女子头上簪花的习俗。清代赵翼在《陔余丛考》中就提到：“今俗唯妇女簪花，古人则无有不簪花者。”[2]显然古人簪花是习以为常的一项风俗，而且不仅女子簪花，男子也多簪花，但男子簪花盛行于宋及以后。古人常常在不同季节簪戴不同时令的鲜花，茉莉就是古人常在头上簪戴的花卉之一。唐代周昉《簪花仕女图》中的仕女头上簪戴的是牡丹，下面插着白色小花就是茉莉。宋代周密的《武林旧事》中就有记载：“茉莉为最盛初出之时，其价甚穷。妇人簇戴多至七插，所直数券，不过供一晌之娱耳。”[3]可见，当时的茉莉花价格虽然十分昂贵，但当时女子仍不惜重金买来簪戴。清代戴璐的《吴兴诗话》记载了许延邵的诗句“茉莉簪头杯在手，新来太守果风流”[4]。可见古时候的男子头簪茉莉也是很常见的。清代慈禧太后尤爱好簪戴茉莉，而且将簪戴茉莉作为一种特权。根据清代裕德菱《清宫禁二年记》中的记载：

> 其（慈禧）头饰上，珠宝之中，仍簪鲜花。白茉莉，其最爱者。皇后与宫眷，不得簪鲜花，但出于太后殊恩而赏之则可。余等可簪珠与玉之类。太后谓鲜花仅彼可用。其意以为余等年太幼，簪之恐损花也。[5]

---

① 乌尔沁著《中华民俗》，第 16 页。
② 赵翼著《陔余丛考》，第 617 页。
③ 周密著《武林旧事》，第 43 页。
④ 戴璐著《吴兴诗话》卷一，第 14 页。
⑤ 裕德菱《清宫禁二年记》，辜鸿铭、孟森等著《清代野史》第一册，第 484—485 页。

裕德菱为晚清大臣裕庚之女，曾随父使法国四年，见闻颇广，回国后伴随慈禧左右，因而此书具有较高的史料价值。茉莉花色淡雅、气味清香，簪戴茉莉一方面有起到一个装饰的效果，另一方面，也是人格风流自得的象征。此外，民间甚至还有一些地方认为簪戴茉莉能够驱鬼辟邪。

簪戴以外，“茉莉”谐音“莫离”，也常被年轻男女赠送来表达爱意。清代金武祥《粟香随笔》中就称茉莉为“助情花”[①]，意谓茉莉有助长男女之情的功效。赠花表达爱意的风俗最早在《诗经》当中就能看到。《郑风 · 溱洧》篇中写的就是三月三上巳节这一天，年轻男女溱水和洧水边游玩。其中就写到 :“维士与女，伊其相谑，赠之以勺药。”[②]这其中的芍药花就是传递男女情爱的中介，茉莉也具有这样的功能，这在一些通俗文学中体现尤为突出。清代华广生的《白雪遗音》中就有这样一段八角鼓南词 :

茉莉花儿似玉妆，采下几朵送情郎。你可闻闻香。哎哟！你可闻闻香！此花最怕风寒冷，恩爱丛中分外香。倒有个热心肠。哎哟！真真好心肠。唤情郎，你可仔细参详。怕的是热心的冤家薄幸的郎，把奴丢在一旁，奴可受不惯凄凉。哎哟！受不惯这凄凉！[③]

这段南词中，女子把茉莉赠与情郎表达爱意。她把自己比作这茉莉，我们知道茉莉性畏寒，女子要表达的是自己也害怕受到男子的冷落，不想忍受凄凉。除了这一段之外，《白雪遗音》中还有一段名为“采莲苔”

① 金武祥《粟香随笔》卷一。

② 余冠英注译《诗经选》，第 62 页。

③ 刘琦、郭长海主编《历代艳歌》下册，第 140 页。

的南词，写的是一位女子与情郎幽会、共赴巫山的大胆心声，其中每隔一两句都有相同的衬字“茉莉花儿开”。显而易见茉莉花在民间就有传达男女爱意的功效。

在一些重要的节日，尤其在盛产茉莉的广东地区，茉莉也扮演着重要角色。《广东新语》中记载过元宵节“拾灯”的习俗：

> 海丰之俗:元夕于江干放水灯，竞拾之。得白者喜为男兆，得红者谓为女兆。或有诗云：元夕浮灯海水南，红灯女子白灯男。白灯多甚红灯少，拾取繁星满竹篮。①

海丰就在今天的广东省海丰县。当地有在元宵节在江水中放灯、拾灯的这种习俗。当地人认为当天如果拾到的白色灯多，那么就是家里要生男孩的征兆。如果拾到的红色灯多，就是家里要生女孩的征兆。那么这种习俗与茉莉有什么关系呢，再看下面一则材料：

> 七月初七夕为七娘会，乞巧。沐浴圣水。以素馨、茉莉结高尾艇，翠羽为蓬，游汎沈香之浦，以象星槎，二十五日为安期。上升日，往蒲涧采菖蒲，濯鞞鞞水。八月十五夕，儿童燃番塔灯,持柚火,踏歌于道曰:“洒乐仔,洒乐儿,无咋糜。”塔，累碎瓦为之象。花塔者，其灯多。象光塔者，其灯少。柚灯者，以红柚皮雕镂人物花草中，置一琉璃盏，朱光四射，素馨茉莉灯交映。盖素馨茉莉灯以香胜，柚灯以色胜。②

在七夕节这天，茉莉不仅仅被用来装饰船艇也被用来做灯，即茉莉灯。灯一般又分为柚灯和茉莉灯。柚灯用红柚皮制作而成，呈红色，在颜色上较美观。茉莉灯用茉莉制成，因香味取胜。那么《广东新语》

---

① 屈大均著《广东新语》，第 300 页。

② 史澄编《(光绪）广州府志》卷十五。

当中记载的“拾灯”习俗中的红白灯，应当就是柚灯和茉莉灯。

关于茉莉还有一些传说。有一些是有文献记载的，还有一些的民间流传附会的。《阅微草堂笔记》中有一则跟茉莉相关的故事：

> 闽人有女，未嫁卒，已葬矣。阅岁余，有亲串见之别县，初疑貌相似，然声音体态无相似至此者，出其不意，从后试呼其小名，女忽回顾，知不谬。又疑为鬼，归告其父母，开冢验视果空棺，共往踪迹，初阳不相识，父母举其胸胁瘢痣，呼邻妇密视，乃具伏。觅其夫则已遁矣。盖闽中茉莉花根，以酒磨汁，饮之一寸可尸蹶一日，服至六寸尚可苏，至七寸乃真死。女已有婿，而私与邻子狎，故磨此根使诈死，待其葬而发墓共逃也。婿家鸣官捕得邻子，供词与女同。时吴林塘官闽县，亲鞫是狱，欲引开棺见尸律，则人实未死，事异图财；欲引药迷子女例，则女本同谋，情殊掠卖。无正条可以拟罪，乃仍以奸拐本律断。人情变幻，亦何所不有乎？[①]

这则材料，主要写闵女为了和情人私奔，借助茉莉根的药性制造假死的症状，继而与邻居私奔到别处的一个故事。这很容易让人联想到莎士比亚的悲剧《罗密欧与朱丽叶》。朱丽叶在婚礼之前服下了神父赐予的药，制造了假死的症状，罗密欧见到之后服下毒药而死，待朱丽叶醒来之后，发现罗密欧为了自己阴错阳差地死去，于是也自尽了。这个作品当中神父赐予朱丽叶的药丸与《阅微草堂笔记》中民女服用的茉莉花根有相同的功效，但两者却有截然不同的结局。莎士比亚笔下的男女主人公双双赴死，是一场爱情的悲剧。而《阅微草堂笔记》中的闵女却随后与邻居私奔成功了，但被追究出原因之后，男子仍被

① 纪昀著《阅微草堂笔记》，第302页。

判上了奸拐的罪名。在《明史》当中提到了另一则女子食用茉莉花死去的故事：

> 貌庄，晋江诸生杨希闵妻也。正德初，希闵死，无子，欲自经，家人禁之。貌庄度不得间，闻茉莉有毒，能杀人，属人求之。家人欲慰貌庄，日购数百朵。踰月，直祭日，貌庄自为祭文，辞甚悲。夜五鼓，煎所积花，饮之，天明死。①

这则掌故与《阅微草堂笔记》不同的是：首先，其中的女子貌庄直接饮用煎熬过的茉莉花水死去，而闵女服用一定量的茉莉花根从而暂时性地昏迷。其次，貌庄死是为了为夫殉情，而闵女是为了和邻居私奔。貌庄勇敢而情感炽烈，闵女是为了欺骗家人。

在苏州的山塘地区还有一则关于茉莉花和真娘的传说。真娘为唐时姑苏名妓，因为反抗当时企图薄幸于她的豪绅王荫祥，自缢身亡。后斥资厚葬真娘于虎丘，在其墓前手植“花冢”。唐以来就有不少诗人感怀真娘的节烈,留下不少诗篇名句。宋代范成大的《吴郡志》就记载:“真娘墓，在虎丘寺侧，《云溪友议》云:‘吴门女郎真娘死，葬虎丘山，时人比之苏小小,行客题墓甚多。’”②白居易是最早为真娘题诗的诗人，他的诗中有“真娘墓，虎丘道。不认真娘镜中面，惟见真娘墓头草”③的句子，李商隐也写到“一自香魂拈不得，只应江上独婵娟”④。这个故事到这边本应该结束，但今人又将茉莉附会到真娘的故事上。传说墓前的茉莉花本没有浓香，真娘死后，其魂魄附在茉莉花上，从此茉莉便有了香味。

---

① 万斯同著《明史》第八册，第262页。

② 范成大编《吴郡志》卷三九，第561页。

③ 白居易著，孙安邦、孙蓓解评《白居易集》，第123页。

④ 李商隐著，朱鹤龄笺注，田松青点校《李商隐诗集》，第264页。

所以茉莉花又叫“香魂”，而茉莉花茶又叫“香魂茶”。这个附加在茉莉和真娘身上的传说在文献中是没有明确记载的，但我们可以探寻一下这个附会的源由。唐时李商隐在诗中已经把香消玉殒的真娘称为“香魂”，清代也有“一枕香魂茉莉风”[①]的诗句。《豆棚闲话》中还记载了一则《虎丘山贾清客联盟》：“路出山塘景渐佳，河桥杨柳暗藏鸦。欲知春色存多少,请看门前茉莉花。”[②]明代宋懋澄又有诗歌《和钱大虎丘茉莉曲十首》，可见当时山塘地区的茉莉花开得很盛。清代沈谦的词《多丽·忆吴门旧游》曾写到：“漫携尊，溪山消暑，含愁曾吊真娘。翠鬟倾人簪茉莉。”[③]王芑孙的组诗《茉莉花十首》中有一首绝句写到“夜阑未敢真真唤，恐有花田欲返魂”[④]。就些诗词当中往往把山塘地区、真娘、茉莉花串联在一起，很容易让人发生相关的联想，而茉莉之所以被附会成“香魂”，应该也于此有关。

第三节　茉莉花茶的历史与变迁

茶文化是中国历史文化中一个极为重要的组成部分，中国人从古至今都有饮茶的习惯，而茶在中国的应用和发展也经历了一个漫长的过程。约成书于秦汉时期的《神农本草经》曾提到：

神农尝百草，日遇七十二毒，得荼而解之。[⑤]

其中的“荼”即我们今天所写的“茶”。由此可见远在两千七百多

---

① 蔡殿齐编《国朝闺阁诗钞》第九册卷四。

② 艾衲居士著《豆棚闲话》，第103页。

③ 张宏生编《全清词》（顺康卷）第四册，第2026页。

④ 王芑孙《渊雅堂全集》卷一。

⑤ 黄堈编《神农本草经》，1982年版。

年之前，茶这种植物已经被发现，并作为药料被使用。关于人类饮茶的起源，茶圣陆羽在《茶经》中称：

> 茶之为饮，发乎神农氏。[1]

陆羽在有记载的历史上，第一次对茶叶最早用作饮品的时间提出这样的观点。但陆羽生活的年代距离神农氏已经很久远了，饮茶始于神农氏的说法并不完全靠得住。在陆羽之后不久的唐人杨晔的《膳夫经手录》中，就提出了与陆羽不同的观点：

> 茶古不闻食之，近晋、宋以降，吴人采其叶煮，是为茗粥。[2]

此后宋元明清的一些古籍中，都有关于饮茶起源的论断，有的认为饮茶起源于先秦，有的认为饮茶起源于秦汉，也有的认为饮茶起源于三国时期。总之，唐以来，关于饮茶起源于何时，并没有一个明确的观点，但至少饮茶在中国已经有很长的历史了。

中国的茶类，一般根据加工制作方法的不同分类六大类，即绿茶、红茶、青（乌龙）茶、白茶、黄茶、黑茶。它们的制作区别在于茶多酚氧化即发酵程度的不同。绿茶不用发酵，如龙井茶、碧螺春等；红茶是全发酵茶，如祁门红茶等；白茶属于轻微发酵茶，如君山银针等；黄茶属于轻发酵茶，如白牡丹等；乌龙茶属于半发酵茶，如铁观音、冻顶乌龙茶等；黑茶属于后发酵茶，如普洱等。

而花茶不在六大茶类之列，因为花茶始于再加工茶，是将绿茶、红茶、乌龙茶等加工而成的。花茶的制作出现的时间稍晚，但在中国也至少有一千年的历史了。花茶制作之前，人们曾经试过以香入茶，

---

① 陆羽著，宋一明译注《茶经译注》，第 40 页。

② 杨晔《膳夫经手录》，《续修四库全书》第一一一五册，第 523 页。

这种现象在北宋就出现了，蔡襄的《茶录》中就有记载：

茶有真香。而入贡者微以龙脑和膏，欲助其香。建安民间皆不入香，恐夺其真。若烹点之际，又杂珍果香草，其夺益甚。正当不用。[①]

“龙脑”即常见的香料，当时人们常常用香料来助茶香。而蔡襄就认为茶的本身就具有独特的香味，用香料、果味等混杂，会剥夺去茶本身的香味，所以不推崇这种做法。“建安”即福建建安，也就是今天的福建建瓯县，是当时北苑贡茶的主要产地，可见当时福建的茶叶并不入香。但北宋的“以香入茶”已经是后来“以花入茶”的花茶的先声。南宋陈景沂《全芳备祖》中提到茉莉曾写道：

或以薰茶及烹茶尤香。[②]

此外，在文学作品中，南宋施岳的词《步月·茉莉》中有“玩芳味，春焙旋熏，贮秾韵，水沈频爇”的句子，这也是在描写茉莉窨茶的情节。由此可见，至于南宋，茉莉这种花卉已经被用来窨制茶叶，但相关记载还并不多。到了元代，倪瓒的《云林堂饮食制度集》中也提到花茶的窨制：

桔花茶（茉莉同）：以中样细芽茶，用汤罐子先铺花一层，铺茶一层，铺花茶层层至满罐，又以花蜜盖盖之。日中晒，翻覆罐三次，于锅内浅水熳火蒸之。蒸之候罐子盖热极取出，待极冷然后开罐，取出茶，去花，以茶用建连纸包茶，日中晒干。晒时常常开纸包抖擞令匀，庶易干也。每一罐作三四

① 蔡襄著，唐晓云校点，顾宏义主编《茶录（外十种）》，第 12 页。
② 陈景沂编，祝穆订正，程杰、王三毛点校《全芳备祖》，第 523 页。

纸包，则易晒。如此换花蒸，晒三次尤妙。[①]

到了明代，关于茶的著述开始大量出现，越来越多的茶专著中开始提到花茶的制作，比较具体的有明代的《调燮类编》，具体叙述了茉莉等花茶的制作：

> 木樨、茉莉、玫瑰、蔷薇、兰蕙、橘花、栀子、木香、梅花皆可作茶。诸花开时，摘其半含半放，蕊之香气全者，量其茶叶多少，摘花为茶。花多则太香，而脱茶韵；花少则不香，而不尽美。三停茶叶一停花始称。假如木樨花，须去其枝蒂及尘垢虫蚁。用磁罐一层茶，一层花，投间至满。纸箬縶固，人锅重汤煮之，取出待冷。用纸封裹，置火上焙干收用。诸花仿此。[②]

这时的茉莉花茶制作方法基本定型了，而且对选料、花和茶叶的数量多少开始有一定的讲究。一般用新鲜的茉莉花和茶叶层层在密封罐中铺叠至满，再加热蒸煮后冷却，利用茉莉花中的香气渗透入茶叶当中最后焙干使用。这种窨制方法与现代茉莉花茶的窨制原理基本是相同的。

茉莉花茶真正大规模窨制生产，始于清代咸丰（1851—1861）年间，尤以福州所产茉莉花茶最盛，并且以商品的形式远销北方尤其是京津地区，北方人把茉莉花茶叫做“香片”。茉莉花茶也因为福建地区茶业的发展、茉莉的窨制，开始逐渐取代其他花茶，成为最主要的花茶种类。清末市场上的花茶一般就是茉莉花茶。慈禧太后尤喜欢茉莉，她不仅爱簪戴茉莉，更爱饮茉莉花茶，尤爱茉莉双熏，即将熏制过的茉莉花

---

① 倪瓒著，邱庞同编《云林堂饮食制度集》，第30页。

② 赵希鹄著《调燮类编》，第92页。

茶在饮用前再次用茉莉花熏制一遍。到了民国，福州地区的茉莉花茶继续蓬勃发展。著名女作家冰心出生在盛产茉莉花茶的福建，她的文章中就经常提及她故乡的茉莉花茶。新中国成立后，茉莉花茶的发展经过抗战的一度摧毁开始继续发展，毛泽东主席曾经就用茉莉花茶接待远道而来的美国总统尼克松。而到了 20 世纪 90 年代中后期，因为工业化和城市化等的冲击，茉莉花茶生产基地开始大量消失，福州的茉莉花茶产量也远不如当年的兴盛时期。

图 03　茉莉花茶。图片引自网络。

在我们今天很多人看来，茉莉花茶的地位远不如中国的六大茶类，但它在历史上是有其辉煌时期的。现在生产茉莉花茶的地区除了式微的福州以外，还有广西横县、江苏苏州、浙江金华等地。其中广西横县有我国最大的茉莉花种植基地。但论茉莉花茶品质之高，还当属福建福州所产的茉莉花茶。福建福州是世界茉莉花茶的发源地，也被国际茶叶委员会授予“世界茉莉花茶发源地”的称号，而福州的茉莉花茶也被授予“世界名茶”的称号。2002 年，联合国粮农组织（FAO）发起了全球重要农业文化遗产的保护项目，其中“福建福州茉莉花与茶文化系统”就被列入其中。福建茉莉花茶文化的国际影响力可见一斑。

第四节　民歌《茉莉花》的前世与今生

中国古代文学史上，除了传统的诗词、文赋、戏曲之外，还有一类文学作品贯穿文学史的始终，这就是民歌。关于民歌，《中国音乐词典》中指出，“民歌即民间歌曲，是劳动人民为了表达自己的思想感情而集体创作的一种艺术形式，它源于人民生活，又对人民生活起广泛深入的作用，在群众口头的代代相传中，不断得到加工”[①]。我们国家从远古时期就有的“断竹、续竹、飞土、逐肉”[②]的民歌。成书于春秋时期《诗经》是我国第一部诗歌总集，其中的“国风”部分就包含了先秦时期大量的民歌。战国时期屈原创作的“楚辞”也是屈原根据楚地民歌。汉代开始设乐府，两汉和南北朝乐府中有大量优秀的民歌流传下来。元代产生的散曲也是一种新型的民歌形式，它包括小令和套数两种形式。明代资本主义萌芽产生，封建社会开始面临瓦解，俗文学进一步发展，开始又大量出现民歌，且呈现兴盛之势。陈弘绪的《寒夜录》中就引到明代曲学家卓人月的感叹：

我明诗让唐，词让宋，曲让元，庶几《吴歌》《挂枝儿》《罗

① 中国艺术研究院音乐研究所编《中国音乐词典》，第 268 页。

② 赵晔撰，张觉注疏《吴越春秋校正注疏》，第 278 页。

江怨》《打寒枣》之类，为我朝一绝耳！①

明代文学家冯梦龙一生致力于搜集和整理通俗文学，他除了编出著名的“三言”之外，在民歌方面海搜集整理了《山歌》和《挂枝儿》两种民歌集。“挂枝儿”是明代中后期在民间兴起的一种时调小曲，沈德符在《万历野获编》中提到：

有“打枣竿”“挂枝儿”二曲，其腔约略相似，则不问南北，不问男女，不问老幼良贱，人人习之，亦人人喜听之，以至刊布成帙，举世传诵，沁人心腑。②

“挂枝儿”在当时社会的风靡程度可见一斑。而《挂枝儿》中多是描绘男女爱情的民歌，语言直接、质朴，它的“感部”当中就收入了一首《茉莉花》的民歌，是至今所能见到的最早的与现代《茉莉花》版本相似的歌词：

闷来时，到园中寻花儿戴。猛抬头，见茉莉花在两边排。将手儿采一朵花儿来戴。花儿采到手，花心还未开。早知道你无心也，花，我也毕竟不来采。③

但《挂枝儿》的歌词与我们现代流传的《茉莉花》歌词相似度不算太高，与现代版本中“好一朵茉莉花”的歌词更相近的版本，出现在清代昆曲《缀白裘》当中，《缀白裘》是清代乾隆年间玩花主任选辑、钱德苍增辑刊印的戏曲剧本的选集。《缀白裘》第六集卷一《花鼓》一折中的《花鼓曲》中共有十二段唱词，没有曲谱，前两段词已经与今天广泛流传的版本极为相近，前两段唱词为：

① 陈宏绪著《寒夜录》，第6页。

② 沈德符著《万历野获编》，北京：中华书局，1959年版，第38页。

③ 冯梦龙编，陆国斌校点《挂枝儿》，南京：江苏古籍出版社，1993年版，第80页。

好一朵鲜花，好一朵鲜花，有朝一日落在我家，你若是不开放，对着鲜花骂。好一朵茉莉花，好一朵茉莉花，满园的花开赛不过了它。本待要采一朵戴，又恐怕看花的骂。①

以上大致讲述了《茉莉花》曲词的源头和简单的演变过程，至于它的曲调又是另一条线索了。《茉莉花》曲谱最早见于清代道光年间贮香主人所编的《小慧集》,其中收录了“箫卿主人”的《鲜花调》工尺谱，这就是国内关于《茉莉花》最早的曲谱。

由于我国的地域辽阔，各个地域地理环境、生活方式、历史因袭和风俗习惯都有极大的不同，这就使得《鲜花调》在两百多年的流传当中不停地演绎变化、入乡随俗，形成了几十种不同版本的《茉莉花》。它们有着不同的旋律和不同的风格，包括在福建、江苏、浙江、山东、陕西、河南、宁夏、甘肃、陕西一直到东北，都有《茉莉花》存在的痕迹。而在各地流传的《茉莉花》版本中，江苏民歌是目前流传最广泛的。

由于笔者对音乐乐理不了解，这里仅仅取江苏民歌《茉莉花》和河北南皮民歌《茉莉花》的曲词进行比较：

好一朵茉莉花，好一朵茉莉花，满园花开香也香不过它。我有心采一朵戴，又怕看花的人儿骂。

好一朵茉莉花，好一朵茉莉花，茉莉花开雪也白不过它。我有心采一朵戴，又怕旁人笑话。

好一朵茉莉花，好一朵茉莉花，满园花开比也比不过它。我有心采一朵戴，又怕来年不发芽。（江苏民歌）②

---

① 钱德苍编《缀白裘》，孟繁树、周传家编《明朝戏曲珍本辑选》上册，140—141 页。

② 吴斌主编《义务教育音乐课程标准实验教科书 教师用书 简线通用 第 11 册 六年级》，第 37 页。

好（外）一朵茉莉花呀啊。好（外）一朵茉莉花呀啊，满园（怎么）开（吔）花（吔嗨）比（吔）不过它。奴（哎嗨）有心掐（吔哎哎嗨）朵戴（哎嗨吔嗨）又恐怕（那个）看花人儿骂。

八（吔）月里桂花香，九（哎）月里菊花黄，张生（怎么）月下（哎嗨）跳（哎）过了粉皮儿墙。这（吔嗨）才使崔（吔哎哎嗨）莺莺（哎嗨吔嗨）哗啦啦（那个）把门儿关上。

张（哎）生跪门旁，哀告我家小红娘，可怜我们书生（哎嗨）离（吔）开了家乡。你（吔嗨）要是不（吔哎哎嗨）开门（来嗨）我就跪到东方儿亮。

哗（哎）啦啦把门开，那（吔）一旁转过来，转过来（怎么）郎君（哎嗨）张（哎哎嗨）秀才。小（哎嗨）哥哥忙（吔哎哎嗨）施礼（吔嗨）小妹我飘飘下拜。（河北南皮民歌）[1]

首先，直观上面很容易看出，江苏版本的《茉莉花》没有衬字，第一人称用“我”来表述，而河北版本的《茉莉花》多了很多“哎”“吔”“嗨”的衬字，第一人称用了“奴”来表述，更具有民间口语的色彩。其次，江苏版本的《茉莉花》中已经看不到《缀白裘·花鼓》后面描写张生和莺莺的故事，河北版本的《茉莉花》中依然详细地描绘了张生和莺莺的爱情故事。最后，在表现手法上，江苏版本的《茉莉花》简练，集中笔力表现茉莉花之美，而河北版本的《茉莉花》歌词集中笔力描绘张生和莺莺的爱情故事。“好一朵茉莉花”的歌词在江苏版本当中循环多次，而在河北版本当中仅开头出现一次，江苏版本抒情性更强，

① 吴斌主编《义务教育音乐课程标准实验教科书 教师用书 简线通用 第11册 六年级》，第38页。

河北版本以“好一朵茉莉花”兴起，引出后面的故事，叙事性更强。

总之，《茉莉花》作为我们目前耳熟能详的民歌，这个过程并不是一蹴而就的，而是有它自身词和曲的发展流变。我们对《茉莉花》的了解不能局限于对江苏民歌版本的了解，更可以去关注和挖掘不同地域版本《茉莉花》的特色。

《茉莉花》不仅是中国的民歌,更是世界的民歌。2017 年 4 月 7 日，我国国家主席习近平与美国总统特朗普在美国佛罗里达州海湖庄园进行了一次会晤，这在中美邦交关系当中是一件里程碑的事件。而就在这样一个重大的外交场合上，特朗普总统的外孙女阿拉贝拉和外孙约瑟夫成为了万众瞩目的焦点，因为他们用中文背诵了唐诗和《三字经》，还演唱了歌曲《茉莉花》。各大媒体多用“特朗普外孙女演唱《茉莉花》”植入标题作为报道，网络上流传的相关视频点击量也极高。这对我们中国人来说，很大程度上提高了我们的民族文化的自信心。特朗普外孙女所背诵的唐诗和《三字经》都是中国古代重要的典籍，而演唱歌曲《茉莉花》，背后有更深刻的国际背景。

在此之前,《茉莉花》在我国国内和国际的一些重要场合都有演出。如：1957 年，在北京全军文艺汇演上，由南京军区前线歌舞团的女声四人小组演唱；1959 年，在维也纳举行的第七届世界青年与学生和平友谊联欢节上，前线歌舞团以中国青年代表团歌舞团的名义参加并演出；1965 年，在印尼举行的万隆会议十周年活动上，周恩来提出带中国前线歌舞团进行了演唱；1997 年，在香港回归祖国政权交接仪式开始之前，由中国军乐队演奏；1997 年，江泽民访美期间美国总统克林顿，在白宫南草坪为其举行的音乐招待会上，由美国国家交响乐团演奏；1999 年，在中国对澳门恢复行使主权交接仪式上，由中国军乐队演奏；2001 年，在上海举行的 APEC 会议文艺晚会上，由百名儿童演唱；2004 年，在雅典奥运会闭幕式上演唱；2005 年，在中央电视台春节歌舞晚会上，由彭丽媛演唱；2005 年，在中央电视台中秋晚会上，采用古筝演奏;2008 年，在博鳌亚洲论坛 2008 年年会文艺晚会上演唱;2008 年，在北京奥运会颁奖仪式上作为背景音乐播放；2013 年，在中央电视台春节联欢晚会上，由宋祖英与席琳迪翁演唱；2014 年，在第二届夏季青年奥林匹克运动会开幕式上作为伴奏。就在前不久的刚刚结束的 G20 杭州峰会文艺演出《最忆是杭州》上，改良版的歌曲《难忘茉莉花》中“好一朵美丽的茉莉花”的旋律再次成为当场的压轴节目。

据我国音乐理论学家钱仁康先生考证，《茉莉花》是我国流传到海外的第一首民歌。清乾隆末年，英国首任驻华大使马戛尔尼伯的秘书约翰 · 巴罗来到中国，有机会接触和了解大量的中国民歌。他在 1794 年卸任途中经过广州，在广州驻留期间听到了《茉莉花》，于是就把《茉莉花》收入了他所编写的《中国旅行记》中。他虽然轻视中国的音乐，但唯独对《茉莉花》一曲赞叹有加。他说：“我从未听到有比一个中国人唱得更哀婉动人的了。他在一种吉他伴奏下唱咏茉莉（Moo—lee）花的歌曲。”[①]此外，书中还录出了中国人演唱《茉莉花（MOO—LEE—WHA) 的原曲以及第一行歌词和英文直译。他还称《茉莉花》“似乎是中国最流行的歌曲之一”[②]。这是第一次由西方人把《茉莉花》介绍到欧洲，再后来的一些西方音乐集当中很多都收录了《茉莉花》的曲谱，约翰 · 巴罗功不可没。

① 钱仁康《流传到海外的第一首民歌——< 茉莉花 >》,《钱仁康音乐文选》上册，第 181 页。

② 约翰 · 巴罗等著，何高济、何毓宁译《马戛尔尼使团使华观感》，第 304 页。

而《茉莉花》在国内和国际上的盛演不衰，最重要的源头来自歌剧《图兰朵》。《图兰朵（Turandot）》是意大利著名的曲作家普契尼创作的他人生当中最后一部极具影响力的歌剧。《图兰朵》的整个音乐主旋律选择了《茉莉花》。《图兰朵》的原作家是意大利作家卡尔洛·戈齐，话剧整个背景设立在中国的元朝，公主图兰朵为了报祖先被掳之仇，下令如果有男人可以猜出她的三个谜语就能娶她，如果猜错变要被处死。卡拉夫王子不顾众人反对来猜题，猜中了三道题的谜底：希望、热血、图兰朵。公主拒绝认输，这时卡拉夫王子提出，只要公主在天亮前知道他的名字，他就愿意被处死。公主失败了，天亮时分王子吻了公主并把真名告诉了她，图兰朵公主终于愿意嫁给王子。实际上在普契尼之前已经有很多曲作家写过《图兰朵》这个歌剧了，但普契尼依然坚持创作，后来他的《图兰朵》版本成了世界上被演出的最重要的版本。

在观看1988年柯克·勃朗宁（Kirk Browning）执导的《图兰朵》中，三幕《图兰朵》中《茉莉花》的旋律一共出现了七次。第一幕出现三次，二、三幕分别出现两次。其中印象比较深刻的是，在王子被处死的情节和图兰朵的谜底被猜中的情节出现时都响起了《茉莉花》的旋律。总之，普契尼对巴罗版本的《茉莉花》进行重新编曲，并在《图兰朵》中采用《茉莉花》作为配乐，是对东方音乐的一次很好的借鉴，《茉莉花》由此在西方产生了很大的影响力，成为中国民歌在世界音乐舞台上盛演不衰的一朵奇葩。

征引书目

说明：

1. 凡本文征引书籍均在其列。

2. 以书名拼音字母顺序排列。

3. 单篇论文信息详见引处脚注，此处从省。

1.《白居易集》，[唐]白居易著，孙安邦、孙蓓解评，太原：山西古籍出版社，2004。

2.《北户录》，[唐]段公路著，清《十万卷楼丛书》本。

3.《北山集》，[宋]郑刚中著，清文渊阁《四库全书》本。

4.《北山文集》，[宋]郑刚中著，北京：中华书局，1985。

5.《本草纲目》，[明]李时珍编，张守康校，北京：中国中医药出版社，1998。

6.《曹植集校注》，[三国·魏]曹植著，北京：人民文学出版社，1984。

7.《茶经译注》，[唐]陆羽著，宋一明译注，上海：上海古籍出版社，2014。

8.《茶录（外十种）》，[宋]蔡襄著，唐晓云整理校点，顾宏义主编，上海：上海书店出版社，2015。

9.《陈检讨四六》，［清］陈维崧著，清文渊阁《四库全书》本。

10.《程嘉燧全集》，［清］程嘉燧著，沈习康点校，上海：上海古籍出版社，2015。

11.《陈与义集》，［宋］陈与义著，吴书荫、金德厚点校，北京：中华书局，2007。

12.《词综》，［清］朱彝尊编，上海：上海古籍出版社，1981。

13.《丛书集成续编》，上海：上海书店出版社，1994。

14.《初学记》，［唐］徐坚等辑，北京：京华出版社，2000。

15.《丹铅总录笺证》，［明］杨慎著，王大亨笺证，杭州：浙江古籍出版社，2013。

16.《东莱诗词集》，［宋］吕本中著，沈晖点校，合肥：黄山书社，2014。

17.《豆棚闲话》，［清］艾衲居士著，北京：人民文学出版社，2006。

18.《樊樊山诗集》，［清］樊增祥著，涂小马、陈宇俊点校，上海：上海古籍出版社，2004。

19.《范石湖集》，［宋］范成大著，富寿荪点校，上海：上海古籍出版社，2006。

20.《陔余丛考》，［清］赵翼著，石家庄：河北人民出版社，2007。

21.《古今图书集成》,［清］陈梦雷编,蒋廷锡校补,北京:中华书局,1934。

22.《挂枝儿》,［明］冯梦龙编,陆国斌校点,南京:江苏古籍出版社,1993。

23.《广川书跋》，［宋］董逌著，明《津逮秘书》本。

24.《广东新语》，[清] 屈大均著，北京：中华书局，1985。

25.《广群芳谱》，[清] 汪灏著，上海：上海书店出版社，1985。

26.《(光绪) 广州府志》，[清] 史澄编，清光绪五年刊本。

27.《归庄集》，[清] 归庄著，上海：中华书局上海编辑所，1962。

28.《桂海虞衡志校补》，[宋] 范成大著，齐治平校补，南宁：广西民族出版社，1984。

29.《国朝闺阁诗钞》，[清] 蔡殿齐编，清道光嫏嬛别馆刻本。

30.《国故论衡》，章太炎著，上海：上海古籍出版社，2006。

31.《寒夜录》，[明] 陈宏绪著，北京：中华书局，1985。

32.《红楼梦》，[清] 曹雪芹、高鹗著，李全华标点，长沙：岳麓书社，1987。

33.《胡奎诗集》，[明] 胡奎著，杭州：浙江古籍出版社，2012。

34.《花镜》，[清] 陈淏子著，北京：中华书局，1956。

35.《花木虫鱼丛谈》，叶灵凤著，北京：生活·读书·新知三联书店，1991。

36.《花木小志》，[清] 谢堃著，清道光《春草堂集》本。

37.《急就篇》，[汉] 史游著，北京：中华书局，1985。

38.《迦陵词选》，[清] 陈维崧著，马祖熙笺注，南昌：江西人民出版社，1986。

39.《渐斋诗草》，[明] 赵汉著，明嘉靖三十四年刻本。

40.《金瓶梅》，兰陵笑笑生著，北京：人民文学出版社，2000。

41.《金圣叹文集》，[清] 金圣叹著，冉苒校点，成都：巴蜀书社，1997。

42.《锦绣万花谷》，[宋] 佚名著，上海：上海古籍出版社，1991。

43.《晋书》，[唐] 房玄龄等撰，北京：中华书局，2000。

44.《静惕堂诗集》，[清] 曹溶著，济南：齐鲁书社，1997。

45.《九籥集》，[明] 宋懋澄著，明万历刻本。

46.《九籥续集》，[明] 宋懋澄著，《续修四库全书》本。

47.《看山阁闲笔》，[清] 黄图珌著，上海：上海古籍出版社，2013。

48.《冷斋夜话》，[宋] 释惠洪著，上海：上海古籍出版社，2012。

49.《历代词赋总汇》，马积高、叶幼明主编，长沙:湖南文艺出版社，2014。

50.《历代艳歌》，刘琦、郭长海主编，北京：作家出版社，2005。

51.《历代咏梅诗词选》，董谦生、吴学光编，济南:山东大学出版社，1989。

52.《礼记》，李慧玲、吕友仁注译，郑州：中州古籍出版社，，2010。

53.《李商隐诗集》，[唐] 李商隐著，[清] 朱鹤龄笺注，田松青点校，上海：上海古籍出版社，2015。

54.《粟香随笔》，[清] 金武祥著，清光绪刻本。

55.《列朝诗集》，[清] 钱谦益编，北京：中华书局，2007。

56.《凌廷堪全集》，[清] 凌廷堪著，纪健生点校，合肥:黄山书社，2009。

57.《六十种曲》，[明] 毛晋编，北京：中华书局，1958。

58.《罗密欧与朱丽叶》，[英] 莎士比亚著，北京：外语教学与研究出版社。

59.《洛阳伽蓝记》，[北魏] 杨衒之著，北京：中华书局，2012。

60.《马戛尔尼使团使华观感》，[英] 约翰巴罗等著，何高济、何毓宁译，北京：商务印书馆，2013。

61.《扪虱新话》，[宋] 陈善著，上海：上海书店出版社，1990。

62.《梦窗词汇校笺释集评》，[宋] 吴文英著，吴蓓笺校，杭州：浙江古籍出版社，2012。

63.《梦粱录》，[宋] 吴自牧著，济南：山东友谊出版社，2001。

64.《梦苕庵清代文学论集》，钱仲联著，济南：齐鲁书社，1983。

65.《明朝戏曲珍本辑选》，孟繁树、周传家编，北京：中国戏剧出版社，1985。

66.《明史》，[清] 万斯同著，上海：上海古籍出版社，2008。

67.《明文海》，[清] 黄宗羲编，北京：中华书局，1987。

68.《茗斋集》，[清] 彭孙贻著，《四部丛刊续编》景写本。

69.《茉莉》，顾群著，海口：南方出版社，1999。

70.《茉莉》，王玉昌著，沈阳：辽宁科学技术出版社，1983。

71.《茉莉花》，高锡珍、陈慰民著，南京：江苏科学技术出版社，1981。

72.《南方草木状》，[晋] 嵇含著，宋《百川学海》本。

73.《碛砂大藏经》，《碛砂大藏经》整理委员会编，北京:线装书局，2005。

74.《千首宋人绝句》，[清] 严长明编，上海：上海书店出版社，1991。

75.《(乾隆) 震泽县志》，[清] 陈和志编，清光绪重刊本。

76.《钱录 (外十五种)》，[清] 梁诗正等撰，上海:上海古籍出版社，1991。

77.《钱仁康音乐文选》，钱仁康著，上海：上海音乐出版社，1997。

78.《清八大名家词集》，钱仲联选编，长沙：岳麓书社，1992。

79.《清代广东笔记五种》，[清]吴绮等著，广州:广东人民出版社，2006。

80.《清代诗文集汇编》，上海：上海古籍出版社，2010。

81.《清代野史》，辜鸿铭、孟森等著，成都：巴蜀书社，1998。

82.《清权堂集》，[明]沈德符著，明刻本。

83.《清异录》，[宋]陶谷著，上海：上海古籍出版社，2012。

84.《全芳备祖》，[宋]陈景沂编，祝穆订正，程杰、王三毛点校，杭州：浙江古籍出版社；浙江出版联合集团，2014。

85.《全汉赋评注》，龚克昌等评注，石家庄：花山文艺出版社，2003。

86.《全宋词》，唐圭璋编，北京：中华书局，1992。

87.《全唐诗》，[清]彭定求等编，北京：中华书局，1960。

88.《全唐文新编》，周绍良编，长春：吉林文史出版社，2000。

89.《全清词》（顺康卷），张宏生主编，北京：中华书局，2002。

90.《全清词》（雍乾卷），张宏生主编，北京：中华书局，2012。

91.《汝南圃史》，[明]周文华著，明万历四十八年书带斋刻本。

92.《山居四要》，[明]汪汝懋著，北京：中国中医药出版社，2015。

93.《神农本草经》，黄奭编，北京：中医古籍出版社，1982。

94.《诗经选》，余冠英注译，北京：人民文学出版社，1956。

95.《石田先生文集》，[元]马祖常著，郑州：中州古籍出版社，

1991。

96.《史浩集》，[宋] 史浩著，俞信芳点校，杭州:浙江古籍出版社，2016。

97.《史记》，[汉] 司马迁著，长沙：岳麓书社，2002。

98.《世界名诗选译》,[菲律宾] 施颖洲译,北京:中国友谊出版公司，1987。

99.《事文类聚》，[宋] 祝穆编，清文渊阁《四库全书》本。

100.《事物异名录》，[清] 厉荃著，长沙：岳麓书社，1991。

101.《四库未收书辑刊》,《四库未收书辑刊》编纂委员会编，北京:北京出版社。

102.《宋词题材研究》，许伯卿著，北京：中华书局，2007。

103.《宋论》，[清] 王夫之著，北京：中华书局，1964。

104.《宋史》，[元] 脱脱等著，北京：中华书局，2000。

105.《宋元笔记小说大观》，上海户籍出版社编，上海：上海古籍出版社，2007。

106.《宋文鉴》，[宋] 吕祖谦编，北京：中华书局，1992。

107.《唐宋茶诗辑注》，赵方任辑注，北京：中国致公出版社，2001。

108.《调燮类编》，[宋] 赵希鹄著，北京：人民卫生出版，1990。

109.《铁围山丛谈》，[宋] 蔡絛著，冯惠民、沈锡麟点校，北京：中华书局，1983。

110.《(同治) 苏州府志》，[清] 冯桂芬编，清光绪九年刊本。

111.《晚晴簃诗汇》，徐世昌编，闻石点校，北京：中华书局，1990。

112.《万历野获编》，［明］沈德符著，北京：中华书局，1959。

113.《王十朋全集》，［宋］王十朋著，梅溪集重刊委员会编，上海：上海古籍出版社，1998。

114.《韦斋集》，［宋］朱松著，《四部丛刊续编》景明本。

115.《文心雕龙汇评》，［南朝·梁］刘勰著，黄霖编，上海：上海古籍出版社，2005。

116.《文选》，［南朝·梁］萧统编，上海：上海古籍出版社，1986。

117.《吴越所见书画录》，［清］陆时化著，上海:上海古籍出版社，2015。

118.《吴郡志》，［宋］范成大编，南京：江苏古籍出版社，1999。

119.《吴兴诗话》，［清］戴璐著，北京：文物出版社，1987。

120.《吴越春秋校正注疏》，［汉］赵晔撰，张觉注疏，北京：知识产权出版社，2014。

121.《武林旧事》，［宋］周密著，杭州：浙江人民出版社，1984。

122.《物理小识》，［清］方以智著，北京：商务印书馆，1937。

123.《小草斋集》，［明］谢肇淛著，江中柱点校，福州：福建人民出版社，2009。

124.《辛弃疾全集》，［宋］辛弃疾著，徐汉明点校，武汉:崇文书局，2013。

125.《续修四库全书》，顾廷龙主编，上海：上海古籍出版社，1996。

126.《杨万里诗文集》，［宋］杨万里著，南昌：江西人民出版社，2006。

127.《义务教育音乐课程标准实验教科书》，吴斌主编，北京：人民音乐出版社，2013。

128.《阅微草堂笔记》，[清]纪昀著，南京：凤凰出版社，2010。

129.《渊雅堂全集》，[清]王芑孙著，清嘉庆刻本。

130.《幽梦影》，[清]张潮著，合肥：黄山书社，2011。

131.《元诗纪事》，[清]陈衍著，上海：上海古籍出版社，1987。

132.《寓简》，沈作哲编，北京：中华书局，1985。

133.《渊雅堂全集》，[清]王芑孙著，清嘉庆刻本。

134.《云林堂饮食制度集》，[元]倪瓒著，邱庞同编，北京：中国商业出版社，1984。

135.《漳州古代诗词选》，欧阳秉乾编，李竹深辑校，福州：海峡文艺出版社，2004。

136.《真诰》，[南朝·梁]陶弘景著，北京：中华书局，1985。

137.《致富奇书》，[明]陈继儒著，杭州：浙江人民美术出版社，2016。

138.《中国对外贸易》，丁溪著，北京：中国商务出版社，2006。

139.《中国古代名物大典》，华夫编，济南：济南出版社，1993。

140.《中国古籍版刻辞典》，瞿冕良编著，苏州：苏州大学出版社，2009。

141.《中国画论》，吴孟复主编，合肥：安徽美术出版社，1995。

142.《中国历代百花诗选》，雷寅威、雷日钏编，南宁：广西人民出版社，2008。

143.《中国旅行记》，[英]约翰·巴罗著，桂林：广西师范大学出版社，2011。

144.《中国音乐词典》，中国艺术研究院音乐研究所编，北京：人民音乐出版社，1985。

145.《中华民俗》，乌尔沁著，北京：中国致公出版社，2002。

146.《朱熹集》，郭齐、尹波点校，成都：四川教育出版社，1996。

147.《遵生八笺》，[明]高濂著，成都：巴蜀书社，1985。